电动机的嵌入式控制丛书

电动机的 DSC 控制
——微芯公司 dsPIC® 应用

王晓明
刘 瑶 周青山 李光旭 董玉林 编著

北京航空航天大学出版社

内 容 简 介

电动机的数字控制为工业控制中一项最重要的内容。世界上各大处理器制造商都努力打造出具有各自特点的专用处理器,来满足电动机数字控制市场的要求。本书介绍微芯公司最新推出的专用于电动机控制的 dsPIC,注重讲述这种 dsPIC 对常用的直流电动机、交流异步电动机、交流永磁同步电动机、步进电动机、无刷直流电动机和开关磁阻电动机的控制方法和编程方法。书中给出了大量的编程实例,全部经过调试验证,并给出了非常详细的注释,使读者很容易看懂和掌握。所附光盘包含书中全部汇编程序代码以及微芯公司的 dsPIC 器件和开发工具手册、电动控制方案资料。

本书适合于对电动机数字控制感兴趣的初学者使用,可作为从事电动机控制和电气传动研究的工程技术人员、高校教师、研究生和本科生自学用书。

图书在版编目(CIP)数据

电动机的 DSC 控制:微芯公司 dsPIC 应用/王晓明等编著. —北京:北京航空航天大学出版社,2009.4
  ISBN 978-7-81124-501-1

Ⅰ.电… Ⅱ.王… Ⅲ.电动机-控制系统 Ⅳ.TM320.12

中国版本图书馆 CIP 数据核字(2009)第 038970 号

© 2009,北京航空航天大学出版社,版权所有。
未经本书出版者书面许可,任何单位和个人不得以任何形式或手段复制本书及其所附光盘内容。侵权必究。

电动机的 DSC 控制——微芯公司 dsPIC® 应用

王晓明 刘 瑶 周青山 李光旭 董玉林 编著
责任编辑 董云凤 张金伟 张 淳
*
北京航空航天大学出版社出版发行
北京市海淀区学院路 37 号(100191) 发行部电话:010-82317024 传真:010-82328026
http://www.buaapress.com.cn E-mail:bhpress@263.net
北京时代华都印刷有限公司印装 各地书店经销
*
开本:787×960 1/16 印张:32.5 字数:728 千字
2009 年 4 月第 1 版 2009 年 4 月第 1 次印刷 印数:5 000 册
ISBN 978-7-81124-501-1 定价:56.00 元(含光盘 1 张)

版 权 声 明

本书引用以下资料已得到其版权所有者 Microchip Technology Inc.（美国微芯科技公司）的授权。

［1］DS00896F_CN
［2］DS70178C_CN，DS80391A，DS70165D_CN，DS70265A_CN，DS70283F_CN，DS70287A_CN，DS70291B_CN，DS80307E_CN，DS80328D，DS80338D，DS80372B
［3］DS70152C_CN，DS70284B_CN
［4］DS70157B_CN
［5］dsPIC33F Family Reference Manual（Section01－39）
［6］dsPIC30F Family Reference Manual（Section01－37）
［7］DS70046E_CN
［8］DS70119E
［9］DS70157C
［10］DS70094C_CN
［11］DS51519A_CN
［12］DS51456D_CN
［13］DS01078A

再版上述资料须经过其版权所有者 Microchip Technology Inc. 的许可。
所有权保留。未得到该公司的书面许可，不得再版或复制。

商 标 声 明

以下图案是 Microchip Technology Inc. 在美国及其他国家的注册商标：

以下文字是 Microchip Technology Inc. 的注册商标（状态:®）：
FilterLab，Linear Active Thermistor，MXDEV，MXLAB，SEEVAL，SmartSensor，and The Embedded Control Solutions Company.

以下文字是 Microchip Technology Inc. 的商标（状态:TM）：
Analog-for-the-Digital Age，Application Maestro，CodeGuard，dsPICDEM，dsPICDEM. net，dsPICworks，dsSPEAK，ECAN，ECONOMONITOR，FanSense，ICEPIC，ICSP，In-Circuit Serial Programming，Mindi，MiWi，MPASM，MPLAB Certified logo，MPLIB，MPLINK，mTouch，PICDEM，PICDEM. net，PICkit，PICtail，PIC32 logo，PowerCal，PowerInfo，PowerMate，PowerTool，REAL ICE，rfLAB，Select Mode，Total Endurance，UNI/O，WiperLock，and ZENA.

以下文字是 Microchip Technology Inc. 的服务标记（状态:SM）：
SQTP

以下所有其他商标的版权归各自公司所有：
PICC，PICC Lite，PICC-18，CWPIC，EWPIC，ooPIC，OOPIC

序

王晓明教授一直从事着电动机控制领域的教学和研究工作,是国内知名的学者和深受尊敬的专家。悉闻王教授新作《电动机的 DSC 控制——微芯公司 dsPIC® 应用》即将付梓出版,并受邀为该书作序,我在欣喜之余更甚感荣幸。

此前,顺应混合控制和全数字控制逐渐取代模拟控制的技术发展趋势,王教授曾先后编写了多本专著,为国内广大的工程技术人员以及高校教师和学生适时提供了最新的理论知识和详尽的编程实例。其中《电动机的单片机控制》一书,在出版之后反响热烈,在业内产生了很大的影响,更被列入普通高等教育"十一五"国家级规划教材。

为了进一步普及电动机控制的先进技术知识,王教授又专门编写了《电动机的 DSC 控制——微芯公司 dsPIC® 应用》一书,着重介绍美国微芯科技公司(Microchip Technology Incorporated)最新推出的专用于电动机控制的 dsPIC 数字信号控制器(DSC)系列的特点和功能,以及其对直流电动机、交流异步电动机、交流永磁同步电动机、步进电动机、无刷直流电动机和开关磁阻电动机等常用电动机的控制方法和编程方法。本书提供了大量的编程实例和非常详细的注释,通俗易懂,读者一看就能轻松掌握。

Microchip 公司的 dsPIC 数字信号控制器充分迎合了市场对低成本、高性能解决方案的需求。这一系列产品提供了功能强大的 16 位单片机所具备的所有功能:快速和灵活的中断处理能力,丰富的数字和模拟外设,电源管理,可灵活选择多种时钟模式,上电复位,欠压保护,看门狗定时器,代码加密,全速实时仿真及全速在线调试解决方案。同时,通过在功能强大的 16 位单片机内巧妙添加可管理高速计算活动的 DSP 功能,使 Microchip 数字信号控制器成为单片机和 DSP 领域的首选芯片,为嵌入式控制开创了一个新的纪元。

此外,专用于电动机控制的 dsPIC30F 系列还配有用于支持多种电机控制而设计的外设,适用于不间断电源(UPS)、逆变器、开关电源和功率因数校正、控制服务器、电信以及其他工业设备中的电源管理模块。

  Microchip 公司作为全球领先的单片机和模拟半导体厂商，一直致力于通过与中国各大高校开展合作实验室和奖学金计划，挖掘和培养更多优秀的中国青年工程师。王教授任教的辽宁工业大学于 2000 年参加了 Microchip 公司的中国大学计划，是该计划的第一批 50 所院校之一，现在仍然为本科生讲授 Microchip 的 PIC 单片机课程。

  本书所有的编程实例均经过王教授亲自调试验证，其严谨的作风和敬业精神让我深深折服。相信这一实用参考书将令读者受益匪浅，帮助他们迅速熟悉和掌握电动机的数字控制。在此，谨代表 Microchip 公司对新书的成功出版表示衷心的祝贺！

陈永丰

大中华区销售总经理

美国微芯科技公司

2008 年 11 月 1 日

前言

专用于工业控制的 DSP 已成为 DSP 的一个重要分支,在电动机的数字控制、传感器信号采集与处理、工业过程状态控制与监测等方面得到非常广泛的应用,成为一个新的热点。

专用于工业控制的 DSP 的发展呈现两种趋势:一种趋势是在 DSP 基础上融合了单片机的控制功能,使其成为既有高速运算能力又有强大控制功能的处理器,例如 TI 公司的 2000 系列 DSP;另一种趋势是在单片机的基础上加入 DSP 内核,增强其快速运算能力和控制能力,例如微芯公司的 dsPIC DSC 系列产品,该公司称其为数字信号控制器 DSC(Digital Signal Controllers)。而后者一个非常显著的特点是价格低廉,因此具有很强的竞争性。

本书把 Microchip 公司的 DSC 推荐给读者,不仅仅是因为这种 DSC 拥有很好的性价比,还因为 Microchip 公司 PIC 单片机的应用在全国乃至全世界都有很好的群众基础。这种 DSC 无论在结构、指令系统方面,还是在开发工具方面都与 PIC 单片机有很强的兼容性。只要有 PIC 单片机基础的读者,都能很容易地通过自学本书顺利地掌握电动机 DSC 控制的编程方法和要领,轻松地成为一名电动机数字控制大师。

全书共有 8 章和 2 个附录:第 1 章介绍了 Microchip 公司 dsPIC30F6010 DSC 的结构原理和用于电动机控制的基本外设。第 2~8 章分别介绍了直流电动机、交流异步电动机、交流永磁同步电动机、步进电动机、无刷直流电动机和开关磁阻电动机的结构特点、驱动方法、调速控制原理、用 DSC 实现调速的方法及编程例子。全部程序例子均通过调试验证。附录 A 给出了 dsPIC30F 系列 DSC 指令说明及举例,使读者能够快速地掌握指令系统。附录 B 给出了书中所附光盘内容说明。

全书由王晓明编写。刘瑶负责第 3 章和第 4 章程序的设计与调试;周青山负责第 3 章和第 7 章程序的设计和调试;李光旭负责第 2 章和第 5 章程序的设计和调试；董玉林负责第 2 章和第 6 章程序的设计和调试；倪鹏负责第 8 章程序的设计和调试。此外，佟绍成、李卫民、王天利、卫绍元、鲁宝春、常国威、李成英、李国义、齐世武、李铁军、何勋、张波、潘静、王晓磊、马宇、庄喜润、杨秀艳、陈研、谭微、李海龙、张桐、冯准、郑军、张涛也参与了硬件设计和程序调试工作，并对我工作所给予了各种支持和精神鼓励。

感谢 Microchip 公司大学计划部刘晖经理所给予的各方面支持，沈阳办事处的孙运鹏工程师给予的技术指导；也感谢北京航空航天大学出版社为本书的出版所给予的支持。

由于作者水平有限，书中难免有错误和不完善之处，敬请读者批评指正。作者联系电子信箱：motor-nc@126.com 和 motor-nc@sohu.com。

辽宁工业大学　王晓明
2008 年 10 月

目 录

第1章 dsPIC30F6010 DSC
1.1 dsPIC30F 系列 DSC 概述 ················ 1
1.1.1 dsPIC30F 系列 DSC 的功能 ················ 1
1.1.2 dsPIC30F 的产品系列和封装 ················ 2
1.1.3 dsPIC30F 系列 DSC 的开发工具 ················ 4
1.2 dsPIC30F6010 DSC 的特点及引脚功能 ················ 6
1.2.1 dsPIC30F6010 DSC 的特点 ················ 6
1.2.2 dsPIC30F6010 DSC 的引脚功能 ················ 7
1.3 dsPIC30F6010 DSC 的组成及结构 ················ 11
1.3.1 总体结构 ················ 11
1.3.2 内 核 ················ 13
1.3.3 存储器的结构 ················ 21
1.3.4 I/O 口 ················ 30
1.3.5 振荡器、复位、看门狗及器件配置 ················ 33
1.4 中断系统 ················ 43
1.4.1 中断源 ················ 43
1.4.2 中断优先级 ················ 46
1.4.3 中断控制及状态寄存器 ················ 47
1.5 定时器 ················ 53
1.5.1 定时器分类 ················ 53
1.5.2 定时器控制寄存器 ················ 55
1.5.3 定时器工作模式 ················ 57
1.5.4 32位定时器 ················ 58
1.6 电动机控制模块 ················ 60
1.6.1 模块结构 ················ 60
1.6.2 模块控制寄存器 ················ 61

1.6.3　PWM 时基 ·· 66
   1.6.4　PWM 占空比比较单元 ·· 69
   1.6.5　死区时间控制 ·· 73
   1.6.6　PWM 输出控制 ·· 75
   1.6.7　故障引脚 ·· 79
 1.7　增量式编码器接口 ·· 81
   1.7.1　编码器接口结构 ·· 81
   1.7.2　编码器的控制和状态寄存器 ·· 81
   1.7.3　位置计数器寄存器的使用 ·· 84
 1.8　A/D 转换器 ·· 86
   1.8.1　A/D 转换器结构 ·· 87
   1.8.2　A/D 转换器的寄存器 ·· 88
   1.8.3　采样与转换 ·· 92
   1.8.4　A/D 转换结果缓冲器 ·· 98
   1.8.5　转换举例 ·· 100
 1.9　输出比较模块 ·· 106
   1.9.1　比较模块工作原理 ·· 106
   1.9.2　寄存器 ·· 107
   1.9.3　工作模式 ·· 108

第 2 章　直流电动机的 DSC 控制
 2.1　直流电动机的控制原理 ·· 113
 2.2　直流电动机单极性驱动可逆 PWM 系统 ·· 116
 2.3　直流电动机双极性驱动可逆 PWM 系统 ·· 118
 2.4　直流电动机的 DSC 控制方法及编程例子 ·· 120
   2.4.1　数字 PI 调节器的 DSC 实现方法 ··· 120
   2.4.2　定点 DSC 的数据 Q 格式表示方法 ·· 124
   2.4.3　单极性可逆 PWM 系统 DSC 控制方法及编程例子 ··············· 125
   2.4.4　双极性可逆 PWM 系统 DSC 控制方法及编程例子 ··············· 137

第 3 章　交流电动机的 SPWM 与 SVPWM 技术以及 DSC 控制的实现
 3.1　交流异步感应电动机变频调速原理 ·· 148
   3.1.1　变频调速原理 ·· 148
   3.1.2　变频与变压 ·· 148
   3.1.3　变频与变压的实现——SPWM 调制波 ··································· 151
 3.2　三相采样型电压 SPWM 波生成原理与控制算法 ··························· 155

3.2.1	自然采样法	156
3.2.2	对称规则采样法	157
3.2.3	不对称规则采样法	158
3.2.4	不对称规则采样法的 DSC 编程	160

3.3 电压空间矢量 SVPWM 技术 …………………………………… 176
    3.3.1 电压空间矢量 SVPWM 技术基本原理 …………………… 177
    3.3.2 电压空间矢量 SVPWM 技术的 DSC 实现方法 …………… 183

第 4 章 交流异步电动机的 DSC 矢量控制

4.1 交流异步电动机的矢量控制基本原理 …………………………… 200
4.2 矢量控制的坐标变换 …………………………………………… 204
    4.2.1 Clarke 变换 ………………………………………………… 205
    4.2.2 Park 变换 …………………………………………………… 210
4.3 转子磁链位置的计算 …………………………………………… 214
4.4 交流异步电动机的 DSC 矢量控制 ……………………………… 215
    4.4.1 三相异步电动机的 DSC 控制系统 ………………………… 215
    4.4.2 三相异步电动机的 DSC 控制编程例子 …………………… 216

第 5 章 三相永磁同步伺服电动机的 DSC 控制

5.1 三相永磁同步伺服电动机的结构和工作原理 …………………… 265
5.2 转子磁场定向矢量控制与弱磁控制 …………………………… 266
5.3 三相永磁同步伺服电动机的 DSC 控制 ………………………… 267
    5.3.1 三相永磁同步伺服电动机的 DSC 控制系统 ……………… 267
    5.3.2 三相永磁同步伺服电动机的 DSC 控制编程例子 ………… 268

第 6 章 步进电动机的 DSC 控制

6.1 步进电动机的工作原理 ………………………………………… 301
    6.1.1 步进电动机的结构 ………………………………………… 301
    6.1.2 步进电动机的工作方式 …………………………………… 303
6.2 步进电动机的 DSC 控制方法 …………………………………… 307
    6.2.1 步进电动机的脉冲分配 …………………………………… 308
    6.2.2 步进电动机的速度控制(双轴联动举例) ………………… 311
6.3 步进电动机的驱动 ……………………………………………… 321
    6.3.1 双电压驱动 ………………………………………………… 321
    6.3.2 高低压驱动 ………………………………………………… 321
    6.3.3 斩波驱动 …………………………………………………… 322
    6.3.4 集成电路驱动 ……………………………………………… 323

6.4 步进电动机的运行控制 ... 324
6.4.1 步进电动机的位置控制 ... 324
6.4.2 步进电动机的加减速控制 ... 326

第7章 无刷直流电动机的 DSC 控制
7.1 无刷直流电动机的结构和原理 ... 331
7.1.1 结　构 ... 331
7.1.2 无刷直流电动机的工作原理 ... 332
7.2 三相无刷直流电动机星形联结全桥驱动原理 ... 334
7.3 三相无刷直流电动机的 DSC 控制 ... 336
7.3.1 三相无刷直流电动机的 DSC 控制策略 ... 337
7.3.2 电流的检测和计算 ... 338
7.3.3 位置检测和速度计算 ... 339
7.3.4 无刷直流电动机的 DSC 控制编程例子 ... 341
7.4 无位置传感器的无刷直流电动机 DSC 控制 ... 354
7.4.1 利用感应电动势检测转子位置原理 ... 354
7.4.2 用 DSC 实现无位置传感器无刷直流电动机控制的方法 ... 355
7.4.3 DSC 控制编程例子 ... 358

第8章 开关磁阻电动机的 DSC 控制
8.1 开关磁阻电动机的结构、工作原理和特点 ... 377
8.2 开关磁阻电动机的功率驱动电路 ... 380
8.3 开关磁阻电动机的线性模式分析 ... 382
8.3.1 开关磁阻电动机理想的相电感线性分析 ... 382
8.3.2 开关磁阻电动机转矩的定性分析 ... 383
8.4 开关磁阻电动机的控制方法 ... 384
8.5 开关磁阻电动机的 DSC 控制及编程例子 ... 386

附录 A　dsPIC30F 系列指令说明及举例 ... 398
附录 B　光盘内容说明 ... 505
参考文献 ... 507

第1章 dsPIC30F6010 DSC

1.1 dsPIC30F 系列 DSC 概述

dsPIC30F 系列 DSC 是美国微芯公司(Microchip)于 2004 年最新正式推出的,微芯公司称其为数字信号控制器(DSC),因为它实质上是一个集成了单片机的控制功能和 DSP 的快速计算功能的芯片。

dsPIC30F 系列 DSC 除了提供足够的性能外,其价格是一大优势。图 1-1 给出了微芯公司的单片机和 dsPIC30F 的性能与价格对比。从图中可以看出,dsPIC30F 的性价比很高。

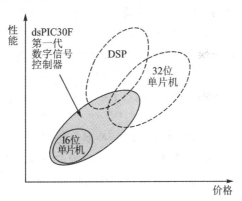

图 1-1 微芯公司的单片机和 dsPIC30F 的性价比

1.1.1 dsPIC30F 系列 DSC 的功能

(1) 工作范围。最高速度为 30 MIPS;工作电压为 2.5~5.5 V;温度范围为 −40~85℃,可扩展为 −40~125℃。

(2) 高性能的 CPU。改进的哈佛结构;C 编译器优化的指令集;16 位宽的数据总线;24 位宽的指令代码;84条基本指令,多数为单字单周期指令;16个16位通用寄存器;2个40位累加器,可选择舍入和饱和模式;灵活和强大的寻址能力,可实现间接、循环和位反序寻址;软件堆栈;16×16小数/整数乘法器;32/16和16/16位除法;单指令周期乘加运算;40位移位器。

(3) 中断控制器。中断响应延迟时间为5个周期;最多45个中断源,其中5个外中断;7个可编程中断优先级;4个处理器异常和软件陷阱。

(4) 数字I/O口。最多可提供54个可编程数字I/O引脚;最多可提供24个引脚的电平中断和唤醒;所有I/O引脚的驱动能力为25 mA。

(5) 片内存储器。最多144 KB FLASH程序存储器,可擦写10万次;最多4 KB EEPROM数据存储器,可擦写100万次;最多8 KB SRAM数据存储器。

(6) 系统管理。可选择多种时钟模式,包括外部时钟、晶振、内部RC振荡器、内部锁相环倍频;可编程上电延迟定时器;振荡器起振定时器/稳频器;自带RC振荡器的看门狗定时器;时钟切换/故障保护时钟监视器。

(7) 电源管理。实时切换时钟源;可编程低电压监测;可编程欠压复位;快速唤醒的空闲和睡眠模式。

(8) 定时器/捕捉/比较/PWM。最多5个16位定时/计数器,可组合成32位定时器;其中一个定时器可使用外部32 kHz振荡器作为实时时钟运行。最多8个通道的输入捕捉,可设置为上升沿、下降沿、上升/下降沿捕捉;每个捕捉的FIFO缓冲区为4级深。最多8个通道的输出比较,1个或2个16位比较模式,16位光滑的PWM模式。

(9) 通信模块。最多2个3线制SPI模块,支持简单的编解码器I/O接口;I^2C模块支持多主从模式,7位和10位寻址,总线冲突检测和仲裁;最多2个UART模块;最多2个CAN模块,支持CAN2.0B,3个发送缓冲区和2个接收缓冲区,接收消息可唤醒DSC。

(10) 电动机控制模块。专用的电动机控制模块,最多8个输出;4个占空比发生器;独立或互补模式;可编程死区;边沿对齐或中心对齐;人工输出控制;最多2个故障输入;增量式编码器接口。

(11) A/D转换器。10位500 KSPS A/D转换器模块,2或4通道同时采样;最多16个输入通道,有自动扫描功能;16字的结果缓冲区;在睡眠模式下仍可进行转换。12位100 KSPS A/D转换器模块;最多16个输入通道,有自动扫描功能;16字的结果缓冲区;在睡眠模式下仍可进行转换。

1.1.2 dsPIC30F的产品系列和封装

1. 通用系列

通用系列dsPIC30F如表1-1所列。

第1章 dsPIC30F6010 DSC

表 1-1 通用系列 dsPIC30F

名称	引脚数	程序存储器(KB)	SRAM(字节)	E²PROM(字节)	16位定时器	捕捉通道数	比较/PWM通道数	编解码器接口	12位A/D通道数	UART	SPI	I²C	CAN	I/O引脚数	封装
dsPIC30F3014	40/44	24	2048	1024	3	2	2	无	13	2	1	1	无	30	P、PT、ML
dsPIC30F4013	40/44	48	2048	1024	5	4	4	AC97I²S	13	2	1	1	1	30	P、PT、ML
dsPIC30F5011	64	66	4096	1024	5	8	8	AC97I²S	16	2	2	1	2	52	PTG
dsPIC30F6011	64	132	6144	2048	5	8	8	无	16	2	2	1	2	52	PF
dsPIC30F6012	64	144	8192	4096	5	8	8	AC97I²S	16	2	2	1	2	52	PF
dsPIC30F5013	80	66	4096	1024	5	8	8	AC97I²S	16	2	2	1	2	68	PT
dsPIC30F6013	80	132	6144	2048	5	8	8	无	16	2	2	1	2	68	PF
dsPIC30F6014	80	144	8192	4096	5	8	8	AC97I²S	16	2	2	1	2	68	PF

2. 电动机控制和电源变换系列

电动机系列 dsPIC30F 见表 1-2。

表 1-2 电动机系列 dsPIC30F

名称	引脚数	程序存储器(KB)	SRAM(字节)	E²PROM(字节)	16位定时器	捕捉通道数	比较/PWM通道数	电机控制通道数	编码器接口	10位A/D通道数	UART	SPI	I²C	CAN	I/O引脚数	封装
dsPIC30F2010	28	12	512	1024	3	4	2	6	有	6	1	1	1	无	20	SPG、SOG、MMG
dsPIC30F3010	28	24	1024	1024	5	4	2	6	有	6	1	1	1	无	20	SP、SO
dsPIC30F4012	28	28	2048	1024	5	4	2	6	有	6	1	1	1	1	20	SP、SO
dsPIC30F3011	40/44	24	1024	1024	5	4	4	6	有	9	2	1	1	无	30	P、PT、ML
dsPIC30F4011	40/44	48	2048	1024	5	4	4	6	有	9	2	1	1	1	30	P、PT、ML
dsPIC30F5015	64	66	2048	1024	5	4	4	8	有	16	1	2	1	1	52	PT
dsPIC30F6010	80	144	8192	4096	5	8	8	8	有	16	2	2	1	2	68	PF

3. 传感器系列

传感器系列 dsPIC30F 见表 1-3。

表 1-3 传感器系列 dsPIC30F

名称	引脚数	程序存储器(KB)	SRAM(字节)	E²PROM(字节)	16位定时器	捕捉通道数	比较/PWM通道数	12位A/D通道数	UART	SPI	I²C	I/O引脚数	封装
dsPIC30F2011	18	12	1024	无	3	2	2	8	1	1	1	12	P、SO
dsPIC30F3012	18	24	2048	1024	3	2	2	8	1	1	1	12	P、SO
dsPIC30F2012	28	12	1024	无	3	2	2	10	1	1	1	20	SP、ML
dsPIC30F3013	28	24	2048	1024	3	2	2	10	2	1	1	20	SP、SO、ML

表 1-1、表 1-2 和表 1-3 中，封装符号分别表示如下：

P　　　　　18、40 引脚 PDIP；
SO(G)　　 18、28 引脚 SOIC；
MM(G)　　 28 引脚 QFN(6 mm×6 mm)；
ML　　　　44 引脚 QFN(8 mm×8 mm)；
SP(G)　　 28 引脚 SPDIP；
PT　　　　44、64 引脚 TQFP(10 mm×10 mm)；
PT(G)　　 80 引脚 TQFP(12 mm×12 mm)；
PF　　　　64、80 引脚 TQFP(14 mm×14 mm)。

1.1.3 dsPIC30F 系列 DSC 的开发工具

1. MPLAB ICD2 在线调制器

这是一个 PIC 单片机使用者都熟悉的开发工具，它也支持 dsPIC30F 系列 DSC。它的价格很低，只需 400 元，是一个廉价而功能强大的开发工具。它在 MPLAB IDE 环境下运行，通过 USB 或串行口连接到 PC 机，可以在线调试汇编或 C 代码，支持 dsPIC30F 系列 DSC 的全部电源电压范围，智能查看变量窗口和修改变量，单步运行、全速运行和设置断点，可作为廉价编程器。

2. MPLAB PM3 在线调制器

这是一款功能齐全、烧写质量高的通用编程器。通过使用转接插座模块，它几乎可以完成 Microchip 公司所有可编程器件的烧写工作。MPLAB PM3 加快了许多器件的编程时间，并且拥有功能强大的在线串行接口(In-Circuit Serial Programming)。

3. MPLAB ICE4000 在线仿真器

MPLAB ICE4000 在线仿真器是功能强大的实时仿真器,它可以调试要求最为苛刻的实时系统。它可以实现全速实时仿真,支持 dsPIC30F 系列 DSC 的全部电源电压范围;64K 深度、216 位宽的跟踪存储器;断点数没有限制,复杂的断点、跟踪和触发逻辑;多级触发器,48 位时间标记,秒表计时功能;采用 USB 或并行口连接到 PC 机。

4. 电动机控制开发系统

电动机的开发系统包括电动机控制开发板 dsPIC MC1、三相高电压功率模块 dsPICDEM MC1H、三相低电压功率模块 dsPICDEM MC1L。

电动机控制开发板包含一块 dsPIC30F6010 芯片。该开发板与功率电路隔离,可选择多种电动机反馈信号输入,支持 MPLAB ICD2 和 MPLAB ICE4000 仿真器;三相高电压功率模块可用于交流供电应用;三相低电压功率模块则支持直流供电(最大电压 48 V)。这些功率模块都有全自动保护功能。

电动机控制开发系统可以帮助对无刷直流电动机、开关磁阻电动机、交流永磁同步电动机、交流感应电动机和不间断电源的应用进行快速地开发。

5. 微芯公司免费软件工具和软件库

微芯公司免费软件工具和软件库见表 1-4。

表 1-4 微芯公司免费软件工具和软件库

名 称	描 述	产品编号
MPLAB® IDE	集成开发环境	SW007002
MPLAB® ASM30	汇编器(包含在 MPLAB IDE 内)	SW007002
MPLAB® SIM	软件模拟器(包含在 MPLAB IDE 内)	SW007002
MPLAB® VDI	dsPIC30F 可视化器件初始化程序	SW007010
dsPIC30F 数学库	基本和浮点库(汇编和 C 编码)	SW300020
dsPIC30F 外设库	外设初始化、控制和实用例程(C 编码)	SW300021
dsPIC30FDSP 库	基本 DSP 算法工具包(滤波器、FFT)	SW300022
dsPIC30F Works™	数据分析和 DSP 软件	SW300023
CMX Scheduler™	用于 dsPIC30F 的多任务、抢占式调度程序	SW300030
软调制解调器库	V2.2bis/V2.2 软调制解调器库	SW300002

6. 第三方软件 IAR 公司编辑器

IAR Embedded Workbench 是 IAR 公司开发的软件系统。它支持 30 余种 8/16/32 位微处理器,也包括微芯公司的 PIC16/17/18 系列单片机和 dsPIC。它集成了 IAR C/嵌入式 C++编辑器、汇编器、连接器、函数库、文本编辑器、项目管理器和 C-SRY 调试器。由于有独特的优化机制，生成高效、可靠的程序代码是 IAR Embedded Workbench 软件的一大特点。

1.2 dsPIC30F6010 DSC 的特点及引脚功能

由于本书是以 dsPIC30F6010 16 位定点 DSC 为例，介绍 DSC 对电动机的控制，所以在本章中重点介绍 dsPIC30F6010 DSC 的 CPU 和存储器结构、中断系统、I/O、PWM 模块、A/D 转换器。由于篇幅所限，有关该器件更多更详细的介绍请参考微芯公司的《dsPIC30F6010 Data Sheet》[4]和《dsPIC30F Family Reference Manual》[3]。

1.2.1 dsPIC30F6010 DSC 的特点

dsPIC30F6010 DSC 有如下特点：
- 144 KB 的片上 FLASH 程序存储器，最低保证 1 万次擦写，对工业级可达 10 万次擦写。
- 8 KB 的片上数据 RAM。
- 4 KB 的片上数据 EEPROM，最低保证 10 万次擦写，对工业级可达 100 万次擦写。
- 最高 30 MIPS 速度。40 MHz 以下的外部时钟输入；4～10 MHz 振荡器输入，可选择锁相环倍频(PLL)。
- 44 个中断源，其中 5 个外部中断源，4 个错误陷阱，以及 8 个可编程中断优先级。
- 5 个 16 位定时器/计数器。
- 16 位捕捉输入功能。
- 16 位比较/PWM 输出功能。
- 3 线 SPI 模块，支持 4 帧模式。
- I^2C 模块，支持多主从模式和 7 位/10 位寻址。
- 2 个 UART 模块。
- 2 个 CAN 模块，兼容 2.0B。
- PWM 模块：8 个 PWM 输出通道，可选择互补和独立模式、边沿和中心对齐模式；4 个占空比发生器；专用的定时器；输出极性可编程；互补模式下可进行死区控制；手动输出控制；可选择触发 A/D 转换。
- 增量式编码器接口：16 位增减位置计数；方向状态；可选择 2 倍频或 4 倍频位置测量模式；对输入进行可编程数字滤波。
- 带有 4 个采样保持器的 10 位 A/D 转换器；500 KSPS 的转换速度；16 个输入通道；在睡眠和闲置时可以进行转换；可编程低电压检测。
- 软件控制下可实现 FLASH 和 EEPROM 自编程。
- 可编程代码保护。

第1章 dsPIC30F6010 DSC

- 内置串行编程电路。
- 2.5～5.5 V 工作电压范围。

1.2.2 dsPIC30F6010 DSC 的引脚功能

dsPIC30F6010 DSC 的引脚排列如图 1-2 所示。

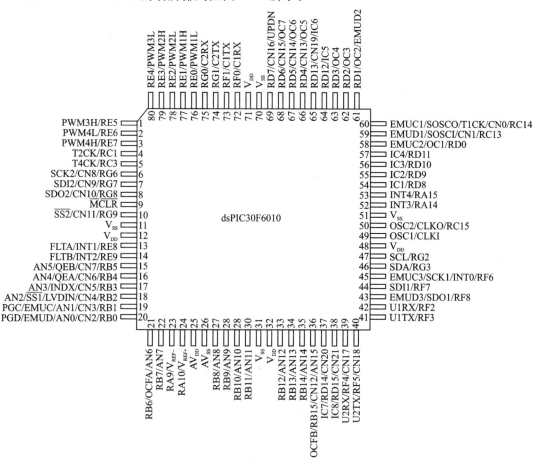

图 1-2 dsPIC30F6010 DSC 的引脚分布图

dsPIC30F6010 DSC 的引脚功能见表 1-5。

表 1-5 dsPIC30F6010 DSC 的引脚功能

引脚名	引脚类型	缓冲器类型	功能
AN0～AN15	I	模拟	模拟输入通道。AN0,AN1 也用于器件编程数据和时钟输入

续表 1-5

引脚名	引脚类型	缓冲器类型	功 能
AV_{DD}	P	电源	模拟电源
AV_{SS}	P	电源	模拟地
CLKI	I	ST/CMOS	外部时钟输入。该引脚总是与 OSC1 引脚功能相关。
CLKO	O	—	振荡晶体输出。在晶体振荡模式下连接到晶体。在 RC 和 EC 模式下可选作 CLKO 功能。该引脚总是与 OSC2 引脚功能相关
CN0~CN23	I	ST	电平变化中断引脚。该引脚可以软件编程设置内部弱上拉
COFS	I/O	ST	数据转换接口帧同步引脚;
CSCK	I/O	ST	数据转换接口串行时钟输入/输出引脚;
CSDI	I	ST	数据转换接口串行数据输入引脚;
CSDO	O	—	数据转换接口串行数据输出引脚
C1RX	I	ST	CAN1 总线接收引脚;
C1TX	O	—	CAN1 总线发送引脚;
C2RX	I	ST	CAN2 总线接收引脚;
C2TX	O	—	CAN2 总线发送引脚
EMUD	I/O	ST	ICD 第 1 通信通道数据输入/输出引脚;
EMUC	I/O	ST	ICD 第 1 通信通道时钟输入/输出引脚;
EMUD1	I/O	ST	ICD 第 2 通信通道数据输入/输出引脚;
EMUC1	I/O	ST	ICD 第 2 通信通道时钟输入/输出引脚;
EMUD2	I/O	ST	ICD 第 3 通信通道数据输入/输出引脚;
EMUC2	I/O	ST	ICD 第 3 通信通道时钟输入/输出引脚;
EMUD3	I/O	ST	ICD 第 4 通信通道数据输入/输出引脚;
EMUC3	I/O	ST	ICD 第 4 通信通道时钟输入/输出引脚
IC1~IC8	I	ST	捕捉输入引脚 1~8
INDX	I	ST	增量式编码器索引脉冲输入;
QEA	I	ST	QEI 模式中增量式编码器 A 相输入; 定时器模式中辅助定时器外部时钟/门输入;
QEB	I	ST	QEI 模式中增量式编码器 B 相输入; 定时器模式中辅助定时器外部时钟/门输入;
UPDN	O	CMOS	位置增减计数器方向状态

续表 1-5

引脚名	引脚类型	缓冲器类型	功能
INT0	I	ST	外部中断 0;
INT1	I	ST	外部中断 1;
INT2	I	ST	外部中断 2;
INT3	I	ST	外部中断 3;
INT4	I	ST	外部中断 4
LVDIN	I	模拟	低电压检测参考电压输入引脚
FLTA	I	ST	PWM 故障 A 输入;
FLTB	I	ST	PWM 故障 B 输入;
PWM1L	O	—	PWM1 低输出;
PWM1H	O	—	PWM1 高输出;
PWM2L	O	—	PWM2 低输出;
PWM2H	O	—	PWM2 高输出;
PWM3L	O	—	PWM3 低输出;
PWM3H	O	—	PWM3 高输出;
PWM4L	O	—	PWM4 低输出;
PWM4H	O	—	PWM4 高输出
MCLR	I/P	ST	主复位(低电平)输入或编程电压输入
OCFA	I	ST	比较故障 A 输入(1~4);
OCFB	I	ST	比较故障 B 输入(5~8);
OC1~OC8	O	—	比较输出(1~8)
OSC1	I	ST/CMOS	振荡晶体输入引脚。当配置为 RC 模式时该引脚为 ST 缓冲器;否则是 CMOS 缓冲器。
OSC2	I/O	—	振荡晶体输出引脚。该引脚在晶体振荡模式中连接到晶体;在 RC 和 EC 模式中可选作 CLKO 功能
PGD	I/O	ST	内置串行编程数据输入/输出引脚;
PGC	I	ST	内置串行编程时钟输入引脚
RA9、RA10、RA14、RA15	I/O	ST	PORTA 口,双向 I/O 口

续表 1-5

引脚名	引脚类型	缓冲器类型	功 能
RB0～RB15	I/O	ST	PORTB 口，双向 I/O 口
RC1、RC3、RC13～RC15	I/O	ST	PORTC 口，双向 I/O 口
RD0～RD15	I/O	ST	PORTD 口，双向 I/O 口
RE0～RE9	I/O	ST	PORTE 口，双向 I/O 口
RF0～RF8	I/O	ST	PORTF 口，双向 I/O 口
RG0～RG3、RG6～RG9	I/O	ST	PORTG 口，双向 I/O 口
SCK1	I/O	ST	SPI1 同步串行时钟输入/输出；
SDI1	I	ST	SPI1 数据输入；
SDO1	O	—	SPI1 数据输出；
SS1	I	ST	SPI1 从同步；
SCK2	I/O	ST	SPI2 同步串行时钟输入/输出；
SDI2	I	ST	SPI2 数据输入；
SDO2	O	—	SPI2 数据输出；
SS2	I	ST	SPI2 从同步
SCL	I/O	ST	I²C 同步串行时钟输入/输出；
SDA	I/O	ST	I²C 同步串行数据输入/输出
SOSC0	O	—	32 kHz 低功耗振荡晶体输出；
SOSC1	I	ST/CMOS	32 kHz 低功耗振荡晶体输入，当配置为 RC 模式时是 ST 缓冲器，否则是 CMOS 缓冲器
T1CK	I	ST	定时器 1 外部时钟输入；
T2CK	I	ST	定时器 2 外部时钟输入；
T3CK	I	ST	定时器 3 外部时钟输入；
T4CK	I	ST	定时器 4 外部时钟输入；
T5CK	I	ST	定时器 5 外部时钟输入
U1RX	I	ST	UART1 接收；
U1TX	O	—	UART1 发送；

续表 1-5

引脚名	引脚类型	缓冲器类型	功　能
U1ARX	I	ST	UART1 交替接收；
U1ATX	O	—	UART1 交替发送；
U2RX	I	ST	UART2 接收；
U2TX	O	—	UART2 发送
V_{DD}	P	—	数字电源
V_{SS}	P	—	数字地
V_{REF+}	I	模拟	模拟参考电压(高)输入；
V_{REF-}	I	模拟	模拟参考电压(低)输入；

注：CMOS 表示 CMOS 兼容输入或输出；

　　ST 表示 CMOS 电平的斯密特触发输入；

　　I 表示输入；

　　O 表示输出；

　　P 表示电源。

1.3　dsPIC30F6010 DSC 的组成及结构

1.3.1　总体结构

dsPIC30F6010 DSC 的结构如图 1-3 所示。它采用了改进的哈佛结构，使程序总线与数据总线相分离，取指令和执行指令是并行的，极大地提高了工作速度。

由图 1-3 可见，dsPIC30F6010 DSC 可分成 3 部分：内核、存储器和外围。

内核是 DSC 的核心，它担负着指令处理、数据传送、数据运算和信号处理的任务。它包括 2 个 40 位累加器、40 位算术处理单元(ALU)、17×17 位乘法器、40 位移位器、X、Y 地址发生器、16 个 W 工作寄存器列阵。

存储器包括了 144 KB 的 FLASH 程序存储器、8 KB 的 SPAM 数据存储器和 4 KB 的 EEPROM 数据存储器。

外围指的是 DSC 芯片中集成的除内核和存储器以外的功能模块，习惯上称之为外设。它包括 CAN 模块、SPI 和 I²C 同步串行通信模块、UART 异步串行通信模块、10 位 A/D 转换器、定时器模块、输入捕捉模块、输出比较模块、电动机控制 PWM 模块、编码器接口模块和 I/O 口。

电动机的 DSC 控制——微芯公司 dsPIC® 应用

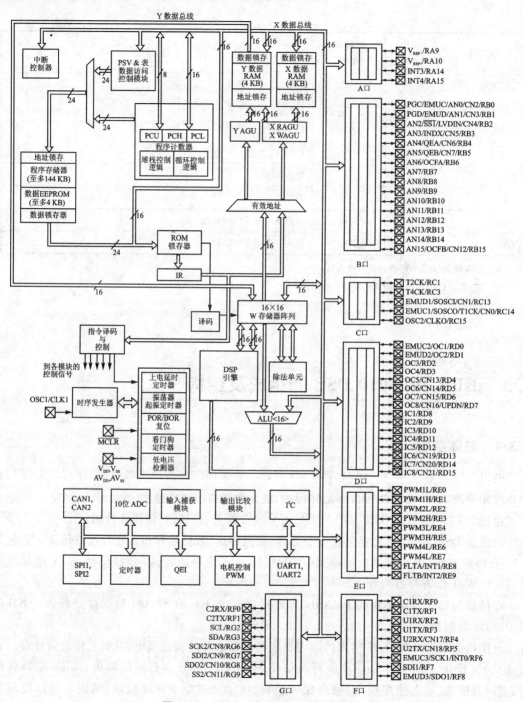

图 1-3 dsPIC30F6010 DSC 结构框图

1.3.2 内 核

1. CPU 寄存器

（1）状态寄存器 SR

16 位状态寄存器 SR 分为低字节 SRL 和高字节 SRH。SRL 包含了所有 MCU ALU 操作状态标志，以及 CPU 中断优先级状态位和 REPEAT 循环有效状态位。SRH 包含 DSP 加法器/减法器状态位、DO 循环有效位和辅助进位标志位。

状态寄存器 SR 的地址是 0x0042，复位值为 0x0000，各位功能见表 1-6。

表 1-6 状态寄存器 SR 各位功能

位	符号	操作	功能
15	OA	R	累加器 A 上溢状态位。1＝累加器 A 上溢；0＝累加器 A 未上溢
14	OB	R	累加器 B 上溢状态位。1＝累加器 B 上溢；0＝累加器 B 未上溢
13	SA	R/C	累加器 A 饱和"粘性"状态位。1＝累加 A 饱和或在某时已经饱和；0＝累加器 A 未饱和。 注：该位可读或被清 0（不能置 1）
12	SB	R/C	累加器 B 饱和"粘性"状态位。1＝累加器 B 饱和或在某时已经饱和；0＝累加器 B 未饱和。 注：该位可读或被清 0（不能置 1）
11	OAB	R	OA 和 OB 组合的累加器上溢状态位。1＝累加器 A 或 B 已经上溢；0＝累加器 A 或 B 都未上溢
10	SAB	R/C	SA 与 SB 组合的累加器"粘性"状态位。1＝累加器 A 或 B 饱和，或在过去已经饱和；0＝累加器 A 或 B 都未饱和。 注：该位可读或被清 0（不能置 1）。清 0 该位的同时将清 0 SA 和 SB
9	DA	R	DO 循环有效位。1＝正在进行 DO 循环；0＝未进行 DO 循环
8	DC	R/W	MCU ALU 半进位/借位标志位。1＝结果的第 3 位（对于字节数据）或第 7 位（对于字数据）发生了向高位的进位，或没借位，0＝结果的第 3 位（对于字节数据）或第 7 位（对于字数据）未发生向高位的进位或有借位
7～5	IPL2～0	R/W	CPU 中断优先级级别状态位。 111＝CPU 中断优先级级别是 7(15)，禁止用户中断； 110＝CPU 中断优先级级别是 6(14)； 101＝CPU 中断优先级级别是 5(13)； 100＝CPU 中断优先级级别是 4(12)； 011＝CPU 中断优先级级别是 3(11)； 010＝CPU 中断优先级级别是 2(10)； 001＝CPU 中断优先级级别是 1(9)； 000＝CPU 中断优先级级别是 0(8)。 注：(1) IPL2～0 位与 IPL3 位（CORCON<3>）相连以形成 CPU 中断优先级级别。如果 IPL3＝1，那么括号中的值表示 IPL。当 IPL3＝1 时，禁止用户中断。 (2) 当 INSTDIS＝1(INTCON1<15>)时，IPL2～0 状态位为只读

续表 1-6

位	符号	操作	功 能
4	RA	R	REPEAT 循环有效位。1=正在进行 REPEAT 循环;0=未进行 REPEAT 循环
3	N	R/W	MCU ALU 负标志位。1=结果为负;0=结果为非负(0 或正)
2	OV	R/W	MCU ALU 溢出标志位。用于带符号的算术运算,表明由于数量的溢出而导致了符号位的变化。1=带符号的算术运算中发生溢出;0=未发生溢出
1	Z	R/W	MCU ALU 零标志位。1=运算结果为 0,0=运算结果非 0
0	C	R/W	MCU ALU 进位/借位标志位。1=最高有效位发生了进位,或者没有借位;0=最高有效位未发生进位,或者有借位

注:R=可读位;W=可写位;U=未用位,读作 0;C=位可被清 0;x=未知。

(2) 内核控制寄存器 CORCON

内核控制寄存器 CORCON 用于控制 DSP 乘法器和 DO 循环硬件操作的位。它还包含 IPL3 状态位,该位与状态寄存器的 IPL2~0 联合控制 CPU 的中断优先级。

内核控制寄存器 CORCON 的地址是 0x0044,复位值为 0x0020。各位功能见表 1-7。

表 1-7 内核控制寄存器 CORCON 各位功能

位	符号	操作	功 能
15~13	不用	U	读作 0
12	US	R/W	DSP 乘法无符号/有符号控制。1=DSP 引擎乘法无符号;0=DSP 引擎乘法有符号
11	EDT	R/W	DO 循环提前终止控制位。1=在当前循环的迭代结束时终止执行 DO 循环;0=无影响。 注:此位总是读作 0
10~8	DL2~0	R	DO 循环嵌套级状态位。 111=7 个 DO 循环有效; ⋮ 001=1 个 DO 循环有效; 000=0 个 DO 循环有效
7	SATA	R/W	累加器 A 饱和使能位。1=使能累加器 A 饱和;0=禁止累加器 A 饱和
6	SATB	R/W	累加器 B 饱和使能位。1=使能累加器 B 饱和;0=禁止累加器 B 饱和
5	SATDW	R/W	来自 DSP 引擎的数据空间写操作饱和使能位。1=使能数据空间写操作饱和;0=禁止数据空间写操作饱和
4	ACCSAT	R/W	累加器饱和模式选择位。1=9.31 饱和(超级饱和);0=1.31 饱和(正常饱和)

续表 1-7

位	符号	操作	功 能
3	IPL3	R/C	CPU 中断优先级状态位 3。1=CPU 中断优先级高于 7;0=CPU 中断优先级等于或低于 7。 注：IPL3 位与状态寄存器的 IPL2～0 联合控制 CPU 的中断优先级
2	PSV	R/W	数据空间中的程序空间可视性使能位。1=程序空间在数据空间中可视;0=程序空间在数据空间中不可视
1	RND	R/W	舍入模式选择位。1=使能有偏的舍入;0=使能无偏的舍入
0	IF	R/W	整数或小数乘法器模式选择位。1=使能 DSP 乘法运算器的整数模式;0=使能 DSP 乘法运算器的小数模式

注：R=可读位;W=可写位;U=未用位,读作 0;C=位可被清 0;x=未知。

(3) 表页寄存器 TBLPAG

TBLPAG 寄存器用于在读表和写表操作过程中保存程序存储器地址高 8 位。表指令用于传送程序存储空间和数据存储空间之间的数据。

8 位 TBLPAG 寄存器的地址是 0x0032,复位值为 0x0000。

(4) 程序空间可视性页寄存器 PSVPAG

程序空间可视性允许用户将程序存储空间的 32 KB 区域映射到数据地址空间的高 32 KB。因此,允许用数据存储器操作的指令对程序存储器的常数数据进行透明访问。PSVPAG 寄存器用于选择映射到数据地址空间的程序存储空间的 32 KB 区域。

8 位 PSVPAG 寄存器的地址是 0x0034,复位值为 0x0000。

(5) 禁止中断计数器 DISICNT

DISI 指令使用 DISICNT 寄存器将优先级为 1～6 的中断在指定的几个周期内禁止。

DISICNT 寄存器的地址是 0x0052,复位值为 0x0000。

2. 程序设计相关的寄存器

(1) 工作寄存器阵列

工作寄存器阵列是由 16 个工作寄存器(W0～W15)组成,可以作为数据、地址或地址偏移寄存器。W 寄存器的功能由访问它指令的寻址模式来决定。

W0 是一个特殊的工作寄存器,因为它是文件寄存器指令中唯一使用的工作寄存器。微芯公司的这种设计是为了与微芯公司的单片机兼容。在文件寄存器指令中,W1～W15 不可被指定为目标寄存器。在汇编器语法中使用符号"WREG"来表示数据寄存器指令中的 W0。

W 寄存器是存储器映射的,其地址为 0x0000～0x001E;复位值为 0x0000。因此,在文件寄存器指令中可以通过给定地址访问 W 寄存器。

虽然 W 寄存器阵列(W15 除外)在所有复位时清 0,但是在写入前仍视为未初始化。如果把未初始化的 W 寄存器用作地址指针,将会产生复位。因此,必须执行字写操作来初始化 W

寄存器。而字节写操作不会影响初始化检测逻辑。

W15作为专用的软件堆栈指针,并被中断、子程序调用和返回自动修改。当然,W15也可以像其他W寄存器一样的方式使用。这样就简化了对堆栈指针的读、写和控制(例如,创建堆栈帧)。

所有复位都将W15初始化为0x0800。该地址确保堆栈指针(SP)将指向有效的RAM,并允许在SP被用户软件初始化前所发生的不可屏蔽异常陷阱中断能够使用堆栈。在初始化期间,用户可以将SP重新编程以指向数据空间内的任何单元。

堆栈指针总是指向第一个可用的空字单元,出栈(读)时,堆栈指针先减;进栈(写)时,堆栈指针后加。

当PC压入堆栈时,PC<15:0>被压入第1个可用的堆栈字单元,然后PC<22:16>被压入第2个可用的堆栈单元低7位,其他位进行0扩展。在中断时,PC的高8位与CPU状态寄存器SR的低8位相连,这样就使SRL的内容在中断处理期间被自动保存。

帧是堆栈中由用户定义的存储器段,供单个子程序使用。W14可作为特殊工作寄存器,当使用LINK(连接)和ULNK(不连接)指令时,可以把它用作堆栈帧指针。当不用作帧指针时,W14可作为普通的工作寄存器使用。

有一个与堆栈指针相关的堆栈极限寄存器SPLIM,地址是0x0020,复位时为0x0000。SPLIM是一个16位寄存器,但是SPLIM第0位总是"0",因为所有的堆栈操作必须是字操作。

只有写一个字到SPLIM寄存器后才能设定堆栈的极限,并进行堆栈上溢检查。此后,只能通过器件复位来禁止堆栈上溢检查。系统自动地将所有用W15作源或目标寄存器的有效地址与SPLIM中的值作比较,如果堆栈指针(W15)的内容比SPLIM寄存器的内容大2以上,就会产生堆栈错误陷阱中断,否则将不产生堆栈错误陷阱中断。

因为复位时堆栈被初始化为0x0800,所以如果堆栈指针地址小于0x0800,就会产生堆栈指针下溢,堆栈错误陷阱也将产生中断。

(2) 影子寄存器

有一些寄存器都有相关的影子寄存器。影子寄存器都不能直接访问,有两种类型的影子寄存器:一种是被PUSH.S和POP.S指令使用的;另一种是被DO指令使用的。

在执行函数调用或中断服务程序时,PUSH.S和POP.S指令可用于快速地保存/恢复现场。PUSH.S指令会将下列寄存器的值自动地传送到它们各自的影子寄存器:

➢ W0~W3;

➢ SR(仅N、OV、Z、C和DC位)。

POP.S指令则会从影子寄存器将这些值恢复到这些寄存器单元。

PUSH.S指令会改写先前保存在影子寄存器中的内容。影子寄存器深度只有一级,因此如果多个软件任务使用影子寄存器时必须要小心。用户必须确保任一个使用影子寄存器的任务,均不会被使用同一影子寄存器且具有更高优先级的任务所中断。如果允许较高优先级的任务中断较低优先级的任务,较低优先级任务保存在影子寄存器中的内容将被较高优先级任务所改写。

当执行 DO 指令时,下列寄存器的内容将自动保存在它们的影子寄存器中:
- DOSTART
- DOEND
- DCOUNT

DO 影子寄存器的深度为一级,允许两个循环自动嵌套。

CPU 寄存器、程序设计相关寄存器和影子寄存器汇总见图 1-4。

3. ALU 和 DSP 引擎

ALU 为 16 位宽,能进行加、减、单位移位和逻辑运算。除非特别指明,算术运算一般是以二进制补码形式进行的。根据不同的操作,ALU 可能会影响 SR 状态寄存器中的进位标志位(C)、零标志位(Z)、负标志位(N)、溢出标志位(OV)和辅助进位标志位(DC)的值。在减法操作中,C 和 DC 位分别作为借位和辅助借位位。

根据所使用的指令模式,ALU 可以执行 8 位或 16 位操作。根据指令的寻址模式,ALU 操作的数据可以来自 W 寄存器阵列或数据存储器。同样,ALU 的输出数据可以被写入 W 寄存器阵列或数据存储单元。

DSP 引擎是一个硬件模块,其框图如图 1-5 所示。它通过 W 寄存器阵列输入数据,但它有自己专门的结果寄存器。W 寄存器阵列中还产生所有操作数有效地址(EA)。

DSP 引擎框图由以下组件组成:
- 高速 17 位×17 位乘法器;
- 40 位移位器;
- 40 位加法器/减法器;
- 两个累加寄存器;
- 带可选模式的舍入逻辑;
- 带可选模式的饱和逻辑。

DSP 引擎的数据输入来自以下资源:
① 直接来自双源操作数 DSP 指令的 W 阵列(寄存器 W4、W5、W6 或 W7),通过 X 和 Y 存储数据总线预取 W4、W5、W6 和 W7 寄存器的数据值。
② 来自所有其他 DSP 指令的 X 存储器数据总线。

DSP 引擎输出的数据被写入以下目标之一:
① 由执行的 DSP 指令定义的目标累加器。
② 到数据存储器地址空间中任何单元的 X 存储器数据总线。

DSP 引擎有两个 40 位数据累加器 ACCA 和 ACCB。每个累加器经存储器映射到以下 3

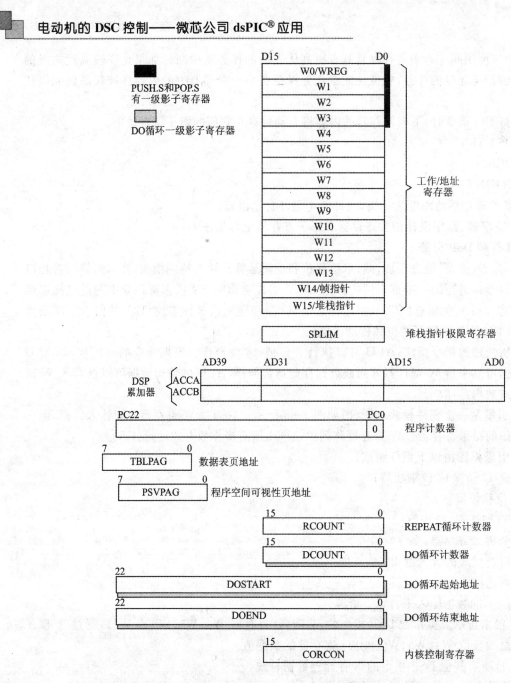

图 1-4 CPU 寄存器、程序设计相关寄存器和影子寄存器

第 1 章 dsPIC30F6010 DSC

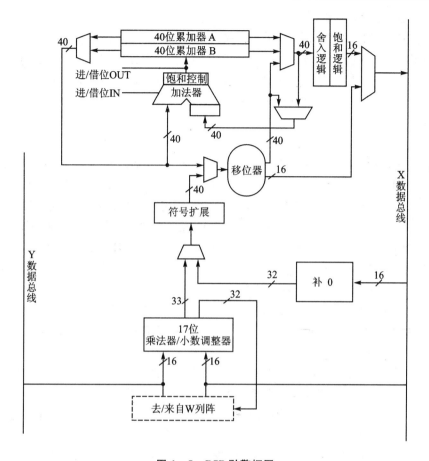

图 1-5 DSP 引擎框图

个寄存器,其中"x"表示指定的累加器 A 或 B:

- ACCxL:ACCx<15:0>
- ACCxH:ACCx<31:16>
- ACCxU:ACCx<39:32>

数据累加器有一个 40 位的加法器/减法器,它带有对乘积结果自动地进行符号扩展的逻辑功能。它可以选择两个累加器(A 或 B)之一作为它的预累加源和后累加目标。对于 ADD 和 LAC 指令,在累加之前可选择将被累加或装入的数据通过移位器进行调整。它还可以选择将输入的一个操作数取补以改变结果的符号(不改变操作数)。

40 位加法器/减法器额外配一个饱和区控制模块,当它使能时,可用于控制累加器数据饱和。有以下 3 种饱和及溢出模式:

(1) 累加器 39 位饱和模式

在该模式中,当出现饱和时(最大数或最小数超出范围),饱和逻辑将最大正 9.31 值(0x7FFFFFFFFF)或最大负 9.31 值(0x8000000000)装入目标累加器。SA 或 SB 位置 1 并保持到用户清 0。该饱和模式对于扩展累加器的动态范围很有用。要配置该饱和模式,必须置 1 ACCSAT(CORCON<4>)位,同时,SATA 和/或 SATB(CORCON<7 和/或 6>)位也必须置 1,以使能累加器饱和逻辑。

(2) 累加器 31 位饱和模式

在该模式中,当出现饱和时(最大数或最小数超出范围),饱和逻辑将最大正 1.31 值(0x007FFFFFFF)或最大负 1.31 值(0xFF80000000)装入目标累加器。SA 或 SB 位置 1 并保持到用户清 0。当该饱和模式有效时,除了对累加器值进行符号扩展以外,累加器的位 32~39 不使用保护。因此,SR 寄存器中的 OA、OB 或 OAB 位不会置 1。要配置该饱和模式,必须清 0 ACCSAT(CORCON<4>)位,同时,SATA 和/或 SATB(CORCON<7 和/或 6>)位必须置 1,以使能累加器饱和逻辑。

(3) 累加器灾难性溢出

如果 SATA 和/或 SATB(CORCON<7 和/或 6>位没有置 1,则累加器不会执行饱和操作,且允许累加器溢出到 39(破坏它的符号)。如果 COVTE 位(INTCON1<8>)置 1,灾难性的溢出会导致算法错误陷阱。

除了加法器/减法器饱和外,对数据空间进行写操作也会饱和,但不会影响源累加器的内容。该特性使得在中间计算阶段,在不牺牲累加器动态范围的情况下对数据进行限制。置 1 SATDW 控制位(CORCON<5>)将使能数据空间饱和逻辑。在器件复位时,数据空间写饱和逻辑是默认为使能的。

数据空间写饱和特性与 SAC 和 SAC.R 指令共同作用。执行这些指令时从不修改累加器中保存的值。硬件通过以下步骤得到饱和的写结果:

① 读出的数据根据指令中指定的算法移位值进行调整。

② 经过调整的数据被舍入(仅 SAC.R)。

③ 被调整/舍入的值根据保护位的值饱和为 16 位结果。对于数据值大于 0x007FFF 的情况,写入存储器的数据饱和为最大正 1.15 的值 0x7FFF。对于输入数据小于 0xFF8000 的情况,写入存储器的数据饱和为最大负 1.15 的值 0x8000。

累加器支持两种舍入模式:有偏和无偏舍入。舍入模式由 RND(CORCON<1>)位决定。

有偏舍入使用累加器的位 15,对它进行 0 扩展并将扩展值加到 16~31 位(保护和溢出除外)。如果累加器的低 16 位在 0x8000~0xFFFF 之间(包括 0x8000),高位就加 1;如果累加器的低 16 位在 0x0000~0x7FFF 之间,高位就不变。

除了当累加器的低 16 位是 0x8000 这个数以外,无偏舍入与有偏舍入基本相同。当累加器的低16位是0x8000时,对累加器的位16进行检测,如果它为1就加1;如果它为0就不变。

DSP引擎有一个17位×17位的乘法器。该乘法器可以进行有符号或无符号的运算,支持1.31小数(Q.31)或32位整数结果。

该乘法器取16位输入数据并将其转换为17位数据。对有符号操作数进行符号扩展;对无符号数进行0扩展。支持有符号和无符号混合的乘法运算或无符号乘法运算。

IF控制位(CORCON<0>)决定是整数还是小数乘法操作。对于小数操作,乘法器自动将乘积左移1位来进行小数调整。结果的最低位总是保持清0。在器件复位时,默认乘法器为小数模式。

移位器是40位宽,以适应累加器的宽度。移位寄存器在单个周期内最多可算术右移16位或左移16位。移位器需要一个带符号的二进制值来确定移位的位数和方向:

➤ 正值则将操作数右移;
➤ 负值则将操作数左移;
➤ 值为0则不改变操作数。

DSP引擎支持以下类型的除法操作:16/16有符号的小数除法(DIVF);32/16有符号除法(DIV.SD);32/16无符号除法(DIV.UD);16/16有符号除法(DIV.SW);16/16无符号除法(DIV.UW)。所有除法结果的商都放在W0中,余数放在W1中。可以将16位除数放在任何一个W寄存器中,16位被除数也可以放在任何一个W寄存器中,但32位被除数必须放在相邻的两个W寄存器中。

所有的除法指令都必须通过一个REPEAT指令执行18次。用户负责编程REPEAT指令。一个完整的除法操作需要执行19个指令周期。像任何其他REPEAT循环一样,除法是可中断的。循环的每次迭代后所有数都存储在各自的数据寄存器中,因此,由用户负责在中断服务子程序中保存相关的W寄存器。虽然W寄存器的中间值对于除法硬件很重要,但它们对于用户没有意义。

1.3.3 存储器的结构

1. 程序存储器

dsPIC30F6010有4M×24位程序存储器地址空间,如图1-6所示。有3种方式可以访问程序空间:

① 通过23位PC。
② 通过读表(TBLRD)和写表(TBLWT)指令。
③ 通过把程序存储器的32 KB段映射到数据存储器地址空间。

程序存储器映射空间划分为用户程序空间和用户配置空间。用户程序空间包含复位向量、中断向量表、程序存储器和数据EEPROM存储器。用户配置空间包含用于设置器件选项的非易失性配置位和器件ID单元。

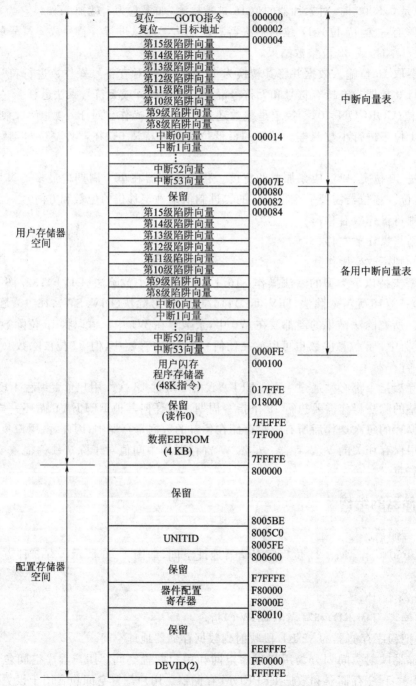

图 1-6　dsPIC30F6010 程序存储器结构

程序计数器 PC 以 2 为增量,且最低位为 0,以使其与数据空间寻址相兼容。用 PC<22:1> 在 4M 程序存储器空间中对连续指令字寻址。每个指令字为 24 位宽。程序存储器地址的最低位(PC<0>)作为字节选择位,用于访问程序存储器中的数据内容。对于通过 PC 取指的情况,不需要该字节选择位。因此,(PC<0>)总是为 0。

dsPIC30F DSC 这种特殊的取指过程如图 1-7 所示。

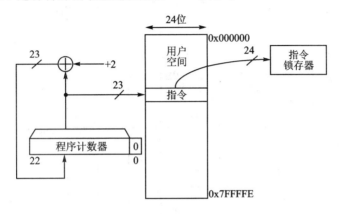

图 1-7 取指过程

有两种方法可以在程序存储器和数据存储器空间之间传送数据:通过特殊的表指令,或通过把数据空间的上半部分映射到 16K 字程序空间页。

TBLRDL 和 TBLWTL 表指令提供了读或写程序空间内任何地址的低字的直接方法。TBLRDH 和 TBLWTH 表指令则是把一个程序字的高 8 位作为数据存取的唯一方法。

对于所有表指令,W 寄存器地址值与 8 位数据表页寄存器 TBLPAG 组合,形成一个 23 位有效的程序地址,加上一个字节选择位(第 0 位),如图 1-8 所示。由于 W 寄存器提供了 15 位的程序空间地址,所以程序存储器中数据表页的大小为 32K 字。详细请参考附录 A 指令系统。

将 dsPIC30F6010 数据存储器地址空间的高 32 KB 映射到任何 16K 字

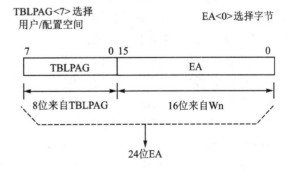

图 1-8 表地址的生成

程序空间页。这种操作模式称为程序空间可视性(PSV),它提供了对 X 数据空间的常数数据的透明访问,而无需特殊指令。

通过将 PSV 位(CORCON<2>)置 1 来使能程序空间可视性。

当 PSV 使能时,在数据存储器映射空间上半部分的每个数据空间地址将直接映射到一个程序空间地址,参见图 1-9。

因此,可以像访问数据空间一样访问该 24 位程序字的低 16 位。程序存储器数据的高 8 位应该编程,以强制对其的访问为非法指令或 NOP 指令。由此看来,表指令是读每个程序存储器字的高 8 位的惟一合法方法。

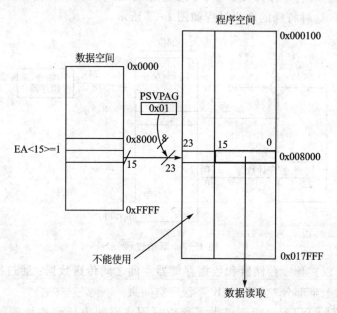

图 1-9 程序空间的可视性操作

图 1-10 显示了如何生成 PSV 地址。PSV 地址的低 15 位由 W 寄存器提供,但是 W 寄存器的最高位不用于形成该地址,而是用于指定是从程序空间执行 PSV 访问还是从数据存储器空间执行正常的访问。如果使用的 W 寄存器有效地址大于或等于 0x8000,在使能 PSV 后,数据访问会从程序存储器空间进行。在 W 寄存器的有效地址小于 0x8000 时,所有访问将从数据存储器空间进行。

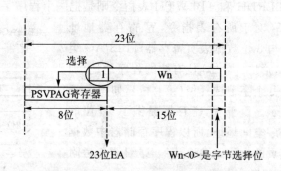

图 1-10 程序空间可视性地址生成

余下的地址位由 PSVPAG 寄存器(PSVPAG<7:0>)提供,如图 1-10 所示。PSVPAG 位与 W 寄存器中的低 15 位相连,形成一个 23 位的程序存储器地址。

PSV 只能用来访问程序存储器空间中的数据。对于用户配置空间中的数据访问必须用表指令来进行。

W 寄存器的最低位用作字节选择位,该位允许使用 PSV 的指令以字节或字方式操作。

除了带数据预取操作数的 MAC 类指令和所有 MOV 指令只需要一个额外周期外,其他使用 PSV 的指令需要两个额外的指令周期才能完成操作。

2. 数据存储器

所有内部寄存器和数据存储器都是 16 位的。

图 1-11 是 dsPIC30F6010 数据存储器结构图。数据空间地址范围是 64 KB 或 32K 字。数据存储器 0x0000～0x07FF 的地址空间用于特殊功能寄存器(SFR)。RAM 从地址 0x0800 开始,分成两个区块,分别为 X 和 Y 数据空间,X 和 Y 数据空间的边界是固定的。对于数据写操作,总是将 X 和 Y 数据空间作为一个线性数据空间访问。对于数据读操作,可以分别单独访问 X 和 Y 存储器空间,或将它们作为一个线性空间访问。

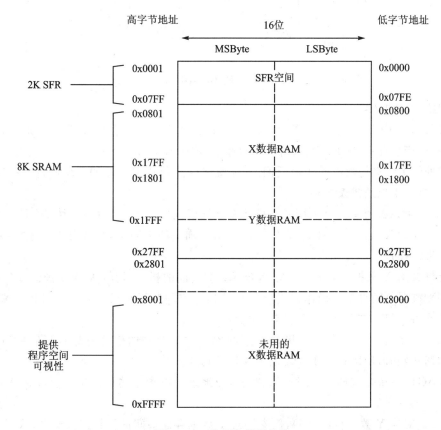

图 1-11　数据存储器结构

乘法类指令(CLR、ED、EDAC、MAC、MOVSAC、MPY、MPY. N 和 MSC)读操作要求使用 X 和 Y 数据空间,其中 W8 和 W9 用于指向 X 数据空间,W10 和 W11 用于指向 Y 数据空间。其他操作则将 X 和 Y 数据空间看成一个整体。

图 1-12 给出了这种操作的区别。

地址 0x0000~0x1FFF 的 8 KB 数据空间可以通过一个 13 位的绝对地址进行直接寻址。

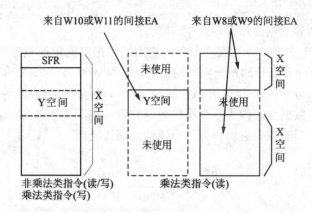

图 1-12 乘法类指令操作对数据空间的特殊要求

3. 地址发生器(AGU)

dsPIC30F6010 DSC 有一个 X AGU 和一个 Y AGU 来产生数据存储器地址。X 和 Y AGU 都可以产生任何 64 KB 范围内的有效地址(Effective Address, EA)。但是,对物理存储器范围以外的 EA 进行数据操作会返回 0;对物理存储器范围以外的 EA 进行数据写操作无效,同时还会产生地址错误陷阱。

X AGU 可以被所有指令使用并支持所有寻址模式。X AGU 由一个读 AGU(X RAGU) 和一个写 AGU(X WAGU)组成,它们可以在指令周期的不同阶段,各自独立地在不同的读/写总线上进行操作。

所有将 X 和 Y 数据空间看作一个组合的数据空间的指令,均将 X 读数据总线作为返回数据路径。X 数据总线也是双操作数读指令的 X 地址空间数据路径。对于所有指令来说,X 写数据总线是写入组合的 X 和 Y 数据空间的惟一路径。

X RAGU 在上一个指令周期里使用刚刚预取的指令中的信息开始计算它的有效地址。在指令周期开始时,X RAGU EA 就出现在地址总线上。

X WAGU 在指令周期开始时计算它的有效地址。在指令的写操作阶段,EA 出现在地址总线上。

Y AGU 对应 Y 数据存储空间,仅支持对 Y 数据存储空间进行数据读操作,从不支持数据写操作。Y AGU 时序与 X RAGU 时序的相同之处是,它在上一个指令周期里使用预取的指令中的信息开始计算它的有效地址。在指令周期开始时,EA 就出现在地址总线上。

为了与 PIC 单片机兼容和提高数据空间存储器的使用效率,dsPIC30F 指令集支持对数据存储器中的数据进行字节操作和字操作,所以产生了数据对齐问题。

遵循以下数据对齐方式:在字操作中,16 位数据地址的最低位被忽略,在这种对齐方式下,低字节放在偶数地址(LSB=0)中,而高字节放在奇数地址(LSB=1)中。对于字节操作,用数据地址的最低位来选择所访问的字节,寻址的字节放在内部数据总线的低 8 位。数据对齐方式如图 1-13 所示。根据所执行的是字节还是字访问,将自动调整所有有效地址。例如,对地址指针进行过修改时,对字操作将使地址加 2;而对字节操作则使地址加 1。所有的字节数据都存放在 W 寄存器里的 LS 字节中。参见附录 A 中相关例子。

MSByte	LSByte	
15　　　8	7　　　0	
字节1	字节0	0000
字节3	字节2	0002
字节5	字节4	0004
字0		0006
字1		0008
长字<15:0>		000A
长字<31:16>		000C

（地址列：0001, 0003, 0005）

图 1-13　字节、字和长字对齐举例

4. FLASH 和 EEPROM 编程

用户可以使用以下两种方法对 FLASH 程序存储器和数据 EEPROM 存储器编程:

① 运行时自动编程(Run-Tine Self Programming,RTSP)。

② 在线串行编程(In-Circuit Serial Programming,ICSP)。

RTSP 是由用户软件执行的。ICSP 则是通过与器件的串行数据连接进行的,而且编程速度比 RTSP 快得多。下面主要介绍 RTSP 技术。相关 ICSP 协议请参见 Microchip 网站的相关编程规范文件。

对数据 EEPROM 的编程技术与对 FLASH 程序存储器的 RTSP 编程技术类似。FLASH 和数据 EEPROM 的编程操作的主要区别在于每个编程/擦除周期所能够编程或擦除的数据量不同。

对 FLASH 程序存储器和数据 EEPROM 的编程需要使用表指令:

TBLRDL:读表低位;

TBLRDH:读表高位;

TBLWTL:写表低位;

TBLWTH:写表高位。

对 FLASH 和数据 EEPROM 编程操作使用以下非易失性存储器控制寄存器进行控制:

NVMCON:非易失性存储器控制寄存器;

NVMADR:非易失性存储器地址寄存器;

NVMKEY:非易失性存储器密钥寄存器。

(1) NVMCON 寄存器

NVMCON 寄存器是 FLASH 和 EEPROM 编程/擦除操作的主控制寄存器,复位值为 0x0000。此寄存器选择 FLASH 或 EEPROM 存储器,确定执行的将是擦除还是编程操作。

表 1-8 给出了 NVMCON 寄存器的各位功能。为了方便起见，表 1-9 列出了各种编程和擦除操作的 NVMCON 设置值。

表 1-8 NVMCON 寄存器的各位功能

位	符 号	操 作	功 能
15	WR	R/S	写(编程或擦除)控制位。1=开始 EEPROM 或 FLASH 擦除，或开始写周期(只可用软件将 WR 位置 1，但不能清 0)；0=写周期完成
14	WREN	R/W	写(编程或擦除)使能位。1=使能擦除或编程操作；0=禁止任何操作(器件在写/擦除操作完成时将此位清 0)
13	WRERR	R/W	FLASH 错误标志位。1=写操作提前终止(由于编程操作期间的任何 MCLR 或 WDT 复位)；0=写操作成功完成
12~8		保留	用户代码应该在这些单元中写入 0
7~0	PROGOP	R/W	编程操作命令字节位。 擦除操作： 0x41=从 FLASH 中擦除 1 行(32 个指令字)； 0x44=从 EEPROM 擦除 1 个数据字； 0x45=从 EEPROM 中擦除 1 行(16 个数据字)。 编程操作： 0x01=将 1 行(32 个指令字)写入 FLASH 程序存储器； 0x04=将 1 个数据字写入数据 EEPROM； 0x05=将 1 行(16 个数据字)写入数据 EEPROM； 0x08=将 1 个数据字写入器件配置寄存器

注：R=可读位；W=可写位；S=位可置 1。

表 1-9 RTSP 编程和擦除操作的 NVMCON 值位值

存储器件类型	操 作	数据大小	NVMCOM
FLASH	擦除	1 行(32 个指令字)	0x4041
	编程	1 行(32 个指令字)	0x4001
EEPROM	擦除	1 个数据字	0x4044
		16 个数据字	0x4045
	编程	1 个数据字	0x4004
		16 个数据字	0x4005
配置寄存器	写	1 个配置寄存器	0x4008

(2) NVM 地址寄存器

有两个 NVM 地址寄存器 NVMADRU 和 NVMADR。将这两个寄存器连接在一起可构成编程操作所选行或字的 24 位有效地址(EA)。NVMADRU 寄存器用于保存 EA 的高 8 位，NVMADR 寄存器则用于保存 EA 的低 16 位。图 1-14 给出了 NVM 地址寄存器寻址方式。

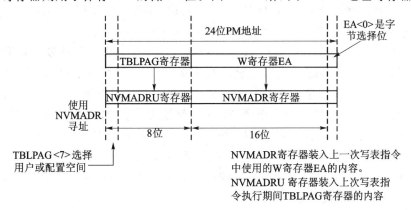

图 1-14 NVM 地址寄存器寻址

虽然 NVMADRU 和 NVMADR 寄存器会由写表指令自动装入，用户仍然可以在编程操作开始前直接修改其内容。在擦除操作前需要先写入这些寄存器，因为任何擦除操作都不需要写表指令。

(3) NVMKEY 寄存器

NVMKEY 是一个只写寄存器，复位值为 0x0000，用于防止闪存或 EEPROM 存储器的误写或误擦除。要开始编程或擦除，必须严格按照如下顺序执行下列步骤：

① 将 0x55 写入 NVMKEY。

② 将 0xAA 写入 NVMKEY。

③ 执行两个 NOP 指令。

然后，就可以在一个指令周期中写入 NVMCON 寄存器。在多数情况下，用户只需要将 NVMCON 寄存器中的 WR 位置 1 就可以开始编程或擦除。在解锁时应该禁止中断。下面的程序例给出了解锁过程：

```
push SR                    ;如果可能,禁止中断
mov ♯0x00E0,w0
ior SR
mov ♯0x55,w0
mov w0,NVMKEY
mov ♯0xAA ,w0
mov w0,NVMKEY              ; NOP 指令不要求
```

```
bset NVMCON,#WR              ;开始编程或擦除
nop
nop
pop SR                       ;重新开中断
```

　　FLASH 程序存储器是由行和块构成的。每行由 32 条指令(96 字节)组成,每个块由 128 行组成。RTSP 可以让用户每次擦除一行(32 条指令)和每次编程一行。

　　程序存储器的每个块都有能保存 32 条编程数据的写锁存器。这些锁存器不是存储器映射的。用户访问写锁存器的惟一方法是使用写表指令。在实际编程操作前,必须先用写表指令将待写数据装入块写锁存器。等待写入块的数据通常是按以下顺序装入写锁存器的:指令 0,指令 1,以此类推。装入的指令字必须来自 4 个地址边界中的"偶数"组合(例如不允许装入指令 3、4、5 和 6)。换句话说,要求 4 个指令的起始程序存储器地址的 3 个最低位必须等于 0。

　　RTSP 编程的基本步骤是先建立一个表指针,然后执行一系列 TBLWT 指令,以写入锁存器。编程是通过将 NVMCON 寄存器的特殊位 1 进行的。如果需要对多个不连续的程序存储器区进行编程,应该修改表指针。

　　在 RTSP 模式中,编程或擦除操作由器件自动计时,持续时间的标称值为 2 ms。将 WR 位(NVMCON<15>)置 1 开始操作,当操作完成时 WR 位会自动清 0。CPU 将停止(等待)直到编程操作完成。在此期间,CPU 不会执行任何指令,也不会响应中断。

　　数据 EEPROM 的编程和擦除步骤与 FLASH 程序存储器类似,区别在于数据 EEPROM 为快速数据存取进行了优化。EEPROM 存储块(block)是通过读表和写表操作访问的。因为 EEPROM 存储器只有 16 位宽,所以其操作不需要使用 TBLWTH 和 TBLRDH 指令。

　　在正常操作中(整个 V_{DD} 工作范围),数据 EEPROM 可读/写。与 FLASH 程序存储器不同,在 EEPROM 编程或擦除操作时,正常程序执行不会停止。

　　EEPROM 擦除和编程操作是通过 NVMCON 和 NVMKEY 寄存器执行的。编程软件负责等待操作完成。软件可以使用以下 3 种方法之一检测 EEPROM 擦除或编程操作是否完成:

　　① 用软件查询 WR 位(NVMCON<15>)。当操作完成时 WR 位会清 0。
　　② 用软件查询 NVMIF 位(IFS0<12>)。当操作完成时 NVMIF 位会置 1。
　　③ 允许 NVM 中断。当操作完成时,CPU 会被中断。ISR 可以处理更多的编程操作。

1.3.4　I/O 口

1. 端口结构

　　根据表 1-5,dsPIC30F 6010 共有 68 个 I/O 引脚,见表 1-10。

　　由图 1-2 可知,dsPIC30F6010 所有的 I/O 引脚都是由外设和通用 I/O 端口复用的。一般来说,当相应的外设使能时,其对应的引脚就不再作为通用 I/O 引脚使用。

但是某些 I/O 引脚的外设功能是输入、且使能时（例如输入捕捉模块），如果相应的 TRIS 控制位配置为输出引脚，则该引脚同时具有外设功能和 I/O 输出功能。这样的好处是用户利用它可以对外设进行测试；而坏处则是在正常使用时会对外设功能产生干扰，因此在这种情况下一定要注意将 TRIS 控制位设置为输入。下列外设的输入引脚就是这种引脚：

- 外部中断引脚；
- 定时器时钟输入引脚；
- 输入捕捉引脚；
- PWM 故障引脚。

表 1-10 dsPIC30F6010 通用 I/O 引脚分布

端口	数量	端口	数量
A口	4个	E口	10个
B口	16个	F口	9个
C口	5个	G口	8个
D口	16个		

当端口的方向变化时、或在对同一端口进行写操作和读操作之间，需要插入一个指令周期，一般用 NOP 指令。

图 1-15 给出了典型 I/O 端口和外设复用结构的框图。

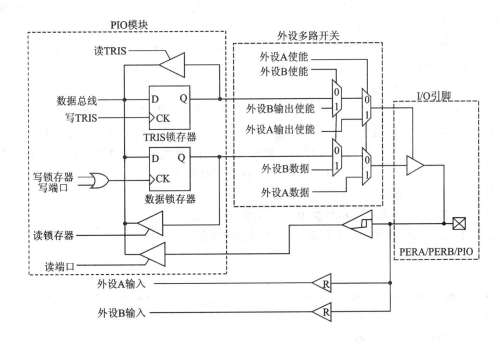

图 1-15 典型 I/O 端口结构和外设复用结构

2. I/O 端口控制寄存器

有 3 个寄存器控制 I/O 端口：TRIS 寄存器、PORT 寄存器和 LAT 寄存器。

(1) TRISx 寄存器

TRISx 寄存器(x 为 A、B、C、D、E、F 和 G)控制位决定该 I/O 引脚输入还是输出。若某个 I/O 引脚的 TRIS 位为 1，则该引脚是输入引脚；若某个 I/O 引脚的 TRIS 位为 0，则该引脚被配置为输出引脚。复位以后，所有端口引脚定义为输入。

TRISx 寄存器的地址分别为：0x02C0、0x02C6、0x02CC、0x02D2、0x02D8、0x02DE、0x02E4。

(2) PORTx 寄存器

通过 PORTx 寄存器(x 为 A、B、C、D、E、F 和 G)访问 I/O 引脚上的数据。读 PORTx 寄存器是读取 I/O 引脚上的值，而写 PORTx 寄存器是将值写入端口数据锁存器。

很多指令，如 BSET 和 BCLR 指令，都是读—修改—写操作指令。因此，写一个端口就意味着读该端口的引脚电平，修改读到的值，然后再将改好的值写入端口数据锁存器。当与端口相关的一些 I/O 引脚配置为输入时，在 PORTx 寄存器上使用读—修改—写命令应该特别小心。如果某个配置为输入的 I/O 引脚在过了一段时间后变成输出引脚，则该 I/O 引脚上将会输出一个不期望的值。产生这种情况的原因是读—修改—写指令读取了输入引脚上的瞬时值，并将该值装入端口数据锁存器。

PORTx 寄存器的地址分别为 0x02C2、0x02C8、0x02CE、0x02D4、0x02DA、0x02E0、0x02E6，复位值为 0。

(3) LATx 寄存器

与 I/O 引脚相关的 LATx 寄存器消除了可能在执行读—修改—写指令过程中发生的问题。读 LATx 寄存器将返回保存在端口输出锁存器中的值，而不是 I/O 引脚上的值。对与某个 I/O 端口相关的 LATx 寄存器进行读—修改—写操作，避免了将输入引脚值写入端口锁存器的可能性。写 LATx 寄存器与写 PORTx 寄存器的结果相同。

PORT 和 LAT 寄存器之间的区别可以归纳如下：
- 写 PORTx 寄存器就是将数据值写入该端口锁存器。
- 写 LATx 寄存器就是将数据值写入该端口锁存器。
- 读 PORTx 寄存器就是读取 I/O 引脚上的数据值。
- 读 LATx 寄存器就是读取保存在该端口锁存器中的数据值。

LATx 寄存器的地址分别为 0x02C4、0x02CA、0x02E0、0x02D6、0x02DC、0x02E2、0x2E8，复位值为 0。

3. 电平变化通知(CN)引脚

当输入引脚上的状态变化时可以引发电平变化通知(Change, Notification, CN)引脚中断请求。有 24 个输入引脚可以选择(使能)产生 CN 中断。CN 模块在睡眠或空闲模式下继续工作。图 1-16 给出了 CN 硬件的基本功能。

CN 模块有 4 个控制寄存器：

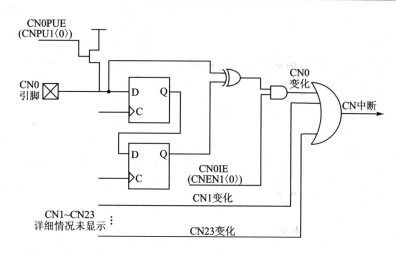

图 1-16 CN 硬件功能框图

① 输入变化通知中断使能寄存器 1(CNEN1)。输入变化通知中断使能寄存器 1 的地址是 0x00C0，复位值为 0x0000。当设置某位为 1 时，允许该输入引脚 CN 中断。

② 输入变化通知中断使能寄存器 2(CNEN2)。输入变化通知中断使能寄存器 2 的地址是 0x00C2，复位值为 0x0000。当设置某位为 1 时，允许该输入引脚 CN 中断。

③ 输入变化通知上拉使能寄存器 1(CNPU1)。输入变化通知上拉使能寄存器 1 的地址是 0x00C4，复位值为 0x0000。当设置某位为 1 时，该位使能输入电平变化上拉。

④ 输入变化通知上拉使能寄存器 2(CNPU2)。输入变化通知上拉使能寄存器 2 的地址是 0x00C6，复位值为 0x0000。当设置某位为 1 时，该位使能输入电平变化上拉。

1.3.5 振荡器、复位、看门狗及器件配置

1. 振荡器

dsPIC6010 有广泛的时钟选择，表 1-11 是振荡器的全部操作模式。

表 1-11 振荡器操作模式

振荡器模式	功　能	FOS1	FOS0	FPR3	FPR2	FPR1	FPR0
XTL	OSC1、OSC2 引脚接 200 kHz～4 MHz 晶振	1	1	0	0	0	×
XT	OSC1、OSC2 引脚接 4～10 MHz 晶振	1	1	0	1	0	0
XTw/PLL4×	OSC1、OSC2 引脚接 4～10 MHz 晶振，4 倍频 PLL	1	1	0	1	0	1
XTw/PLL8×	OSC1、OSC2 引脚接 4～10 MHz 晶振，8 倍频 PLL	1	1	0	1	1	0

续表 1-11

振荡器模式	功 能	FOS1	FOS0	FPR3	FPR2	FPR1	FPR0
XTw/PLL16×	OSC1、OSC2 引脚接 4～10 MHz 晶振,16 倍频 PLL	1	1	0	1	1	1
LP	SOSC0、SOSC1 引脚接 32 kHz 晶振	0	0	—	—	—	—
HS	10～25 MHz 晶振	1	1	0	0	1	×
EC	外部时钟输入(0～40 MHz)	1	1	1	0	1	1
ECIO	外部时钟输入(0～40 MHz),OSC2 作为 I/O	1	1	1	1	0	0
ECw/PLL4×	外部时钟输入(0～40 MHz),OSC2 作为 I/O,4 倍频 PLL	1	1	1	1	0	1
ECw/PLL8×	外部时钟输入(0～40 MHz),OSC2 作为 I/O,8 倍频 PLL	1	1	1	1	1	0
ECw/PLL16×	外部时钟输入(0～40 MHz),OSC2 作为 I/O,16 倍频 PLL	1	1	1	1	1	1
ERC	外部 RC 振荡器,OSC2 引脚作为 $F_{OSC}/4$ 输出	1	1	1	0	0	1
ERCIO	外部 RC 振荡器,OSC2 引脚作为 I/O	1	1	1	0	0	0
FRC	8 MHz 内部 RC 振荡器	0	1	—	—	—	—
LPRC	512 kHz 内部 RC 振荡器	1	0	—	—	—	—

表中的 FOSx 位和 FPRx 位由振荡器配置寄存器 FOSC 决定。

图 1-17 是振荡器系统框图。可使用主振荡器、辅助振荡器、内部快速 RC(FRC)振荡器或低功耗 RC(LPRC)振荡器这 4 个时钟源中的一个提供系统时钟,也可以在它们之间进行切换。主振荡器时钟源可选择使用内部 PLL。时钟源频率可进行分频产生系统时钟源 FOSC。将系统时钟源 4 分频可产生内部指令周期时钟 F_{cy}。

外部时钟通过 OSC1 引脚输入,OSC2 引脚可选择为 $F_{OSC}/4$ 输出或 I/O 引脚。

时钟切换模块允许 DSC 工作时切换时钟源。

振荡器控制寄存器 OSCCON 可以实现对振荡器的控制。地址是 0x0742,复制值取决于配置位。表 1-12 列出了振荡器控制寄存器 OSCCON 各位功能。

因为 OSCCON 寄存器控制时钟切换和时钟分频,所以有意将它的写入操作设计得很困难。要写 OSCCON 的低字节,必须顺序执行以下代码,并且不能在其中插入任何其他指令:将 0x46 写入 OSCCONL,再将 0x57 写入 OSCCONL。

当执行了这些操作之后,允许对 OSCCONL 执行一个指令周期的字节写操作。该写操作可以是字操作或位操作指令。

第1章 dsPIC30F6010 DSC

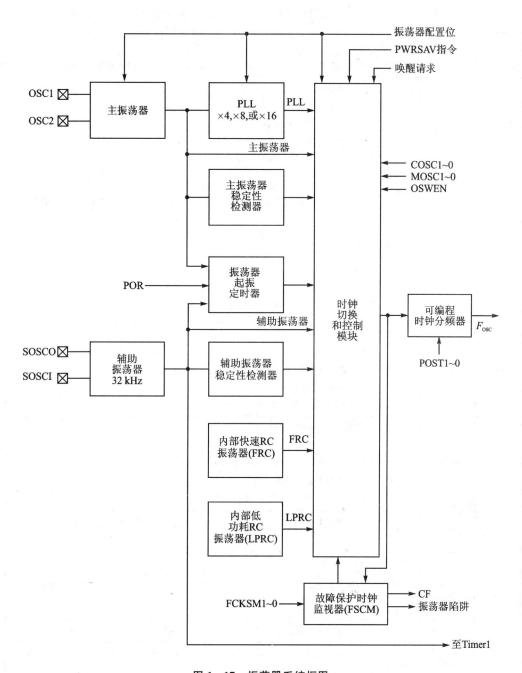

图1-17 振荡器系统框图

表 1-12 振荡器控制寄存器 OSCCON 各位功能

位	符号	操作	功能
15~14	TUN3~2	R/W	TUN 位字段的高 2 位。详细请参见本表中 TUN1~0 的说明
13~12	COSC1~0	R	当前振荡源状态位。 11＝主振荡器； 10＝内部 LPRC 振荡器； 01＝内部 FRC 振荡器； 00＝低功耗 32 kHz 晶振(Timer1)
11~10	TUN1~0	R/W	TUN 位字段的低 2 位。该 4 位字段由 TUN3~0 指定，允许用户调整内部快速 RC 振荡器，它的标称频率为 8 MHz。用户能够在±12%(或 960 kHz)范围内对厂家校准的 FRC 振荡器的频率进行调整，调整步长为 1.5%，如下所示： TUN3~0＝0111 提供最高频率＋10.5%； ⋮ TUN3~0＝0000 提供厂家校准频率； ⋮ TUN3~0＝1000 提供最低频率－12.0%
9~8	NOSC1~0	R/W	新振荡器组选位。 11＝主振荡器； 10＝内部 LPRC 振荡器； 01＝内部 FRC 振荡器； 00＝低功耗 32 kHz 晶振(Timer1)
7~6	POST1~0	R/W	振荡器后分频值选择位。 11＝振荡器后分频器对时钟进行 64 分频； 10＝振荡器后分频器对时钟进行 16 分频； 01＝振荡器后分频器对时钟进行 4 分频； 00＝振荡器后分频器不改变时钟信号
5	LOCK	R	PLL 锁定状态位。1＝表示 PLL 处于锁定状态；0＝表示 PLL 处于失锁状态(或禁止)
4	—	—	不用,读作 0
3	CF	R/W	时钟故障状态位。1＝FSCM 检测到时钟故障；0＝ FSCM 未检测到时钟故障
2	—	—	不用,读作 0
1	LPOSCEN	R/W	32 kHz LP 振荡器使能位。1＝使能 LP 振荡器；0＝禁止 LP 振荡器
0	OSWEN	R/W	振荡器切换使能位。1＝请求振荡器切换到 NOSC1~0 位指定的选择；0＝振荡器切换完成

要写 OSCCON 的高字节，必须顺序执行以下代码，并且不能在其中插入任何其他指令：将 0x78 写入 OSSCCONH，再将 0x9A 写入 OSSCCONH。

当执行了这些操作之后，允许对 OSCCONH 执行一个指令周期的字节写操作。该写操作可以是字操作或位操作指令。

2. 复　位

dsPIC30F6010 DSC 有 8 种复位源，每一种复位时都会发出主复位信号 SYSRST。以下是这 8 种复位源：

- POR：上电复位；
- EXTR：$\overline{MCLR}$ 引脚复位；
- SWR：RESET 指令复位；
- WDTR：看门狗定时器复位；
- BOR：欠压复位；
- TRAPR：陷阱冲突复位；
- IOPR：非法操作码复位；
- UWR：未初始化的 W 寄存器复位。

图 1-18 给出了复位模块的简化框图。任何激活的复位源都会产生 SYSRST 信号。许多与 CPU 和外设相关的寄存器均会被复位成复位值。多数寄存器都不受复位影响；它们的状态在 POR 时未知，而在其他复位时不变。

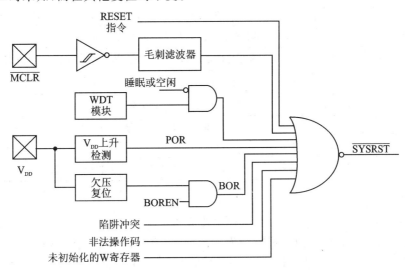

图 1-18　复位系统框图

任何类型的复位都会将 RCON 寄存器中相应的状态位置 1，以表明复位的类型。POR 复位时，除了将 POR 和 BOR 位置 1 外，会清零其他所有位。PCON 寄存器各位仅用做状态位，用户将其置1不会导致器件复位发生。

RCON寄存器的地址是0x0740,复位值取决于复位。表1-13列出了复位控制寄存器RCON各位功能。

表1-13 复位控制寄存器RCON各位功能

位	符号	操作	功能
15	TRAPR	R/W	陷阱复位标志位。1=发生了陷阱冲突复位;0=未发生陷阱冲突复位
14	IOPUWR	R/W	非法操作码或未初始化的W寄存器访问复位标志位。1=检测到非法操作码、非法地址模式,或未初始化的W寄存器用作地址指针而导致复位;0=非法操作码或未初始化的W寄存器复位都没有发生
13	BGST	R	带隙稳态位。1=带隙已稳定;0=带隙不稳定且LVD中断应该禁止
12	LVDEN	R/W	低压检测电源使能位。1=使能LVD,LVD电路上电;0=禁止LVD,LVD电路掉电
11~8	LVDL3~0	R/W	低压检测限制位。1111=输入到LVD的电压来自LVDIN引脚(阀值的标称值为1.24 V);1110=4.6 V;1101=4.3 V;1100=4.1 V;1011=3.9 V;1010=3.7 V;1001=3.6 V;1000=3.4 V;0111=3.1 V;0110=2.9 V;0011=2.5 V;0010=2.3 V;0001=2.1 V;0000=1.9 V
7	EXTR	R/W	外部复位(MCLR)引脚位。1=发生主清0(引脚)复位;0=未发生主清0(引脚)复位
6	SWR	R/W	软件RESET(指令)标志位。1=执行了RESET指令;0=未执行RESET指令
5	SWDTEN	R/W	WDT位的软件使能/禁止。1=WDT启用;0=WDT关闭
4	WDTO	R/W	看门狗定时器超时标志位。1=WDT发生超时;0=WDT未发生超时
3	睡眠	R/W	从睡眠状态唤醒标志位。1=器件处于睡眠模式;0=器件未处于睡眠模式
2	空闲	R/W	从空闲状态唤醒标志位。1=器件处于空闲模式;0=器件不处于空闲模式
1	BOR	R/W	欠压复位标志位。1=发生欠压复位,注意BOR在上电复位后将置1;0=未发生欠压复位
0	POR	R/W	上电复位标志位。1=发生上电延时复位;0=未发生上电延时复位

3. 看门狗

看门狗定时器(WDT)的主要功能是在出现软件异常时复位处理器。WDT是独立运行的定时器,它使用内部LPRC振荡器时钟源。因此,当系统时钟源(例如晶体振荡器)出现故障时,WDT定时器仍然会继续工作。图1-19给出了WDT的框图。

由图1-19可见,WDT有两个时钟预分频器,预分频器A和预分频器B。由于内部LPRC振荡器的标称频率为512 kHz,经过4分频后为WDT提供128 kHz时钟。WDT的计数器是8位的,因此WDT的标称超时周期(TWDT)为2 ms。

第1章 dsPIC30F6010 DSC

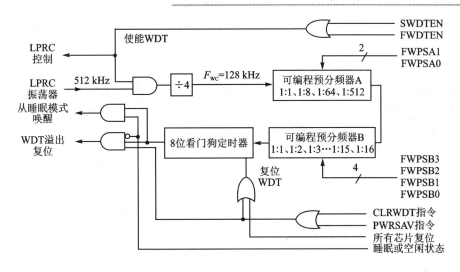

图 1-19 看门狗定时器框图

WDT 周期的计算公式如下:

$$\text{WDT 周期} = 2\text{ ms} \times \text{预分频器 A} \times \text{预分频器 B} \tag{1-1}$$

A、B 不同设置时的 WDT 周期见表 1-14,单位是 ms。

表 1-14 A、B 不同设置时的 WDT 周期

WDT周期 预分频器 B的值	预分频器 A 的值			
	1	8	64	512
1	2	16	128	1024
2	4	32	256	2048
3	6	48	384	3072
4	8	64	512	4096
5	10	80	640	5120
6	12	96	768	6144
7	14	112	896	7168
8	16	128	1024	8192
9	18	144	1152	9216
10	20	160	1280	10240
11	22	176	1408	11264
12	24	192	1536	12288
13	26	208	1664	13312
14	28	224	1792	14336
15	30	240	1920	15360
16	32	256	2048	16384

如果 FWDTEN 器件配置位置 1，则 WDT 总是使能的。如果 FWDTEN 配置位被编程为 0，用户可以选择软件控制 WDT。通过置位 RCON 寄存器的 SWDTEN 控制位来使能 WDT。

如果 WDT 使能，它将加计数直到溢出或"超时"。除了睡眠或空闲模式外，WDT 超时会强制器件复位。要阻止 WDT 超时复位，用户必须使用 CLRWDT 指令定时清零看门狗定时器。CLRWDT 指令也会清零 WDT 预分频器。如果 WDT 在睡眠或空闲模式超时，DSC 被唤醒，并从 PWRSAV 指令处开始继续执行程序。

4. 器件配置

器件配置寄存器允许每个用户定制器件的某些方面以适应应用的需要。器件配置寄存器是程序存储器映射空间中的非易失性存储单元，在掉电期间它保存 dsPIC 器件的设置。器件配置寄存器映射在程序存储器以地址 0xF80000 开始的单元中，在器件正常工作期间可以访问这些单元，此区域也称为"配置空间"。

可以通过对配置位编程（读作 0）或不编程（读作 1）来选择不同的器件配置。虽然每个器件配置寄存器都是 24 位寄存器，但只有它们的低 16 位可用来保存配置数据。可以使用运行时自编程（RTSP）、在线串行编程（ICSP）或器件编程器对器件配置寄存器进行编程。

有 4 个器件配置寄存器可供用户使用：
- FOSC(0xF80000)：振荡器配置寄存器；
- FWDT(0xF80002)：看门狗定时器配置寄存器；
- FBORPOR(0xF80004)：BOR 和 POR 配置寄存器；
- FGS(0xF8000A)：通用代码段配置寄存器。

（1）振荡器配置寄存器(FOSC)

振荡器配置寄存器的地址是 0xF000。各位功能见表 1-15。

表 1-15 振荡器配置寄存器各位功能

位	符号	操作	功能
23～16	—	—	不用，读作 0
15～14	FCKSM1～0	R/P	时钟切换模式选择熔丝位。1x=时钟切换禁止，时钟失效安全监控器禁止；01=时钟切换使能，时钟失效安全监控器禁止；00=时钟切换使能，时钟失效安全监控器使能
13～10	—	—	不用，读作 0
9～8	FOS1～0	R/P	POR 时钟振荡器来源选择位。11=主振荡器（通过 FPR3～0 选择主振荡器模式）；10=内部低功耗 RC 振荡器；01=内部快速 RC 振荡器；00=低功耗 32 kHz 振荡器(Timer1 振荡器)
7～4	—	—	不用，读作 0

续表 1-15

位	符号	操作	功 能
3～0	FPR3～0	R/P	主振荡器模式选择位。1111＝带有 16 倍频 PLL 的 EC——16 倍频 PLL 使能的外部时钟模式。OSC2 引脚是 I/O 引脚,1110＝带有 8 倍频 PLL 的 EC——8 倍频 PLL 使能的外部时钟模式;1101＝带有 4 倍频 PLL 的 EC——4 倍频 PLL 使能的外部时钟模式;1100＝ECIO——外部时钟模式;1011＝EC——外部时钟模式;OSC2 引脚是系统时钟输出引脚($F_{OSC}/4$),1010＝保留,请勿使用;1001＝ERC——外部 RC 振荡器模式;1000＝ERCIO——外部 RC 振荡器模式;OSC2 引脚是 I/O 引脚,0111＝带有 16 倍频 PLL 的 XT——16 倍频 PLL 使能的 XT 晶振模式(晶振频率为 4～10 MHz);0110＝带有 8 倍频 PLL 的 XT——8 倍频 PLL 使能的 XT 晶振模式(晶振频率为 4～10 MHz);0101＝带有 4 倍频 PLL 的 XT——4 倍频 PLL 使能的 XT 晶振模式(晶振频率 4～10 MHz);0100＝XT——XT 晶振模式(晶振频率为 4～10 MHz);001x＝HS——HS 晶振模式(晶振频率为 10～25 MHz);000x＝XTL——XTL 晶振模式(晶振频率为 200 kHz～4 MHz)

(2) 看门狗定时器配置寄存器(FWDT)

看门狗定时器配置寄存器的地址是 0xF002。各位功能见表 1-16。

表 1-16 看门狗定时器配置寄存器各位功能

位	符号	操作	功 能
24-16	—	—	不用,读作 0
15	FWDTEN	R/P	看门狗使能配置位。1＝看门狗使能(不能禁止 LPRC 振荡器,清 0 RCON 寄存器中的 SWDTEN 位,对该振荡器没有影响);0＝看门狗禁止(可以通过清 0 RCON 寄存器中的 SWDTEN 位禁止 LPRC 振荡器)
14～6	—	—	不用,读作 0
5～4	FWPSA1～0	R/P	看门狗定时器预分频器 A 的预分频比选择位。11＝1:512;10＝1:64;01＝1:8;00＝1:1
3～0	FWPSB3～0	R/P	看门狗定时器预分频器 B 的预分频比选择位。 1111＝1:16; 1110＝1:15; ⋮ 0001＝1:2; 0000＝1:1

(3) BOR 和 POR 配置寄存器(FBORPOR)

BOR 和 POR 配置寄存器的地址是 0xF004。各位功能见表 1-17。

表 1-17 BOR 和 POR 配置寄存器各位功能

位	符号	操作	功能
23~16	—	—	不用,读作 0
15	MCLREN	R/P	MCLR 引脚功能使能位。1=引脚功能为 MCLR(默认情形);0=引脚禁止
14~11	—	—	不用,读作 0
10	PWMPIN	R/P	电机控制 PWM 模块引脚模式位。1=器件复位时,PWM 模块引脚由 PORT 寄存器控制(三态);0=器件复位时,PWM 模块引脚由 PWM 模块控制(配置为输出引脚)
9	HPOL	R/P	电机控制 PWM 模块高端极性位。1=PWM 模块上桥臂输出引脚的输出极性处于高电平有效状态;0=PWM 模块上桥臂输出引脚的输出极性处于低电平有效状态
8	LPOL	R/P	电机控制 PWM 模块低端极性位。1=PWM 模块下桥臂输出引脚的输出极性处于高电平有效状态;0=PWM 模块下桥臂输出引脚的输出极性处于低电平有效状态
7	BOREN	R/P	PBOR 使能位。1=PBOR 使能;0=PBOR 禁止
6	—	—	不用,读作 0
5~4	BORV1~0	R/P	欠压电压选择位。11=2.0 V;10=2.7 V;01=4.2 V;00=4.5 V
3~2	—	—	不用,读作 0
1~0	FPWRT1~0	R/P	上电复位延时定时器延迟时间选择位。11=PWRT 为 64 ms;10=PWRT 为 16 ms;01=PWRT 为 4 ms;00=上电延时定时器禁止

(4) 通用代码段配置寄存器(FGS)

通用代码段配置寄存器的地址为 0xF00A。各位功能见表 1-18。

表 1-18 通用代码段配置寄存器各位功能

位	符号	操作	功能
24~2	—	—	不用,读作 0
1	GDP	R/P	通用代码段代码保护位。1=用户程序存储器无代码保护;0=用户程序存储器有代码保护
0	GWRP	R/P	通用代码段写保护位。1=用户程序存储器无写保护;0=用户程序存储器有写保护

1.4 中断系统

1.4.1 中断源

dsPIC30F6010 有 44 个中断源和 4 个错误陷阱。中断和陷阱向量表见表 1-19。

表 1-19 中断和陷阱向量表

向量编号	向量名	IVT 地址	备用向量名	AIVT 地址	中断/陷阱源
0	_ReservedTrap0	0x000004	_AltReservedTrap0	0x000084	保留
1	_OscillatorFail	0x000006	_AltOscillatorFail	0x000086	振荡器故障陷阱
2	_AddressError	0x000008	_AltAddressError	0x000088	地址错误陷阱
3	_StackError	0x00000A	_AltStackError	0x00008A	堆栈错误陷阱
4	_MathError	0x00000C	_AltMathError	0x00008C	算术错误陷阱
5	_ReservedTrap5	0x00000E	_AltReservedTrap5	0x00008E	保留
6	_ReservedTrap6	0x000010	_AltReservedTrap6	0x000090	保留
7	_ReservedTrap7	0x000012	_AltReservedTrap7	0x000092	保留
8	_INT0Interrupt	0x000014	_AltINT0Interrupt	0x000094	外部中断 0
9	_IC1Interrupt	0x000016	_AltIC1Interrupt	0x000096	输入比较 1
10	_OC1Interrupt	0x000018	_AltOC1Interrupt	0x000098	输出比较 1
11	_T1Interrupt	0x00001A	_AltT1Interrupt	0x00009A	Timer1
12	_IC2Interrupt	0x00001C	_AltIC2Interrupt	0x00009C	输入捕捉 2
13	_OC2Interrupt	0x00001E	_AltOC2Interrupt	0x00009E	输出比较 2
14	_T2Interrupt	0x000020	_AltT2Interrupt	0x0000A0	Timer2
15	_T3Interrupt	0x000022	_AltT3Interrupt	0x0000A2	Timer3
16	_SPI1Interrupt	0x000024	_AltSPI1Interrupt	0x0000A4	SPI1
17	_U1RXInterrupt	0x000026	_AltU1RXInterrupt	0x0000A6	UART1 接收器
18	_U1TXInterrupt	0x000028	_AltU1TXInterrupt	0x0000A8	UART1 发送器
19	_ADCInterrupt	0x00002A	_AltADCInterrupt	0x0000AA	ADC 转换完成
20	_NVMInterrupt	0x00002C	_AltNVMInterrupt	0x0000AC	NVM 写完成
21	_SI2CInterrupt	0x00002E	_AltSI2CInterrupt	0x0000AE	I^{2}C 从操作——报文检测
22	_MI2CInterrupt	0x000030	_AltMI2CInterrupt	0x0000B0	I^{2}C 主操作——报文事件完成
23	_CNInterrupt	0x000032	_AltCNInterrupt	0x0000B2	电平变化通知中断
24	_INT1Interrupt	0x000034	_AltINT1Interrupt	0x0000B4	外部中断 1

续表 1-19

向量编号	向量名	IVT 地址	备用向量名	AIVT 地址	中断/陷阱源
25	_IC7Interrupt	0x000036	_AltIC7Interrupt	0x0000B6	输入捕捉 7
26	_IC8Interrupt	0x000038	_AltIC8Interrupt	0x0000B8	输入捕捉 8
27	_OC3Interrupt	0x00003A	_AltOC3Interrupt	0x0000BA	输出比较 3
28	_OC4Interrupt	0x00003C	_AltOC4Interrupt	0x0000BC	输出比较 4
29	_T4Interrupt	0x00003E	_AltT4Interrupt	0x0000BE	Timer4
30	_T5Interrupt	0x000040	_AltT5Interrupt	0x0000C0	Timer5
31	_INT2Interrupt	0x000042	_AltINT2Interrupt	0x0000C2	外部中断 2
32	_U2RXInterrupt	0x000044	_AltU2RXInterrupt	0x0000C4	UART2 接收器
33	_U2TXInterrupt	0x000046	_AltU2TXInterrupt	0x0000C6	UART2 发送器
34	_SPI2Interrupt	0x000048	_AltSPI2Interrupt	0x0000C8	SPI2
35	_C1Interrupt	0x00004A	_AltC1Interrupt	0x0000CA	CAN1
36	_IC3Interrupt	0x00004C	_AltIC3Interrupt	0x0000CC	输入捕捉 3
37	_IC4Interrupt	0x00004E	_AltIC4Interrupt	0x0000CE	输入捕捉 4
38	_IC5Interrupt	0x000050	_AltIC5Interrupt	0x0000D0	输入捕捉 5
39	_IC6Interrupt	0x000052	_AltIC6Interrupt	0x0000D2	输入捕捉 6
40	_OC5Interrupt	0x000054	_AltOC5Interrupt	0x0000D4	输出比较 5
41	_OC6Interrupt	0x000056	_AltOC6Interrupt	0x0000D6	输出比较 6
42	_OC7Interrupt	0x000058	_AltOC7Interrupt	0x0000D8	输出比较 7
43	_OC8Interrupt	0x00005A	_AltOC8Interrupt	0x0000DA	输出比较 8
44	_INT3Interrupt	0x00005C	_AltINT3Interrupt	0x0000DC	外部中断 3
45	_INT4Interrupt	0x00005E	_AltINT4Interrupt	0x0000DE	外部中断 4
46	_C2Interrupt	0x000060	_AltC2Interrupt	0x0000E0	CAN2
47	_PWMInterrupt	0x000062	_AltPWMInterrupt	0x0000E2	PWM 周期匹配
48	_QEIInterrupt	0x000064	_AltQEIInterrupt	0x0000E4	位置计数器比较
49	_DCIInterrupt	0x000066	_AltDCIInterrupt	0x0000E6	编解码其传输完成
50	_LVDInterrupt	0x000068	_AltLVDInterrupt	0x0000E8	低压检测
51	_FLTAInterrupt	0x00006A	_AltFLTAInterrupt	0x0000EA	MCPWM 故障 A
52	_FLTBInterrupt	0x00006C	_AltFLTBInterrupt	0x0000EC	MCPWM 故障 B
53~61		0x00006E ~0x0007E		0x0000EE ~0x0000FE	保留

表中的 IVT 是中断向量的地址，AIVT 是备用中断向量地址，它用于仿真和调试，可与 IVT 方便切换。

表中的 4 个错误陷阱是不可屏蔽陷阱。可以将陷阱看作不可屏蔽的可嵌套中断，它遵循固定的优先级结构。陷阱是为了给用户提供一种调试和发现错误操作的方法。如果用户不想使用错误陷阱，则必须在陷阱向量中装入跳到复位程序的运行地址。

以下介绍这 4 个错误陷阱：

(1) 算术错误陷阱(优先级 11)

以下事件中的任何一件都会导致算术错误陷阱产生：

➢ 累加器 A 溢出；

➢ 累加器 B 溢出；

➢ 灾难性累加器溢出；

➢ 除以 0；

➢ 移位累加器(SFTAC)运算超过±16 位。

INTCON1 寄存器中有 3 个使能位，可使能 3 种类型的累加器溢出陷阱。

累加器 A 或累加器 B 溢出事件定义为第 32 位有进位。注意如果使能了累加器的 31 位饱和模式就不会发生累加器溢出。灾难性累加器溢出定义为任何一个累加器的第 40 位有进位。如果使能了累加器饱和(31 位或 39 位)就不会发生灾难性溢出。

不能禁止被 0 除陷阱。在执行除法指令的 REPEAT 循环的第一个迭代中执行被 0 除检测。

不能禁止累加器移位陷阱。SFTAC 指令可被用于将累加器移位一个立即数的值或某个 W 寄存器中的值。如果移位值超过±16 位，将产生算术陷阱。此时仍会执行 SFTAC 指令，但移位结果不会被写入目标累加器。

可以通过查询 MATHERR 状态位(INTCON1⟨4⟩)在软件中检测到算术错误陷阱。要避免反复进入陷阱服务程序，必须在用 RETFIE 指令从陷阱返回之前用软件清 0 MATHERR 状态标志位。在 MATHERR 状态位被清 0 之前，所有会引起陷阱的条件都必须被清除。如果陷阱是由于累加器溢出而产生的，OA 和 OB 状态位(SR⟨15:14⟩)必须被清 0。OA 和 OB 状态位是只读的，因此用户必须用软件在溢出的累加器上执行无效操作(比如加 0)，从而使得硬件能够清 0 OA 或 OB 状态位。

(2) 堆栈错误陷阱(优先级 12)

复位时，堆栈初始化为 0x0800。只要堆栈指针地址小于 0x0800，就会产生堆栈错误陷阱。有一个与堆栈指针相关的堆栈极限寄存器(SPLIM)，在复位时不初始化。在对 SPLIM 进行字写操作之前，不使能堆栈溢出检测。

所有将 W15 用作源或目标指针而产生的有效地址(EA)将与 SPLIM 中的值作比较，如果 EA 大于 SPLIM 寄存器中的内容，将产生堆栈错误陷阱。此外，如果 EA 计算值超过了数据空间的结束地址(0xFFFF),也会产生堆栈错误陷阱。

可以在软件中通过查询 STKERR 状态位(INTCON1<2>)检测堆栈错误。要避免再次进入陷阱服务程序,必须在 RETFIE 指令从陷阱返回之前用软件清 0 STKERR 状态标志位。

(3) 地址错误陷阱(优先级 13)

以下事件中的任何一件都会导致地址错误陷阱产生:
- dsPIC30F CPU 要求所有字访问与一个偶地址边界对齐。因此,当执行了一条有效地址的最低位为 1 的字访问指令时产生该错误。
- 一条位操作指令使用有效地址的最低位为 1 的间接寻址模式。
- 试图从未用的数据地址空间获取数据。
- 执行"BRA ♯literal"指令或"GOTO ♯literal"指令,其中 literal 是未用的程序存储器地址。
- 修改 PC 使其指向未用的程序存储器地址后,执行指令。

只要发生地址错误陷阱,数据空间的写操作就会被禁止,因此数据就不会遭到破坏。可以通过查询 ADDRERR 状态位(INTCON1<3>)用软件检测到地址错误。要避免重复进入陷阱服务程序,必须在用 RETFIE 指令从陷阱返回之前用软件清 0 ADDRERR 状态标志位。

(4) 振荡器故障陷阱(优先级 14)

以下事件中的任何一件发生都将会产生振荡器故障陷阱:
- 故障保护时钟监视器(FSCM)被使能并检测到系统丢失时钟。
- 在使用 PLL 的正常工作期间检测到 PLL 失锁。
- FSCM 被使能且 PLL 在上电复位(POR)时锁定失败。

通过查询 OSCFAIL 状态位(INTCON1<1>)或 CF 状态位(OSCCON<3>)可以检测到振荡器故障陷阱事件。要避免重复进入陷阱服务程序,必须在用 RETFIE 指令从陷阱返回之前用软件清 0 OSCFAIL 状态标志位。

1.4.2 中断优先级

共有 16 个优先级(0~15),序号越大优先级越高。其中中断源可以编程使用优先级 0~7,而优先级 8~15 是为陷阱源保留的,陷阱源的优先级是不变的。

注意编程为优先级 0 的中断源相当于中断禁止,因为它的优先级永远不会大于 CPU 的优先级。

以下 4 个状态位用于显示当前的 CPU 优先级:
- SR<7:5>中的 IPL2~0 状态位;
- CORCON<3>中的 IPL3 状态位。

IPL2~0 状态位是可读/写的,这样用户可以修改这些位以禁止所有优先级低于给定优先级的中断源。可通过设置 IPL2~0=111 禁止所有用户中断源。

第 1 章 dsPIC30F6010 DSC

当 IPL3 位置 1 时,表示正在处理陷阱事件。用户可以清 0 IPL3 位,但不能将其置 1。

可以为每个外设中断源分配 7 个优先级之一,对 IPCx 寄存器的设置来实现优先级的选择。优先级 1 为最低优先级,优先级 7 为最高优先级,如果将中断源相关 IPC 位全部清 0,则中断源被有效禁止。

根据每个中断源在 IVT 中的位置,它们都有一个自然的优先级顺序,中断向量的编号越小,自然优先级越高。任何待处理的中断源的总优先级都首先由该中断源在 IPCx 寄存器中用户设置的优先级决定,然后由 IVT 中的自然顺序优先级决定。自然优先级顺序只用于解决具有相同用户设置优先级的中断之间的冲突。

注意:当中断嵌套禁止时,IPL2~0 位变成只读位。

1.4.3 中断控制及状态寄存器

除了 SR 和 CORCON 寄存器外,还有 20 个寄存器与中断有关。

(1) 中断控制寄存器 1(INTCON1)

中断控制寄存器 1 的地址是 0x0080,复位值为 0x0000。各位功能见表 1-20。

表 1-20 中断控制寄存器 1 各位功能

位	符号	操作	功能
15	NSTDIS	R/W	中断嵌套禁止位。1=禁止中断嵌套;0=使能中断嵌套
14~11	未用	—	读作 0
10	OVATE	R/W	累加器 A 溢出陷阱使能位。1=累加器 A 溢出陷阱使能;0=禁止陷阱
9	OVBTE	R/W	累加器 B 溢出陷阱使能位。1=累加器 B 溢出陷阱使能;0=禁止陷阱
8	COVTE	R/W	灾难性溢出陷阱使能位。1=使能累加器 A 或 B 的灾难性溢出时的陷阱;0=禁止陷阱
7~5	未用	—	读作 0
4	MATHERR	R/W	算术错误状态位。1=发生了溢出陷阱;0=未发生溢出陷阱
3	ADDRERR	R/W	地址错误陷阱状态位。1=发生了地址错误陷阱;0=未发生地址错误陷阱
2	STKERR	R/W	堆栈错误陷阱状态位。1=发生了堆栈错误陷阱;0=未发生堆栈错误陷阱
1	OSCFAIL	R/W	振荡器故障陷阱状态位。1=发生了振荡器故障陷阱;0=未发生振荡器故障陷阱
0	未用	—	读作 0

(2) 中断控制寄存器 2(INTCON2)

中断控制寄存器 2 的地址是 0x0082,复位值为 0x0000,各位功能见表 1-21。

表 1-21 中断控制寄存器 2 各位功能

位	符号	操作	功能
15	ALTIVT	R/W	使能备用中断向量表位。1=使用备用向量表;0=使用标准(默认)向量表
14	DISI	R	DISI 指令状态位。1=DISI 指令有效;0=DISI 指令无效
13~5	未用	—	读作 0
4	INT4EP	R/W	外部中断 4 边沿检测极性选择位。1=负边沿处中断;0=正边沿处中断
3	INT3EP	R/W	外部中断 3 边沿检测极性选择位。1=负边沿处中断;0=正边沿处中断
2	INT2EP	R/W	外部中断 2 边沿检测极性选择位。1=负边沿处中断;0=正边沿处中断
1	INT1EP	R/W	外部中断 1 边沿检测极性选择位。1=负边沿处中断;0=正边沿处中断
0	INT0EP	R/W	外部中断 0 边沿检测极性选择位。1=负边沿处中断;0=正边沿处中断

(3) 中断标志状态寄存器 0(IFS0)

中断标志状态寄存器 0 的地址是 0x0084,复位值为 0x0000,各位功能见表 1-22。

表 1-22 中断标志状态寄存器 0 各位功能

位	符号	操作	功能
15	CNIF	R/W	输入变化通知标志状态位。1=发生中断请求;0=未发生中断请求
14	MI2CIF	R/W	I^2C 总线冲突标志状态位。1=发生中断请求;0=未发生中断请求
13	SI2CIF	R/W	I^2C 传输完成中断标志状态位。1=发生中断请求;0=未发生中断请求
12	NVMIF	R/W	非易失性存储器写完成中断标志状态位。1=发生中断请求;0=未发生中断请求
11	ADIF	R/W	A/D 转换完成中断标志状态位。1=发生中断请求;0=未发生中断请求
10	U1TXIF	R/W	UART1 发送器中断标志状态位。1=发生中断请求;0=未发生中断请求
9	U1RXIF	R/W	UART1 接收器中断标志状态位。1=发生中断请求;0=未发生中断请求
8	SPI1IF	R/W	SPI1 中断标志状态位。1=发生中断请求;0=未发生中断请求
7	T3IF	R/W	Timer3 中断标志状态位。1=发生中断请求;0=未发生中断请求
6	T2IF	R/W	Timer2 中断标志状态位。1=发生中断请求;0=未发生中断请求
5	OC2IF	R/W	输出比较通道 2 中断标志状态位。1=发生中断请求;0=未发生中断请求
4	IC2IF	R/W	输入捕捉通道 2 中断标志状态位。1=发生中断请求;0=未发生中断请求
3	T1IF	R/W	Timer1 中断标志状态位。1=发生中断请求;0=未发生中断请求
2	OC1IF	R/W	输出比较通道 1 中断标志状态位。1=发生中断请求;0=未发生中断请求
1	IC1IF	R/W	输入捕捉通道 1 中断标志状态位。1=发生中断请求;0=未发生中断请求
0	INT0IF	R/W	外部中断 0 标志状态位。1=发生中断请求;0=未发生中断请求

第1章 dsPIC30F6010 DSC

(4) 中断标志状态寄存器1(IFS1)

中断标志状态寄存器1的地址是0x0086,复位值为0x0000,各位功能见表1-23。

表1-23 中断标志状态寄存器1各位功能

位	符号	操作	功能
15	IC6IF	R/W	输入捕捉通道6中断标志状态位。1=发生中断请求;0=未发生中断请求
14	IC5IF	R/W	输入捕捉通道5中断标志状态位。1=发生中断请求;0=未发生中断请求
13	IC4IF	R/W	输入捕捉通道4中断标志状态位。1=发生中断请求;0=未发生中断请求
12	IC3IF	R/W	输入捕捉通道3中断标志状态位。1=发生中断请求;0=未发生中断请求
11	C1IF	R/W	CAN1(组合的)中断标志状态位。1=发生中断请求;0=未发生中断请求
10	SPI2IF	R/W	SPI2中断标志状态位。1=发生中断请求;0=未发生中断请求
9	U2TXIF	R/W	UART2发送器中断标志状态位。1=发生中断请求;0=未发生中断请求
8	U2RXIF	R/W	UART2接收器中断标志状态位。1=发生中断请求;0=未发生中断请求
7	INT2IF	R/W	外部中断2标志状态位。1=发生中断请求;0=未发生中断请求
6	T5IF	R/W	Timer5中断标志状态位。1=发生中断请求;0=未发生中断请求
5	T4IF	R/W	Timer4中断标志状态位。1=发生中断请求;0=未发生中断请求
4	OC4IF	R/W	输出比较通道4中断标志状态位。1=发生中断请求;0=未发生中断请求
3	OC3IF	R/W	输出比较通道3中断标志状态位。1=发生中断请求;0=未发生中断请求
2	IC8IF	R/W	输入捕捉通道8中断标志状态位。1=发生中断请求;0=未发生中断请求
1	IC7IF	R/W	输入捕捉通道7中断标志状态位。1=发生中断请求;0=未发生中断请求
0	INT1IF	R/W	外部中断1标志状态位。1=发生中断请求;0=未发生中断请求

(5) 中断标志状态寄存器2(IFS2)

中断标志寄存器2的地址是0x0088,复位值为0x0000,各位功能见表1-24。

表1-24 中断标志状态寄存器2各位功能

位	符号	操作	功能
15~13	未用	—	读作0
12	FLTBIF	R/W	故障B输入中断标志状态位。1=发生中断请求;0=未发生中断请求
11	FLTAIF	R/W	故障A输入中断标志状态位。1=发生中断请求;0=未发生中断请求
10	LVDIF	R/W	可编程的低电压检测中断标志状态位。1=发生中断请求;0=未发生中断请求
9	未用	—	读作0
8	QEIIF	R/W	正交编码器接口中断标志状态位。1=发生中断请求;0=未发生中断请求

续表 1-24

位	符号	操作	功能
7	PWMIF	R/W	电机控制脉宽调制中断标志状态位。1=发生中断请求;0=未发生中断请求
6	C2IF	R/W	CAN2(组合的)中断标志状态位。1=发生中断请求;0=未发生中断请求
5	INT4IF	R/W	外部中断4标志状态位。1=发生中断请求;0=未发生中断请求
4	INT3IF	R/W	外部中断3标志状态位。1=发生中断请求;0=未发生中断请求
3	OC8IF	R/W	输出比较通道8中断标志状态位。1=发生中断请求;0=未发生中断请求
2	OC7IF	R/W	输出比较通道7中断标志状态位。1=发生中断请求;0=未发生中断请求
1	OC6IF	R/W	输出比较通道6中断标志状态位。1=发生中断请求;0=未发生中断请求
0	OC5IF	R/W	输出比较通道5中断标志状态位。1=发生中断请求;0=未发生中断请求

(6) 中断使能控制寄存器 0(IEC0)

中断使能控制寄存器 0 的地址是 0x008C,复位值为 0x0000,各位功能见表 1-25。

表 1-25 中断使能控制寄存器 0 各位功能

位	符号	操作	功能
15	CNIE	R/W	输入变化通知中断使能位。1=使能中断请求;0=禁止中断请求
14	MI2CIE	R/W	I^2C 总线冲突中断使能位。1=使能中断请求;0=禁止中断请求
13	SI2CIE	R/W	I^2C 传输结束中断使能位。1=使能中断请求;0=禁止中断请求
12	NVMIE	R/W	非易失性存储器写完成中断使能位。1=使能中断请求;0=禁止中断请求
11	ADIE	R/W	A/D转换完成中断使能位。1=使能中断请求;0=禁止中断请求
10	U1TXIE	R/W	UART1发送器中断使能位。1=使能中断请求;0=禁止中断请求
9	U1RXIE	R/W	UART1接收器中断使能位。1=使能中断请求;0=禁止中断请求
8	SPI1IE	R/W	SPI1中断使能位。1=使能中断请求;0=禁止中断请求
7	T3IE	R/W	Timer3中断使能位。1=使能中断请求;0=禁止中断请求
6	T2IE	R/W	Timer2中断使能位。1=使能中断请求;0=禁止中断请求
5	OC2IE	R/W	输出比较通道2中断使能位。1=使能中断请求;0=禁止中断请求
4	IC2IE	R/W	输入捕捉通道2中断使能位。1=使能中断请求;0=禁止中断请求
3	T1IE	R/W	Timer1中断使能位。1=使能中断请求;0=禁止中断请求
2	OC1IE	R/W	输出比较通道1中断使能位。1=使能中断请求;0=禁止中断请求
1	IC1IE	R/W	输入捕捉通道1中断使能位。1=使能中断请求;0=禁止中断请求
0	INT0IE	R/W	外部中断0中断使能位。1=使能中断请求;0=禁止中断请求

(7) 中断使能控制寄存器1(IEC1)

中断使能控制寄存器1的地址是0x008E,复位值为0x0000,各位功能见表1-26。

表1-26 中断使能控制寄存器1各位功能

位	符号	操作	功能
15	IC6IE	R/W	输入捕捉通道6中断使能位。1=使能中断请求;0=禁止中断请求
14	IC5IE	R/W	输入捕捉通道5中断使能位。1=使能中断请求;0=禁止中断请求
13	IC4IE	R/W	输入捕捉通道4中断使能位。1=使能中断请求;0=禁止中断请求
12	IC3IE	R/W	输入捕捉通道3中断使能位。1=使能中断请求;0=禁止中断请求
11	C1IE	R/W	CAN1(组合的)中断使能位。1=使能中断请求;0=禁止中断请求
10	SPI2IE	R/W	SPI2中断使能位。1=使能中断请求;0=禁止中断请求
9	U2TXIE	R/W	UART2发送器中断使能位。1=使能中断请求;0=禁止中断请求
8	U2RXIE	R/W	UART2接收器中断使能位。1=使能中断请求;0=禁止中断请求
7	INT2IE	R/W	外部中断2使能位。1=使能中断请求;0=禁止中断请求
6	T5IE	R/W	Timer5中断使能位。1=使能中断请求;0=禁止中断请求
5	T4IE	R/W	Timer4中断使能位。1=使能中断请求;0=禁止中断请求
4	OC4IE	R/W	输出比较通道4中断标志状态位。1=使能中断请求;0=禁止中断请求
3	OC3IE	R/W	输出比较通道3中断使能位。1=使能中断请求;0=禁止中断请求
2	IC8IE	R/W	输入捕捉通道8中断使能位。1=使能中断请求;0=禁止中断请求
1	IC7IE	R/W	输入捕捉通道7中断使能位。1=使能中断请求;0=禁止中断请求
0	INT1IE	R/W	外部中断1使能位。1=使能中断请求;0=禁止中断请求

(8) 中断使能控制寄存器2(IEC2)

中断使能控制寄存器2的地址是0x0090,复位值为0x0000,各位功能见表1-27。

表1-27 中断使能控制寄存器2各位功能

位	符号	操作	功能
15~13	未用	—	读作0
12	FLTBIE	R/W	故障B输入中断使能位。1=使能中断请求;0=禁止中断请求
11	FLTAIE	R/W	故障A输入中断使能位。1=使能中断请求;0=禁止中断请求
10	LVDIE	R/W	可编程的低电压检测中断使能位。1=使能中断请求;0=禁止中断请求
9	未用	—	读作0
8	QEIIE	R/W	正交编码器接口中断使能位。1=使能中断请求;0=禁止中断请求

续表 1-27

位	符号	操作	功能
7	PWMIE	R/W	电机控制脉宽调制中断使能位。1=使能中断请求;0=禁止中断请求
6	C2IE	R/W	CAN2(组合的)中断使能位。1=使能中断请求;0=禁止中断请求
5	INT4IE	R/W	外部中断 4 使能位。1=使能中断请求;0=禁止中断请求
4	INT3IE	R/W	外部中断 3 使能位。1=使能中断请求;0=禁止中断请求
3	OC8IE	R/W	输出比较通道 8 中断使能位。1=使能中断请求;0=禁止中断请求
2	OC7IE	R/W	输出比较通道 7 中断状态位。1=使能中断请求;0=禁止中断请求
1	OC6IE	R/W	输出比较通道 6 中断使能位。1=使能中断请求;0=禁止中断请求
0	OC5IE	R/W	输出比较通道 5 中断使能位。1=使能中断请求;0=禁止中断请求

(9) 中断优先级控制寄存器(IPC)

有 12 个中断优先级控制寄存器 IPC x,每个寄存器控制 4 个中断源的优先级。将优先级数写入该寄存器的相应位就能设置该中断源的优先级。

表 1-28 列出每个中断优先级控制寄存器控制哪些中断源。

表 1-28 中断优先级控制寄存器各位功能

寄存器名	地址	复位值	位 15～12	位 11～8	位 7～4	位 3～0
IPC0	0x0094	0x4444	Timer1	输出比较通道 1	输入捕捉通道 1	外部中断 0
IPC1	0x0096	0x4444	Timer3	Timer2	输出比较通道 2	输入捕捉通道 2
IPC2	0x0098	0x4444	A/D 转换完成	UART1 发送器	UART1 接收器	SPI1
IPC3	0x009A	0x4444	输入变化通知	I²C 总线冲突	I²C 传输完成	非易失性存储器写
IPC4	0x009C	0x4444	输出比较通道 3	输入捕捉通道 8	输入捕捉通道 7	外部中断 1
IPC5	0x009E	0x4444	外部中断 2	Timer5	Timer4	输出比较通道 4
IPC6	0x00A0	0x4444	CAN1	SPI2	UART2 发送器	UART2 接收器
IPC7	0x00A2	0x4444	输入捕捉通道 6	输入捕捉通道 5	输入捕捉通道 4	输入捕捉通道 3
IPC8	0x00A4	0x4444	输出比较通道 8	输出比较通道 7	输出比较通道 6	输出比较通道 5
IPC9	0x00A6	0x4444	电机控制脉宽调制	CAN2	外部中断 4	外部中断 3
IPC10	0x00A8	0x4404	故障 A 输入	可编程低压检测	—	正交编码器接口
IPC11	0x00AA	0x0004	—	—	—	故障 B 输入

1.5 定时器

dsPIC30F6010 有 5 个通用定时器,其中不包括专用定时器,例如 PWM 模块和编码器接口等所用的定时器。这些定时器可以单独使用,也可以成对组成 32 位定时器使用。

1.5.1 定时器分类

dsPIC30F6010 的定时器可分成 3 类:A 类、B 类和 C 类。

1. A 类定时器

Timer1 是 A 类定时器。A 类定时器与其他类型的定时器相比,有下列独特的功能:
- 可以使用器件的低功耗 32 kHz 振荡器作为时钟源工作;
- 可以在使用外部时钟源的异步模式下工作。

A 类定时器独特的功能使它可以用于实时时钟(Real-Time Clock,RTC)应用。

图 1-20 是 A 类定时器的功能框图。

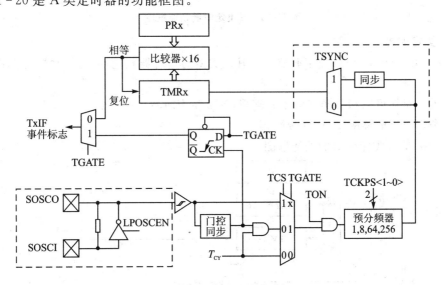

图 1-20 A 类定时器功能框图

2. B 类定时器

Timer2 和 Timer4 是 B 类定时器。与其他类型的定时器相比,B 类定时器有下列独特的功能:
- B 类定时器可以和 C 类定时器相连形成 32 位定时器,其中 B 类定时器的 TxCON 寄存器拥有 T32 控制位,用来使能 32 位定时器功能。
- B 类定时器的时钟同步在预分频逻辑后执行。

图1-21是B类定时器的功能框图。

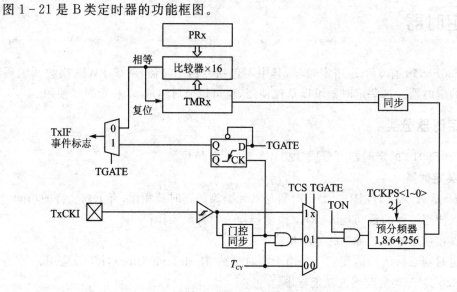

图1-21 B类定时器功能框图

3. C类定时器

Timer3和Timer5是C类定时器。与其他类型的定时器相比，C类定时器有下列独特的功能：

➢ C类定时器可以和B类定时器相连形成32位定时器。
➢ C类定时器能够触发A/D转换。

图1-22是C类定时器的功能框图。

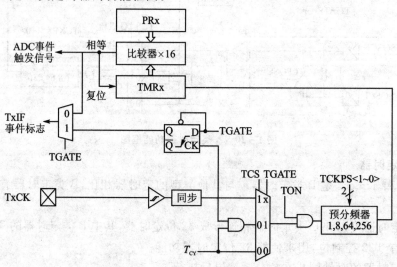

图1-22 C类定时器功能框图

第1章 dsPIC30F6010 DSC

1.5.2 定时器控制寄存器

除了定时计数器 TMRx 和周期寄存器 PRx 外,每个定时器都有定时器控制寄存器,用于对定时器进行控制。

(1) A 类型时基寄存器(TxCON)

A 类型时基寄存器的地址是 0x0104,复位值为 0x0000,各位功能见表 1-29。

表 1-29 A 类型时基寄存器各位功能

位	符号	操作	功能
15	TON	R/W	定时器开控制位。1=启动定时器;0=停止定时器
14	—	—	不用,读作 0
13	TSIDL	R/W	空闲模式停止位。1=当器件进入空闲模式时,定时器不工作;0=在空闲模式时,定时器继续工作
12~7	—	—	不用,读作 0
6	TGATE	R/W	定时器门控时间累加使能位。1=门控时间累加使能;0=门控时间累加禁止。(当 TGATE=1 时,TCS 必须设置为 0;如果 TCS=1,该位读作 0)
5~4	TCKPS1~0	R/W	定时器输入时钟预分频选择位。11=预分频比是 1:256;10=预分频比是 1:64;01=预分频比是 1:8;00=预分频比是 1:1
3	—	—	不用,读作 0
2	TSYNC	R/W	定时器外部时钟输入同步选择位。当 TCS=1 时,1=同步外部时钟输入;0=不同步外部时钟输入。当 TCS=0 时,Timer1 使用内部时钟,此位忽略,读作 0
1	TCS	R/W	定时器时钟源选择位。1=来自 TxCK 引脚的外部时钟;0=内部时钟($F_{OSC}/4$)
0	—	—	不用,读作 0

(2) B 类型时基寄存器(TxCON)

B 类型时基寄存器的地址是 0x0110 和 0x011E,复位值是 0x0000,各位功能见表 1-30。

表 1-30 B 类型时基寄存器各位功能

位	符号	操作	功能
15	TON	R/W	定时器开控制位。当处于 32 位定时器模式时,1=启动 32 位 TMRx:TMRy 定时器对;0=停止 32 位 TMRx:TMRy 定时器对。当处于 16 位定时器模式时,1=启动 16 位定时器;0=停止 16 位定时器
14	—	—	不用,读作 0
13	TSIDL	R/W	空闲模式停止位。1=当器件进入空闲模式时,定时器停止工作;0=在空闲模式时,定时器继续工作

续表 1-30

位	符号	操作	功能
12~7	—	—	不用,读作 0
6	TGATE	R/W	定时器门控时间累加使能位。1=门控时间累加使能;0=门控时间累加禁止。(当 TGATE=1 时,TCS 必须设置为 0;如果 TCS=1,该位读作 0)
5~4	TCKPS1~0	R/W	定时器输入时钟预分频选择位。11=预分频比是 1∶256;10=预分频比是 1∶64;01=预分频比是 1∶8;00=预分频比是 1∶1
3	T32	R/W	32 位定时器模式选择位。1=TMRx 和 TMRy 形成 32 位定时器;0=TMRx 和 TMRy 是独立的 16 位定时器。
2	—	—	不用,读作 0
1	TCS	R/W	定时器时钟源选择位。1=来自 TxCK 引脚的外部时钟;0=内部时钟($F_{OSC}/4$)
0	—	—	不用,读作 0

(3) C 类型时基寄存器(TxCON)

C 类型时基寄存器的地址是 0x0112,0x0120,复位值为 0x0000,各位功能见表 1-31。

表 1-31　C 类型时基寄存器各位功能

位	符号	操作	功能
15	TON	R/W	定时器开控制位。1=启动 16 位定时器;0=停止 16 位定时器
14	—	—	不用,读作 0
13	TSIDL	R/W	空闲模式停止位。1=当器件进入空闲模式时,定时器停止工作;0=在空闲模式时,定时器继续工作
12~7	—	—	不用,读作 0
6	TGATE	R/W	定时器门控时间累加使能位。1=门控时间累加使能;0=门控时间累加禁止。(当 TGATE=1 时,TCS 必须设置为 0;如果 TCS=1,该位读作 0)
5~4	TCKPS1~0	R/W	定时器输入时钟预分频选择位。11=预分频比是 1∶256;10=预分频比是 1∶64;01=预分频比是 1∶8;00=预分频比是 1∶1
3~2	—	—	不用,读作 0
1	TCS	R/W	定时器时钟源选择位。1=来自 TxCK 引脚的外部时钟;0=内部时钟($F_{OSC}/4$)
0	—	—	不用,读作 0

1.5.3 定时器工作模式

每个定时器模块可以工作在以下几种模式之一：
- 作为同步定时器；
- 作为同步计数器；
- 作为门控定时器；
- 作为异步计数器(仅 A 类时基)。

1. 定时器模式

所有类型的定时器都可以在定时器模式下工作。通过清 0 TCS 控制位(TxCON<1>)选择定时器模式。采用这种模式时，定时器的输入时钟由内部系统时钟($F_{osc}/4$)提供。例如图 1-21，T_{cy}的时钟序列通过分频器使 TMRx 累加，当 TMRx 与 PRx 寄存器中的内容相等时，产生中断申请。

2. 同步计数器模式

当 TCS 控制位(TxCON<1>)置 1 时，定时器的时钟源由外部提供，所选的定时器在 TxCK 引脚上的输入时钟的每个上升沿进行加 1 计数。

必须对 A 类时基使能外部时钟同步，通过将 TSYNC 控制位(TxCON<2>)置 1 来实现这种同步。对于 B 类和 C 类时基，外部时钟输入总是与系统指令周期时钟 T_{CY}同步。

例如图 1-21，TxCK 引脚上输入的时钟序列通过分频器使 TMRx 累加，当 TMRx 和 PRx 寄存器中的内容相等时，产生中断申请。

当定时器在同步计数器模式下工作时，对外部时钟高电平和低电平有最短时间的要求。通过在一个指令周期内的两个不同时间对外部时钟信号进行采样，可以实现外部时钟源与器件指令时钟的同步。

使用同步的外部时钟源工作的定时器在睡眠模式下不工作，因为同步电路在睡眠模式下是关闭的。

3. 异步计数器模式

通过使用连接到 TxCK 引脚输入的外部时钟源，A 类时基能够在异步计数模式下工作。当 TSYNC 控制位(TxCON<2>)清 0 时，外部时钟输入不与内部系统时钟源同步。该时基继续进行与内部器件时钟异步的递增计数。

异步工作的时基对于以下应用是有益的：
- 时基可以在睡眠模式下工作，并能够在发生周期寄存器匹配时产生中断，唤醒处理器。
- 在实时时钟应用中，可以使用低功耗 32 kHz 振荡器作为时基的时钟源。

4. 门控模式

门控模式允许内部定时器寄存器对在 TxCK 引脚上的高电平时间进行递增计数，也就是测量 TxCK 引脚上的高电平时间。在这种模式下，例如图 1-21，来自 TxCK 引脚上的电平信号通过门控同步与内部系统时钟 T_{cy} 相"与",再通过分频器连接到 TMRx。当 TxCK 引脚为高电平状态时,TMRx 递增计数,直到发生周期匹配或 TxCK 引脚变为低电平状态。引脚状态从高电平到低电平的转变会使 TxIF 中断标志位置1。

将 TGATE 控制位(TxCON<6>)置1来使能门控模式,同时要使能定时器(TON=1),并且把内部时钟设置为定时器时钟源(TCS=0)。

当加在 TxCK 引脚上的信号出现上升沿时,门控控制电路开始工作;当加在 TxCK 引脚上的信号出现下降沿时,门控控制电路终止工作。当外部门控信号为高电平时,对应的定时器将进行递增计数。

门控信号的下降沿会终止计数工作,但是不会复位定时器。如果想让定时器在门控输入信号的下一个上升沿出现时从零开始计数,用户必须用软件复位该定时器。

1.5.4 32位定时器

B类和C类16位定时器模块可以组合形成32位定时器模块。C类时基成为32位定时器的高16位,而B类时基成为低16位。

当配置为32位定时器工作时,B类时基的控制位控制32位定时器的工作。C类时基的 TxCON 寄存器中的控制位不起作用。

组合的32位定时器使用C类时基的中断使能、中断标志和中断优先级控制位进行中断控制。不使用B类时基的中断控制和状态位。

以下是假设 Timer2 与 Timer3 组合的设置例子:
- TON(T2CON<15>)=1。
- T32(T2CON<3>)=1。
- TCKPS1~0 (T2CON<5:4>)用于为 Timer2 设置预分频器模式(B类时基)。
- TMR3:TMR2 寄存器对组成定时器模块的32位值;TMR3(C类型时基)寄存器是该32位定时器值的最高有效字,而 TMR2(B类型时基)寄存器是该32位定时器值的最低有效字。
- PR3:PR2 寄存器对组成了32位周期值,该值用于与 TMR3:TMR2 定时器值作比较。
- T3IE(IEC0<7>)用于允许该配置的32位定时器中断。
- T3IF(IFS0<7>)用于该定时器中断的状态标志。
- T3IP2~0(IPC1<14:12>)为该32位定时器设置中断优先级。
- T3CON<15:0>是无关位。

图1-23给出了使用 Timer2 和 Timer3 的32位定时器模块示例的框图。

组成的32位定时器也有同步定时器工作模式、同步计数器工作模式、模块工作模式,但没有异步计数器工作模式。32位的工作模式与16位的相同。

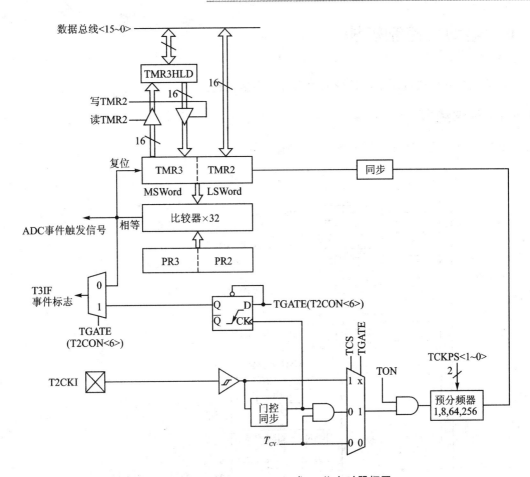

图1-23 TMR2和TMR3组成32位定时器框图

为了使32位读/写操作在32位定时器的低16位和高16位之间同步,使用了另外的控制逻辑电路和保持寄存器(参见图1-23)。每个C类时基都有一个称为TMRxHLD的寄存器,当读或写该定时器寄存器对时使用它。只有其对应的定时器被配置为32位工作时才会使用TMRxHLD寄存器。

假设TMR3:TMR2形成一个32位定时器对。用户应该首先从TMR2寄存器读取定时器值的低16位,读低16位将会自动地把TMR3的内容传送给TMR3HLD寄存器。然后用户可以读TMR3HLD,以得到定时器值的高16位。

要将值写入TMR3:TMR2寄存器对,用户应该首先将高16位写入TMR3HLD寄存器。当定时器值的低16位被写入TMR2时,TMR3HLD的内容也将会自动地传送到TMR3寄存器。

1.6 电动机控制模块

电动机控制模块可用于对各种电动机进行实施控制。

1.6.1 模块结构

电动机控制模块功能框图如图 1-24 所示。

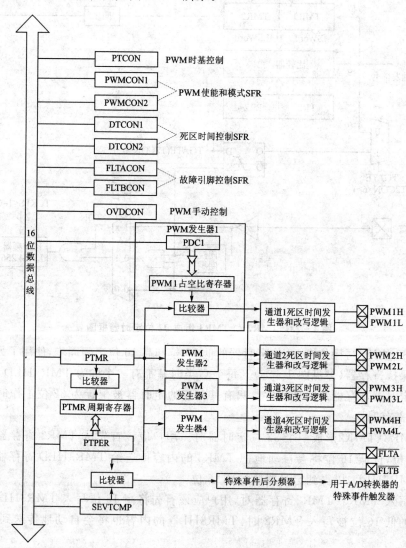

图 1-24 电动机控制模块功能框图

由图 1-24 可见,该模块含有一个周期比较器、4 个 PWM 发生器、4 个通道死区时间发生器和改写逻辑、1 个 A/D 转换触发器、8 个 PWM 输出引脚、2 个故障输入引脚。

专用的计数器 PTMR 不断与周期寄存器进行比较,当相等时产生周期匹配信号。周期匹配信号和 PTMR 清 0 信号与 PWM 发生器的占空比信号共同作用,产生 PWM 输出。对于上下桥臂互补型 PWM 输出,需要插入死区时间。当 PWM 输出需要用户单独控制时,插入改写逻辑。周期匹配信号还与 SEVTCMP 寄存器比较,产生 A/D 转换触发信号。2 个故障输入引脚上的故障信号用于对 PWM 输出的封锁。

1.6.2 模块控制寄存器

以下是该模块起控制作用的寄存器:

1. PWM 时基控制寄存器(PTCON)

PWM 时基控制寄存器用于控制模块的时钟。它的地址是 0x01C0,复位值是 0x0000。PWM 时基控制寄存器的各位功能见表 1-32。

表 1-32 PWM 时基控制寄存器的各位功能

位	符号	操作	功能
15	PTEN	R/W	PWM 时基定时器使能位。1=PWM 时基开启;0=PWM 时基关闭
14	—	—	不用,读作 0
13	PTSIDL	R/W	空闲模式 PWM 时基停止位。1=PWM 时基在 CPU 空闲模式时停止;0=PWM 时基在 CPU 空闲模式时运行
12~8	—	—	不用,读作 0
7~4	PTOPS3~0	R/W	PWM 时基输出后分频比选择位。 1111=1:16 后分频; ⋮ 0001=1:2 后分频; 0000=1:1 后分频
3~2	PTCKPS1~0	R/W	PWM 时基输入时钟预分频比选择位。 11=PWM 时基输入时钟周期为 $64T_{CY}$(1:64 预分频); 10=PWM 时基输入时钟周期为 $16T_{CY}$(1:16 预分频); 01=PWM 时基输入时钟周期为 $4T_{CY}$(1:4 预分频); 00=PWM 时基输入时钟周期为 $1T_{CY}$(1:1 预分频)
1~0	PTMOD1~0	R/W	PWM 时基模式选择位。 11=PWM 时基工作在带双 PWM 更新中断的连续向上/向下模式; 10=PWM 时基工作在连续向上/向下计数模式; 01=PWM 时基工作在单事件模式; 00=PWM 时基工作在自由运行模式

2. PWM 时基寄存器(PTMR)

PWM 时基寄存器的地址是 0x01C2,复位值是 0x0000。PWM 时基寄存器的各位功能见表 1-33。

表 1-33 PWM 时基寄存器的各位功能

位	符号	操作	功能
15	PTDIR	R	PWM 时基计数方向状态位(只读)。1=PWM 时基向下计数;0=PWM 时基向上计数
14~0	PTMR14~0	R/W	PWM 时基寄存器计数值

3. 特殊事件比较寄存器(SEVTCMP)

特殊事件比较寄存器控制 A/D 转换的触发。它的地址是 0x01C6,复位值是 0x0000。特殊事件比较寄存器的各位功能见表 1-34。

表 1-34 特殊事件比较寄存器的各位功能

位	符号	操作	功能
15	SEVTDIR	R/W	特殊事件触发器时基方向位。1=当 PWM 时基向下计数时触发特殊事件;0=当 PWM 时基向上计数时触发特殊事件
14~0	SEVTCMP14~0	R/W	与 PTMR14~0 比较以产生特殊事件触发信号

4. PWM 控制寄存器 1(PWMCON1)

PWM 控制寄存器 1 控制 PWM 输出引脚。它的地址是 0x01C8,复位值是 0x0000。PWM 控制寄存器 1 的各位功能见表 1-35。

表 1-35 PWM 控制寄存器 1 的各位功能

位	符号	操作	功能
15~12	—	—	不用,读作 0
11~8	PMOD4~PMOD1	R/W	PWM I/O 引脚对模式位。1=PWM I/O 引脚对处于独立输出模式;0=PWM I/O 引脚对处于互补输出模式
7~4	PEN4H~PEN1H	R/W	PWMxH I/O 使能位。1=PWMxH 引脚使能为 PWM 输出;0=PWMxH 引脚禁止,I/O 引脚成为通用 I/O
3~0	PEN4L~PEN1L	R/W	PWMxL I/O 使能位。1=PWMxL 引脚使能为 PWM 输出;0=PWMxL 引脚禁止,I/O 引脚成为通用 I/O

5. PWM 控制寄存器 2(PWMCON2)

PWM 控制寄存器 2 控制特殊事件触发频率、同步和更新。它的地址是 0x01CA,复位值

第1章 dsPIC30F6010 DSC

是 0x0000。PWM 控制寄存器 2 的各位功能见表 1-36。

表 1-36 PWM 控制寄存器 2 的各位功能

位	符号	操作	功能
15~12	—	—	不用,读作 0
11~8	SEVOPS3~0	R/W	PWM 特殊事件触发器输出后分频比选择位。 1111=1:16 后分频; ⋮ 0001=1:2 后分频; 0000=1:1 后分频
7~2	—	—	不用,读作 0
1	OSYNC	R/W	输出改写同步位。1=通过设置 OVDCON 寄存器,使得输出改写与 PWM 时基同步;0=通过设置 OVDCON 寄存器使得输出改写在下一个 T_{CY} 边沿发生
0	UDIS	R/W	PWM 更新禁止位。1=禁止从占空比和周期缓冲寄存器更新;0=使能从占空比周期缓冲寄存器更新

6. 死区时间控制寄存器 1(DTCON1)

死区时间控制寄存器 1 控制死区单元预分频。它的地址是 0x01CC,复位值是 0x0000。死区时间控制寄存器 1 的各位功能见表 1-37。

表 1-37 死区时间控制寄存器 1 的各位功能

位	符号	操作	功能
15~14	DTBPS1~0	R/W	死区时间单元 B 预分频比选择位。 11=死区时间单元 B 的时钟周期为 $8T_{CY}$; 10=死区时间单元 B 的时钟周期为 $4T_{CY}$; 01=死区时间单元 B 的时钟周期为 $2T_{CY}$; 00=死区时间单元 B 的时钟周期为 T_{CY}
13~8	DTB5~0	R/W	死区时间单元 B 的无符号 6 位死区时间值
7~6	DTAPS1~0	R/W	死区时间单元 A 预分频比选择位。 11=死区时间单元 A 的时钟周期为 $8T_{CY}$; 10=死区时间单元 A 的时钟周期为 $4T_{CY}$; 01=死区时间单元 A 的时钟周期为 $2T_{CY}$; 00=死区时间单元 A 的时钟周期为 T_{CY}
5~0	DTA5~0	R/W	死区时间单元 A 的无符号 6 位死区时间值

7. 死区时间控制寄存器 2(DTCON2)

死区时间控制寄存器 2 控制死区时间选择。它的地址是 0x01CE,复位值是 0x0000。死区时间控制寄存器 2 的各位功能见表 1-38。

表 1-38 死区时间控制寄存器 2 的各位功能

位	符号	操作	功能
15~8	—	—	不用,读作 0
7	DTS4A	R/W	PWM4 信号变为有效的死区时间选择位。1＝由单元 B 提供死区时间;0＝由单元 A 提供死区时间
6	DTS4I	R/W	PWM4 信号变为无效的死区时间选择位。1＝由单元 B 提供死区时间;0＝由单元 A 提供死区时间
5	DTS3A	R/W	PWM3 信号变为有效的死区时间选择位。1＝由单元 B 提供死区时间;0＝由单元 A 提供死区时间
4	DTS3I	R/W	PWM3 信号变为无效的死区时间选择位。1＝由单元 B 提供死区时间;0＝由单元 A 提供死区时间
3	DTS2A	R/W	PWM2 信号变为有效的死区时间选择位。1＝由单元 B 提供死区时间;0＝由单元 A 提供死区时间
2	DTS2I	R/W	PWM2 信号变为无效的死区时间选择位。1＝由单元 B 提供死区时间;0＝由单元 A 提供死区时间
1	DTS1A	R/W	PWM1 信号变为有效的死区时间选择位。1＝由单元 B 提供死区时间;0＝由单元 A 提供死区时间
0	DTS1I	R/W	PWM1 信号变为无效的死区时间选择位。1＝由单元 B 提供死区时间;0＝由单元 A 提供死区时间

8. 故障 A 控制寄存器(FLTACON)

故障 A 控制寄存器控制故障 A 的输入。它的地址是 0x01D0,复位值是 0x0000。故障 A 控制寄存器的各位功能见表 1-39。

表 1-39 故障 A 控制寄存器各位功能

位	符号	操作	功能
15~8	FAOV4H~FAOV1L	R/W	故障输入 A PWM 改写值位。1＝PWM 输出引脚在发生外部故障输入事件时驱动为有效;0＝PWM 输出引脚在发生外部故障输入事件时驱动为无效
7	FLTAM	R/W	故障 A 模式位。1＝在逐个周期模式中,故障 A 输入引脚起作用;0＝故障 A 输入引脚将所有控制引脚锁存在 FLTACON<15:8>中编程的状态
6~4	—	—	不用,读作 0
3	FAEN4	R/W	故障输入 A 使能位。1＝PWM4H/PWM4L 引脚对由故障输入 A 控制;0＝PWM4H/PWM4L 引脚对不由故障输入 A 控制

续表 1-39

位	符号	操作	功能
2	FAEN3	R/W	故障输入 A 使能位。1=PWM3H/PWM3L 引脚对由故障输入 A 控制;0=PWM3H/PWM3L 引脚对不由故障输入 A 控制
1	FAEN2	R/W	故障输入 A 使能位。1=PWM2H/PWM2L 引脚对由故障输入 A 控制;0=PWM2H/PWM2L 引脚对不由故障输入 A 控制
0	FAEN1	R/W	故障输入 A 使能位。1=PWM1H/PWM1L 引脚对由故障输入 A 控制;0=PWM1H/PWM1L 引脚对不由故障输入 A 控制

9. 故障 B 控制寄存器(FLTBCON)

故障 B 控制寄存器控制故障 B 的输入。它的地址是 0x01D2,复位值是 0x0000。故障 B 控制寄存器的各位功能见表 1-40。

表 1-40 故障 B 控制寄存器各位功能

位	符号	操作	功能
15~8	FBOV4H~FBOV1L	R/W	故障输入 B PWM 改写值位。1=PWM 输出引脚在发生外部故障输入事件时驱动为有效;0=PWM 输出引脚在发生外部故障输入事件时驱动为无效
7	FLTBM	R/W	故障 B 模式位。1=在逐个周期模式中,故障 B 输入引脚起作用;0=故障 B 输入引脚将所有控制引脚锁存在 FLTBCON<15:8>中编程的状态
6~4	—	—	不用,读作 0
3	FBEN4	R/W	故障输入 B 使能位。1=PWM4H/PWM4L 引脚对由故障输入 B 控制;0=PWM4H/PWM4L 引脚对不由故障输入 B 控制
2	FBEN3	R/W	故障输入 B 使能位。1=PWM3H/PWM3L 引脚对由故障输入 B 控制;0=PWM3H/PWM3L 引脚对不由故障输入 B 控制
1	FBEN2	R/W	故障输入 B 使能位。1=PWM2H/PWM2L 引脚对由故障输入 B 控制;0=PWM2H/PWM2L 引脚对不由故障输入 B 控制
0	FBEN1	R/W	故障输入 B 使能位。1=PWM1H/PWM1L 引脚对由故障输入 B 控制;0=PWM1H/PWM1L 引脚对不由故障输入 B 控制

10. 改写控制寄存器(OVDCON)

改写控制寄存器控制改写操作。它的地址是 0x01D4,复位值是 0xFF00。改写控制寄存器的各位功能见表 1-41。

表1-41 改写控制寄存器各位功能

位	符号	操作	功能
15~8	POVD4H~POVD1L	R/W	PWM输出改写位。1=PWMxx I/O引脚上的输出由PWM发生器控制;0=PWMxx I/O引脚上的输出由相应的POUTxx位中的值控制
7~0	POUT4H~POUT1L	R/W	PWM手动输出位。1=在相应的POVDxx位清0时PWMxx I/O引脚驱动为有效;0=在相应的POVDxx位清0时PWMxx I/O引脚驱动为无效

1.6.3 PWM时基

1. 时基的定时器

PWM时基由一个带有预分频器和后分频器的专用15位定时器提供,如图1-25所示。时基的15位可通过PTMR寄存器访问。PTMR的最高位是一个只读状态位PTDIR,显示

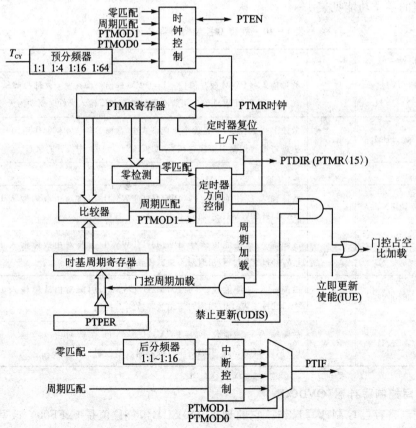

图1-25 PWM时基框图

PWM 时基当前的计数方向。如果 PTDIR 状态位清 0,则表示 PTMR 正在向上计数。如果 PTDIR 置 1,则表示 PTMR 位正在向下计数。

通过置 1/清 0 PTEN 位(PTCON<15>)来使能/禁止时基。当 PTEN 位由软件清 0 时,PTMR 位不会清 0。

PTMR 的输入时钟 T_{CY} 的预分频选项有 1:1、1:4、1:16 或 1:64,通过控制位 PTCKPS1~0(PTCON<3:2>)选择。当发生以下情况中的任何一种时,预分频器计数器清 0:

➢ 对 PTMR 寄存器写;
➢ 对 PTCON 寄存器写;
➢ 任何器件复位。

PTMR 的匹配输出可以选择通过一个 4 位后分频器(可进行 1:1 到 1:16 的分频、包括 1:1 和 1:16),有选择地进行后分频,并产生中断。当 PWM 占空比不需要在每个 PWM 周期被更新时,后分频器非常有用。

当发生以下情况中的任何一种时,后分频器计数器将清 0:

➢ 对 PTMR 寄存器写;
➢ 对 PTCON 寄存器写;
➢ 任何器件复位。

当写入 PTCON 时,PTMR 寄存器不会清 0。

2. 时基的工作模式

PWM 时基有以下 4 种不同的工作模式:

① 自由运行模式。在自由运行模式中,时基将向上计数直到与 PTPER 寄存器中的值发生匹配。PTMR 寄存器在接下来的输入时钟边沿复位,且只要 PTEN 位保持置 1,时基仍将继续向上计数。

② 单事件模式。在单事件计数模式中,PWM 时基在 PTEN 位置 1 时将开始向上计数。当 PTMR 值与 PTPER 寄存器匹配时,PTMR 寄存器将在接下来的输入时钟边沿复位,且由硬件清 0 PTEN 位以停止时基。

③ 连续向上/向下计数模式。在连续向上/向下计数模式中,PWM 时基将向上计数直到与 PTPER 寄存器中的值发生匹配。定时器将在接下来的输入时钟边沿开始向下计数,并继续向下计数直到达到 0。PTDIR 位 PTMR<15> 是只读位,显示计数方向。当定时器向下计数时 PTDIR 位将置 1。

④ 带双更新中断的连续向上/向下计数模式。在一个周期中有两次 PWM 占空比更新,即在周期匹配时和在 PTMR 定时器等于 0 时产生更新,除此之外与连续向上/向下计数模式相同。

这 4 种模式通过 PTMOD1~0 控制位(PTCON<1:0>)来选择。

3. 时基的中断

PWM 时基根据模式选择位 PTMOD1~0(PTCON<1:0>)和时基后分频位 PTOPS3~

0(PTCON<7:4>)产生中断信号。

① 自由运行模式。当 PWM 时基处于自由运行模式(PTMOD1～0＝00)时,在 PTMR 寄存器与 PTPER 寄存器匹配而复位到 0 时,产生中断。在此定时器模式中可以使用后分频选择位以减小中断事件发生的频率。

② 单事件模式。当 PWM 时基处于单事件模式(PTMOD1～0＝01)时,在 PTMR 寄存器与 PTPER 寄存器匹配而复位到 0 时,产生中断。此时,PTEN 位(PTCON<15>)也清 0 以禁止 PTMR 继续加计数。后分频比选择位对此定时器模式没有影响。

③ 连续向上/向下计数模式。在连续向上/向下计数模式(PTMOD1～0＝10)中,每当 PTMR 寄存器的值变为 0 时都会发生中断事件,这时 PWM 时基开始向上计数。在此定时器模式中可使用后分频比选择位以减小中断事件发生的频率。

④ 带双更新的向上/向下计数模式。在双更新的向上/向下计数模式(PTMOD1～0＝11)中,每次 PTMR 寄存器等于 0 和每当发生周期匹配时都产生中断。后分频器选择位对此定时器模式没有影响。

由于 PWM 占空比在每个周期可更新两次,所以双更新模式可使控制循环带宽加倍。PWM 信号的每个上升沿和下降沿都可以用双更新模式控制。

4. 时基的周期

PTPER 寄存器为 PTMR 设置计数周期。用户必须将 15 位值写入 PTMR14～0。当 PTMR14～0 的值与 PTPER 14～0 中的值匹配时,时基将复位为 0,会在下一个时钟输入边沿改变计数方向。具体执行哪一种行为取决于时基的工作模式。

时基周期被双缓冲,以使 PWM 信号可随时更改周期。PTPER 寄存器作为时基周期寄存器的缓冲寄存器,用户不能对时基周期寄存器进行访问。PTPER 寄存器的内容在以下时间装载到时基周期寄存器中:

➢ 自由运行和单事件模式:当 PTMR 寄存器在与 PTPER 寄存器发生匹配后复位到 0 时。

➢ 向上/向下计数模式:当 PTMR 寄存器为 0 时。

当 PWM 时基禁止(PTEN＝0)时,PTPER 寄存器中保存的值被自动装入时基周期寄存器。

图 1-26 和图 1-27 分别表示了自由运行和向上/向下计数模式时在将 PTPER 寄存器中的值装入时基周期寄存器的时间。

向上/向下计数模式 PWM 的周期可以用以下公式确定:

$$\text{PTPER} = \frac{F_{CY}}{F_{PWM} \times (\text{PTMR 预分频比}) \times 2} - 1 \tag{1-2}$$

例如:$F_{CY}=20$ MHz,$F_{PWM}=20\,000$ Hz,PTMR 预分频比=1:1,则 PTPER 中的值为:

第 1 章　dsPIC30F6010 DSC

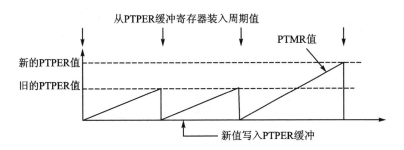

图 1-26　自由运行计数模式中 PWM 周期缓冲寄存器的更新

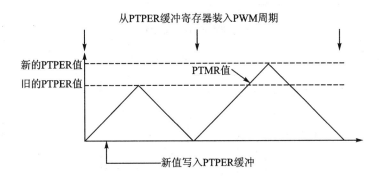

图 1-27　向上/向下计数模式中 PWM 周期缓冲寄存器的更新

$$\text{PTPER} = \frac{20\,000\,000}{20\,000 \times 1 \times 2} - 1 = 499$$

1.6.4　PWM 占空比比较单元

PWM 模块有 4 个 PWM 发生器，因此有 4 个 16 位 PWM 占空比寄存器 PDC1、PDC2、PDC3 和 PDC4，用于为 PWM 发生器指定占空比值。

PWM 模块能够产生精度为 $T_{CY}/2$ 的 PWM 信号沿。预分频比为 1∶1 时，PTMR 在每个 T_{CY} 进行加计数。为了达到 $T_{CY}/2$ 边沿精度，PDCx<15∶1>与 PTMR14～0 进行了比较，以判断占空比是否匹配。PDCx<0>确定 PWM 信号边沿在 T_{CY} 边界发生还是在 $T_{CY}/2$ 边界发生。当 PWM 时基预分频比为 1∶4、1∶16 或 1∶64 时，PDCx<0>与预分频器计数器时钟的最高有效位进行比较，确定发生 PWM 边沿的时间。图 1-28 是占空比比较逻辑。

1. 边沿对齐的 PWM 占空比

当 PWM 时基工作在自由运行模式时，模块产生边沿对齐的 PWM 信号。给定 PWM 通道的输出信号的周期由装入 PTPER 的值指定，其占空比则由相应的 PDCx 寄存器指定，如图 1-29 所示。

假设占空比非 0，所有使能的 PWM 发生器的输出在 PWM 周期开始时（PTMR=0）被驱

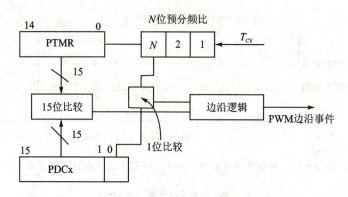

图 1-28 占空比比较逻辑

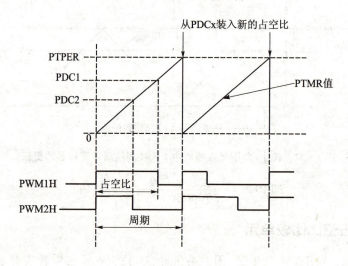

图 1-29 边沿对齐的 PWM 占空比

动为有效。当 PTMR 的值与 PWM 发生器的占空比值发生匹配时,各 PWM 输出都被驱动为无效。

特殊情况下,如果 PDCx 寄存器中的值为 0,则相应的 PWM 引脚的输出在整个 PWM 周期内都将为无效。此外,如果 PDCx 寄存器中的值大于 PTPER 寄存器中保存的值,那么 PWM 引脚的输出在整个 PWM 周期内都将有效。

2. 单事件的 PWM 占空比

当 PWM 时基配置为单事件模式(PTMOD1~0=01)时,PWM 模块产生单脉冲输出。此工作模式对于驱动某些类型的电子换相电机很有用。该模式尤其适用与于高速 SR 电机的运行。在单事件模式下,只能产生边界对齐的输出。

如图 1-30 所示,在单事件模式中,当 PTEN 位置 1 时,PWM I/O 引脚被驱动为有效状态。

当 PTMR 的值与占空比寄存器的值匹配时，PWM I/O 引脚被驱动为无效状态。当与 PTPER 寄存器的值匹配时，PTMR 寄存器清 0。所有的有效 PWM I/O 引脚将被驱动为无效状态，PTEN 位清 0，并且会产生一个中断。PWM 模块将停止工作，直到 PTEN 在软件中被重新置 1。

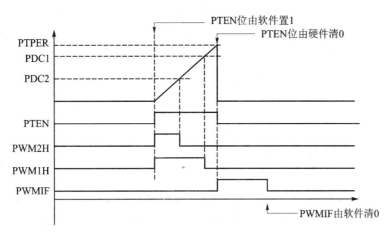

图 1-30　单事件的 PWM 占空比

3. 中心对齐的 PWM 占空比

当 PWM 时基配置为两种向上/向下计数模式(PTMOD1～0=1x)之一时，模块将产生中心对齐的 PWM 信号。

如图 1-31 所示，当占空比寄存器的值与 PTMR 的值匹配，并且 PWM 时基正在向下计数(PTDIR=1)时，PWM 比较输出驱动为有效状态。当 PWM 时基正在向上计数(PTDIR=0)，且 PTMR 寄存器的值与占空比值匹配时，PWM 比较输出驱动为无效状态。

特殊情况下，如果占空比寄存器中的值为 0，则相应 PWM 引脚的输出在整个 PWM 周期中都将为无效。此外，如果占空比寄存器中的值大于 PTPER 寄存器中保存的值，则 PWM 引脚的输出在整个 PWM 周期内都将有效。

4. 占空比寄存器的缓冲功能

4 个 PWM 占空比寄存器 PDC1～PDC4 都采用了缓冲计数，以保证 PWM 输出在固定时刻更新。对于每个 PWM 发生器，都有可由用户访问的 PDCx 寄存器(缓冲寄存器)和保存实际比较值的占空比寄存器。PWM 占空比是在 PWM 周期的特定时间使用 PDCx 寄存器中的值更新的。

当 PWM 时基工作在自由运行或单事件模式(PTMOD1～0=0x)时，只要 PTMR 与 PTPER 寄存器发生了匹配，PWM 占空比就会更新，同时 PTMR 复位为 0。

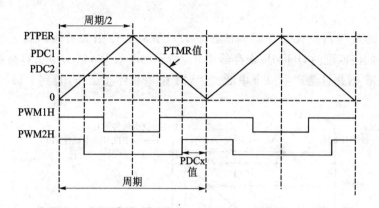

图 1-31 中心对齐的 PWM 占空比

当 PWM 时基工作在向上/向下计数模式(PTMOD1~0=10)时,当 PTMR 寄存器的值为 0,且 PWM 时基开始向上计数时,更新占空比。图 1-32 给出了在该 PWM 时基模式下占空比更新发生的时间。

当 PWM 时基处于带有双更新的向上/向下计数模式(PTMOD1~0=11)时,当 PTMR 寄存器的值为 0、以及 PTMR 寄存器的值与 PTPER 寄存器中的值匹配时,都会更新占空比。图 1-33 给出了在该 PWM 时基模式下占空比更新发生的时间。

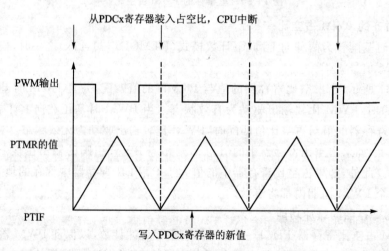

图 1-32 向上/向下计数模式中占空比更新发生的时间

5. PWM 更新锁定

在某些应用中,需要在新值生效前写入所有的占空比和周期寄存器。更新禁止功能允许用户指定可以使用新占空比和周期值的时间。通过将 UDIS 控制位(PWMCON2<0>)置 1 可使能 PWM 更新锁定功能。UDIS 位会影响所有的占空比寄存器(PDC1~PDC4)和 PWM

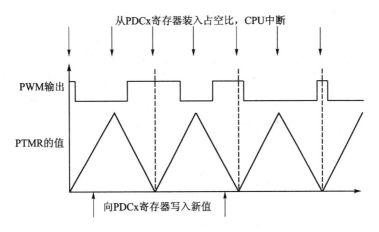

图 1-33 双更新向上/向下计数模式中占空比更新发生的时间

时基周期缓冲器 PTPER。要执行更新锁定,用户应该执行以下步骤:
- 将 UDIS 位置 1。
- 如果适用,写所有占空比寄存器和 PTPER。
- 将 UDIS 位清 0 以重新使能更新。

1.6.5 死区时间控制

当任何一对 PWM I/O 引脚工作在互补输出模式时,死区时间的生成被自动使能。因为一对开关管不可能瞬时完成切换,所以必须在一个开关管关闭而另一个开关管开之前插入一个全关的时间,这就是死区。

dsPIC30F6010 DSC 的 8 输出 PWM 模块提供两个不同的死区时间。这两个死区时间可以用以下两种方法之一来灵活使用:
- 可以对 PWM 输出信号进行优化,使上桥臂和下桥臂开关管的关断时间不同。在一对互补对中,下桥臂开关管的关断事件和上桥臂开关管的导通事件之间插入第 1 个死区时间。在上桥臂开关管的关断事件和下桥臂开关管导通事件之间插入第 2 个死区时间。
- 两个死区时间可以单独分配给一对 PWM I/O 引脚。此工作模式可以使 PWM 模块单独对每一对 PWM I/O 引脚驱动不同的开关管或负载。

1. 死区时间发生器

PWM 模块的每一对互补输出都有一个 6 位的减计数器,用于插入死区时间,如图 1-34 所示。每个死区时间单元都有与占空比比较输出相连的上升沿和下降沿检测器。

在检测到 PWM 边沿事件时,两个死区时间之一就被载入定时器。根据边沿是上升沿还是下降沿,互补输出中的一个会延时到定时器计数减到 0 才能变。图 1-35 所示是在一对

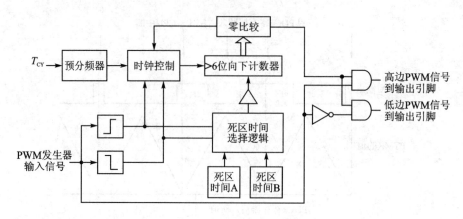

图 1-34 死区时间单元框图

PWM 输出中插入死区时间的时序图。为了说明得更清楚,图中上升沿和下降沿事件的两个不同死区时间被放大了。

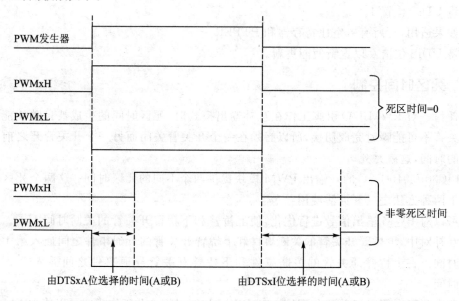

图 1-35 插入死区时间

2. 死区时间分配

DTCON2 寄存器包含控制位,可以将两个可编程死区时间分配到每个互补输出。每个互补输出都有两个死区时间分配控制位。例如,用 DTS1A 和 DTS1I 控制选择位用于 PWM1H/PWM1L 这一对互补输出的死区时间。一对死区时间选择控制位分别称为"死区时间选择有效"和"死区时间选择无效"。这一对控制位中各位的功能如下:

- DTSxA 控制位选择在上桥臂开关开之前插入死区时间。
- DTSxl 控制位选择在下桥臂开关开之前插入死区时间。

3. 死区时间范围

死区时间 A 和死区时间 B 是通过选择输入时钟预分频比和 6 位无符号死区时间计数值来设置的。

死区时间单元提供了 4 种输入时钟预分频器选项,使用户根据器件的工作频率选择适当的死区时间范围。可以为两个死区时间值中的每一个独立地选择时钟预分频器选项。死区时间时钟预分频比是使用 DTCON1 寄存器中的 DTAPS1~0 和 DTBPS1~0 控制位选择的。

死区时间按下式计算:

$$DT = \frac{死区时间}{预分频比 \times T_{CY}} \qquad (1-3)$$

式中,DT 是 6 位减计数器 DTA 或 DTB 中的值(见 DTCON1 寄存器)。

1.6.6 PWM 输出控制

1. 互补 PWM 输出模式

互补输出模式用于驱动与图 1-36 所示相类似的负载,例如在直流电动机、交流电动机和无刷直流电动机的应用。在互补输出模式中,一对 PWM 输出不能同时有效。每个 PWM 通道和每一对输出引脚均按图 1-37 所示进行内部配置。在开关管切换的过程中,要插入一个死区时间。

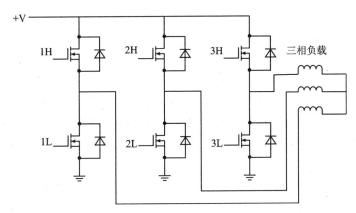

图 1-36 典型的互补 PWM 输出负载

2. 独立 PWM 输出模式

独立 PWM 输出模式对于驱动诸如图 1-38 所示的一类负载很有用。当 PWMCON1 寄存器中的相应 PMOD 位置 1 时,某一对 PWM 输出就处于独立输出模式。在独立模式中,死区时间发生器禁止,并且对于给定的一对输出引脚,引脚状态没有限制。

图1-37 互补模式的PWM通道

图1-39是独立模式的PWM通道。

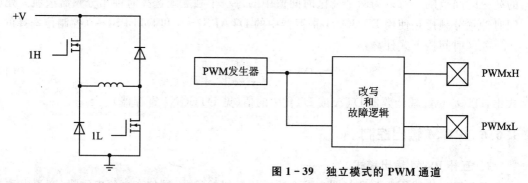

图1-38 典型的独立PWM输出负载

图1-39 独立模式的PWM通道

3. PWM输出改写

PWM输出改写位可以让用户手动将PWM I/O引脚驱动为指定的逻辑状态,而不受占空比比较单元的影响。在控制各种电子换相电动机时,PWM改写位很有用。

所有与PWM输出改写功能相关的控制位都在OVDCON寄存器中。OVDCON寄存器的高半部分包括8个位(POVDxx),决定哪个PWM I/O引脚将要改写。OVDCON寄存器的低半部分也包含8个位(POUTxx),决定当通过POVDxx位改写时PWM I/O引脚的状态。POVD位为低有效控制位。当POVD位置1时,相应的POUTxx位对PWM输出没有影响。当一个POVD位清0时,相应的PWM I/O引脚的输出将由POUT位的状态决定。当POUT位置1时,PWM引脚将被驱动为有效状态。当POUT引脚清0时,PWM引脚将被驱动为无效状态。

当一对PWM I/O引脚工作在互补模式时(PMODx=0),PWM模块不会允许对输出进行任何改写。模块也不允许同一对输出的两个引脚同时变为有效。每对输出的上桥臂引脚总是占有优先权。

如果OSYNC位置1(PWMCON2<1>),所有通过OVDCON寄存器执行的输出改写都将与PWM时基同步。同步的输出改写将发生在以下时间:

➢ 若是边沿对齐模式,则当PTMR为0时。
➢ 若是中心对齐模式,则当PTMR为0时,或者当PTMR与PTPER的值匹配时。

➢ 当 PTMR 与 PTPER 的值匹配时。

当使能了改写同步功能时,该功能可用于在 PWM 输出引脚上避免出现不希望的窄脉冲。

图 1-40 给出了使用 PWM 输出改写的波形的例子。该图显示了一个 BLDC 电动机的六步换相序列。该电动机通过一个如图 1-36 所示的三相逆变器驱动。当检测到适当的转子位置时,PWM 输出会切换到序列中下一个换相状态。表 1-42 列出了用于产生图 1-40 中信号的 OVDCON 寄存器值。

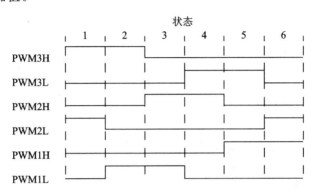

图 1-40　PWM 输出改写示例一

表 1-42　产生图 1-40 中信号的 OVDCON 寄存器设置

状态	OVDCON<15:8>	OVDCON<7:0>	状态	OVDCON<15:8>	OVDCON<7:0>
1	0000 0000B	0010 0100B	4	0000 0000B	0001 1000B
2	0000 0000B	0010 0001B	5	0000 0000B	0001 0010B
3	0000 0000B	0000 1001B	6	0000 0000B	0000 0110B

PWM 占空比寄存器可以和 OVDCON 寄存器配合使用。占空比寄存器控制流经负载的电流,OVDCON 寄存器控制换相。图 1-41 就给出了这样一个例子。表 1-43 列出了用于产生图 1-41 中信号的 OVDCON 寄存器值。

表 1-43　产生图 1-41 中信号的 OVDCON 寄存器设置

状态	OVDCON<15:8>	OVDCON<7:0>	状态	OVDCON<15:8>	OVDCON<7:0>
1	1100 0011B	0000 0000B	3	0011 1100B	0000 0000B
2	1111 0000B	0000 0000B	4	0000 1111B	0000 0000B

4. PWM 输出极性控制

PWMCON1 中的 PENxx 控制位用于使能每个 PWM 输出引脚供模块使用。当引脚使能为 PWM 输出时,控制引脚的 PORT 和 TRIS 寄存器被禁止。

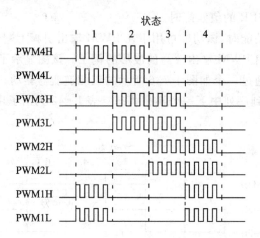

图 1-41　PWM 输出改写示例二

除了 PENxx 控制位,在器件配置寄存器 FBORPOR 中还有 3 个配置位提供 PWM 输出引脚控制：

➤ 配置位 HPOL；
➤ 配置位 LPOL；
➤ 配置位 PWMPIN。

这 3 个配置位与位于 PWMCON1 的 PWM 使能位(PENxx)配合工作。它们确保在器件复位后 PWM 引脚处于正确的状态。

PWM I/O 引脚的极性是在器件编程的过程中,通过器件配置寄存器中 FBORPOR 的配置位 HPOL 和 LPOL 设置的。配置位 HPOL 设置上桥臂 PWM 输出 PWM1H~PWM4H 的输出极性。配置位 LPOL 设置下桥臂 PWM 输出 PWM1L~PWM4L 的输出极性。

如果极性配置位编程为 1,相应的 PWM I/O 引脚的输出极性为高电平有效。如果极性配置位编程为 0,则相应的 PWM 引脚极性为低电平有效。

配置位 PWMPIN 决定器件复位时的 PWM 输出引脚的状态,且该位还可用于消除对 PWM 模块控制的器件所连接的外部上拉/下拉电阻的需要。如果配置位 PWMPIN 编程为 1,控制位 PENxx 将在器件复位时清 0。因此,所有 PWM 输出将为三态,并由相应的 PORT 和 TRIS 寄存器控制。如果配置位 PWMPIN 编程为 0,控制位 PENxx 将在器件复位时置 1。所有的 PWM 引脚在器件复位时使能为 PWM 输出,并将处于由 HPOL 和 LPOL 配置位规定的无效状态。

5. PWM 特殊事件触发器

PWM 模块有一个特殊事件触发器,可以使 A/D 转换与 PWM 时基同步。可以将 A/D 采样和转换时间编程为在 PWM 周期中的任何时间发生。特殊事件触发器可使用户将采集 A/D 转换结果的时间与占空比值更新的时间之间的延迟减到最小。

PWM 特殊事件触发器有一个 SEVTCMP 和 4 个后分频控制位(SEVOPS3~0)用于控制其工作方式。用于产生特殊事件触发信号的 PTMR 值装入到 SEVTCMP 寄存器。

当 PWM 时基处于向上/向下计数模式时,还需要一个控制位指定特殊事件触发信号的计数方向。此计数方向是通过使用 SEVTCMP 的最高有效位 SEVTDIR 控制位选择的。如果 SEVTDIR 位清 0,特殊事件触发信号将在 PWM 时基的向上计数周期产生。如果 SEVTDIR 位置 1,特殊事件触发信号将在 PWM 时基的向下计数周期产生。如果 PWM 时基不配置为向上/向下计数模式,SEVTDIR 控制位不起作用。

PWM 特殊事件触发器有一个允许后分频比为 1∶1~1∶16 的后分频器。当不需要在每个 PWM 周期同步 A/D 转换时,后分频器是很有用的。通过写 PWMCON2 中的 SEVOPS3~0 控制位可配置后分频器。特殊事件输出后分频器在下列事件发生时清 0:

- 对 SEVTCMP 寄存器的任何写入操作;
- 任何器件复位。

1.6.7 故障引脚

有两个 PWM 故障引脚,它们是 FLTA 和 FLTB。当使能时,这些引脚上的低电平可以使 PWM 输出封锁。该引脚可以快速处理故障事件。

当用作故障输入引脚时,每个故障引脚都可通过其相应的 PORT 寄存器读取。当不用于故障引脚时,这些引脚可以作为通用 I/O 使用。每个故障引脚都有与其相关的中断向量、中断标志位、中断使能位和中断优先级。FLTA 引脚的功能由 FLTACON 寄存器控制,FLTB 引脚的功能由 FLTBCON 寄存器控制。

寄存器 FLTACON 和 FLTBCON 各有 4 个控制位(FxEN1~FxEN4),这些控制位决定某个 PWM I/O 引脚对是否要由故障输入引脚控制。要将某一对 PWM I/O 引脚使能为故障改写,必须置位寄存器 FLTACON 或 FLTBCON 中的相应位。如果寄存器 FLTACON 或 FLTBCON 中所有的使能位都被清 0,则该故障输入引脚对 PWM 模块没有影响,并且不会产生故障中断。

寄存器 FLTACON 和 FLTBCON 各有 8 个位,这些位决定当故障输入引脚变为有效时每个 PWM I/O 引脚的状态。当这些位置 0 时,PWM I/O 引脚被驱动为无效状态。当这些位置 1 时,PWM I/O 引脚将被驱动为有效状态。有效和无效状态与 PWM I/O 引脚被定义的极性(通过 HPOL 和 LPOL 器件配置位设置)相对应。当 PWM 模块的一对输出处于互补模式、且两个引脚都编程为故障有效时,存在一种特殊情况。在互补模式中上桥臂的引脚将始终优先,因此两个 I/O 引脚不能同时驱动为有效。

每个故障输入引脚都有两种工作模式:

① 锁存模式:当故障引脚驱动为低电平时,PWM 输出将进入 FLTxCON 寄存器定义的状态。PWM 输出保持此状态,直到故障引脚被驱动为高电平并且相应的中断标志(FLTxIF)

由软件清0。当这两种行为都发生后,PWM输出将在下一个PWM周期开始时或在半周期边界返回到正常工作状态。如果中断标志在故障状态结束前清0,PWM模块将等到故障引脚不再有效时才恢复输出。故障时序例子见图1-42和图1-44。

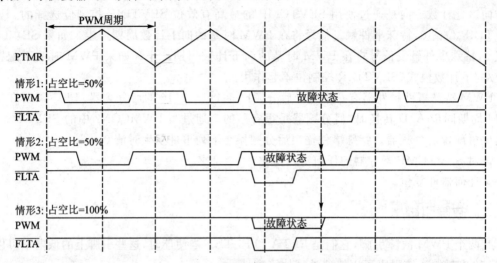

图1-42　逐个周期模式时故障时序例子

② 逐个周期模式:当故障输入引脚驱动为低电平时,只要故障引脚保持为低电平,PWM输出就会一直保持定义的故障状态。在故障引脚驱动为高电平后,PWM输出将在下一个PWM周期开始时(或中心对齐模式的半周期边界)返回正常工作状态。故障时序例子见图1-43。

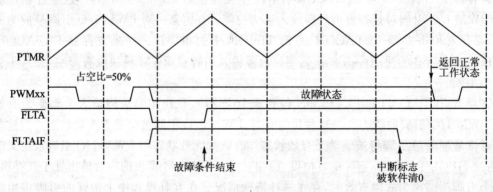

图1-43　锁存模式时故障时序例子

故障输入引脚的工作模式通过控制位FLTAM和FLTBM(FLTACON<7>和FLTBCON<7>)选择。

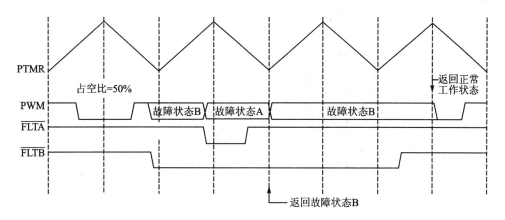

图1-44 逐个周期模式时双故障时序例子

1.7 增量式编码器接口

增量式编码器是电动机控制中最常用的传感器。dsPIC30F6010专门为增量式编码器设计了接口。

1.7.1 编码器接口结构

图1-45是编码器接口结构框图。来自编码器的QEA、QEB、INDX信号经过可编程数字滤波器(用于滤除输入信号中的低电平噪声和尖脉冲噪声)后传送到解码器逻辑,经过解码,输出时钟信号和方向信号。方向信号一路通过UPDN引脚输出,输出状态在QEICON寄存器的UPDN位给出;另一路与时钟信号一起控制16位位置计数寄存器POSCNT的增减,POSCNT不断地与最大计数寄存器MAXCNT进行比较,当两者相等时,使POSCNT计数器复位。

QEA和QEB信号的输入可交换位置,由QEICON寄存器的SWPAB位来决定。QEA和QEB信号的最高频率为$F_{CY}/3$。

可设置解码器,对输入信号进行1、2、4倍频。

1.7.2 编码器的控制和状态寄存器

以下是该模块的寄存器:

1. QEI控制寄存器QEICON

QEI控制寄存器控制QEI和它的状态。它的地址是0x0122。复位值是0x0000。QEI控制寄存器的各位功能见表1-44。

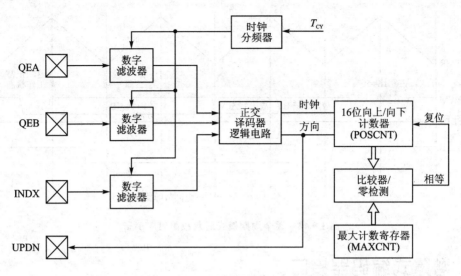

图 1-45 编码器接口结构框图

表 1-44 QEI 控制寄存器的各位功能

位	符 号	操 作	功 能
15	CNTERR	R/W	计数错误状态标志位。1=发生了位置计数错误;0=未发生位置计数错误
14	—	—	未用,读作 0
13	QEISIDL	R/W	空闲模式停止位。1=当器件进入空闲模式时,模块不再继续工作;0=在空闲模式下,模块继续工作
12	INDEX	R	索引引脚状态位(只读)。1=索引引脚为高电平;0=索引引脚为低电平
11	UPDN	R/W	位置计数器方向状态位。1=位置计数器方向为正;0=位置计数器方向为负。(当 QEIM2~0=1xx 时为只读位;当 QEIM2~0=001 时为可读/写位)
10~8	QEIM2~0	R/W	编码器接口模式选择位。 111=编码器接口使能(×4 模式),通过与(MAXCNT)匹配将位置计数器复位; 110=编码器接口使能(×4 模式),通过索引脉冲将位置计数器复位; 101=编码器接口使能(×2 模式),通过与(MAXCNT)匹配将位置计数器复位; 100=编码器接口使能(×2 模式),通过索引脉冲将位置计数器复位; 011=未使用(模块禁止); 010=未使用(模块禁止); 001=启动 16 位定时器; 000=编码器接口/定时器关闭

续表 1-44

位	符号	操作	功能
7	SWPAB	R/W	相位 A 和相位 B 输入交换选择位。1＝相位 A 和相位 B 输入已交换；0＝相位 A 和相位 B 输入未交换
6	PCDOUT	R/W	位置计数器方向状态输出使能位。1＝位置计数器方向状态输出使能(I/O 引脚的状态由 QEI 逻辑控制)；0＝位置计数器方向状态输出禁止(正常的 I/O 引脚操作)
5	TQGATE	R/W	定时器门控时间累加使能位。1＝定时器门控时间累加使能；0＝定时器门控时间累加禁止
4～3	TQCKPS1～0	R/W	定时器输入时钟预分频比选择位。11＝预分频比是 1:256；10＝预分频比是 1:64；01＝预分频比是 1:8；00＝预分频比是 1:1。(预分频器仅用于 16 位定时器模式)
2	POSRES	R/W	位置计数器复位使能位。1＝索引脉冲可使位置计数器复位；0＝索引脉冲不能使位置计数器复位。(仅当 QEIM2～0＝100 或 110 时适用)
1	TQCS	R/W	定时器时钟源选择位。1＝来自 QEA 引脚(上升沿)的外部时钟；0＝内部时钟(T_{CY})
0	UDSRC	R/W	位置计数器方向选择控制位。1＝QEB 引脚状态定义位置计数器方向；0＝控制/状态位 UPDN(QEICON<11>)定义定时器计数器(POSCNT)方向。(当配置为 QEI 模式时此控制位是"无关位")

2. 数字滤波器控制寄存器 DFLTCON

数字滤波器控制寄存器控制 QEI 输入的数字滤波。它的地址是 0x02A0,复位值是 0x0000。数字滤波器控制寄存器的各位功能见表 1-45。

表 1-45 数字滤波器控制寄存器的各位功能

位	符号	操作	功能
15～9	—	—	未用,读作 0
8	CEID	R/W	计数错误中断禁止位。1＝禁止位置计数错误中断；0＝使能位置计数错误中断
7	QEOUT	R/W	QEA/QEB 数字滤波器输出使能位。1＝数字滤波器输出使能；0＝数字滤波器输出禁止(正常的引脚操作)
6～4	QECK2～0	R/W	QEA/QEB 数字滤波器时钟分频选择位。 111＝时钟分频比为 1:256； 110＝时钟分频比为 1:128； 101＝时钟分频比为 1:64； 100＝时钟分频比为 1:32； 011＝时钟分频比为 1:16； 010＝时钟分频比为 1:4； 001＝时钟分频比为 1:2； 000＝时钟分频比为 1:1

续表 1-45

位	符号	操作	功能
3	INDOUT	R/W	索引通道数字滤波器输出使能位。1=数字滤波器输出使能；0=数字滤波器输出禁止（正常的引脚操作）
2~0	INDCK2~0	R/W	索引通道数字滤波器时钟分频选择位 111=时钟分频比为1:256； 110=时钟分频比为1:128； 101=时钟分频比为1:64； 100=时钟分频比为1:32； 011=时钟分频比为1:16； 010=时钟分频比为1:4； 001=时钟分频比为1:2； 000=时钟分频比为1:1

3. 位置计数寄存器 POSCNT

16 位置计数器保存着编码脉冲值，它允许读/写。它的地址是 0x0126，复位值是 0x0000。

4. 最大计数寄存器 MAXCNT

最大计数寄存器用于给出最大计数值，在操作中，该值将与 POSCNT 寄存器的值进行比较。它的地址是 0x0128，复位值是 0xFFFF。

1.7.3 位置计数器寄存器的使用

用户可以通过读取位置计数器寄存器 POSCNT 寄存器来检查计数的内容；用户还可以通过写 POSCNT 寄存器来初始化计数。

位置计数器寄存器有两种复位模式：使用最大计数寄存器 MAXCNT 复位和使用索引信号复位。

1. 使用最大计数寄存器 MAXCNT 复位

在 QEI 控制寄存器的 QEIM0 位为 1 的情况下，当位置计数器寄存器与最大计数寄存器的值匹配时，位置计数器将会复位。

如果编码器正向旋转（QEA 超前于 QEB），当 POSCNT 寄存器中的值与 MAXCNT 寄存器中的值匹配时，POSCNT 将在下一个增脉冲沿来到时复位为 0。

如果编码器反向旋转（QEB 超前于 QEA），当 POSCNT 寄存器向下计数至 0 时，那么在下一个减脉冲到来时，MAXCNT 寄存器中的值会被装入到 POSCNT。

这种复位变化请参见图 1-46。

当 MAXCNT 用作位置极限时请注意：对于标准的编码器，写入 MAXCNT 的正确值应该是 4N−1（4 倍频时）和 2N−1（2 倍频时），其中 N 为编码器每转一圈的计数数字。

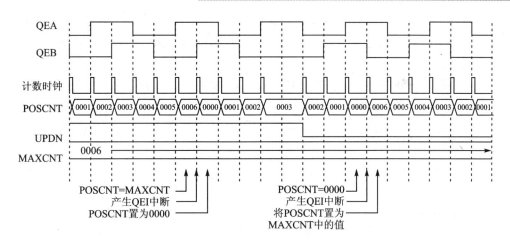

图 1-46　使用最大计数寄存器复位 POSCNT

2. 使用索引信号复位

当 QEI 控制寄存器的 QEIM0＝0 时,使用索引信号复位位置计数器,每当在 INDEX 引脚上接收到索引脉冲时,位置计数器复位。

如果编码器正向旋转(QEA 超前于 QEB),POSCNT 寄存器将复位为 0。

如果编码器反向旋转(QEB 超前于 QEA),MAXCNT 寄存器中的值会被装入 POSCNT 寄存器。

这种复位变化请参见图 1-47。

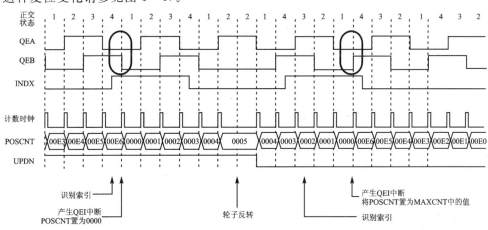

图 1-47　使用索引信号复位 POSCNT

无论使用何种厂商生产的增量式编码器所提供的索引脉冲,当反向旋转时,QEI 都自动地保持计数对称。

例如在图 1-47 中，第一个索引脉冲被识别到，并且当正交状态从 4 转换为 1(如图中圈表示)时，复位 POSCNT。QEI 锁存这个转换状态。在随后的任何索引脉冲检测中将使用这个转换状态来复位。

当编码器反向旋转时，再次产生索引脉冲，但是直到正交状态从 1 转换到 4 时，位置计数器(如图中圈表示)才发生复位。

当计数器在索引信号复位模式下工作时，QEI 还会检测 POSCNT 寄存器的边界条件，因此可以用来检测系统错误。

例如，假设编码器有 100 线，在 4 倍频模式下使用，并在产生索引脉冲时复位，计数器应从 0 开始计数，到 399(0x018E)时复位。如果 POSCNT 寄存器的值是 0x0190～0xFFFF，那么说明发生了某种系统错误。

如果向上计数，POSCNT 寄存器的内容与 MAXCNTT+1 做比较；如果向下计数，将与 0xFFFF 做比较。如果 QEI 检测到的值超出了正常范围，将通过置位 CNTERR 位(QEICON<15>)产生一个位置计数错误条件，而且可以选择产生 QEI 中断。

如果 CEID 控制位(DFLTCON<18>)清 0(缺省)，当检测到位置计数错误时，将产生 QEI 中断。如果 CEID 控制位置 1，则不产生中断。

在检测到位置计数错误后，位置计数器继续对编码器的边沿计数。随后的位置计数错误事件将不再产生中断，直到 CNTERR 位被用户清 0 为止。

当检测到索引脉冲时，位置计数器复位使能位 POSRES(QEICON<2>)将使能位置计数器的复位。只有当 QEI 模块被配置为 QEIM2～0=100 或 110 时，该位才有用。

如果 POSRES 位为逻辑 1，那么当检测到索引脉冲时，位置计数器会复位；如果 POSRES 位为逻辑 0，那么当检测到索引脉冲时，位置计数器不复位。位置计数器将继续向上或向下计数，并在计满返回或下溢情况发生时复位。QEI 继续在检测到索引脉冲时产生中断。

3. QEI 中断

QEI 在下列事件发生时将产生中断：

➢ 当工作在最大计数寄存器复位模式下时，在位置计数器发生匹配时、或下溢时产生中断。

➢ 当工作在索引信号复位模式下时，在检测到索引脉冲、或将 CNTERR 置 1 时产生中断。

1.8 A/D 转换器

dsPIC30F6010 DSC 有一个 10 位 A/D 转换器，最高转换速度 500 KSPS。有 16 个模拟输入引脚，16 个转换结果缓冲器。4 个单极性差分采样保持放大器，可以允许同时对 4 个输入引脚进行采样，也允许对所有输入引脚自动采样扫描。

1.8.1 A/D 转换器结构

图 1-48 给出了 A/D 转换器结构框图。

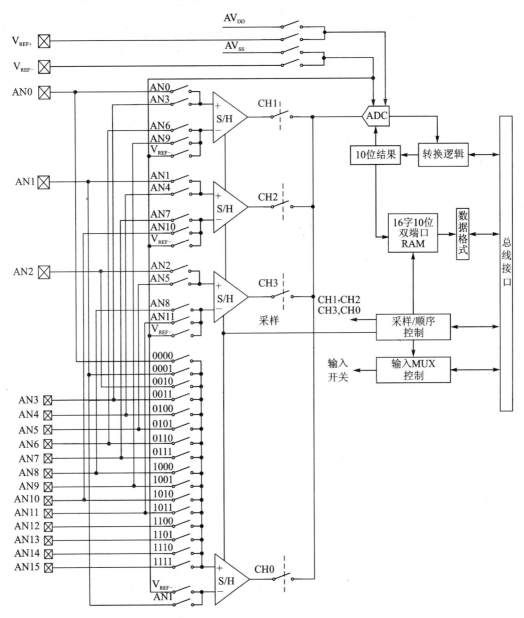

图 1-48 A/D 转换器结构框图

图 1-48 中可见,模拟输入是通过多路开关连接到 4 个采样保持放大器(S/H)的,指定为 CH0~CH3,可以为采集输入数据使能 1 个、2 个或 4 个 S/H 放大器。其中采样保持放大器 CH0 的正输入端可以连接任何一个模拟输入引脚,负输入端可以连接 AN1 和 V_{REF-};采样保持放大器 CH1 的正输入端可以连接 AN0 和 AN3,负输入端可以连接 AN6、AN9 和 V_{REF-};采样保持放大器 CH2 的正输入端可以连接 AN1 和 AN4,负输入端可以连接 AN7、AN10 和 V_{REF-};采样保持放大器 CH3 的正输入端可以连接 AN2 和 AN5,负输入可以连接 AN8、AN11 和 V_{REF-}。

1.8.2 A/D 转换器的寄存器

以下是 A/D 转换器的寄存器:

1. A/D 控制寄存器 1(ADCON1)

A/D 控制寄存器 1 控制着 A/D 转换器和采样器的使能、数据输出格式、触发源选择、采样选择。它的地址是 0x0124,复位值是 0x0000。A/D 控制寄存器 1 的各位功能见表 1-46。

表 1-46 A/D 控制寄存器 1 的各位功能

位	符号	操作	功能
15	ADON	R/W	A/D 工作模式位。1=A/D 转换器模块正在工作;0=A/D 转换器关闭
14	—	—	未用。读作 0
13	ADSIDL	R/W	空闲模式停止位。1=当器件进入空闲模式时,模块停止工作;0=在空闲模式下,模块继续工作
12~10	—	—	未用。读作 0
9~8	FORM1~0	R/W	数据输出格式位。 11=有符号小数(DOUT=sddd dddd dd00 0000); 10=小数(DOUT=dddd dddd dd00 0000); 01=有符号整数(DOUT=ssss sssd dddd dddd); 00=整数(DOUT=0000 00dd dddd dddd)
7~5	SSRC2~0	R/W	转换触发源选择位。 111=通过内部计数器结束采样并开始转换(自动转换); 110=保留; 101=保留; 100=保留; 011=通过电机控制 PWM 间隔结束采样并开始转换; 010=通用 Timer3 比较结束采样并开始转换; 001=通过 INT0 引脚的有效转变结束采样并开始转换; 000=通过清除 SAMP 位结束采样并开始转换

续表 1-46

位	符号	操作	功能
4	—	—	未用。读作 0
3	SIMSAM	R/W	同时采样选择位(只在 CHPS=01 或 1x 时适用)。1=同时采样 CH0、CH1、CH2 和 CH3(当 CHPS=1x 时)或同时采样 CH0 和 CH1(当 CHPS=01 时);0=按顺序逐个采样多个通道
2	ASAM	R/W	A/D 采样自动开始位。1=采样在上一次转换结束后立即开始,SAMP 位自动置 1;0=采样在 SAMP 位置 1 时开始
1	SAMP	R/W	A/D 采样使能位。1=至少一个 A/D 采样/保持放大器正在采样;0=A/D 采样/保持放大器正在保持,当 ASAM=0 时,写 1 到此位将开始采样,当 SSRC=000 时,写 0 到此位将结束采样并开始转换
0	DONE	R/C	A/D 转换状态位。1=A/D 转换完成;0=A/D 转换未完成。此位由软件清 0,或在新转换开始时清 0。将此位清 0 不影响正在进行的任何操作

2. A/D 控制寄存器 2(ADCON2)

A/D 控制寄存器 2 控制着参考电压配置、通道选择、中断、缓冲器。它的地址是 0x02A2,复位值是 0x0000。A/D 控制寄存器 2 的各位功能见表 1-47。

表 1-47 A/D 控制寄存器 2 的各位功能

位	符号	操作	功能			
15~13	VCFG2~0	R/W	参考电压配置位			
				A/D $V_{REF}H$		A/D $V_{REF}L$
			000	AV_{DD}		AV_{SS}
			001	外部 V_{REF+} 引脚		AV_{SS}
			010	AV_{DD}		外部 V_{REF-} 引脚
			011	外部 V_{REF+} 引脚		外部 V_{REF-} 引脚
			1XX	AV_{DD}		AV_{SS}
12	保留	—	用户应在此位写入 0			
11	—	—	未用。读作 0			
10	CSCNA	R/W	MUX A 输入多路开关设置的 CH0+S/H 输入的扫描输入选择位。1=扫描输入;0=非扫描输入			

续表 1-47

位	符号	操作	功能
9～8	CHPS1～0	R/W	选择通道使用的位。 1x=转换 CH0、CH1、CH2 和 CH3； 01=转换 CH0 和 CH1； 00=转换 CH0。 当 SIMSAM 位（ADCON1<3>）=0 时，多路通道同时采样； 当 SIMSAM 位（ADCON1<3>）=1 时，多路通道根据 CHPS1～0 的顺序采样
7	BUFS	R	缓冲器填充状态位，仅在 BUFM=1 时有效（分成 2×8 字的缓冲器）。1=A/D 当前在填充缓冲器 0x8～0xF，用户应该访问 0x0～0x7 的数据；0=A/D 当前在填充缓冲器 0x0～0x7，用户应该访问 0x8～0xF 的数据
6	—	—	未用。读作 0
5～2	SMPI3～0	R/W	每产生一个中断的采样/转换过程数选择位。 1111=每完成 16 个采样/转换过程后产生中断； 1110=每完成 15 个采样/转换过程后产生中断； ⋮ 0001=每完成 2 个采样/转换过程后产生中断； 0000=完成每个采样/转换过程后产生中断
1	BUFM	R/W	缓冲器模式选择位。1=缓冲器配置为两个 8 字缓冲器 ADCBUF(15～8)和 ADCBUF(7～0)；0=缓冲器配置为一个 16 字缓冲器 ADCBUF(15～0)
0	ALTS	R/W	备用输入采样模式选择位。1=为第 1 个采样使用 MUX A 输入多路开关设置，然后对所有后续采样在 MUX B 和 MUX A 输入多路开关设置之间轮换；0=总是使用 MUX A 输入多路开关设置

3. A/D 控制寄存器 3(ADCON3)

A/D 控制寄存器 3 控制着自动采样时间和 A/D 转换时钟。它的地址是 0x02A4,复位值是 0x0000。A/D 控制寄存器 3 的各位功能见表 1-48。

表 1-48 A/D 控制寄存器 3 的各位功能

位	符号	操作	功能
15～13	—	—	未用。读作 0
12～8	SAMC4～0	R/W	自动采样时间位。 11111=31 T_{AD}； ⋮ 00001=1 T_{AD}； 00000=0 T_{AD}(只有在使用多个 S/H 放大器执行过程转换时才允许)

续表 1-48

位	符号	操作	功能
7	ADRC	R/W	A/D 转换时钟源位。1＝A/D 内部 RC 时钟;0＝时钟由系统时钟产生
6	—	—	未用。读作 0
5～0	ADCS5～0	R/W	A/D 转换时钟选择位。 $111111 = T_{CY}/2 \times [(ADCS5-0)+1] = 32 T_{CY}$ $\vdots$ $000001 = T_{CY}$ $000000 = T_{CY}/2$

4. A/D 输入选择寄存器(ADCHS)

A/D 输入选择寄存器控制着输入的选择。它的地址是 0x02A6,复位值是 0x0000。A/D 输入选择寄存器的各位功能见表 1-49。

表 1-49 A/D 输入选择寄存器的各位功能

位	符号	操作	功能
15～14	CH123NB1～0	R/W	MUX B 多路开关设置的通道 1,2,3 负输入选择位。与位 7～6 的定义相同
13	CH123SB	R/W	MUX B 多路开关设置的通道 1,2,3 正输入选择位。与位 5 的定义相同
12	CH0NB	R/W	MUX B 多路开关设置的通道 0 负输入选择位。与位 4 的定义相同
11～8	CH0SB3～0	R/W	MUX B 多路开关设置的通道 0 正输入选择位。与位 3～0 的定义相同
7～6	CH123NA1～0	R/W	MUX A 多路开关设置的通道 1,2,3 负输入选择位。11＝CH1 负输入为 AN9,CH2 负输入为 AN10,CH3 负输入为 AN11;10＝CH1 负输入为 AN6,CH2 负输入为 AN7,CH3 负输入为 AN8;0x＝CH1,CH2,CH3 负输入为 V_{REF-}
5	CH123SA	R/W	MUX A 多路开关设置的通道 1,2,3 正输入选择位。1＝CH1 正输入为 AN3,CH2 正输入为 AN4,CH3 正输入为 AN5;0＝CH1 正输入为 AN0,CH2 正输入为 AN1,CH3 正输入为 AN1,CH3 正输入为 AN2
4	CH0NA	R/W	MUX A 多路开关选择的通道 0 负输入选择位。1＝通道 0 负输入为 AN1;0＝通道 0 负输入为 V_{REF-}
3～0	CH0SA3～0	R/W	MUX A 多路开关设置的通道 0 正输入选择位。 1111＝通道 0 正输入为 AN15; 1110＝通道 0 正输入为 AN14; 1101＝通道 0 正输入为 AN13; $\vdots$ 0001＝通道 0 正输入为 AN1; 0000＝通道 0 正输入为 AN0

5. A/D 端口配置寄存器（ADPCFG）

A/D 端口配置寄存器控制着模拟输入引脚的配置。当位置 1 时，模拟输入引脚处于数字模式，使能端口读取输入，A/D 输入多路开关输入连接到 AV_{SS}；当位清 0 时，模拟输入引脚处于模拟模式，禁止端口读取输入 A/D 采样引脚电压。

A/D 端口配置寄存器的地址是 0x02A8，复位值是 0x0000。

6. A/D 输入扫描选择寄存器（ADCSSL）

A/D 输入扫描选择寄存器控制着输入引脚扫描。当位置 1 时，选择对 ANx 输入进行扫描；当位清 0 时，不对 ANx 输入进行扫描。

A/D 输入扫描选择寄存器的地址是 0x02AA，复位值是 0x0000。

7. A/D 转换结果缓冲器

有 16 个双端口 RAM，称为 ADCBUF，用于缓存 A/D 结果。16 个缓冲器单元分别称为 ADCBUF0、ADCBUF1、ADCBUF2…ADCBUFE 和 ADCBUFF。地址为 0x0280～0x029E。A/D 转换结果缓冲器是只读缓冲器。

以上是 A/D 转换器的寄存器。以下是需要做的 A/D 转换器设置与相关的寄存器：

> 选择端口引脚作为模拟输入，ADPCFG<15:0>；
> 选择参考电压源，以匹配模拟输入的预期范围，ADCON2<15:13>；
> 选择模拟转换时钟，以便使预期的数据速率与处理器时钟匹配，ADCON3<5:0>；
> 确定要使用多少个 S/H 通道，ADCON2<9:8> 和 ADPCFG<15:0>；
> 确定采样如何发生，ADCON1<3> 和 ADCSSL<15:0>；
> 确定如何将输入分配给 S/H 通道，ADCHS<15:0>；
> 选择相应的采样/转换过程，ADCON1<7:0> 和 ADCON3<12:8>；
> 选择转换结果在缓冲器中的格式，ADCON1<9:8>；
> 选择中断频率，ADCON2<5:9>；
> 打开 A/D 模块，ADCON1<15>。

1.8.3 采样与转换

A/D 转换过程分为采样和转换过程。

采样可以设置为手动开始、或者设置为硬件自动开始。采样结束也可以设置为手动结束、计时结束、或者设置为触发源自动结束。

因为采样结束也是转换开始，所以可以选择手动转换开始、计时转换开始或者触发源自动触发转换开始。转换结束可以引发 A/D 中断。

因为有 4 个采样保持放大器，所以可以选择最多 4 个输入同时采样，当然也可以选择顺序采样。而转换器只有一个，所以所有的转换都是顺序进行的。

A/D 的总采样时间是内部放大器稳定时间和保持电容充电的函数，所以模拟源的总阻抗应足够小(最大不应超过 5 kΩ)。

A/D 转换需要 12 个 T_{AD} 周期的时间。通过选择指令时钟或者内部 RC 时钟源作为 A/D 时钟,选择内部 RC 时钟源的好处是在睡眠时 A/D 转换器仍可工作。

T_{AD} 周期与时钟源的关系可用下式计算:

$$T_{AD} = T_{CY} \times [0.5 \times (ADCS<5:0>+1)] \tag{1-4}$$

或者

$$ADCS<5:0> = 2\frac{T_{AD}}{T_{CY}} - 1$$

A/D 转换时钟(T_{AD})的选择原则是确保 154 ns 的最小 T_{AD} 时间(V_{DD}=5 V)。

应用软件可以查询采样和转换位的状态,以对 A/D 工作进行跟踪。SAMP(ADCON1<1>)和 DONE(ADCON1<0>)位分别表示 A/D 处于采样状态和转换状态。通常,SAMP 位清 0 表示采样结束,DONE 位自动置 1 表示转换结束。如果 SAMP 和 DONE 都为 0,则 A/D 处于无效状态。

SMPI3~0 控制中断的产生。启动采样之后,若干次采样/转换过程后将发生中断,并在每次经过相同次数的采样之后重新发生中断。注意,中断是按采样而不是按转换或缓冲存储器中的数据样本指定的。

如果 SIMSAM 位指定顺序采样,无论 CHPS 位指定的通道数如何,模块会对每个转换和缓冲器中的数据样本进行一次采样。因此,SMPI 位指定的值将对应缓冲器中数据样本数,最多可达 16。当 SIMSAM 位指定同时采样时,缓冲器中数据样本的数量与 CHPS 位相关。从算法上来说,通道/采样乘以采样数就是缓冲器中数据样本中的数量。为了防止缓冲器溢出丢失数据,SMPI 位必须设置为所需缓冲器大小除以每个采样的通道数。不能使用 SMPI 位禁止 A/D 中断。要禁止该中断,应将 ADIE 中断使能位清 0。

在手动采样模式下清 0 SAMP 位将终止采样,但如果 SSRC=000,也可能启动转换。在自动采样模式下清 0,ASAM 位将不会终止正在进行的采样/转换过程。然而,在随后的转换完成之后,采样不会自动恢复。

在转换过程中,清 0 ADON 位将中止当前的转换。对应的 ADCBUF 缓冲器单元将仍然保持上一次转换完成后的值(即上一次写入该缓冲器的值)。

以下是采样和转换例子:

1. 手动采样开始和结束

当 SSRC2~0=000 时,转换触发处于软件控制下。将 SAMP 位(ADCON1<1>)位置 1 会开始采样,清 0 将会停止采样,同时开始转换过程。用户必须保证提供足够的采样时间,图 1-49 给出了实际波形。

2. 自动采样开始和手动结束

将 ASAM 位(ADCON1<2>)置 1,会使 A/D 自动开始采样,SAMP 位会自动置 1。将

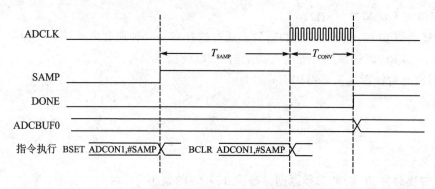

图1-49 手动采样开始和结束

SAMP位清0,会停止采样,并开始转换。同样,用户必须保证提供足够的采样时间。图1-50给出了实际波形。

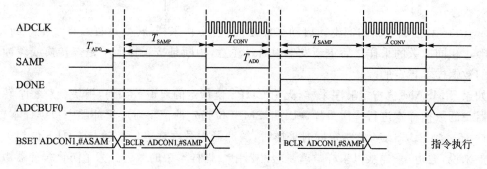

图1-50 自动采样开始和手动结束

3. 手动采样开始和计时结束

当SSRC2~0=111时,采样结束(或转换触发)处于A/D时钟控制之下。SAMC位(ADCON3<12:8>)选择开始采样和开始转换之间的T_{AD}时钟周期数。在采样开始后,A/D模块会对SAMC位指定的T_{AD}时钟周期计数。

$$T_{SAMP} = SAMC<4:0> \times T_{AD}$$

当只使用1个S/H通道或同时采样时,SAMC必须始终编程为至少一个T_{AD}时钟周期。当使用多个S/H通道进行顺序采样时,将SAMC编程为0时钟周期就可以得到最快的可能转换速率。

图1-51给出了这个例子的实际波形。

4. 自动采样开始和计时结束

使用自动转换触发模式(SSRC=111),配合自动采样开始模式(ASAM=1),可以确定采样/转换的过程,而无需用户干预或其他器件资源。该"计时"方式允许在模块初始化后进行连

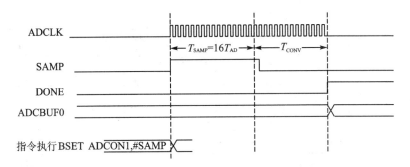

图 1-51 手动采样开始和计时结束

续数据收集。图 1-52 给出了这个例子的实际波形。

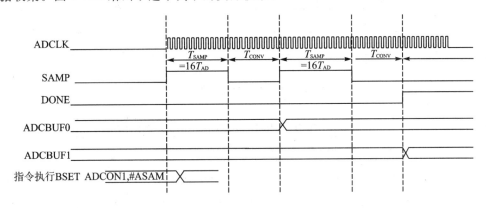

图 1-52 自动采样开始和计时结束

5. 4 通道同时自动采样开始和计时结束

SIMSAM 控制位(ADCON1<3>)与 CHPS 控制位配合工作来控制多通道采样/转换过程。当 CHPS=1x 时,且 SIMSAM=1 时,使用 4 通道同时采样。采样时间由 SAMC 值指定。在本例中,SAMC 指定了 $3T_{AD}$ 的采样时间。因为自动采样开始有效,在最后一个转换结束时,采样在所有通道上自动开始,并会持续 3 个 T_{AD} 时钟周期。

图 1-53 给出了这个例子的实际波形。

6. 4 通道顺序自动采样开始和计时结束

当 CHPS=1x 时,且 SIMSAM=0 时,使用 4 通道顺序采样。采样时间由 SAMC 值指定。在本例中,每个通道的采样时间都增加了 $3T_{AD}$。图 1-54 给出了这个例子的实际波形。由图可见,这种采样与转换时间的总和与上例相同。

7. 手动采样开始和触发结束

通常需要将采样结束和转换开始与某个其他时间事件同步。A/D 模块可以使用 3 个触发源之一作为采样结束(或转换开始)的触发事件。

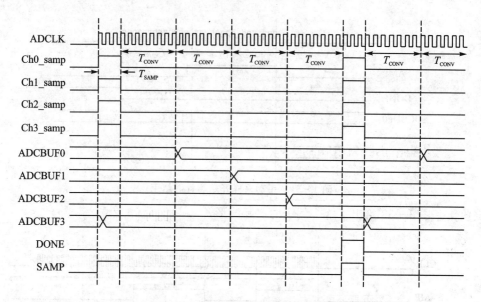

图 1-53　4 通道同时自动采样开始和计时结束

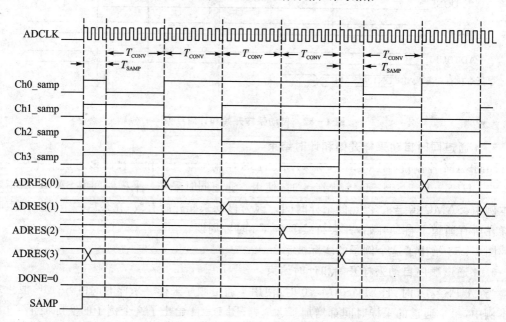

图 1-54　4 通道顺序自动采样开始和计时结束

外部 INT 引脚触发。当 SSRC2~0＝001 时，A/D 转换是由 INT0 引脚上的有效电平转换触发的。INT0 引脚可以编程为上升沿输入或下降沿输入。

通用定时器比较触发。通过将 SSRC2～0 置为 010,可将 A/D 配置为该触发模式。如果 32 位定时器 TMR3/TMR2 和 32 位组合周期寄存器 PR3/PR2 之间匹配,则 Timer3 会产生一个特殊的 ADC 触发事件信号。

电机控制 PWM 触发。PWM 模块有一个事件触发器,允许 A/D 转换与 PWM 时基同步。当 SSRC2～0=011 时,A/D 采样和转换时间发生在 PWM 周期中的任何用户可编程点。特殊事件触发器可以让用户将需要 A/D 转换结果的时间与占空比值更新的时间之间的延迟减到最小。

图 1-55 给出了这个例子的实际波形。

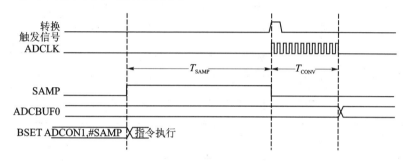

图 1-55 手动采样开始和触发结束

8. 自动采样开始和触发结束

将上例中的 ASAM 位置 1 就能设置成自动采样开始和触发结束方式。图 1-56 给出了这个例子的实际波形。

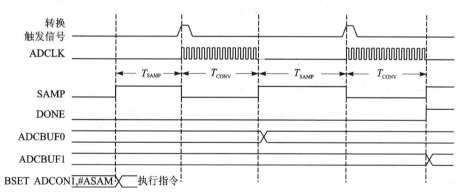

图 1-56 自动采样开始和触发结束

9. 4 通道同时自动采样开始和触发结束

当使用同时采样时,采样将在 ASAM 位置 1 或最后一个转换结束时在所有通道上开始。当转换触发事件发生时,采样停止,转换开始。

图 1-57 给出了这个例子的实际波形。

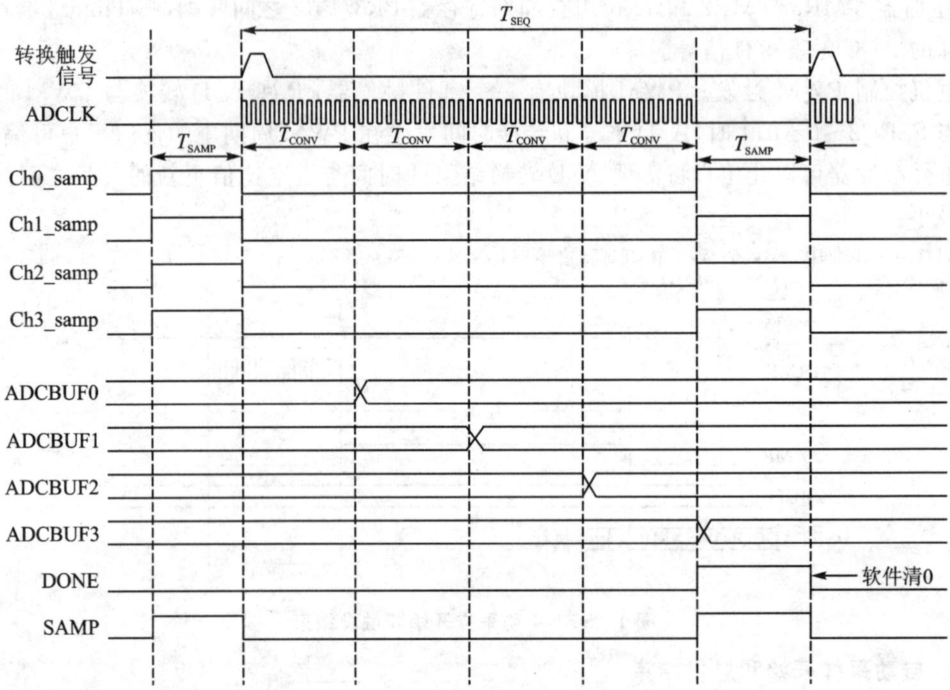

图 1-57 4 通道同时自动采样开始和触发结束

10. 4 通道顺序自动采样开始和触发结束

当使用顺序采样时,特定通道的采样在转换该通道前停止,并在转换停止后恢复。图 1-58 给出了这个例子的实际波形。

1.8.4 A/D 转换结果缓冲器

当完成转换时,转换结果被写入 A/D 转换结果缓冲器。该缓冲器是 16 个 10 位字 RAM 阵列,这些单元分别命名为 ADCBUF0~ADCBUFF。

如果在每个 A/D 转换结束时都读取它的结果,可能会消耗太多的 DSC 时间。通常设计将结果填满缓冲器后产生中断,然后再读缓冲器。

SMPI3~0 位(ADCON2<5:2>)用来选择在中断前要发生多少次 A/D 转换。每次中断前的采样数量可以是 1~16 之间的任何数。每次中断后,A/D 转换器模块总是从缓冲器的起始单元开始写入。

当 BUFM 位(ADCON2<1>)为 1 时,16 字的结果缓冲器将被拆分成两个 8 字组。每次中断事件发生后,这两个 8 字缓冲器会交替地接收转换结果。BUFM 置 1 后首先使用低地址

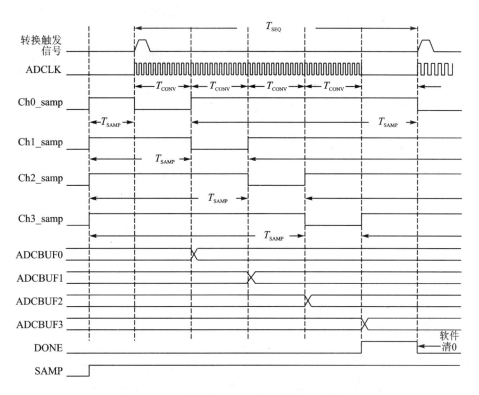

图 1-58 4 通道顺序自动采样开始和触发结束

的 8 字缓冲器。当 BUFM 为 0 时，不分组，使用完整的 16 字缓冲器。

是否使用 BUFM 功能取决于中断后有多少时间可用来读取缓冲器的内容，这是由应用决定的。如果处理器能够在采样和转换一个通道所需的时间内快速地读取满载的缓冲器，可以将 BUFM 位设置为 0，因此可以在每次中断前进行最多 16 次转换。在第一个缓冲器单元被改写前，处理器会有一段采样和转换时间。否则，如果在这段采样和转换时间内处理器不能读取缓冲器，BUFM 位应设置为 1。例如，如果 SMPI3～0=0111，那么 8 个转换结果将装入低地址缓冲器，随后发生中断。紧接着的 8 个转换结果将被装入高地址缓冲器。因此 DSC 有时间将前 8 个转换结果读出。

使用 BUFM 控制位拆分转换结果寄存器时，BUFS 控制位（ADCON2<7>）表示 A/D 转换器当前正在填充哪个缓冲器。如果 BUFS=0，则 A/D 转换器正在填充 ACDBUF0～ADCBUF7。如果 BUFS=1，则 A/D 转换器正在填充 ACDBUF8～ADCBUFF。

转换结果可以选择 4 种格式存放。FORM1～0 位（ADCON1<9:8>）用来选择格式。图 1-59 给出了使用 FORM1～0 控制位选择的全部存放格式。

| RAM内容: | | d09 | d08 | d07 | d06 | d05 | d04 | d03 | d02 | d01 | d00 |

读出到总线：

| 整数 | 0 | 0 | 0 | 0 | 0 | 0 | d09 | d08 | d07 | d06 | d05 | d04 | d03 | d02 | d01 | d00 |

| 有符号整数 | d09 | d09 | d09 | d09 | d09 | d09 | d09 | d08 | d07 | d06 | d05 | d04 | d03 | d02 | d01 | d00 |

| 小数(1.15) | d09 | d08 | d07 | d06 | d05 | d04 | d03 | d02 | d01 | d00 | 0 | 0 | 0 | 0 | 0 | 0 |

| 有符号小数(1.15) | d09 | d08 | d07 | d06 | d05 | d04 | d03 | d02 | d01 | d00 | 0 | 0 | 0 | 0 | 0 | 0 |

图1-59 转换结果存放格式

1.8.5 转换举例

以下是转换的例子。

1. 单个通道的多次采样和转换

图1-60给出了单个通道的多次采样和转换例子。AN0通过CH0通道采样并进行转

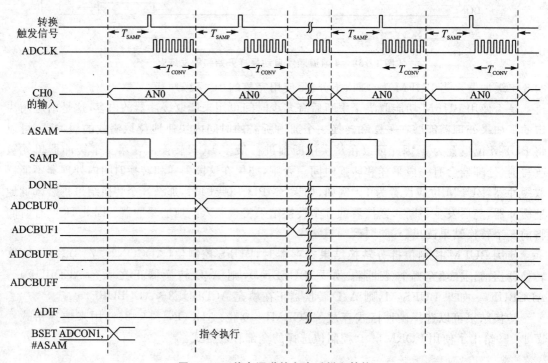

图1-60 单个通道的多次采样和转换

换,转换结果存储在 ADCBUF 缓冲器中。该过程会重复 16 次,直到缓冲器满为止,模块产生中断。然后重复整个过程。

CHPS 位指定了 CH0。ALTS 位清 0,表示只有 MUXA 输入有效。CH0SA 位和 CH0NA 位指定 AN0 和 V_{REF-} 为 CH0 通道的输入,所有其他输入不使用。

2. 扫描所有模拟输入的 A/D 转换

图 1-61 给出了扫描所有模拟输入的 A/D 转换的例子。使用 CH0 通道对所有模拟输入进行采样和转换。

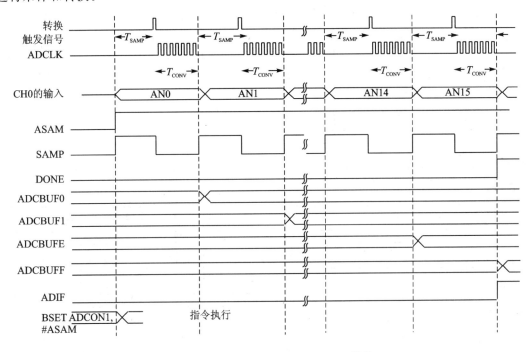

图 1-61 扫描所有模拟输入的 A/D 转换

CSCNA 位置 1 指定对 CH0 正输入进行扫描。扫描的顺序为 AN0~ANF。直到缓冲器满为止,模块产生中断。然后重复整个过程。

3. 频繁采样 3 个输入同时扫描另 4 个输入

图 1-62 给出了频繁采样 3 个输入同时扫描另 4 个输入的例子。通道 CH1、CH2、和 CH3 为频繁采样的 3 个不变的输入,而使用通道 CH0 对其他 4 个输入进行扫描采样。

在本例中,只使用了 MUXA,并且同时采样所有 4 个通道。CH0 扫描 4 个不同的输入(AN4、AN5、AN6 和 AN7),而 AN0、AN1 和 AN2 则分别是 CH1、CH2 和 CH3 的固定输入。因此,在每 16 个一组的采样组中,AN0、AN1 和 AN2 会被采样 4 次,而 AN4、AN5、AN6 和 AN7 则分别被采样一次。

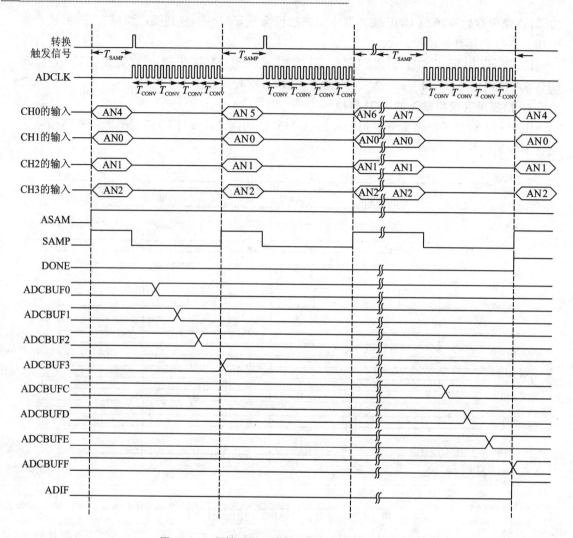

图 1-62 频繁采样 3 个输入同时扫描另 4 个输入

4. 使用双 8 字缓冲器

图 1-63 给出了使用双 8 字交替填充缓冲器的例子。将 BUFM 位置 1 使能双 8 字缓冲器。首先,转换过程从 ADCBUF0 开始填充缓冲器。第一次中断发生后,缓冲器从 ADCBUF8 开始填充。每次中断后,BUFS 状态位交替置 1 和清 0。在本例中,所有 4 个通道同时采样,且每次采样后发生一次中断。

5. 使用交替多路开关 MUXA 和 MUXB 输入

图 1-64 给出了对分配给 MUXA 和 MUXB 的输入进行交替采样的例子。在本例中,使能了两个通道同时采样。将 ALTS 位置 1,选择交替输入。第一次采样使用由 CH0SA、

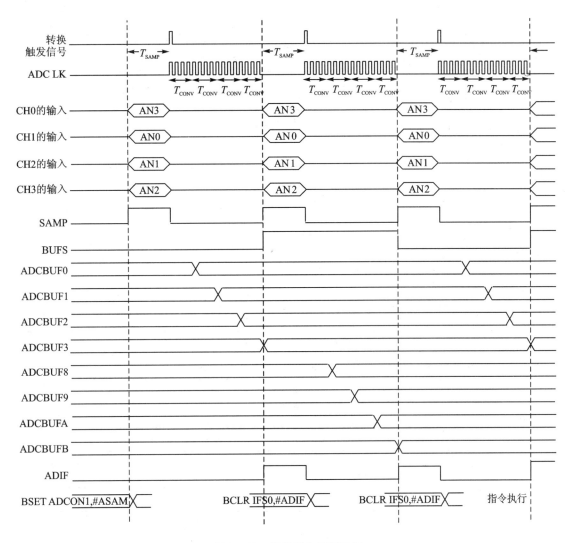

图 1-63 使用双 8 字缓冲器

CH0NA、CHXSA 和 CHXNA 位指定的 MUXA 输入。下一次采样使用由 CH0SB、CH0NB、CHXSB 和 CHXNB 位指定的 MUXB 输入。本例中,MUXB 输入之一是使用两个模拟输入作为差分源(AN3,AN9)。本例还使用了双 8 字缓冲器,每 4 次采样后发生一次中断,每次中断都将 8 个字装入到缓冲器。

注意使用 4 个不用交替输入的方法与本例的区别。因为 CH1、CH2 和 CH3 通道在模拟输入的选择上更为有限,所以本例的方法为输入选择提供了更多的灵活性。

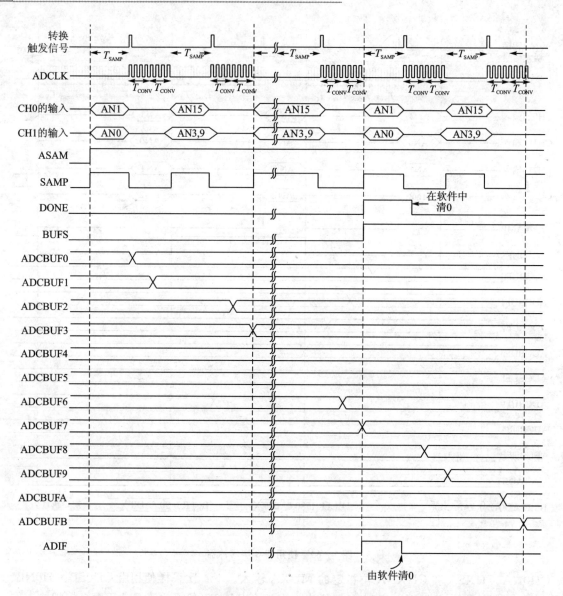

图1-64 使用交替多路开关 MUX A 和 MUX B 输入

6. 使用同时采样转换 8 个不同输入

图1-65给出了使用同时采样转换8个不同输入的例子。当选择同时采样时 SIMSAM =1,该模块会采样所有4个通道,然后依次执行要求的转换。在本例中,ASAM 位置1,启动了自动采样,使用交替输入,并含有差分输入。

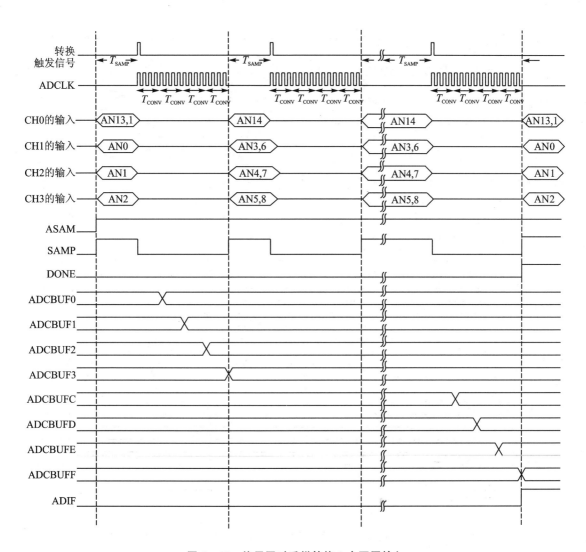

图 1-65 使用同时采样转换 8 个不同输入

7. 使用顺序采样转换 8 个不同输入

图 1-66 给出了顺序采样转换 8 个不同输入的例子。

顺序采样提供了更多的采样时间,因为一个通道可以在另一个通道发生转换时被采样。SIMSAM=0 选择了同时采样。

在本例中,ASAM 位置 1,启动了自动采样。使用交替输入,并含有差分输入。

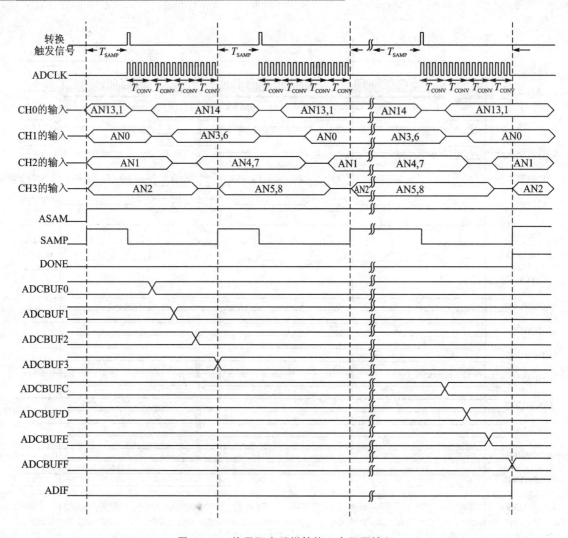

图 1-66　使用顺序采样转换 8 个不同输入

1.9　输出比较模块

输出比较模块用于在比较事件匹配时能产生连续的 PWM 脉冲、连续的脉宽可调脉冲或者单个脉冲输出。

1.9.1　比较模块工作原理

图 1-67 是比较模块框图。

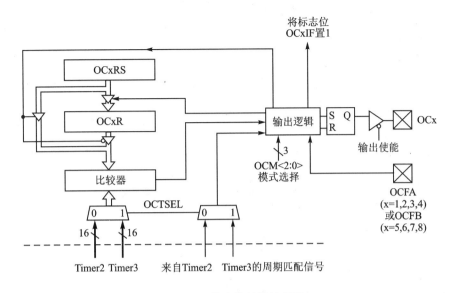

图 1-67 输出比较模块框图

当指定的定时器的时基值(Timer2 或 Timer3)与一个或两个设定的输出比较寄存器的值发生匹配时,就会在它的输出引脚上产生电平变化,并引发中断。

dsPIC30F6010 有 8 个输出比较通道,分别用符号 OC1、OC2 和 OC3 等表示。每个输出比较通道可以选择 Timer2 或 Timer3 作为时基。

1.9.2 寄存器

输出比较模块共有 24 个寄存器,分别对应 8 个输出通道,因此每个通道有 3 个寄存器,它们是通道控制寄存器(OCxCON)、输出比较通道数据寄存器(OCxR)和输出比较通道辅助数据寄存器(OCxRS)。

1. 通道控制寄存器(OCxCON)

所有 8 个通道控制寄存器的位定义均相同。通道控制寄存器的地址是 0x0184、0x018A、0x0190、0x0196、0x019C、0x01A2、0x01A8、0x01AE,复位值是 0x0000。各位功能见表 1-50。

2. 输出比较通道数据寄存器(OCxR)

输出比较通道数据寄存器(OCxR)用于存储设定的比较值。它的地址是 0x0182、0x0188、0x018E、0x0194、0x019A、0x01A0、0x01A6、0x01AC,复位值是 0x0000。

3. 输出比较通道辅助数据寄存器(OCxRS)

输出比较通道辅助数据寄存器(OCxRS)用于存储第 2 个设定的比较值。它的地址是 0x0180、0x0186、0x018C、0x0192、0x0198、0x019E、0x01A4、0x01AA,复位值是 0x0000。

表1-50 通道控制寄存器的各位功能

位	符号	操作	功能
15~14	—	—	未用,读作0
13	OCSIDL	R/W	1=输出比较x在CPU空闲模式下停止工作;0=输出比较x在CPU空闲模式下继续工作
12~5	—	—	未用,读作0
4	OCFLT	R	PWM错误条件状态位。1=产生PWM错误条件(只能硬件清0);0=未产生PWM错误条件。(仅当OCM<2:0> = 111时,才使用该位。)
3	OCTSEL	R/W	输出比较定时器选择位。1=Timer 3是比较x的时钟源;0=Timer 2是比较x的时钟源
2~0	OCM<2:0>	R/W	输出比较模式选择位。 111=OCx处于PWM模式,错误引脚使能; 110=OCx处于PWM模式,错误引脚禁止; 101=初始化OCx引脚为低电平,在OCx引脚上产生连续的输出脉冲; 100=初始化OCx引脚为低电平,在OCx引脚上产生单个输出脉冲; 011=比较匹配事件使OCx引脚的电平交替转换; 010=初始化OCx引脚为高电平,比较匹配事件强制OCx引脚为低电平; 001=初始化OCx引脚为低电平,比较匹配事件强制OCx引脚为高电平; 000=输出比较通道禁止

1.9.3 工作模式

每个输出比较模块都有以下工作模式:
- 单比较匹配模式
- 双比较匹配模式
- 脉宽调制模式

1. 单比较匹配模式

在单比较匹配模式中,时基值只与输出比较通道数据寄存器(OCxR)的值进行比较,当两者匹配时,对输出引脚电平取反,并引发中断。

当OCxCON寄存器的控制位OCM<2:0>设置为001、010或011时,都属于单比较匹配模式。因此,这种模式又分为强制输出高电平、强制输出低电平、输出电平交替转换3种方式。

图1-68给出了强制输出高电平的例子。

图1-69给出了强制输出低电平的例子。

图1-70和71给出了输出电平交替转换的例子。

第 1 章　dsPIC30F6010 DSC

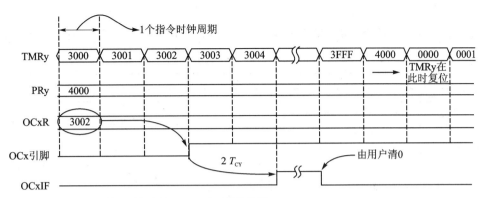

图 1-68　强制输出高电平方式的例子

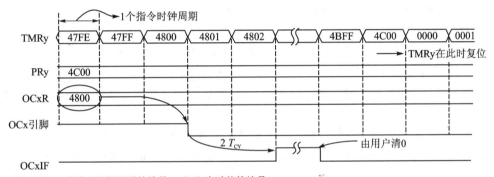

图 1-69　强制输出低电平方式的例子

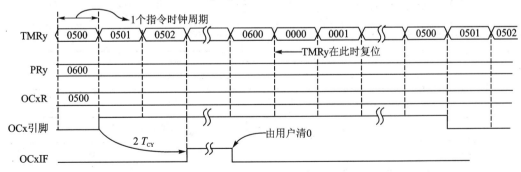

图 1-70　输出电平交替转换方式的例子（PRy＞OCxR）

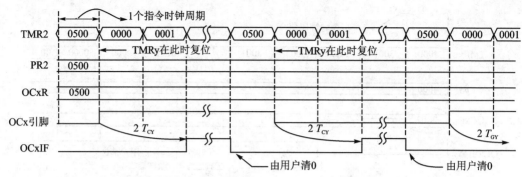

注:"x"为输出比较通道的编号,"y"为时基的编号。

图 1-71 输出电平交替转换方式的例子(PRy=OCxR)

2. 双比较匹配模式

在双比较匹配模式中,时基值不仅与输出比较通道数据寄存器(OCxR)的值进行比较,而且还与输出比较通道辅助数据寄存器(OCxRS)的值进行比较。当与 OCxR 的比较匹配时,在 OCx 引脚上输出脉冲的上升沿,并引发中断;当与 OCxRS 的比较匹配时,在 OCx 引脚上输出脉冲的下降沿,并引发中断。

当控制位 OCM<2:0>设置为 100 或 101 时,都属于双比较匹配模式。因此,这种模式又分为单输出脉冲和连续输出脉冲方式。

图 1-72 给出了单输出脉冲的例子。如果比较时基周期寄存器的值小于 OCxRS 寄存器的值,就不会产生脉冲的下降沿,OCx 引脚将保持高电平,直到 OCxRS≤PRy、模式改变或复位条件产生为止。

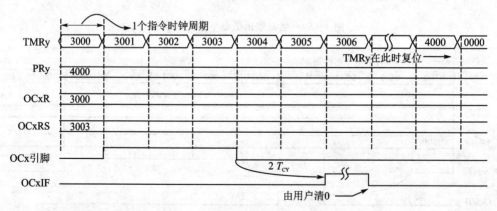

注:"x"为输出比较通道的编号,"y"为时基的编号。

图 1-72 单脉冲输出方式的例子

图 1-73 给出了连续输出脉冲的例子。同样,如果比较时基周期寄存器的值小于 OCxRS 寄存器的值,就不会产生脉冲的下降沿,也不会产生连续输出脉冲,OCx 引脚将保持高电平,直到 OCxRS≤PRy、模式改变或复位条件产生为止。

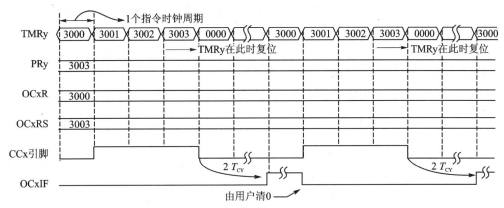

注:"x"为输出比较通道的编号,"y"为时基的编号。

图 1-73 连续输出脉冲方式的例子

根据 OCxR、OCxRS 和 PRy 的关系,连续输出脉冲会产生一些特殊情况,见表 1-51。

表 1-51 连续输出脉冲方式的特殊情况

SFR 逻辑关系	特殊条件	OCx 引脚的输出
PRy≥OCxRS 且 OCxRS>OCxR	OCxR=0 初始化 TMRy=0	输出连续脉冲。第一个脉冲将以 PRy 寄存器中的值延时
PRy≥OCxR 且 OCxR≥OCxRS	OCxR≥1 且 PRy≥1	输出连续脉冲
OCxRS>PRy 且 PRy≥OCxR	无	产生上升沿然后转变为高电平
OCxR=OCxRS= PRy=0x0000	无	第一个脉冲延迟。输出连续脉冲
OCxR>PRy	无	保持为低电平

3. 脉宽调制模式

在 PWM 模式中,定时器的周期寄存器 PRy 作为 PWM 的周期寄存器,OCxR 寄存器作为只读占空比寄存器,而 OCxRS 寄存器作为可更新的 PWM 占空比寄存器。在每次 PWM 周期结束时,OCxRS 就更新 OCxR 的内容,同时引发定时器周期中断。

当控制位 OCM<2:0>设置为 110 或 111 时,都属于 PWM 工作模式。因此,这种模式分为不带故障保护输入的 PWM 模式和带故障保护输入的 PWM 模式。两者的区别仅仅在于是否有故障保护,其他都一样。

当有故障保护时,OCFA 或 OCFB 故障输入引脚上的低电平会使所选的 PWM 通道关闭。输出比较通道 1～4 受 OCFA 引脚控制;输出比较通道 5～8 受 OCFB 引脚控制。

PWM 周期可由下式计算:

$$\text{PWM 周期} = (\text{PRy} + 1) \times T_{\text{CY}} \times (\text{TMRy 与分频比}) \tag{1-5}$$

PWM 占空比的计算公式为:

$$\text{PWM 占空比} = (\text{OCxRS})/\text{PWM 周期} \tag{1-6}$$

图 1-74 给出了 PWM 模式的例子。

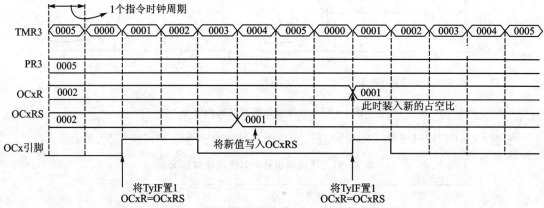

注:"x"为输出比较通道的编号;"y"为时基的编号。

图 1-74 PWM 模式的例子

第 2 章 直流电动机的 DSC 控制

直流电动机是最早出现的电动机,也是最早能实现调速的电动机。长期以来,直流电动机一直占据着速度控制和位置控制的统治地位。由于它具有良好的线性调速特性、简单的控制性能、高质高效平滑运转的特性,尽管近年来不断受到其他电动机(如交流变频电动机、步进电动机等)的挑战,但到目前为止,就其性能来说仍然无人能比。在欧美等国家,大型成套生产装置和成套生产线仍然多用直流调速。

近年来,直流电动机的结构和控制方式都发生了很大的变化。随着计算机进入控制领域,以及新型的电力电子功率元器件的不断出现,使采用全控型的开关功率元件进行脉宽调制(Pulse Width Modulation,PWM)控制方式已成为绝对主流,这种控制方式已作为直流电动机数字控制的基础。

随着永磁材料和工艺的发展,已将直流电动机的励磁部分用永磁材料代替,产生永磁直流电动机,由于这种直流电动机体积小、结构简单、省电,所以目前已在中小功率范围内得到广泛的应用。

在直流调速控制中,可以采用各种控制器。微芯公司的 dsPIC 由于价格便宜,作为直流调速系统控制器是一种不错的选择。由于该 DSC 也具有高速运算性能,因此可以实现诸如模糊控制等复杂的控制算法。另外它可以自己产生有死区的 PWM 输出,所以可以使外围硬件最少。

本章将重点介绍利用 DSC 控制技术对直流电动机实现控制的方法。

2.1 直流电动机的控制原理

根据图 2-1 他励直流电动机的等效电路,可以得到直流电动机的数学模型。

电压平衡方程:

$$U_a = E_a + R_a I_a + L_a \frac{dI_a}{dt} \tag{2-1}$$

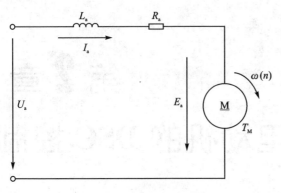

式中，U_a 为电枢电压；I_a 为电枢电流；R_a 为电枢电路总电阻；E_a 为感应电动势；L_a 为电枢电路总电感。

其中感应电动势：

$$E_a = K_e \Phi n \tag{2-2}$$

式中，K_e 为感应电动势计算常数；Φ 为每极磁通；n 为电动机转速。

将式(2-2)代入式(2-1)可得：

$$n = \frac{U_a \left(I_a R_a + L_a \dfrac{\mathrm{d}I_a}{\mathrm{d}t} \right)}{K_e \Phi} \tag{2-3}$$

图 2-1 直流电动机等效电路

直流电动机的电磁转矩：

$$T_M = K_T I_a \tag{2-4}$$

转矩平衡方程：

$$T_M = T_L + J \frac{\mathrm{d}\omega}{\mathrm{d}t} \tag{2-5}$$

式中，J 为折算到电动机轴上的转动惯量；T_M 为电动机的电磁转矩；T_L 为负载转矩；ω 为电动机角速度；K_T 为电动机转矩常数。

由式(2-3)可得，直流电动机的转速控制方法可分为两类：对励磁磁通 Φ 进行控制的励磁控制法和对电枢电压 U_a 进行控制的电枢电压控制法。

励磁控制法是在电动机的电枢电压保持不变时，通过调整励磁电流来改变励磁磁通，从而实现调速的。这种调速法的调速范围小，在低速时受磁极饱和的限制，在高速时受换向火花和换向器结构强度的限制，并且励磁线圈电感较大，动态响应较差，所以这种控制方法用的很少。

电枢电压控制法是在保持励磁磁通不变的情况下，通过调整电枢电压来实现调速的。在调速时，保持电枢电流不变，即保持电动机的输出转矩不变，可以得到具有恒转矩特性的大的调速范围，因此大多数应用场合都使用电枢电压控制法。本章我们主要介绍这种方法的 DSC 控制。

对电动机的驱动离不开半导体功率器件。在对直流电动机电枢电压的控制和驱动中，对半导体功率器件的使用上又可分为两种方式：线性放大驱动方式和开关驱动方式。

线性放大驱动方式是使半导体功率器件工作在线性区。这种方式的优点是：控制原理简单，输出波动小，线性好，对邻近电路干扰小。但是功率器件在线性区工作时会将大部分电功率用于产生热量，效率和散热问题严重，因此这种方式只用于数瓦以下的微小功率直流电动机的驱动。

绝大多数直流电动机采用开关驱动方式。开关驱动方式是使半导体功率器件工作在开关状态，通过脉宽调制(PWM)来控制电动机电枢电压，实现调速。

第 2 章 直流电动机的 DSC 控制

图 2-2 是利用开关管对直流电动机进行 PWM 调速控制的原理图和输入输出电压波形。在图 2-2(a)中,当开关管 MOSFET 的栅极输入高电平时,开关管导通,直流电动机电枢绕组两端有电压 U_S。t_1 时间后,栅极输入变为低电平,开关管截止,电动机电枢两端电压为 0。t_2 时间后,栅极输入重新变为高电平,开关管的动作重复前面的过程。这样,对应着输入的电平高低,直流电动机电枢绕组两端的电压波形如图 2-2(b)所示。电动机的电枢绕组两端的电压平均值 U_a 为:

$$U_a = \frac{t_1 U_S + 0}{t_1 + t_2} = \frac{t_1}{T} U_S = \alpha U_S \quad (2-6)$$

$$\alpha = \frac{t_1}{T} \quad (2-7)$$

式中,α 为占空比。

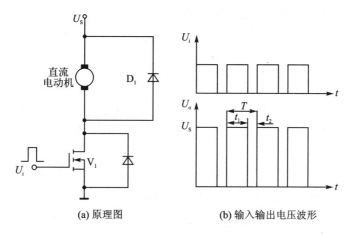

(a) 原理图   (b) 输入输出电压波形

图 2-2 PWM 调速控制原理和电压波形图

占空比 α 表示了在一个周期 T 里,开关管导通的时间长短与周期的比值。α 的变化范围为 $0 \leqslant \alpha \leqslant 1$。由式(2-6)可知,当电源电压 U_S 不变的情况下,电枢的端电压的平均值 U_a 取决于占空比 α 的大小,改变 α 值就可以改变端电压的平均值,从而达到调速的目的,这就是 PWM 调速原理。

在 PWM 调速时,占空比 α 是一个重要参数。以下 3 种方法都可以改变占空比的值:
> 定宽调频法:这种方法是保持 t_1 不变,只改变 t_2,这样使周期 T(或频率)也随之改变。
> 调宽调频法:这种方法是保持 t_2 不变,而改变 t_1,这样使周期 T(或频率)也随之改变。
> 定频调宽法:这种方法是使周期 T(或频率)保持不变,而同时改变 t_1 和 t_2。

前两种方法由于在调速时改变了控制脉冲的周期(或频率),当控制脉冲的频率与系统的固有频率接近时,将会引起振荡,因此这两种方法用的很少。目前,在直流电动机的控制中,主要使用定频调宽法。

dsPIC 系列电动机专用 DSC 内部集成了 PWM 控制信号发生器，它可以通过调整 PWM 周期寄存器来调整 PWM 的频率；通过调整 PWM 占空比寄存器来调整 PWM 的占空比；通过调整死区时间控制寄存器来设定死区时间；通过专用的 PWM 输出口输出占空比可调的带有死区 PWM 控制信号，从而省去了其他控制器所用的外围 PWM 波发生电路和时间延迟（死区）电路。

电动机专用 DSC 的高速运算功能可以实现直流电动机的实时控制，通过软件实现名符其实的全数字控制，从而省去了外围的 PID 调节电路和比较电路。因此使用 DSC 控制直流电动机可以获得高性能和低成本。

直流电动机通常要求工作在正反转的场合，这时需要使用可逆 PWM 系统。可逆 PWM 系统分为单极性驱动和双极性驱动，我们以下分别介绍单极性驱动和双极性驱动可逆 PWM 系统。

2.2　直流电动机单极性驱动可逆 PWM 系统

单极性驱动是指在一个 PWM 周期里，电动机电枢的电压极性呈单一性（或者正、或者负）变化。单极性驱动电路有两种，一种称为 T 型，它由两个开关管组成，采用正负电源，相当于两个不可逆系统的组合，由于形状像横放的"T"字，所以称为 T 型。T 型单极性驱动由于电流不能反向，并且两个开关管动态切换（正反转切换）的工作条件是电枢电流等于零，因此动态性能较差，很少采用。

另一种称为 H 型，其形状像"H"字，也称桥式电路。H 型双极性驱动应用较多，因此在这里将详细介绍。图 2-3 是 H 型单极可逆 PWM 驱动系统。它由 4 个开关管和 4 个续流二极

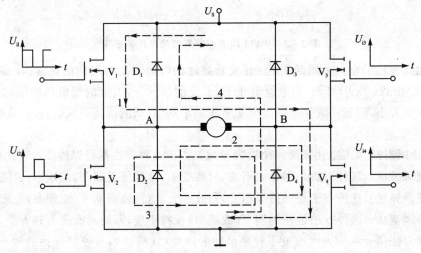

图 2-3　H 型单极可逆 PWM 驱动系统

管组成,单电源供电。当电动机正转时,V_1 开关管根据 PWM 控制信号同步导通或关断,而 V_2 开关管则受 PWM 反相控制信号控制,V_3 保持常闭,V_4 保持常开。当电动机反转时,V_3 开关管根据 PWM 控制信号同步导通或关断,而 V_4 开关管则受 PWM 反相控制信号控制,V_1 保持常闭,V_2 保持常开。

单极性驱动系统的 PWM 占空比仍用式(2-7)来计算。

当要求电动机在较大负载情况下正转工作时,平均电压 U_a 大于感应电动势 E_a。在每个 PWM 周期的 $0 \sim t_1$ 区间,V_1 导通,V_2 截止,电流 I_a 经 V_1、V_4 从 A 到 B 流过电枢绕组,如图 2-3 中的虚线 1。在每个 PWM 周期的 $t_1 \sim t_2$ 区间,V_2 导通,V_1 截止,电源断开,在自感电动势的作用下,经二极管 D_2 和开关管 V_4 进行续流,使电枢中仍然有电流流过,方向是从 A 到 B,如图 2-3 中的虚线 2。这时由于二极管 D_2 的箝位作用,V_2 实际不能导通,其电流波形见图 2-4(a)。

当电动机在进行制动运行时,平均电压 U_a 小于感应电动势 E_a。在每个 PWM 周期的 $0 \sim t_1$ 区间,在感应电动势和自感电动势共同作用下,电流经二极管 D_4、D_1 流向电源,方向是从 B 到 A,如图 2-3 中虚线 4,电动机处在再生制动状态。在每个 PWM 周期的 $t_1 \sim t_2$ 区间,V_2 导通,V_1 截止,在感应电动势的作用下,电流经 D_4、V_2 仍然是从 B 到 A 流过绕组,如图 2-3 中虚线 3,电动机处在耗能制动状态。电动机制动时的电流波形如图 2-4(b)所示。

当电动机轻载或空载运行时,平均电压 U_a 与感应电动势 E_a 几乎相等。在每个 PWM 周期的 $0 \sim t_1$ 区间,V_2 截止,电流先

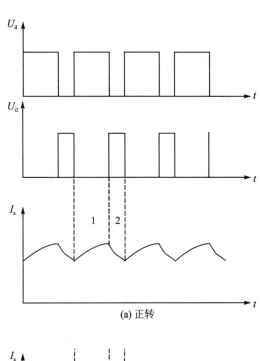

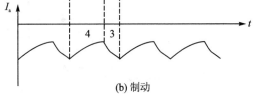

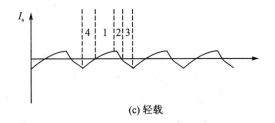

图 2-4 H 型单极性可逆 PWM 驱动电流波形

是沿虚线 4 流动,当减小到零后,V_1 导通接通电源,电流改变方向,沿虚线 1 流动。在每个 PWM 周期的 $t_1 \sim t_2$ 区间,V_1 截止,电流先是沿虚线 2 续流,当续流电流减小到零后,V_2 导通,在感应电动势的作用下,电流改变方向,沿虚线 3 流动。因此,在一个 PWM 周期中,电流交替呈现再生制动、电动、续流电动、耗能制动 4 种状态,电流围绕着横轴上下波动,如图 2-4(c)所示。

由此可见,单极性可逆 PWM 驱动的电流波动较小,可以实现 4 个象限运行,是一种应用非常广泛的驱动方式。使用时要注意加"死区",避免同一桥臂的开关管发生直通短路。

2.3 直流电动机双极性驱动可逆 PWM 系统

双极性驱动是指在一个 PWM 周期里,电动机电枢的电压极性呈正负变化。双极性驱动电路也有 T 型和 H 型两种。T 型双极性驱动由于开关管要承受较高的反向电压,因此只用在低压小功率直流电动机驱动。而 H 型双极性驱动应用较多,因此在这里将详细介绍。

图 2-5 是 H 型双极可逆 PWM 驱动系统。4 个开关管分成两组,V_1、V_4 为一组,V_2、V_3 为另一组。同一组的开关管同步导通或关断,不同组的开关管导通与关断正好相反。

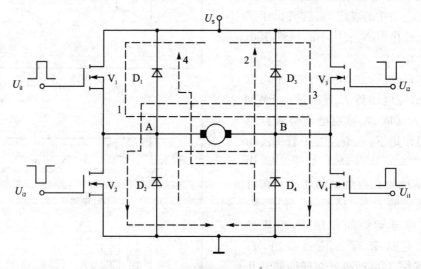

图 2-5 H 型双极可逆 PWM 驱动系统

在每个 PWM 周期里,当控制信号 U_{i1} 高电平时,开关管 V_1、V_4 导通,此时 U_{i2} 为低电平,因此 V_2、V_3 截止,电枢绕组承受从 A 到 B 的正向电压;当控制信号 U_{i1} 低电平时,开关管 V_1、V_4 截止,此时 U_{i2} 为高电平,因此 V_2、V_3 导通,电枢绕组承受从 B 到 A 的反向电压,这就是所谓"双极"。

由于在一个 PWM 周期里电枢电压经历了正反两次变化,因此其平均电压 U_a 可用下式决定：

$$U_a = \left(\frac{t_1}{T} - \frac{T-t_1}{T}\right)U_S = \left(\frac{2t_1}{T} - 1\right)U_S = (2\alpha - 1)U_S \quad (2-8)$$

由式(2-8)可见，双极性可逆 PWM 驱动时，电枢绕组所承受的平均电压取决于占空比 α 大小。当 $\alpha=0$ 时，$U_a=-U_S$，电动机反转，且转速最大；当 $\alpha=1$ 时，$U_a=U_S$，电动机正转，转速最大；当 $\alpha=1/2$ 时，$U_a=0$，电动机不转。虽然此时电动机不转，但电枢绕组中仍然有交变电流流动，使电动机产生高频振荡，这种振荡有利于克服电动机负载的静摩擦，提高动态性能。

下面我们讨论电动机电枢绕组的电流。电枢绕组中的电流波形见图 2-6。分以下 3 种情况。

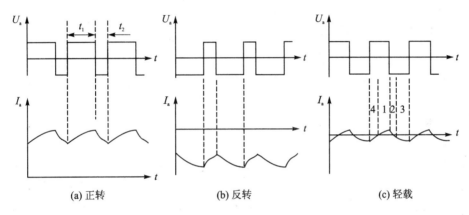

图 2-6 H 型双极性可逆 PWM 驱动电流波形

当要求电动机在较大负载情况下正转工作时，平均电压 U_a 大于感应电动势 E_a。在每个 PWM 周期的 $0 \sim t_1$ 区间，V_1、V_4 导通，V_2、V_3 截止，电枢绕组中电流的方向是从 A 到 B，如图 2-5 中的虚线 1 所示。在每个 PWM 周期的 $t_1 \sim t_2$ 区间，V_2、V_3 导通，V_1、V_4 截止，虽然电枢绕组加反向电压，但由于绕组的负载电流较大，电流的方向仍然不变，只不过电流幅值的下降速率比前面介绍的单极性系统的要大，因此电流的波动较大。

当电动机在较大负载情况下反转工作时，情形正好与正转时相反，电流波形如图 2-6(b)所示，这里不再介绍。

当电动机在轻载下工作时，负载使电枢电流很小，电流波形基本上围绕横轴上下波动(见图 2-6(c))，电流的方向也在不断地变化。在每个 PWM 周期的 $0 \sim t_1$ 区间，V_2、V_3 截止。开始时，由于自感电动势的作用，电枢中的电流维持原流向——从 B 到 A，电流线路如图 2-5 中虚线 4，经二极管 D_4、D_1 到电源，电动机处于再生制动状态。由于二极管的 D_4、D_1 钳位作用，此时 V_1、V_4 不能导通。当电流衰减到 0 后，在电源电压的作用下，V_1、V_4 开始导通。电流经 V_1、V_4 形成回路，如图 2-5 中虚线 1。这时电枢电流的方向从 A 到 B，电动机处于电动状态。在每个 PWM 周期的 $t_1 \sim t_2$ 区间，V_1、V_4 截止。电枢电流在自感电动势的作用下继续从 A 到 B，其电流流向如图 2-5 中虚线 2,电动机仍处于电动状态。当电流衰减为 0 后,V_2、V_3 开始导通,电流线路如图 2-5 中的虚线 3,电动机处于耗能制动状态。因此,在轻载下工作时,电动机的工作状态呈电动和制动交替变化。

双极性驱动时,电动机可在 4 个象限上工作,低速时的高频振荡有利于消除负载的静摩擦,低速平稳性好。但在工作的过程中,由于 4 个开关管都处在开关状态,功率损耗较大,因此双极性驱动只用于中小功率直流电动机。使用时也要加"死区",防止开关管直通。

2.4 直流电动机的 DSC 控制方法及编程例子

2.4.1 数字 PI 调节器的 DSC 实现方法

任何电动机的调速系统都以转速为给定量,并使电动机的转速跟随给定值进行控制。为了使系统具有良好的调速性能,通常要构建一个闭环系统。一般来说,电动机的闭环调速系统可以是单闭环系统(速度闭环),也可以是双闭环系统(速度外环和电流内环),因此需要速度调节器和电流调节器。

速度调节器的作用是对给定速度与反馈速度之差按一定规律进行运算,并通过运算结果对电动机进行调速控制。由于电动机轴的转动惯量和负载轴的转动惯量的存在,使速度时间常数较大,系统的响应较慢。

电流调节器的作用有两个:一个是在启动和大范围加减速时起电流调节和限幅作用。因为此时速度调节器呈饱和状态,其输出信号一般作为极限给定值加到电流调节器上,电流调节器的作用结果是使绕组电流迅速达到并稳定在其最大值上,从而实现快速加减速和电流限流作用。电流调节器的另一个作用是使系统的抗电源扰动和负载扰动的能力增强。如果没有电流环,扰动会使绕组电流随之波动,使电动机的速度受影响。虽然速度环可以最终使速度稳定,但需要的时间较长。而加入电流环,由于电的时间常数较小,电流调节器会使受扰动的电流很快稳定下来,不至于发展到对速度产生大的影响,因此使系统的快速性和稳定性得到改善。

在电动机的闭环控制中,速度调节器和电流调节器一般采用 PI 调节器,即比例积分调节器。

常规的模拟 PI 控制系统原理框图见图 2-7。该系统由模拟 PI 调节器和被控对象组成。图中,$r(t)$ 是给定值,$y(t)$ 是系统的实际输出值,给定值与实际输出值构成控制偏差 $e(t)$:

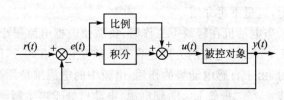

图 2-7 模拟 PI 控制系统原理图

$$e(t) = r(t) - y(t) \tag{2-9}$$

$e(t)$ 作为 PI 调节器的输入，$u(t)$ 作为 PI 调节器的输出和被控对象的输入。所以模拟 PI 控制器的控制规律为：

$$u(t) = K_P\left[e(t) + \frac{1}{T_I}\int_0^t e(t)\mathrm{d}t\right] + u_0 \qquad (2-10)$$

式中，K_P 为比例系数；T_I 为积分常数。

比例调节的作用是对偏差瞬间做出快速反应。偏差一旦产生，控制器立即产生控制作用，使控制量向减少偏差的方向变化。控制作用的强弱取决于比例系数，比例系数越大，控制越强，但过大会导致系统振荡，破坏系统的稳定性。

积分调节的作用是消除静态误差。但它也会降低系统的响应速度，增加系统的超调量。

采用 dsPIC 对电动机进行控制时，使用的是数字 PI 调节器，而不是模拟 PI 调节器，也就是说用程序取代 PI 模拟电路，用软件取代硬件。

将式(2-10)离散化处理就可以得到数字 PI 调节器的算法：

$$u_k = K_P\left[e_k + \frac{T}{T_I}\sum_{j=0}^k e_j\right] + u_0 \qquad (2-11)$$

或：

$$u_k = K_P e_k + TK_I\sum_{j=0}^k e_j + u_0 \qquad (2-12)$$

式中，k 为采样序号，$k=0,1,2,\cdots$；u_k 为第 k 次采样时刻的输出值；e_k 为第 k 次采样时刻输入的偏差值；K_I 为积分系数，$K_I = K_P/T_I$；u_0 为开始进行 PI 控制时的原始初值。

用式(2-12)计算 PI 调节器的输出 u_k 比较繁杂，可将其进一步变化。令第 k 次采样时刻的输出值增量为：

$$\Delta u_k = u_k - u_{k-1} = K_P(e_k - e_{k-1}) + TK_I e_k \qquad (2-13)$$

所以：

$$u_k = u_{k-1} + K_P(e_k - e_{k-1}) + TK_I e_k \qquad (2-14)$$

或：

$$u_k = u_{k-1} + K_1 e_k + K_2 e_{k-1} \qquad (2-15)$$

式中，u_{k-1} 为第 $k-1$ 次采样时刻的输出值；e_{k-1} 为第 $k-1$ 次采样时刻输入的偏差值；$K_1 = K_P + TK_I$；$K_2 = -K_P$。

用式(2-14)或(2-15)就可以通过有限次数的乘法和加法快速地计算出 PI 调节器的输出 u_k。

以下是用式(2-15)计算 u_k 的程序代码。

程序清单 2-1　数字 PI 调节子程序

```
bset CORCON, #0         ;使能乘法整数模式
mov UK, w4              ;u_{k-1}
```

```
        lac w4,#4,A              ;存入 A,Q12 格式
        mov EK,w4                ;e_{k-1}
        mov K2,w5                ;K2 是 Q12 格式
        mac w4*w5,A              ;u_{k-1}+K_2 e_{k-1}
        mov GIVE,w4              ;给定值
        mov MEASURE,w5           ;测量值
        sub w4,w5,w4             ;求偏差 e_k
        mov w4,EK                ;保存 e_k
        mov K1,w5
        mac w4*w5,A              ;u_{k-1}+K_2 e_{k-1}+K_1 e_k,Q12 格式
        btst ACCAU,#0            ;将 ACCAU 第 0 位取反送 Z
        bra Z,ABC                ;正数跳转
        neg a                    ;负数则求补
        sac.r a,#-4,w5           ;去掉 Q12 格式
        neg w5,w5                ;再求补
        goto ABC1
ABC:
        sac.r a,#-4,w5           ;去掉 Q12 格式
ABC1:
        mov w5,UK                ;保存
```

如果用 30 MIPS,以上程序代码只需 667 ns 时间,足可以用于实时控制。

实际中,控制器的输出量还要受一些物理量的极限限制,如电源额定电压、额定电流、占空比最大和最小值等,因此对输出量还需要检验是否超出极限范围。

引入积分环节的目的主要是为了消除静态误差,提高控制精度。当在电动机的启动、停车或大幅度增减设定值时,短时间内系统输出很大的偏差,这会使 PI 运算的积分积累很大,引起输出的控制量增大,这一控制量很容易超出执行机构的极限控制量,从而引起强烈的积分饱和效应。这将会造成系统振荡、调节时间延长等不利结果。

为了消除积分饱和带来的不利影响,可以使用防积分饱和 PI 调节器,如图 2-8 所示。其算法如下:

$$\begin{cases} U = R_{k-1} + K_p e_k \\ u_k = \begin{cases} u_{\max} & (U \geqslant u_{\max}) \\ u_{\min} & (U \leqslant u_{\min}) \\ U \end{cases} \\ R_k = R_{k-1} + K_I e_k + K_C (u_k - U) \end{cases} \quad (2-16)$$

式中,$K_I = K_P T/T_I$;积分饱和修正系数 $K_C = K_I/K_P = T/T_I$。

防积分饱和 PI 调节器程序代码如下。

第 2 章 直流电动机的 DSC 控制

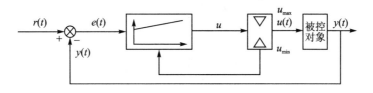

图 2-8 防积分饱和 PI 调节器

程序清单 2-2 防积分饱和数字 PI 调节子程序

bset CORCON,#0	;使能乘法整数模式
mov RK,w4	;R_{k-1}
lac w4,#4,A	;存入 A,Q12 格式
mov GIVE,w4	;给定值
mov MEASURE,w5	;测量值
sub w4,w5,w4	;求偏差 e_k
mov w4,EK	;保存 e_k
mov KP,w5	;K_P 是 Q12 格式
mac w4*w5,A	;$R_{k-1}+K_P e_k$,Q12 格式
btst ACCAU,#0	;将 ACCAU 第 0 位取反送 Z
bra Z,ABC	;正数跳转
neg a	;负数则求补
sac.r a,#-4,w5	;去掉 Q12 格式
neg w5,w5	;再求补
mov w5,U	;保存 U
mov UMIN,w4	;检测 U 是否超过下限
sub w4,w5,w5	
bra nc,ABC1	;没超过下限,跳转
mov w4,UK	;否则 $u_k = u_{min}$
goto ABC2	

ABC:

sac.r a,#-4,w5	;去掉 Q12 格式
mov w5,U	;保存 U
mov UMAX,w4	;检测 U 是否超过上限
sub w5,w4,w5	
bra nc,ABC1	;没超过上限,跳转
mov w4,UK	;否则 $u_k = u_{max}$
goto ABC2	

ABC1:

    mov U,w5

```
        mov w5,UK              ;u_k = U
ABC2:
        mov RK,w4              ;R_{k-1}
        lac w4,#4,A            ;存入 A,Q12 格式
        mov U,w4
        mov UK,w5
        sub w5,w4,w4           ;u_k - U
        mov KC,w5              ;Q12 格式
        mac w4*w5,A            ;R_{k-1} + K_C(u_k - U)
        mov EK,w4
        mov KI,w5              ;Q12 格式
        mac w4*w5,A            ;R_{k-1} + K_I*e_k + K_C(u_k - U),Q12 格式
        btst ACCAU,#0          ;将 ACCAU 第 0 位取反送 Z
        bra Z,ABC3             ;正数跳转
        neg a                  ;负数则求补
        sac.r a,#-4,w5         ;去掉 Q12 格式
        neg w5,w5              ;再求补
        goto ABC4
ABC3:
        sac.r a,#-4,w5         ;去掉 Q12 格式
ABC4:
        mov w5,RK              ;保存
```

2.4.2 定点 DSC 的数据 Q 格式表示方法

上面程序中的数据采用了 Q 格式。那么 Q 格式是怎样一回事呢?

dsPIC30F6010 属于定点 DSC,而不是浮点。因此在对含有小数这样的实数进行运算时,就必须采用 Q 格式对数据进行规格化处理。

如果一个 16 位数被规格化为 Q_K 格式,它的一般表达式为:

$$Z = b_{15-K} \times 2^{15-K} + b_{14-K} \times 2^{14-K} + \cdots + b_0 + b_{-1} \times 2^{-1} + b_{-2} \times 2^{-2} + \cdots + b_{-K} \times 2^{-K}$$

这里 K 暗中包含了小数的位数。例如,实数 π(3.14159),如果用 Q13 格式表示,可以表示为:

$$0 \times 2^2 + 1 \times 2^1 + 1 \times 2^0 + 0 \times 2^{-1} + 0 \times 2^{-2} + 1 \times 2^{-3} + 0 \times 2^{-4} + 0 \times 2^{-5} + 1 \times 2^{-6} +$$
$$0 \times 2^{-7} + 0 \times 2^{-8} + 0 \times 2^{-9} + 0 \times 2^{-10} + 1 \times 2^{-11} + 1 \times 2^{-12} + 1 \times 2^{-13}$$
$$= 011.0010010000111$$

实质上,Q_K 格式是将一个数放大了 2^K 倍,然后舍去了剩余小数,形成一个全是整数的替代数。这样,这个数才可以进行能够保证一定精度的定点运算。

一个数的小数部分的多少会影响这个数的精度,而它的整数部分会影响这个数的动态变

化范围。既要保证足够的精度,又要保证足够的动态范围,对于位数(如 16 位)一定的数据来讲,这是一对矛盾。例如一个 Q15 格式的 16 位数可以表示最高精度(15 位小数),但却表示了最小的数的范围(-1,1)。因此,在最初设计时,一般的原则是先估计一个数的变化范围,然后再去设计这个数的精度表示,如果精度不够,可以用扩大数的位数的方法来弥补,最终给出一个满意的 Q 格式数据。

Q 格式数据间的运算遵循如下原则:
- 加减运算。加减运算时,必须要保证参与运算的数据是相同的 Q 格式。
- 乘运算。不同 Q 格式的数可以进行乘运算,例如 Q_A 格式的数乘 Q_B 格式的数,运算结果为 Q_{A+B} 格式。
- 除运算。同样可以使用不同 Q 格式的数进行除运算,例如 Q_A 格式的数除以 Q_B 格式的数,运算结果为 Q_{A-B} 格式。

2.4.3 单极性可逆 PWM 系统 DSC 控制方法及编程例子

图 2-9 是直流电动机全数字双闭环控制的框图。全部控制模块如速度 PI 调节、电流 PI 调节、PWM 控制都是通过软件来实现的。

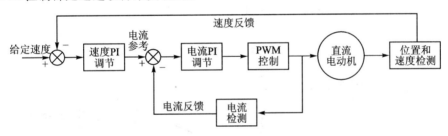

图 2-9 直流电动机调速双闭环控制框图

图 2-10 是根据图 2-9 的控制原理所设计的用 dsPIC30F6010 实现直流电动机调速的控制和驱动电路。

图中采用了 H 型驱动电路,其中上桥臂用 P 沟道 MOSFET,下桥臂用 N 沟道 MOSFET。通过 dsPIC30F6010 的 PWM 输出引脚 PWM1L、PWM1H、PWM2L、PWM2H 输出的控制信号进行控制。用电流采样电阻检测电流变化,经放大后通过 AN7 引脚输入给 dsPIC30F6010,经 A/D 转换产生电流反馈信号。采用直流测速发电机检测电动机的速度变化,其信号通过 AN12 引脚输入给 dsPIC30F6010,经 A/D 转换获得速度反馈信号。由于电机正反转时测速发电机会产生正负电压输出,须经一个电平转换电路(如图 2-11 所示)转换成 0~5 V 输出给 A/D 转换器。通过将 A/D 转换器的转换结果设置为"有符号整数"模式,来获得有符号的数字速度值。

试验所用电动机型号:90ZYT55 No.0609101;工作电压为 24 V;额定功率为 80 W;额定

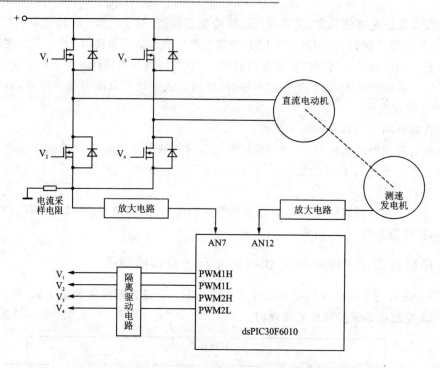

图 2-10 直流电动机 DSC 控制和驱动电路

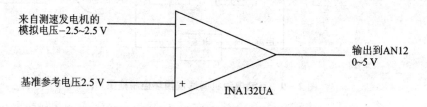

图 2-11 速度模拟信号电平转换电路

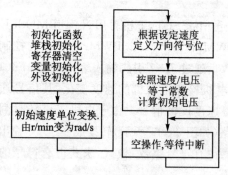

图 2-12 主程序框图

转速为 1500 r/min；额定电流为 5 A。

用 dsPIC30F6010 实现直流电动机速度控制的软件由 3 部分组成：主程序、PWM 周期中断子程序、AD 中断子程序，如图 2-12 和图 2-13 所示。

其中主程序只进行初始化和电动机的转向判别。用户可以在主程序中添加其他应用程序。

设计每 2 个 PWM 周期进行一次电流 PI 调节，每 8 个 PWM 周期对速度进行一次 PI 调节。以实现实时控制。电流 PI 调节和速度 PI 调节

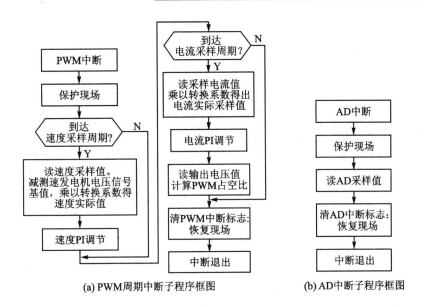

(a) PWM周期中断子程序框图　　(b) AD中断子程序框图

图 2-13　子程序框图

都在 PWM 周期中断子程序中完成。

采用连续自动采样和 A/D 转换,转换结束后申请 AD 中断。在 AD 中断子程序中读出电流和速度转换结果。

以下是直流电动机单极性可逆 PWM 系统 DSC 双闭环控制的程序例子。

程序清单 2-3　直流电动机单极性可逆双闭环 PWM 控制程序

```
.equ __30F6010A, 1
.include "p30f6010A.inc"
;************************************************************
;常数定义
;************************************************************
.equ SPEED_SET, 750        ;速度设定值 Q0 单位 r/min。读者可以将其设置为一个变量,
                           ;在应用程序中根据用户的输入来决定
.equ _Tpwm, 1476           ;器件运行速度为 7.38 MIPS 时,PWM 周期为 2.5 kHz Q0 格式
.equ _Deadtime, 59         ;器件运行速度为 7.38 MIPS 时,将产生 8 μs 的死区
.equ _timerate, 8          ;PWM 导通时间(Q4)/电压(Q8)的比例系数
.equ _volrate, 4           ;电压(Q8)/速度(Q0)
.equ CURR_B0, 32           ;电流 PI 调节比例系数 Q12
.equ CURR_B1, 1            ;电流 PI 调节积分系数 Q12
.equ SPEED_B0, 20          ;速度 PI 调节比例系数 Q12
.equ SPEED_B1, 1           ;速度 PI 调节积分系数 Q12
```

```
        .equ CURR_RATE, 0x0014          ;电流实际值与采样值的比例系数 Q12
        .equ SPEED_RATE, 0x04E8         ;速度实际值与采样值的比例系数 Q12
        .equ CURR_MAX, 0x10B0           ;电流最大值 Q12,单位 A
        .equ CURR_MIN, 0x0              ;电流最小值 Q12,单位 A
        .equ VOLT_MAX, 0x1800           ;电压最大值 Q8,单位 V
        .equ VOLT_MIN, 0x01FF           ;电压最小值 Q8,单位 V
        .equ SPEED_TRANS, 0x01AD        ;2π/60,用于将 r/min 转化为 rad/s Q12 格式
        .equ SPEED_SAMPLE_OFFSET, 0x01FF ;速度采样偏移量 Q8 格式
;*************************************************************
; 中断入口地址声明
;*************************************************************
        .global __reset
        .global __PWMInterrupt
        .global __ADCInterrupt
        .global __FLTAInterrupt
        .global __DefaultInterrupt
;*************************************************************
; 中间变量存储空间定义
;*************************************************************
        .section .nbss, bss, near
_curr:          .space 6            ;电流设定值/采样值/历史偏差值 Q12 格式
_speed:         .space 6            ;速度设定值/采样值/历史偏差值 Q8 格式
_volt:          .space 2            ;输出电压值 Q8 格式
_sign:          .space 2            ;定义符号位 0 表示正转,1 表示反转
_sysTimer:      .space 2            ;定义系统时间,记录 PWM 中断次数
_currTimer:     .space 2            ;定义电流调节时间,记录发生电流调节时_sysTimer 中的值
_speedTimer:    .space 2            ;定义速度调节时间,记录发生速度调节时_sysTimer 中的值
_adcSample:     .space 4            ;ADC 采样值,电流和速度
;*************************************************************
; 常数存储空间定义
;*************************************************************
_speedPI:       .space 4            ;速度 PI 调节系数 b0, b1
_currLim:       .space 4            ;输出电流上限和下限
_currPI:        .space 4            ;电流 PI 调节系数 b0, b1
_voltLim:       .space 4            ;输出电压上限和下限
        .text
;;************************************************************
;; 主程序,完成初始化和启动 PWM
;;************************************************************
```

```
__reset:
    mov #__SP_init, w15              ;初始化堆栈指针
    mov #__SPLIM_init, w0            ;初始化堆栈指针限制寄存器
    mov w0, SPLIM
    nop                              ;在初始化 SPLIM 之后,加一条 NOP
    RCALL _wreg_init                 ;寄存器初始化
    mov #SPEED_SET, w0               ;设定速度值,转化为 rad/s,Q8 格式
    cp0 w0                           ;判断旋转方向
    bra GE, _clockwise
    setm _sign                       ;反向,置标志位
    neg w0, w0                       ;求补,取绝对值
_clockwise:
    mov #SPEED_TRANS, w1             ;乘以 2π/60。将 r/min 转化为 rad/s Q8 格式
    mul.UU w0, w1, w2
    mov.w w2, _speed
    mov #_volrate, w1                ;设定初始电压
    mul.UU w0, w1, w0
    mov.w w0, _volt
    rcall _sys_init                  ;系统配置
    rcall _var_init                  ;变量初始化
    rcall _setup                     ;启动 PWM
    nop
_Done:
    nop
    nop
    nop
    bra _Done                        ;等待中断
;;****************************************************
;;; PWM 中断子程序
;;; 功能:用增量式 PI 算法 delt_y = b0*x + b1*delt_x 分别对速度和电流实施 PI 控制
;;        并防止积分饱和
;;****************************************************
__PWMInterrupt:
    push.s                           ;保存工作寄存器
    push.d w4                        ;压入双字节 W4
    mov.w _speedTimer, w0            ;速度调节。判断是否到速度调节时间
    cp _sysTimer
```

```asm
        bra LT, _next1
            mov.w _adcSample+2,w0           ;取速度采样值
            mov #SPEED_SAMPLE_OFFSET,w2     ;速度采样偏移量
            sub w0,w2,w4
                mov #SPEED_RATE, w5
                mpy w4*w5,A                 ;乘以转换系数
                sac A,#-8,w0                ;Q8格式
                mov.w w0,_speed+2           ;速度实际值
                RCALL _SpeedCtrl            ;速度PI调节,得出电流设定值
                mov _sysTimer, w1
                add w1,#8,w1                ;每8个PWM周期调节一次速度
                mov w1,_speedTimer          ;记录下次速度调节时间
_next1:
            mov.w _currTimer, w0            ;判断是否到电流调节时间
            cp _sysTimer
            bra LT, _next2
            mov.w _adcSample,w4             ;电流调节。取电流采样值
            mov #CURR_RATE, w5
            mul.UU w4, w5, w0               ;乘以转换系数
            mov.w w0, _curr+2               ;电流实际值
            RCALL _CurrCtrl                 ;电流PI调节,得输出电压值
            RCALL _DutyCircle               ;根据电压值,计算输出占空比
            mov w0, PDC1
            mov w0, PDC2
            mov _sysTimer, w1
            add w1,#2,w1                    ;每2个PWM周期调节一次速度
            mov w1,_currTimer               ;保存下次电流调节时间
_next2:
            inc.w _sysTimer                 ;系统时间加1
pwm_end:
            bclr IFS2,#PWMIF                ;清PWM中断标志位
            pop.d w4
            pop.s
retfie
;;******************************************************
;;;AD中断子程序
;;;功能:采样速度值(有符号Q12)和电流值(无符号Q12)
;;       通过速度的正负,使电流值变成有符号数
```

```asm
;**********************************************************
__ADCInterrupt:
    push w0
    mov ADCBUF0, w0                  ;读电流转换值
    mov.w w0, _adcSample
    mov ADCBUF1, w0                  ;读速度转换值

    ;测速发电机速度/电压 = 常数,它是以 2.5 V 为基准
    ;0～2.5 V 为反转时采集电压;2.5～5 V 为正转时采集电压
    btst _sign, #0
        neg w0, w0                   ;求补,取绝对值
        mov.w w0, _adcSample + 2
adc_end:
    bclr IFS0, #ADIF                 ;清 A/D 中断标志
    pop w0
RETFIE
;;**********************************************************
;;故障和错误中断
;;功能:停止 PWM。使板上信号指示灯亮
;;**********************************************************
__FLTAInterrupt:
    bclr PTCON, #15                  ;停止 PWM 时基
    setm PORTD                       ;D 口配置为高阻态
    bclr TRISE, #8                   ;E 口
    bclr TRISA, #9                   ;A 口第 9 位设置为输出
    bset PORTA, #9                   ;点亮板上 LED7
_Error: bra _Error
retfie
__DefaultInterrupt:
    bclr PTCON, #15                  ;停止 PWM 时基
    setm PORTD                       ;D 口配置为高阻态
    bclr TRISE, #8                   ;E 口
    bclr TRISA, #10                  ;A 口第 10 位设置为输出
    bset PORTA, #10                  ;点亮板上 LED6
_Error1: bra _Error1
retfie
;;**********************************************************
;;专用寄存器初始化子程序
;;功能:包括内核寄存器、IO 口、ADC、PWM 的初始化配置
```

```
;;************************************************************
_sys_init:
;................................................................
;内核寄存器配置
;................................................................
;内核
    bset CORCON,#0                  ;使能 DSP 乘法运算器的整数模式
    bclr CORCON,#SATDW              ;防止写饱和
;中断配置
    bset INTCON1,#NSTDIS
    mov #0x4000,w0
    mov w0,IPC2                     ;ADC 中断优先级 = 4
    mov #0x5000,w0
    mov w0,IPC9                     ;设置 PWM 中断优先级 = 5
    mov #0x6000,w0
    mov w0,IPC10                    ;故障引脚 A 中断优先级 6
    bclr IFS2,#PWMIF                ;清除 PWM 中断请求标志位
    bclr IFS0,#ADIF                 ;清除 ADC 中断请求标志位
    bclr IFS2,#FLTAIF               ;清故障 A 中断请求标志位
    bset IEC0,#ADIE                 ;允许 ADC 中断
    bset IEC2,#PWMIE                ;允许 PWM 中断
    bset IEC2,#FLTAIE               ;允许故障 A 中断
;................................................................
;IO 口配置
;................................................................
    bclr TRISD,#11                  ;D 口输出,用于 74HC244 使能
    mov #0x0300,w0                  ;E 口配置,使系统上电时保证默认状态是高电平
    mov w0,TRISE
    mov #0x03FF,w0
    mov w0,PORTE
    mov #0x008f,w0
    mov w0,FLTACON                  ;用故障引脚 A
;................................................................
;配置 PWM
;................................................................
;单极性控制,根据符号位选择导通对管
    btst _sign,#0
    bra NZ,_pwm_countclock ;反方向
    mov #0x0330, w0
```

```
        mov w0,PWMCON1              ;独立模式,使能♯1H、♯2H 输出
        mov ♯0x0A0A,w0
        mov w0,OVDCON               ;♯1H、♯2H PWM 输出由 PWM 发生器控制
        bra _pwm_next
_pwm_countclock:
        mov ♯0x0303,w0
        mov w0,PWMCON1              ;独立模式,使能♯1L、♯2L 输出
        mov ♯0x0505,w0
        mov w0,OVDCON               ;♯1L、♯2L PWM 输出由 PWM 发生器控制
_pwm_next:
        clr w0
        mov w0,PWMCON2              ;允许占空比更新
        mov ♯0x0002,w0
        mov w0,PTCON                ;使能 PWM 时基,中心对齐模式
        mov ♯0x0001,w0              ;向上计数模式
        mov w0,SEVTCMP              ;特殊时间比较寄存器
        mov ♯_Tpwm,w0
        mov w0,PTPER
        mov ♯_Deadtime,w0
        mov w0,DTCON1
        clr w0
        mov w0,DTCON2               ;不用死区 B
        clr.w PDC1
        clr.w PDC2
        clr.w PDC3
        clr.w PDC4
        mov w0,FLTBCON              ;不用故障引脚 B
;..................................................................
; ADC 配置
;..................................................................
        mov ♯0x0404,w0              ;扫描输入
        mov w0,ADCON2               ;每次中断进行 2 次采样/转换
        mov ♯0x0003,w0
        mov w0,ADCON3               ;$T_{ad}$ 是 2 个 $T_{cy}$
        clr ADCHS ;
        clr ADPCFG                  ;将所有 A/D 引脚设置为模拟模式
        clr ADCSSL
        bset ADCSSL,♯7              ;使能对 AN7 的扫描
        bset ADCSSL,♯12             ;使能对 AN12 的扫描
```

```
        mov #0x8166,w0              ;使能 A/D、PWM 触发和自动采样,有符号整数模式
        mov w0,ADCON1
        return
;;************************************************************
; W 寄存器初始化子程序
;;************************************************************
_wreg_init:
        clr w0
        mov w0, w14
        repeat #12
        mov w0, [++W14]
        clr w14
RETURN
;;************************************************************
; 变量初始化
;;************************************************************
_var_init:
        mov #SPEED_B0, w1
        mov.w w1, _speedPI           ;速度 PI 调节比例系数
        mov #SPEED_B1, w1
        mov.w w1, _speedPI+2         ;速度 PI 调节积分系数
        mov #CURR_MAX, w1
        mov.w w1, _currLim           ;电流上限
        mov #CURR_MIN, w1
        mov.w w1, _currLim+2         ;电流下限
        mov #CURR_B0, w1
        mov.w w1, _currPI            ;电流 PI 调节比例系数
        mov #CURR_B1, w1
        mov.w w1, _currPI+2          ;电流 PI 调节积分系数
        mov #VOLT_MAX, w1
        mov.w w1, _voltLim           ;电压上限
        mov #VOLT_MIN, w1
        mov.w w1, _voltLim+2         ;电压下限
        clr.w _speed+4
        clr.w _curr
        clr.w _curr+4
        clr.w _sign
        clr.w _sysTimer
        clr.w _currTimer
```

```
        clr.w _speedTimer
        clr.w _volt
        return
;;****************************************************
;;PWM 启动子程序
;;功能:使开发板输出缓冲芯片 74HC244 输出使能
;;      启动 PWM 时基驱动电机
;;****************************************************
_setup:
        clr PORTD                           ;使能
        bset PTCON,#PTEN                    ;PWM 时基使能
return
;;****************************************************
;;速度 PI 控制算法子程序
;;功能:用增量式 PI 算法 delt_y = b0*x + b1*delt_x 对速度实施 PI 控制
;;      防止积分饱和。输入:无。输出:W0(Q12 格式)
;;****************************************************
_SpeedCtrl:
        mov.w _speed, w4                    ;设定值
        mov.w _speed+2, w2                  ;实际值
        sub w4, w2, w4                      ;计算偏差值

        mov.w _speedPI, w5                  ;系数
        mpy w4*w5, A                        ;b0 * x

        mov.w _speed+4, w2                  ;历史偏差值
        sub w4, w2, w4                      ;计算偏差增量
        mov.w w4, _speed+4                  ;保存增量,下一次使用

        mov.w _speedPI+2, w5                ;b1 * delt_x
        mpy w4*w5, B

        add A
        sac A,#-4,w0                        ;左移4位,将A寄存器的高16位转化成Q12格式

        mov.w _curr, w2                     ;电流设定值加上偏差值
        add w2, w0, w0                      ;W0 暂存结果

        mov.w _currLim, w2                  ;饱和判断。读入上限值并比较
        cpsgt w0, w2
        bra _LowLim1

        mov w2, w0
        bra _SpeedCtrl_end
```

```
_LowLim1:
    mov.w _currLim + 2, w2          ;读入下限值并比较
    cpsgt w0, w2
    mov w0, w2
_SpeedCtrl_end:
    mov.w w0, _curr                 ;保存电流设定值
return
;;**********************************************************
;;; 电流 PI 控制算法子程序
;;; 功能:用增量式 PI 算法 delt_y = b0 * x + b1 * delt_x 对电流实施 PI 控制
;;;       防止积分饱和。输入:无。输出:W0(Q12 格式)
;;**********************************************************
_CurrCtrl:
mov.w _curr, w4                     ;设定值
    mov.w _curr + 2, w2             ;实际值
    .sub w4, w2, w4                 ;计算出偏差值

    mov.w _currPI, w5               ;系数
    mpy w4 * w5, A                  ;b0 * x

    mov.w _curr + 4, w2             ;历史偏差值
    sub w4, w2, w4                  ;计算出偏差增量
    mov.w w4, _curr + 4             ;保存增量,下一次使用

    mov.w _currPI + 2, w5           ;b1 * delt_x
    mpy w4 * w5, B

    add A                           ;delt_y = b0 * x + b1 * delt_x
    sac A, w0                       ;Q8 格式

    mov _volt, w2                   ;电压值加偏差值
    add w2, w0, w0                  ;W0 暂存结果

    mov.w _voltLim, w2              ;饱和判断。读入上限值并比较
    cpsgt w0, w2
    bra _LowLim
    mov w0, w2
    bra _CurrCtrl_end

_LowLim:
mov.w _voltLim + 2, w2              ;读入下限值并比较
    cpsgt w0, w2
    mov w2, w0
_CurrCtrl_end:
```

```
        mov.w w0, _volt              ;保存输出电压值
return
;;*******************************************************
;;计算占空比值子程序
;;功能:根据输出电压值计算 PWM 输出占空比寄存器输出
;;说明:单极性占空比和电压关系式 t1/Tpwm = U0/Us
;;输入:w0
;;输出:w0
;;*******************************************************
_DutyCircle:
        mov.w _volt, w0
        mul.uu w0, #_timerate, w0
        lsr w0, #4, w0               ;Q4 格式转化为 Q0 格式
        mov #_Tpwm, w2               ;判断是否超限
        rlnc w2, w2                  ;乘以 2
        cpsgt w0, w2                 ;值是 2 倍周期寄存器的值
        bra _DutyCircle_end
        mov w2, w0
_DutyCircle_end:
return
.end
```

2.4.4 双极性可逆 PWM 系统 DSC 控制方法及编程例子

双极性可逆 PWM 系统的 DSC 控制与单极性可逆 PWM 系统的 DSC 控制基本相同。由于所控制的开关管不同,所以在 PWM 的配置上有所不同。

双极性可逆 PWM 系统的占空比除了决定电动机的转速外,还决定电动机的转向,因此,在电流 AD 转换中,需要根据转向给电流值加符号。

以下是直流电动机双极性可逆 PWM 系统 DSC 双闭环控制的程序例子。

程序清单 2-4　直流电动机双极性可逆双闭环 PWM 控制程序

```
.equ __30F6010A, 1
.include "p30f6010A.inc"
;*******************************************************
;常数定义
;*******************************************************
        .equ SPEED_SET, 750          ;速度设定值 Q0 单位 r/min。读者可以将其设置为一个变量,
                                     ;在应用程序中根据用户的输入来决定
        .equ _Tpwm, 1476             ;器件运行速度为 7.38 MIPS 时,PWM 周期为 2.5 kHz Q0 格式
```

```
        .equ _Deadtime, 59              ;器件运行速度为 7.38 MIPS 时,将产生 8 μs 的死区
        .equ _timerate, 8               ;PWM 导通时间(Q4)/电压(Q8)的比例系数
        .equ _volrate, 4                ;电压(Q8)/速度(Q0)
        .equ CURR_B0, 32                ;电流 PI 调节比例系数 Q12
        .equ CURR_B1 , 1                ;电流 PI 调节积分系数 Q12
        .equ SPEED_B0, 20               ;速度 PI 调节比例系数 Q12
        .equ SPEED_B1, 1                ;速度 PI 调节积分系数 Q12
        .equ CURR_RATE, 0x0014          ;电流实际值与采样值的比例系数 Q12
        .equ SPEED_RATE, 0x04E8         ;速度实际值与采样值的比例系数 Q12
        .equ CURR_MAX, 0x5000           ;电流最大值 Q12,单位 A
        .equ CURR_MIN, 0xB000           ;电流反向最大值 Q12,单位 A
        .equ VOLT_MAX, 0x1800           ;电压最大值 Q8,单位 V
        .equ VOLT_MIN, 0xE800           ;电压反向最大值 Q8,单位 V
        .equ SPEED_TRANS, 0x01AD        ;2π/60,用于将 r/min 转化为 rad/s Q12 格式
        .equ SPEED_SAMPLE_OFFSET, 0x01FF ;速度采样偏移量 Q8 格式
;*************************************************************
;中断入口地址声明
;*************************************************************
        .global __reset
        .global __PWMInterrupt
        .global __ADCInterrupt
        .global __FLTAInterrupt
        .global __DefaultInterrupt
;*************************************************************
;中间变量存储空间定义
;*************************************************************
        .section .nbss, bss, near
_curr:          .space 6        ;电流设定值/采样值/历史偏差值 Q12 格式
_speed:         .space 6        ;速度设定值/采样值/历史偏差值 Q8 格式
_volt:          .space 2        ;输出电压值 Q8 格式
_sign:          .space 2        ;定义符号位 0 表示正转,1 表示反转
_sysTimer:      .space 2        ;定义系统时间,记录 PWM 中断次数
_currTimer:     .space 2        ;定义电流调节时间,记录发生电流调节时_sysTimer 中的值
_speedTimer:    .space 2        ;定义速度调节时间,记录发生速度调节时_sysTimer 中的值
_adcSample:     .space 4        ;ADC 采样值,电流和速度
;*************************************************************
;常数存储空间定义
;*************************************************************
_speedPI:       .space 4        ;速度 PI 调节系数 b0, b1
```

```
_currLim：    .space 4            ;输出电流上限和下限
_currPI：     .space 4            ;电流 PI 调节系数 b0,b1
_voltLim：    .space 4            ;输出电压上限和下限
.text
```

;;***
;;主程序,完成初始化和启动 PWM
;;***

```
__reset：
    mov #__SP_init, w15         ;初始化堆栈指针
    mov #__SPLIM_init, w0       ;初始化堆栈指针限制寄存器
    mov w0, SPLIM
    nop                         ;在初始化 SPLIM 之后,加一条 NOP
    rcall _wreg_init            ;寄存器初始化
    rcall _sys_init             ;系统配置
    rcall _var_init             ;变量初始化
    mov #SPEED_SET, w0          ;设定速度值,转化为 rad/s,Q12 格式
    mov #SPEED_TRANS, w1        ;乘以 2π/60。将 r/min 转化为 rad/s Q8 格式
    mul.SU w0, w1, w2
    mov.w w2, _speed
    cp0 w0                      ;判断旋转方向
    bra GE, _clockwise
    setm _sign                  ;反向,置标志位
_clockwise：
    mov #_volrate, w1           ;设定初始电压
    mul.SU w0,w1,w0
    mov.w w0, _volt
    rcall _setup                ;启动 PWM
    nop
_Done：
    nop
    nop
    nop
    bra _Done                   ;等待中断
```

;;***
;;PWM 中断子程序

```
;;功能：用增量式 PI 算法 delt_y = b0 * x + b1 * delt_x 分别对速度和电流实施 PI 控制
;;      并防止积分饱和
;;**********************************************************
__PWMInterrupt:
    push.s                          ;保存工作寄存器
    push.d w4                       ;压入双字节 W4

    mov.w _speedTimer,w0            ;速度调节。判断是否到速度调节时间
    cp _sysTimer
    bra LT,_next1

    mov.w _adcSample+2,w0           ;取速度采样值
                                    ;测速发电机速度/电压 = 常数,它是以 2.5 V 为基准,
                                    ;0～2.5 V 为反转时采集电压;2.5～5 V 为正转时采集电压
    mov #SPEED_SAMPLE_OFFSET,w2     ;速度采样偏移量
    sub w0,w2,w4
    mov #SPEED_RATE,w5
    mpy w4*w5,A                     ;乘以转换系数
    sac A,#-8,w0                    ;Q8 格式
    mov.w w0,_speed+2               ;速度实际值
    rcall _SpeedCtrl                ;速度 PI 调节,得出电流设定值
    mov _sysTimer,w1
    add w1,#8,w1                    ;每 8 个 PWM 周期调节一次速度
    mov w1,_speedTimer              ;记录下次速度调节时间

_next1:
    mov.w _currTimer,w0             ;判断是否到电流调节时间
    cp _sysTimer
    bra LT,_next2

    mov.w _adcSample,w4             ;电流调节。取电流采样值
    mov #CURR_RATE,w5
    mul.SU w4,w5,w0                 ;乘以转换系数
    mov.w w0,_curr+2                ;电流实际值
    rcall _CurrCtrl                 ;电流 PI 调节,得输出电压值
    rcall _DutyCircle               ;根据电压值,计算输出占空比
    mov w0,PDC1
    mov w0,PDC2

    mov _sysTimer,w1
    add w1,#2,w1                    ;每 2 个 PWM 周期调节一次速度
    mov w1,_currTimer               ;保存下次电流调节时间
```

```
_next2:
    inc.w _sysTimer                    ;系统时间加 1
pwm_end:
    bclr IFS2,#PWMIF                   ;清 PWM 中断标志位
    pop.d w4
    pop.s
retfie
```

;;***
;; AD 中断子程序
;; 功能：采样速度值(有符号 Q12)和电流值(无符号 Q12)
;;   通过速度的正负,使电流值变成有符号数
;***

```
__ADCInterrupt:
    push w0
    mov ADCBUF0, w0                    ;读电流转换值
    btst _sign, #0
    neg w0, w0
    mov.w w0, _adcSample
    mov ADCBUF1, w0                    ;读速度转换值
    mov.w w0, _adcSample+2
adc_end:
    bclr IFS0,#ADIF                    ;清 A/D 中断标志
    pop w0

RETFIE
```

;;***
;; 故障和错误中断
;; 功能:停止 PWM。使板上信号指示灯亮
;;***

```
__FLTAInterrupt:
    bclr PTCON,#15                     ;停止 PWM 时基
    setm PORTD                         ;D 口配置为高阻态
    bclr TRISE,#8                      ;E 口
    bclr TRISA,#9                      ;A 口第 9 位设置为输出
    bset PORTA,#9                      ;点亮板上 LED7
_Error: bra _Error
retfie

__DefaultInterrupt:
```

```
        bclr PTCON,#15              ;停止 PWM 时基
        setm PORTD                  ;D 口配置为高阻态
        bclr TRISE,#8               ;E 口
        bclr TRISA,#10              ;A 口第 10 位设置为输出
        bset PORTA,#10              ;点亮板上 LED6
_Error1:bra _Error1
retfie
;;*********************************************************
;;专用寄存器初始化子程序
;;功能:包括内核寄存器、IO 口、ADC、PWM 的初始化配置
;;*********************************************************
_sys_init:
;..........................................................
; 内核寄存器配置
;..........................................................
        ;内核
        bset CORCON,#0              ;使能 DSP 乘法运算器的整数模式
        bclr CORCON,#SATDW          ;防止写饱和
        ;中断配置
        bset INTCON1,#NSTDIS
        mov #0x4000,w0
        mov w0,IPC2                 ;ADC 中断优先级 = 4
        mov #0x5000,w0
        mov w0,IPC9                 ;设置 PWM 中断优先级 = 5
        mov #0x6000,w0
        mov w0,IPC10                ;故障引脚 A 中断优先级 6
        bclr IFS2,#PWMIF            ;清除 PWM 中断请求标志位
        bclr IFS0,#ADIF             ;清除 ADC 中断请求标志位
        bclr IFS2,#FLTAIF           ;清故障 A 中断请求标志位
        bset IEC0,#ADIE             ;允许 ADC 中断
        bset IEC2,#PWMIE            ;允许 PWM 中断
        bset IEC2,#FLTAIE           ;允许故障 A 中断
;..........................................................
; IO 口配置
;..........................................................
        bclr TRISD,#11              ;D 口输出,用于 74HC244 使能
        mov #0x0300,w0              ;E 口配置,使系统上电时保证默认状态是高电平
        mov w0,TRISE
```

第 2 章 直流电动机的 DSC 控制

```
    mov ♯0x03FF,w0
    mov w0,PORTE
    mov ♯0x008f,w0
    mov w0,FLTACON            ;用故障引脚 A

;......................................................
;配置 PWM
;......................................................
    ;双极性控制
    mov ♯0x0033,w0
    mov w0,PWMCON1            ;互补模式,使能♯1、♯2 两对 PWM 输出
    mov ♯0x0F0F,w0
    mov w0,OVDCON             ;♯1、♯2 两对 PWM 输出由 PWM 发生器控制
    mov ♯0x0001,w0            ;向上计数模式
    mov w0,SEVTCMP            ;特殊时间比较寄存器
    mov ♯_Tpwm,w0
    mov w0,PTPER
    mov ♯_Deadtime,w0
    mov w0,DTCON1
    clr w0
    mov w0,PWMCON2            ;允许占空比更新
    mov w0,DTCON2             ;不用死区 B
    clr w0
    mov w0,PDC1
    mov w0,PDC2
    mov w0,FLTBCON            ;不用故障引脚 B
    mov ♯0x0002,w0
    mov w0,PTCON              ;使能 PWM 时基,中心对齐模式

;......................................................
;ADC 配置
;......................................................
    mov ♯0x0404,w0            ;扫描输入
    mov w0,ADCON2             ;每次中断进行 2 次采样/转换
    mov ♯0x0003,w0
    mov w0,ADCON3             ;Tad 是 2 个 Tcy
    clr ADCHS
    clr ADPCFG                ;将所有 A/D 引脚设置为模拟模式
    clr ADCSSL
```

```
        bset ADCSSL,#7                  ;使能对 AN7 的扫描
        bset ADCSSL,#12                 ;使能对 AN12 的扫描
        mov #0x8166,w0                  ;使能 A/D、PWM 触发和自动采样,有符号整数模式
        mov w0,ADCON1
return
;;**************************************************************
;W 寄存器初始化子程序
;;**************************************************************
_wreg_init:
        clr w0
        mov w0,w14
        repeat #12
        mov w0,[++w14]
        clr w14
return
;;**************************************************************
;变量初始化
;;**************************************************************
_var_init:
        mov #SPEED_B0,w1
        mov.w w1,_speedPI               ;速度 PI 调节比例系数
        mov #SPEED_B1,w1
        mov.w w1,_speedPI+2             ;速度 PI 调节积分系数
        mov #CURR_MAX,w1
        mov.w w1,_currLim               ;电流上限
        mov #CURR_MIN,w1
        mov.w w1,_currLim+2             ;电流下限
        mov #CURR_B0,w1
        mov.w w1,_currPI                ;电流 PI 调节比例系数
        mov #CURR_B1,w1
        mov.w w1,_currPI+2              ;电流 PI 调节积分系数
        mov #VOLT_MAX,w1
        mov.w w1,_voltLim               ;电压上限
        mov #VOLT_MIN,w1
        mov.w w1,_voltLim+2             ;电压下限
        clr.w _speed+4
        clr.w _curr
        clr.w _curr+4
```

```
        clr.w _sign
        clr.w _sysTimer
        clr.w _currTimer
        clr.w _speedTimer
        clr.w _volt
return
;;***************************************************
;;PWM 启动子程序
;;功能：使开发板输出缓冲芯片 74HC244 输出使能
;;      启动 PWM 时基驱动电机
;;***************************************************
_setup：
        clr PORTD                       ;使能
        bset PTCON,#PTEN                ;PWM 时基使能
return
;;***************************************************
;;速度 PI 控制算法子程序
;;功能：用增量式 PI 算法 delt_y = b0 * x + b1 * delt_x 对速度实施 PI 控制
;;      防止积分饱和。输入:无。输出:W0(Q12 格式)
;;***************************************************
_SpeedCtrl：
        mov.w _speed, w4                ;设定值
        mov.w _speed+2, w2              ;实际值
        sub w4, w2, w4                  ;计算偏差值
        mov.w _speedPI, w5              ;系数
        mpy w4*w5, A                    ;b0 * x
        mov.w _speed+4, w2              ;历史偏差值
        sub w4, w2, w4                  ;计算偏差增量
        mov.w w4, _speed+4              ;保存增量,下一次使用
        mov.w _speedPI+2, w5            ;b1 * delt_x
        mpy w4*w5, B
        add A                           ;delt_y = b0 * x + b1 * delt_x
        sac A,#-4,w0                    ;左移 4 位,将 B 寄存器的高 16 位转化成 Q12 格式
        mov.w _curr, w2                 ;原电流设定值加上偏差值
        add w2, w0, w0                  ;W0 暂存结果
        mov.w _currLim, w2              ;饱和判断。读入上限值并比较
        cpsgt w0, w2
```

```
        bra  _LowLim1
        mov  w2, w0
        bra  _SpeedCtrl_end
_LowLim1:
        mov.w  _currLim + 2, w2          ;读入下限值并比较
        cpsgt  w0, w2
        mov  w0, w2
_SpeedCtrl_end:
        mov.w  w0, _curr                 ;保存电流设定值
return
;;****************************************************************
;;; 电流 PI 控制算法子程序
;;; 功能:用增量式 PI 算法 delt_y = b0 * x + b1 * delt_x 对电流实施 PI 控制
;;        防止积分饱和。输入:无。输出:w0(Q12 格式)
;;****************************************************************
_CurrCtrl:
        mov.w  _curr, w4                 ;设定值
        mov.w  _curr + 2, w2              ;实际值
        sub  w4, w2, w4                  ;计算出偏差值

        mov.w  _currPI, w5                ;系数
        mpy  w4 * w5, A                  ;b0 * x

        mov.w  _curr + 4, w2              ;历史偏差值
        sub  w4, w2, w4                  ;计算出偏差增量
        mov.w  w4, _curr + 4              ;保存增量,下一次使用

        mov.w  _currPI + 2, w5            ;b1 * delt_x
        mpy  w4 * w5, B

        add  A                           ;delt_y = b0 * x + b1 * delt_x
        sac  A, w0                       ;Q8 格式

        mov  _volt, w2                   ;电压值加偏差值
        add  w2, w0, w0                  ;W0 暂存结果

        mov.w  _voltLim, w2               ;饱和判断。读入上限值并比较
        cpsgt  w0, w2
        bra  _LowLim
        mov  w0, w2
        bra  _CurrCtrl_end
_LowLim:
```

```
        mov.w _voltLim+2, w2          ;读入下限值并比较
        cpsgt w0, w2
        mov w2, w0
_CurrCtrl_end:
        mov.w w0, _volt               ;保存输出电压值
return
;;;***********************************************************
;;;计算占空比值子程序
;;;功能:根据输出电压值计算 PWM 输出占空比
;;;说明:双极性占空比和电压关系式( 2 * t1/Tpwm − 1) = U0/Us
;;;输入:w0
;;;输出:w0
;;;***********************************************************
_DutyCircle:
        mov.w _volt, w0
        mov #VOLT_MAX, w1
        add w0,w1, w0
        lsr w0, #1, w0                ;除以 2
        mul.uu w0, #_timerate, w0
        lsr w0, #4, w0                ;Q4 格式转化为 Q0 格式
        mov #_Tpwm, w2                ;判断是否超限
        rlnc w2, w2                   ;乘以 2
        cpsgt w0, w2                  ;值是 2 倍周期寄存器的值
        bra _DutyCircle_end
        mov w2, w0
_DutyCircle_end:
return
.end
```

第 3 章
交流电动机的 SPWM 与 SVPWM 技术以及 DSC 控制的实现

交流电动机尤其是交流异步电动机,因为结构简单、体积小、重量轻、价格便宜、维护方便的特点,在生产和生活中得到广泛的应用。与其他种类电动机相比,交流电动机的市场占有量始终居第一位。

直到 20 世纪 70 年代,由于计算机的产生,以及近 20 年来新型快速的电力电子元件的出现,才使得交流电动机的调速成为可能,并得到迅速的普及。目前交流电动机调速系统已广泛用于数控机床、风机、泵类、传送带、给料系统、空调器等设备的动力源或运动源。并起到节约电能、提高设备自动化、提高产品产量和质量的良好效果。

在本章中,我们将详细介绍交流电动机的变频调速原理、VVVF 控制法、采样法 SPWM 波生成技术、电压空间矢量 PWM 技术以及利用 DSC 实现这些技术的例子。

3.1 交流异步感应电动机变频调速原理

3.1.1 变频调速原理

交流异步电动机的转速可由下式表示:

$$n = \frac{60f}{p}(1-s) \tag{3-1}$$

式中:n 为电动机转速(r/min);p 为电动机磁极对数;f 为电源频率(Hz);s 为转差率。

由式(3-1)可见,影响电动机转速的因素有电动机的磁极对数 p、转差率 s 和电源频率 f。其中,改变电源频率来实现交流异步电动机调速的方法效果最理想,这就是所谓变频调速。

3.1.2 变频与变压

根据电机学理论,交流异步电动机定子绕组的感应电动势是定子绕组切割旋转磁场磁力线的结果,其有效值可由下式计算:

第3章 交流电动机的SPWM与SVPWM技术以及DSC控制的实现

$$E = Kf\Phi \tag{3-2}$$

式中：K 为与电动机结构有关的常数；f 为电源频率；Φ 为磁通。

而在电源一侧，电源电压的平衡方程式为：

$$\boldsymbol{U} = \boldsymbol{E} + \boldsymbol{I}r + \mathrm{j}\boldsymbol{I}x \tag{3-3}$$

该式表示，加在电机绕组端的电源电压 U，一部分产生感应电动势 E，另一部分消耗在阻抗(线圈电阻 r 和漏电感 x)上。其中定子电流：

$$\boldsymbol{I} = \boldsymbol{I}_1 + \boldsymbol{I}_2 \tag{3-4}$$

分成两部分：少部分(I_1)用于建立主磁场磁通 Φ，大部分(I_2)用于产生电磁力带动机械负载。

当交流异步电动机进行变频调速时，例如频率 f 下降，则由公式(3-2)可知，E 降低；在电源电压 U 不变的情况下，根据公式(3-3)，定子电流 I 将增加；此时，如果外负载不变时，I_2 不变，I 的增加将使 I_1 增加(见式(3-4))，也就是使磁通量 Φ 增加；根据公式(3-2)，Φ 的增加又使 E 增加，达到一个新的平衡点。

理论上这种新的平衡对机械特性影响不大。但实际上，由于电动机的磁通容量与电动机的铁芯大小有关，通常在设计时已达到最大容量。因此当磁通量增加时，将产生磁饱和，造成实际磁通量增加不上去，产生电流波形畸变，削弱电磁力矩，影响机械特性。

为了解决机械特性下降的问题，一种解决方案是设法维持磁通量恒定不变。即设法满足：

$$E/f = K\Phi = 常数 \tag{3-5}$$

这就要求，当电动机调速改变电源频率 f 时，E 也应该作相应的变化，来维持它们的比值不变。但实际上，E 的大小无法进行控制。

由于在阻抗上产生的压降相对于加在绕组端的电源电压 U 很小，如果略去的话，则公式(3-3)可简化成：

$$U \approx E \tag{3-6}$$

这说明可以用加在绕组端的电源电压 U 来近似地代替 E。调节电压 U，使其跟随频率 f 的变化，从而达到使磁通量恒定不变的目的。即：

$$E/f \approx U/f = 常数 \tag{3-7}$$

所以在变频的同时也需要变压，这就是所谓VVVF(Variable Voltage Variable Frequency)。

如果频率从 f 调到 f_x，则电压 U 也要调到 U_x。用频率调节比 K_f 表示频率的变化，用电压调节比 K_U 表示电压的变化，则它们分别可表示为：

$$K_f = f_x/f_\mathrm{n} \tag{3-8}$$

$$K_U = U_x/U_\mathrm{n} \tag{3-9}$$

式中：f_n 为电动机的额定频率；U_n 为电动机的额定电压。

要使磁通量保持近似恒定，就要使：

$$K_U = K_f \tag{3-10}$$

变频后电动机的机械特性如图3-1所示。

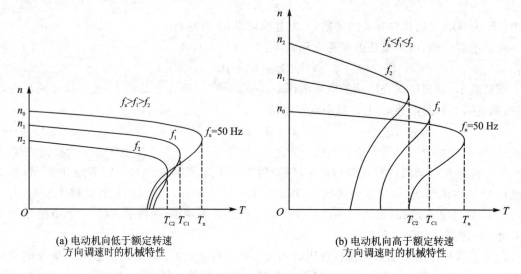

(a) 电动机向低于额定转速方向调速时的机械特性

(b) 电动机向高于额定转速方向调速时的机械特性

图 3-1 调速后的机械特性

从图 3-1 中我们可以看到,当电动机向低于额定转速 n_0 方向调速时(见图 3-1(a)),曲线近似平行的下降,这说明,减速后的电动机仍然保持原来较硬的机械特性,表现出恒转矩特点。但是,临界转矩却随着电动机转速的下降而逐渐减小。这就造成了电动机带负载能力的下降。

临界转矩下降的原因可以这样解释:为了使电动机定子的磁通量 Φ 保持恒定,调速时就要求使感应电动势 E 与电源频率 f 的比值不变,即 $E/f=$ 常数。为了使控制容易实现,我们采用了电源电压 $U \approx E$ 来近似代替,这是以忽略了定子阻抗压降作为代价,当然存在一定的误差。显然,被忽略掉的定子阻抗压降在电压 U 中所占比例的大小决定了它的影响。当频率 f 的数值相对较高时,定子阻抗压降在电压 U 中所占的比例相对较小,$U \approx E$ 所产生的误差较小;当频率 f 的数值降的较低时,电压也按同比例下降,而定子阻抗的压降并不按同比例下降,使得定子阻抗压降在电压 U 中所占的比例增大,已经不能满足 $U \approx E$。此时如果仍以 U 代替 E 将带来较大的误差。因为定子阻抗压降所占的比例增大,使得实际上产生的感应电动势 E 减小,E/f 的比值减小,造成磁通量 Φ 减小,因而导致电动机的临界转矩下降。

当电动机向高于额定转速 n_0 方向调速时(见图 3-1(b)),曲线不仅临界转矩下降,而且曲线工作段的斜率开始增大,使机械特性变软,表现出恒功率特点。

造成这种现象的原因是:当频率 f 升高时,电源电压不能相应的升高,这是因为电动机绕组的绝缘强度限制了电源电压不能超过电动机的额定电压。所以,磁通量 Φ 将随着频率 f(或转速)的升高而反比例下降,即处于弱磁状态。磁通量的下降使电动机的转矩下降,造成电动机的机械特性变软。

第3章 交流电动机的SPWM与SVPWM技术以及DSC控制的实现

针对电动机向低于额定转速n_0方向调速时机械特性的下降的问题,一种简单的解决方法是采用U/f转矩补偿法。

U/f转矩补偿法的原理是:针对频率f降低时,电源电压U成比例地降低引起的U下降过低,采用适当提高电压U的方法来保持磁通量Φ恒定,使电动机转矩回升,即所谓转矩提升(Torque Boost)。

适当提高电压U将使调压比$K_U > K_f$,也就是说电压U并不再随频率f等比例地变化了,而是按图3-2所示的曲线关系变化。采用这种U/f转矩补偿后的电动机机械特性如图3-3所示。

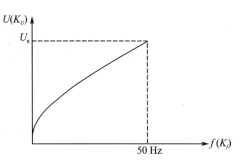

图3-2 U/f补偿曲线

在实际的通用变频器中,常给出若干条简化了的曲线供用户选择,如图3-4所示。

当电动机向低于额定转速n_0方向调速时,机械特性为恒转矩;当电动机向高于额定转速n_0方向调速时,机械特性为恒功率。

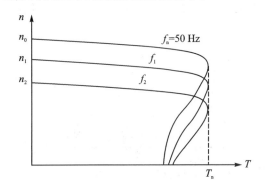

图3-3 补偿的机械特性

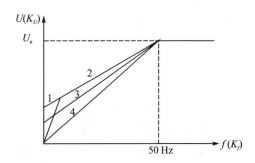

图3-4 通用变频器U/f曲线

3.1.3 变频与变压的实现——SPWM调制波

怎样实现变频的同时也变压?我们想起了脉宽调制PWM。但是一组等宽矩形波不能代替正弦波,因为它存在许多高次谐波的成分。

一种方法是将等宽的脉冲波变成宽度渐变的脉冲波,其宽度变化规律应符合正弦的变化规律,如图3-5所示。我们把这样的波称为正弦脉宽调制波,简称SPWM波。SPWM波大大地减小了谐波成分,可以得到基本满意的驱动效果。

产生正弦脉宽调制波SPWM的原理是:用一组等腰三角形波与一个正弦波进行比较,如图3-6所示,其相交的时刻(即交点)来作为开关管开通或关断的时刻。

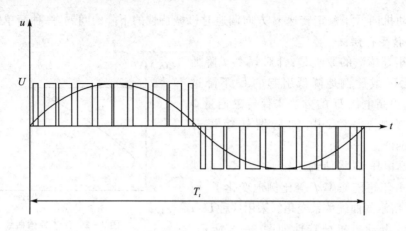

图 3-5 SPWM 波形

将这组等腰三角形波称为载波,而正弦波则称为调制波,正弦波的频率和幅值是可控制的。如图 3-6 所示,改变正弦波的频率,就可以改变输出电源的频率,从而改变电动机的转速;改变正弦波的幅值,也就改变了正弦波与载波的交点,使输出脉冲系列的宽度发生变化,从而改变了输出电压。

对三相逆变开关管生成 SPWM 波的控制可以有两种方式,一种是单极性控制,另一种为双极性控制。

采用单极性控制时,每半个周期内,逆变桥的同一桥臂的上下两只逆变开关管中,只有一只逆变开关管按图 3-6 的规律反复通断,而另一只逆变开关管始终关断;在另外半个周期内,两只逆变开关管的工作状态正好相反。

采用双极性控制时,在全部周期内,同一桥臂的上下两只逆变开关管交替开通与关断,形成互补的工作方式。当主电路如图 3-7 所示时,其各种波形见图 3-8。

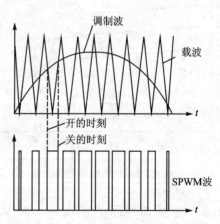

图 3-6 SPWM 波生成方法

图 3-8(a)表示了三相调制波与等腰三角形载波的关系。三相调制波是由 u_A、u_B、u_C 3 条正弦波组成,这 3 条正弦波的频率和幅值都一样,但在相位上相差 120°。每一条正弦波与等腰三角形载波的交点决定了同一桥臂(也即同一相)的逆变开关管的开通与关断的时间。例如,u_A 与三角波的交点决定了 V_1 与 V_2 的开通与关断的时间。

图 3-8(b)、(c)、(d)表示了各相电压 U_A、U_B、U_C 输出的波形。它们分别是各桥臂按对应的正弦波与三角载波交点所决定的时间,进行开通与关断所产生的输出波形。其波值正负交

第3章 交流电动机的 SPWM 与 SVPWM 技术以及 DSC 控制的实现

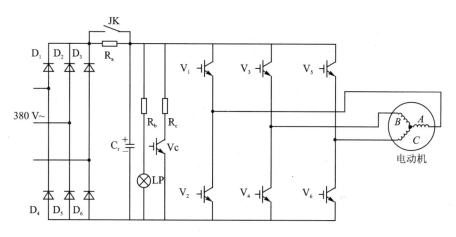

图 3-7 电压型交-直-交变频调速主电路

替,这就是所谓双极性,其中上臂开关管产生正脉冲,下臂开关管产生负脉冲。它们的最大幅值是 $\pm U/2$。同样,三相相电压波形的相位也互差 $120°$。

图 3-8(e) 是线电压 U_{AB} 输出波形,它是由相电压合成的 ($U_{AB}=U_A-U_B$,同理,也可以得到 $U_{BC}=U_B-U_C$;$U_{CA}=U_C-U_A$),线电压是单极性的。

SPWM 波毕竟不是真正的正弦波,它仍然含有高次谐波的成分,因此尽量采取措施减少它。图 3-9 是通过电动机绕组的 SPWM 电流波形。显然,它仅仅是通过电动机绕组滤波后的近似正弦波。图中给出了载波在不同频率时的 SPWM 电流波形,可见载波频率越高,谐波波幅越小,SPWM 电流波形越好。因此希望提高载波频率来减小谐波。另外,高的载波频率使变频器和电机的噪声进入超声范围,超出人的听觉范围之外,产生"静音"的效果。但是,提高载波的频率要受逆变开关管的最高开关频率限制,而且也形成对周围电路的干扰源。

载波与调制波的频率调整可以有以下 3 种形式。

1. 同步控制方式

同步控制方式是在调整调制波频率的同时也相应地调整载波频率,使两者的比值等于常数。这使得在逆变器输出电压的每个周期内,所使用三角波的数目是不变的,因此所产生的 SPWM 波的脉冲数是一定的。

这种控制方式的优点是,在调制波频率变化的范围内,逆变器输出波形的正、负半波完全对称,使输出三相波形之间具有 $120°$ 相差的对称关系。但是,在低频时,会使每个周期 SPWM 脉冲个数过少,使谐波分量加大,这是这种方式的严重不足。

2. 异步控制方式

异步控制方式是使载波频率固定不变,只调整调制波频率进行调速。它不存在同步控制方式所产生的低频谐波分量大的缺点,但是,它可能会造成逆变器输出的正半波与负半波、三相波之间出现不严格对称的现象,这将造成电动机运行不平稳。

电动机的 DSC 控制——微芯公司 dsPIC® 应用

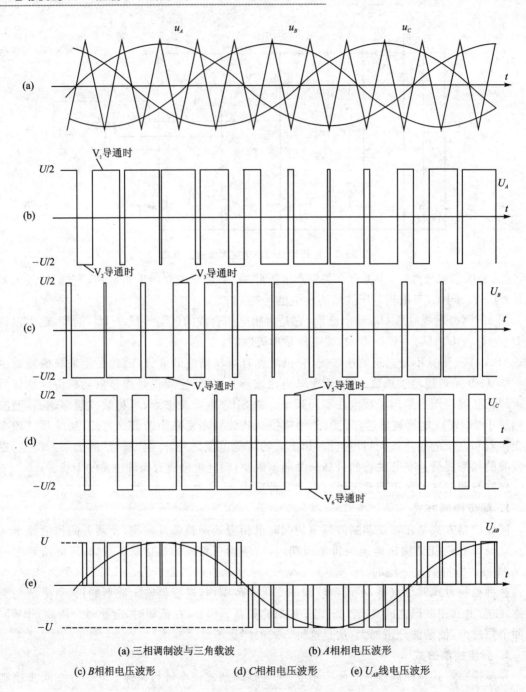

(a) 三相调制波与三角载波 (b) A相相电压波形
(c) B相相电压波形 (d) C相相电压波形 (e) U_{AB}线电压波形

图 3-8 三相逆变器输出双极性 SPWM 波形图

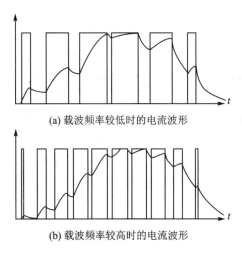

(a) 载波频率较低时的电流波形

(b) 载波频率较高时的电流波形

图 3-9 SPWM 电流波形

3. 分段同步控制方式

针对同步控制和异步控制的特点,取它们的优点,就构成了分段同步控制方式。在低频段,使用异步控制方式;在其他频率段,使用同步控制方式。这种方式在实际中应用较多。

3.2 三相采样型电压 SPWM 波生成原理与控制算法

SPWM 技术目前已经在实际中得到非常普遍的应用。经过长期的发展,大致可分成电压 SPWM、电流 SPWM 和磁通 SPWM(也称电压空间矢量 PWM)。其中电压和电流 SPWM 是从电源角度出发的 SPWM,而电压空间矢量 PWM 则是从电动机角度出发的 SPWM。

在本节中,我们重点介绍电压 SPWM 技术以及利用 DSC 实现变频调速控制的例子。电压空间矢量 PWM 技术将在 3.3 节里给予介绍。

电压 SPWM 技术主要是电压 SPWM 信号生成技术。通过生成的 SPWM 信号来控制逆变器的开关管,从而实现电动机电源的变频。产生电压 SPWM 信号的方法可分为硬件法和软件法两类。

硬件法中最实用的是采用专用集成电路,如 HEF4752、SLE4520、SA4828 等,读者可参看参考文献[1]。

软件法是使电路成本最低的方法,它通过实时计算来生成 SPWM 波。但是实时计算对控制器的运算速度要求非常高,DSC 无疑是能满足这一要求的性价比最理想的控制器。

电压 SPWM 信号实时计算需要数学模型。建立数学模型的方法有多种,例如谐波消去法、等面积法、采样型 SPWM 法以及由它们派生出的各种方法。在这一节里,我们重点介绍采样型 SPWM 法和用 DSC 编程实现的例子。

3.2.1 自然采样法

在 3.1.3 小节中,我们介绍了 SPWM 波产生的原理,即利用正弦波和等腰三角波的交点时刻来决定开关管的开关模式。利用这一原理生成 SPWM 波的方法就称为自然采样法。下面我们来推导自然采样法的数学模型。

图 3-10 是正弦波 $U_M\sin\omega t$ 和三角波与所生成的 SPWM 波之间的对应关系图。图中 U_S 是三角载波峰值,T_C 是三角载波周期,正弦波与三角波的两个腰各产生一个交点,因此在一个载波周期 T_C 内有两个交点,需要采样两次,t_1 和 t_2 分别是这两次采样时刻,它们决定了 SPWM 波上的开通、关断时间分别是 t_{off1}、t_{on1} 和 t_{on2}、t_{off2}。由图 3-10 可得:

$$\left. \begin{aligned} t_{off1} &= \frac{T_C}{4} - a \\ t_{on1} &= \frac{T_C}{4} + a \\ t_{on2} &= \frac{T_C}{4} + b \\ t_{off2} &= \frac{T_C}{4} - b \end{aligned} \right\} \quad (3-11)$$

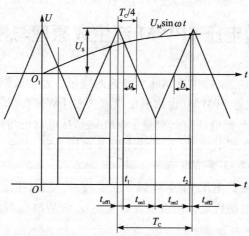

图 3-10 自然采样法生成 SPWM 波

根据三角形相似关系有:

$$\left. \begin{aligned} \frac{a}{\frac{T_C}{4}} &= \frac{U_M\sin\omega t_1}{U_S} \\ \frac{b}{\frac{T_C}{4}} &= \frac{U_M\sin\omega t_2}{U_S} \end{aligned} \right\} \quad (3-12)$$

将解得的 a、b 带入式(3-11),可以得到:

$$\left.\begin{aligned} t_{\text{off1}} &= \frac{T_C}{4}(1 - M\sin\omega t_1) \\ t_{\text{on1}} &= \frac{T_C}{4}(1 + M\sin\omega t_1) \\ t_{\text{on2}} &= \frac{T_C}{4}(1 + M\sin\omega t_2) \\ t_{\text{off2}} &= \frac{T_C}{4}(1 - M\sin\omega t_2) \end{aligned}\right\} \quad (3-13)$$

式中 $M = U_M/U_S$,即正弦波峰值与三角波峰值之比,M 称为调制度。M 的取值范围为 $0\sim1$;M 的值越大,输出的 SPWM 电压越高。ω 是正弦波的角频率,改变 ω 就可以改变电动机的转速。

生成的 SPWM 波的脉宽为:

$$t_{\text{on}} = t_{\text{on1}} + t_{\text{on2}} = \frac{T_C}{2}\left[1 + \frac{M}{2}(\sin\omega t_1 + \sin\omega t_2)\right] \quad (3-14)$$

式(3-14)是一个超越方程,其中的 t_1、t_2 是未知量,求解起来要花费较多的时间,因此自然采样法的数学模型不适合用于实时控制。

3.2.2 对称规则采样法

对称规则采样法是以每个三角波的对称轴(顶点对称轴或底点对称轴)所对应的时间作为采样时刻。过三角波的对称轴与正弦波的交点,作平行 t 轴的平行线,该平行线与三角波的两个腰的交点作为 SPWM 波开通和关断的时刻,如图 3-11 所示。因为这两个交点是对称的,所以称为对称规则采样法。

这种方法实际上是用一个阶梯波去逼近正弦波。由于在每个三角波周期中只采样一次,因此使计算得到简化。

下面推导其数学模型。由图 3-11 可得:

$$\left.\begin{aligned} t_{\text{off1}} &= \frac{T_C}{4} - a \\ t_{\text{on1}} &= \frac{T_C}{4} + a \end{aligned}\right\} \quad (3-15)$$

将三角形相似关系式(3-12)代入式(3-15)得:

$$\left.\begin{aligned} t_{\text{off1}} &= \frac{T_C}{4}(1 - M\sin\omega t_1) \\ t_{\text{on1}} &= \frac{T_C}{4}(1 + M\sin\omega t_1) \end{aligned}\right\} \quad (3-16)$$

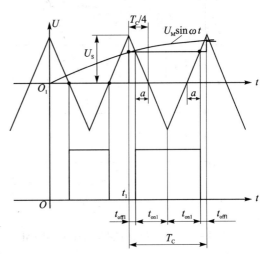

图 3-11 对称规则采样法生成 SPWM 波

因此,生成的 SPWM 波的脉宽为:

$$t_{on} = 2t_{on1} = \frac{T_C}{2}(1 + M\sin\omega t_1) \tag{3-17}$$

令三角波频率 f_C 与正弦波频率 f 之比为载波比 N,因此有:

$$N = \frac{f_C}{f} = \frac{1}{T_C f} \tag{3-18}$$

$$t_1 = kT_C \quad (k = 0,1,2,\cdots,N-1) \tag{3-19}$$

式中,k 为采样序号。故:

$$\omega t_1 = 2\pi f t_1 = 2\pi f k T_C = \frac{2\pi k}{N} \tag{3-20}$$

将式(3-20)代入式(3-17)得:

$$t_{on} = \frac{T_C}{2}\left[1 + M\sin\left(\frac{2\pi k}{N}\right)\right] \tag{3-21}$$

当参数 T_C、M、N 已知后,就可根据式(3-21)实时计算出 SPWM 波的脉宽时间。

3.2.3 不对称规则采样法

对称规则采样法的数学模型非常简单,但是由于每个载波周期只采样一次,因此所形成的阶梯波与正弦波的逼近程度仍存在较大的误差。如果既在三角波的顶点对称轴位置采样,又在三角波的底点对称轴位置采样,也就是每个载波周期采样两次,这样所形成的阶梯波与正弦波的逼近程度会大大提高。

由于这样采样所形成的阶梯波与三角波的交点并不对称,因此称其为不对称规则采样法。

由图 3-12 可得,当在三角波的顶点对称轴位置 t_1 时刻采样时有:

$$\left.\begin{array}{l} t_{off1} = \dfrac{T_C}{4} - a \\ t_{on1} = \dfrac{T_C}{4} + a \end{array}\right\} \tag{3-22}$$

当在三角波的底点对称轴位置 t_2 时刻采样时,有:

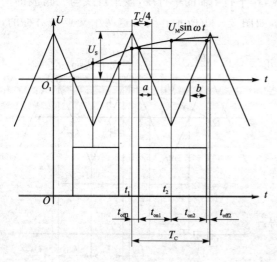

图 3-12 不对称规则采样法生成 SPWM 波

第3章 交流电动机的 SPWM 与 SVPWM 技术以及 DSC 控制的实现

$$\left.\begin{array}{l} t_{on2} = \dfrac{T_C}{4} + b \\[6pt] t_{off2} = \dfrac{T_C}{4} - b \end{array}\right\} \qquad (3-23)$$

将三角形相似关系式(3-12)代入式(3-22)和式(3-23)得：

$$\left.\begin{array}{l} t_{off1} = \dfrac{T_C}{4}(1 - M\sin\omega t_1) \\[6pt] t_{on1} = \dfrac{T_C}{4}(1 + M\sin\omega t_1) \\[6pt] t_{on2} = \dfrac{T_C}{4}(1 + M\sin\omega t_2) \\[6pt] t_{off2} = \dfrac{T_C}{4}(1 - M\sin\omega t_2) \end{array}\right\} \qquad (3-24)$$

生成的 SPWM 波脉宽为：

$$\begin{aligned} t_{on} &= t_{on1} + t_{on2} \\ &= \dfrac{T_C}{2}\left[1 + \dfrac{M}{2}(\sin\omega t_1 + \sin\omega t_2)\right] \end{aligned} \qquad (3-25)$$

由于每个载波周期采样 2 次，故：

$$\left.\begin{array}{l} t_1 = \dfrac{T_C}{2}k \quad (k = 0,2,4,\cdots,2N-2) \\[6pt] t_2 = \dfrac{T_C}{2}k \quad (k = 1,3,5,\cdots,2N-1) \end{array}\right\} \qquad (3-26)$$

结合式(3-18)可得：

$$\left.\begin{array}{l} \omega t_1 = 2\pi f t_1 = 2\pi f \dfrac{T_C}{2}k = \dfrac{\pi k}{N} \quad (k=0,2,4,\cdots,2N-2) \\[6pt] \omega t_2 = 2\pi f t_2 = 2\pi f \dfrac{T_C}{2}k = \dfrac{\pi k}{N} \quad (k=1,3,5,\cdots,2N-1) \end{array}\right\} \qquad (3-27)$$

将式(3-27)代入式(3-24)得：

$$\left.\begin{array}{l} t_{on1} = \dfrac{T_C}{4}\left(1 + M\sin\dfrac{\pi k}{N}\right) \quad (k=0,2,4,\cdots,2N-2) \\[6pt] t_{on2} = \dfrac{T_C}{4}\left(1 + M\sin\dfrac{\pi k}{N}\right) \quad (k=1,3,5,\cdots,2N-1) \end{array}\right\} \qquad (3-28)$$

其中 k 为偶数时代表顶点采样，k 为奇数时代表底点采样。

不对称规则采样法的数学模型尽管略微复杂一些，但由于其阶梯波更接近于正弦波，所以谐波分量的幅值更小，在实际中得到更多的使用。

以上是单相 SPWM 波生成的数学模型。如果要生成三相 SPWM 波，必须使用 3 条正弦波和同一条三角波求交点，如图 3-8(a)所示。3 条正弦波相位差 120°，即：

$$\left.\begin{aligned} u_C &= \sin\left(\frac{k\pi}{N}\right) \\ u_B &= \sin\left(\frac{k\pi}{N} + \frac{2\pi}{3}\right) \\ u_A &= \sin\left(\frac{k\pi}{N} + \frac{4\pi}{3}\right) \end{aligned}\right\} \tag{3-29}$$

如果采用不对称规则法,则顶点采样时有:

$$\left.\begin{aligned} t_{on1}^C &= \frac{T_C}{4}\left[1 + M\sin\left(k\frac{\pi}{N}\right)\right] \\ t_{on1}^B &= \frac{T_C}{4}\left[1 + M\sin\left(k\frac{\pi}{N} + \frac{2\pi}{3}\right)\right] \quad (k = 0,2,4,\cdots,2(N-1)) \\ t_{on1}^A &= \frac{T_C}{4}\left[1 + M\sin\left(k\frac{\pi}{N} + \frac{4\pi}{3}\right)\right] \end{aligned}\right\} \tag{3-30}$$

底点采样时有:

$$\left.\begin{aligned} t_{on2}^C &= \frac{T_C}{4}\left[1 + M\sin\left(k\frac{\pi}{N}\right)\right] \\ t_{on2}^B &= \frac{T_C}{4}\left[1 + M\sin\left(k\frac{\pi}{N} + \frac{2\pi}{3}\right)\right] \quad (k = 1,3,5,\cdots,2N-1) \\ t_{on2}^A &= \frac{T_C}{4}\left[1 + M\sin\left(k\frac{\pi}{N} + \frac{4\pi}{3}\right)\right] \end{aligned}\right\} \tag{3-31}$$

因此,三相 SPWM 波的每一相脉宽都可根据下式来确定:

$$\left.\begin{aligned} t_{on}^C &= t_{on1}^C + t_{on2}^C \\ t_{on}^B &= t_{on1}^B + t_{on2}^B \\ t_{on}^A &= t_{on1}^A + t_{on2}^A \end{aligned}\right\} \tag{3-32}$$

为了使三相 SPWM 波对称,载波比 N 最好选择 3 的整数倍。

3.2.4 不对称规则采样法的 DSC 编程

本小节给出一个采用不对称规则采样法生成三相 SPWM 波的开环调速 DSC 控制程序。该程序采用异步控制方式,载波频率固定为 20 kHz。可以实现调制波频率 1～50 Hz 变频功能、死区功能、窄脉冲删除功能。

本例载波频率为 20 kHz,或载波周期为 50 μs。DSC 晶振频率为 7.3728 MHz,内部 4 倍频,因此时钟频率为 $F_{CY} = F_{OSC} \times 4/4 = 7.3728$ MHz,计数周期为 135.6 ns。假设调制波频率由外部输入(1～50 Hz),并转换成合适的格式(本例为 Q4 格式)。调制度 M 的范围为 0～0.9。死区时间 2 μs。最小删除脉宽 3 μs。

程序由主程序和 PWM 中断子程序组成。主程序的工作是根据输入的调制波频率计算 N 和 $2N$,并根据 U/f 曲线确定 M 值。图 3-13 是 PWM 中断子程序框图。PWM 时基采用连

第3章 交流电动机的SPWM与SVPWM技术以及DSC控制的实现

续向上/向下计数模式,每个载波周期都产生一次中断。在PWM中断子程序中,根据式(3-30)、式(3-31)、式(3-32)分别计算出在下一个载波周期时3个占空比值。并比较正负脉宽是否小于3 μs,如果小于3 μs则认为是窄脉宽,删除该脉冲。

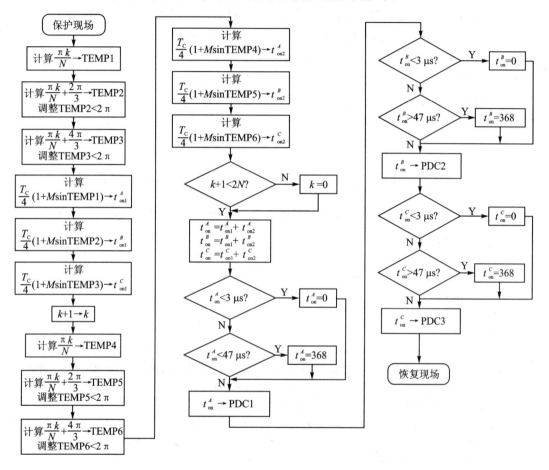

图3-13 PWM中断子程序框图

三相SPWM波由dsPIC30F6010的PWM1H～3H和PWM1L～3L六个引脚输出。引脚对设置为互补输出,高有效。

计算中的正弦值采用查表方法,每一度给出一个正弦值数据,因此共有360个数据,存放到ROM中。

全部计算采用定点计算,以提高计算速度。所有数据采用Q格式,其中Q_x表示该数据被放大了2^x倍。

本例中的常数:

- π倍载波周期：$\pi 50\times 10^{-6}\times 2^{28}=42\,166$ s，Q28 格式；
- 载波频率：$20\,000$ Hz$\times 2=40\,000$ Hz，Q1 格式；
- PWM 周期值：PTMR(PWM 时基寄存器)预分频比 1:1，根据公式 (1-2) 得，PTPER (PWM 时基周期寄存器) $=7.3728$ MHz$/20$ kHz$/2-1=184$ 个计数周期；
- 调制度对调制波频率的比例系数：$0.9/50\times 2^{21}=0.018\times 2^{21}=37\,749$，Q21 格式；
- 最小正脉宽：3 μs$/135.6$ ns $=22$ 个计数周期；
- 最小负脉宽：47 μs$/135.6$ ns $=346$ 个计数周期；
- 弧度换算成度比例系数：$360/2\pi\times 2^4=917$，Q4 格式；
- $2\pi/3\times 2^{12}=8579$ rad，Q12 格式；
- $4\pi/3\times 2^{12}=17\,157$ rad，Q12 格式；
- $2\pi\times 2^{12}=25\,736$ rad，Q12 格式。

以下是不对称规则采样法生成三相 SPWM 波的开环调速 DSC 控制程序：

程序清单 3-1　采用不对称规则采样法生成三相 SPWM 波的开环调速控制程序

```
.equ __30F6010, 1
.include "C:\Program Files\Microchip\MPLAB ASM30 Suite\Support\inc\p30f6010.inc"
;------------------------以下定义复位矢量和中断矢量------------------------
.global __reset
.global __PWMInterrupt
.global __DefaultInterrupt
;------------------------以下器件配置寄存器------------------------
config __FOSC, CSW_FSCM_OFF & XT_PLL4   ;关闭时钟切换和故障保护时钟监视并使用 XT 振荡器和 4 倍
                                        ;频 PLL 作为系统时钟
config __FWDT, WDT_OFF                  ;关闭看门狗定时器
config __FBORPOR, PBOR_ON & BORV_27 & PWRT_16 & MCLR_EN  ;设置欠压复位电压并将上电延迟定时
                                        ;器设置为 16 ms
config __FGS, CODE_PROT_OFF             ;对一般代码段，将代码保护设置为关闭
;------------------------以下定义变量------------------------
.bss
temp:    .space 2                       ;中间变量
temp1:   .space 2
temp2:   .space 2
temp3:   .space 2
temp4:   .space 2
temp5:   .space 2
temp6:   .space 2
k_:      .space 2                       ;第 k 个采样点
```

第3章 交流电动机的 SPWM 与 SVPWM 技术以及 DSC 控制的实现

```
pitc:       .space 2            ;π乘载波周期 = 42166,Q28 格式
f2m:        .space 2            ;调制系数对调制波频率的比例系数,Q21 格式
t_qua:      .space 2            ;t_carr/4 的定时器计数脉冲个数,Q0 格式
f_carr:     .space 2            ;载波频率,Q1 格式
pmin:       .space 2            ;最小正脉宽(脉冲个数),Q0 格式
pmax:       .space 2            ;最小负脉宽(脉冲个数),Q0 格式
f_modu:     .space 2            ;调制波频率,Q4 格式
n_:         .space 2            ;每个调制波周期的载波脉冲数,Q0 格式
m_:         .space 2            ;M 值
kmax:       .space 2            ;2N,Q0 格式
atod:       .space 2            ;弧度换算成度系数 917,Q4 格式
;--------------------以下是主程序----------------------------
.text
__reset:
;--------------------以下是寄存器初始化----------------------
    mov #__SP_init, w15         ;初始化堆栈指针
    mov #__SPLIM_init, w0       ;初始化堆栈指针限制寄存器
    mov w0, SPLIM
    nop                         ;在初始化 SPLIM 之后,加一条 NOP
    call _wreg_init             ;调用 _wreg_init 子程序
    bset CORCON, #0             ;使能 DSP 乘法运算器的整数模式
    bclr CORCON, #SATDW         ;不用数据空间写饱和
    clr PORTE
    mov #0xF7FF,w0
    mov w0,TRISD                ;设置 RD11 输出驱动 PWM 缓冲器
    clr PORTD                   ;使能
    mov #0x5444,w0
    mov w0,IPC9                 ;设置 PWM 中断优先级 = 5
    mov #0,w0
    mov w0,PDC1                 ;占空比初值 0
    mov w0,PDC2
    mov w0,PDC3
    mov #0x0077, w0
    mov w0,PWMCON1              ;互补模式,使能#1、#2 和#3 三对 PWM 输出
    bclr IFS2,#PWMIF            ;清除中断请求标志位
    bset IEC2,#PWMIE            ;允许中断
    mov #184,w1
    mov w1,PTPER                ;设置 PWM 频率为 20 kHz
    mov #0x000f ,w0
```

```
        mov w0,DTCON1                      ;死区 2 μs
        mov ♯0x3f00,w0
        mov w0,OVDCON                      ;♯1、♯2 和♯3 三对 PWM 输出由 PWM 发生器控制
        mov ♯0,w0
        mov w0,DTCON2                      ;不用死区 B
        mov w0,SEVTCMP                     ;不用特殊事件比较寄存器
        mov w0,PWMCON2                     ;允许占空比更新
        mov w0,FLTACON
        mov w0,FLTBCON                     ;不用故障引脚 A、B
        mov ♯0x8002,w0
        mov w0,PTCON                       ;使能 PWM 时基,连续向上/向下计数模式
;--------------------------以下是变量初始化--------------------------
        mov ♯0,w0
        mov w0,k_                          ;k = 0
        mov ♯42166,w0
        mov w0,pitc                        ;π * f_carr = 42166,Q28 格式
        mov ♯37749,w0
        mov w0,f2m                         ;F - M 转换系数,Q21 格式
        mov ♯46,w0
        mov w0,t_qua                       ;t_carr/4 的定时器计数脉冲个数,Q0 格式
        mov ♯40000,w0
        mov w0,f_carr                      ;载波频率,Q1 格式
        mov ♯22,w0
        mov w0,pmin                        ;最小正脉宽(脉冲个数),Q0 格式
        mov ♯346,w0
        mov w0,pmax                        ;最小负脉宽(脉冲个数),Q0 格式
        mov ♯917,w0
        mov w0,atod                        ;Q4 格式
        mov ♯480,w0
        mov w0,f_modu                      ;调制波频率,Q4 格式
;--------------------以下是主循环--------------------
cycle:
        mov f_modu,w0                      ;取调制波频率
        asr w0,♯3,w4                       ;右移 3 位,Q1 格式
        mov w4,temp                        ;保存
        mov f_carr,w2                      ;取载波频率,Q1 格式
        repeat ♯17
        div.U w2,w4                        ;计算 N = f_carr/f_modu
        mov w0,n_                          ;保存 N,Q0 格式
```

第3章 交流电动机的 SPWM 与 SVPWM 技术以及 DSC 控制的实现

```
    sl w0,#1,w0                    ;2N
    mov w0,kmax                    ;保存,Q0 格式
    mov f2m,w4                     ;调制系数对调制波频率的比例系数,Q21 格式
    mov f_modu,w0                  ;Q4 格式
    mul.UU w4,w0,w2
    mov w3,m_                      ;保存 m,Q9 格式
    bra cycle                      ;循环
    nop
;---------------------以下是 PWM 中断子程序---------------------
__PWMInterrupt:
    push.d w0                      ;保存工作寄存器
    push.d w2
    push.d w4
    push.d w6
wxm:
    mov pitc,w4                    ;π*t_carr = 42166,Q28 格式
    mov k_,w0                      ;Q0 格式
    mul.UU w4,w0,w2                ;计算乘积 k*π*t_carr
    mov w3,temp1                   ;保存乘积 Q12 格式
    mov w3,w4
    mov f_modu,w0                  ;调试波频率,Q4 格式
    mul.UU w4,w0,w2                ;计算 k*π*t_carr*f_modu
    lac w2,A                       ;积的低 16 位
    sftac a,#16                    ;右移 16 位
    push ACCAL
    lac w3,A                       ;积的高 16 位
    clr ACCAU                      ;清 ACC 符号位
    pop ACCAL                      ;32 位乘积送入累加器 A
    sftac a,#-12
    sac a,w0                       ;保存到 w0,Q12 格式
    mov w0,temp1                   ;保存第 1 个角度值
    mov #8579,w1
    add w0,w1,w2                   ;加 2π/3,Q12 格式
    mov w2,temp2                   ;保存第 2 个角度值
    mov #25736,w0
    sub w2,w0,w6                   ;检测是否小于 2π,Q12 格式
    btsc w6,#15                    ;位测试
    bra wxm1                       ;小于 2π 跳转
    mov w6,temp2                   ;否则保存差值
```

```
wxm1:
    mov #17157,w1
    mov temp1,w0
    add w0,w1,w2              ;加 4π/3,Q12 格式
    mov w2,temp3              ;保存第 3 个角度值
    mov #25736,w0
    sub w2,w0,w6              ;检测是否小于 2π,Q12 格式
    btsc w6,#15
    bra wxm2                  ;小于跳转
    mov w6,temp3              ;否则保存差值
wxm2:
    mov temp1,w4              ;开始将第 1 个角度转换成度
    mov atod,w0               ;乘积转换系数,Q4 格式
    mul.UU w4,w0,w2           ;计算乘积
    mov w3,temp1              ;保存第 1 个角度值,Q0 格式
    mov #tblpage(sin_entry),w0
    mov W0,TBLPAG
    mov #tbloffset(sin_entry),w0  ;初始化 TBLPAG 和指针寄存器
    mov temp1,w1
    sl w1,#1,w1               ;左移一位转换为字节地址偏移量
    add w0,w1,w2              ;形成表地址
    tblrdl [w2],w5            ;读表
    mov w5,temp1              ;保存第 1 个 sin 值,Q14 格式
    mov temp1,w4
    mov m_,w5                 ;M 值,Q9 格式
    mpy w4*w5,A               ;计算乘积 Q23 格式
    sftac a,#-7
    sac a,w0
    mov w0,temp1              ;保存为 Q14 格式有符号数
    mov #0x4000,w1
    add w0,w1,w2              ;加 1,Q14 格式
    mov w2,temp1              ;保存,Q14 格式
    mov w2,w0
    mov t_qua,w4              ;t_carr/4 的定时器计数脉冲个数,Q0 格式
    mul.UU w4,w0,w2           ;计算乘积
    lac w2,A
    sftac a,#16
    push ACCAL
    lac w3,A
```

```
        clr ACCAU
        pop ACCAL                           ;32位乘积送入累加器A
        sac a,#-2,w0                        ;Q0格式
        mov w0,temp1                        ;保存ton1A为Q0格式
        mov temp2,w0                        ;开始将第2个角度转换成度,Q12格式
        mov atod,w4                         ;乘积转换系数,Q4格式
        mul.UU w4,w0,w2                     ;计算乘积
        mov w3,temp2                        ;保存第2个角度值,Q0格式
        mov #tblpage(sin_entry),w0
        mov w0,TBLPAG
        mov #tbloffset(sin_entry),w0        ;初始化TBLPAG和指针寄存器
        mov temp2,w1
        sl w1,#1,w1                         ;左移一位转换为字节地址偏移量
        add w0,w1,w2                        ;形成表地址
        tblrdl [w2],w3                      ;读表
        mov w3,temp2                        ;保存第2个sin值,Q14格式
        mov w3,w4
        mov m_,w5                           ;M值,Q9格式
        mpy w4*w5,A                         ;计算乘积Q23格式
        sac a,#-7,w0
        mov w0,temp2                        ;保存为Q14格式有符号数
        mov #0x4000,w1
        add w0,w1,w2                        ;加1,Q14格式
        mov w2,temp2                        ;保存Q14格式
        mov w2,w4
        mov t_qua,w0                        ;t_carr/4的定时器计数脉冲个数,Q0格式
        mul.UU w4,w0,w2                     ;计算乘积
        lac w2,A
        sftac a,#16
        push ACCAL
        lac w3,A
        clr ACCAU
        pop ACCAL                           ;32位乘积送入累加器A
        sac a,#-2,w0                        ;Q0格式
        mov w0,temp2                        ;保存ton1B为Q0格式
        mov temp3,w4                        ;开始将第3个角度转换成度,Q12格式
        mov atod,w0                         ;乘积转换系数,Q4格式
        mul.UU w4,w0,w2                     ;计算乘积
        mov w3,temp3                        ;保存第3个角度值,Q0格式
```

```
mov #tblpage(sin_entry),w0
mov w0,TBLPAG
mov #tbloffset(sin_entry),W0      ;初始化 TBLPAG 和指针寄存器
mov temp3,w1
sl w1,#1,w1                        ;左移一位转换为字节地址偏移量
add w0,w1,w2                       ;形成表地址
tblrdl [w2],w3                     ;读表
mov w3,temp3                       ;保存第 3 个 sin 值,Q14 格式
mov w3,w4
mov m_,w5                          ;M 值,Q9 格式
mpy w4*w5,A                        ;计算乘积 Q23 格式
sac a,#-7,w0
mov w0,temp3                       ;保存为 Q14 格式有符号数
mov #0x4000,w1
add w0,w1,w2                       ;加 1,Q14 格式
mov w2,temp3                       ;保存 Q14 格式
mov w2,w4
mov t_qua,w0                       ;t_carr/4 的定时器计数脉冲个数,Q0 格式
mul.UU w4,w0,w2                    ;计算乘积
lac w2,A
sftac a,#16
push ACCAL
lac w3,A
clr ACCAU
pop ACCAL                          ;32 位乘积送入累加器 A
sac a,#-2,w0                       ;Q0 格式
mov w0,temp3                       ;保存 ton1C 为 Q0 格式
mov k_,w1
mov #1,w0
add w0,w1,w2                       ;k+1,Q0 格式
mov w2,k_                          ;保存
mov w2,w4
mov pitc,w0                        ;π*t_carr = 42166,Q28
mul.UU w4,w0,w2                    ;计算乘积 k*π*t_carr
mov w3,temp4                       ;保存乘积,Q12 格式
mov w3,w0
mov f_modu,w4                      ;调制波频率,Q4 格式
mul.UU w4,w0,w2                    ;计算 k*π*t_carr*f_modu
lac w2,A
```

```
        sftac a,#16
        push ACCAL
        lac w3,A
        clr ACCAU
        pop ACCAL                               ;32位乘积送入累加器A
        sftac a,#-12                            ;Q12格式
        sac a,w0
        mov w0,temp4                            ;保存第4个角度值
        mov #8579,w1
        add w0,w1,w2                            ;加2π/3,Q12格式
        mov w2,temp5                            ;保存第5个角度值
        mov #25736,w0
        sub w2,w0,w6                            ;检测是否小于2π,Q12格式
        btsc w6,#15
        bra wxm3                                ;小于2π跳转
        mov w6,temp5                            ;否则保存差值
wxm3:
        mov temp4,w0
        mov #17157,w1
        add w0,w1,w2                            ;加4π/3,Q12格式
        mov w2,temp6                            ;保存第6个角度值
        mov #25736,w0
        sub w2,w0,w6                            ;检测是否小于2π,Q12格式
        btsc w6,#15
        bra wxm4                                ;小于2π跳转
        mov w6,temp6                            ;否则保存差值
wxm4:
        mov temp4,w4                            ;开始将第4个角度转换成度
        mov atod,w0                             ;乘积转换系数,Q4格式
        mul.UU w4,w0,w2                         ;计算乘积
        mov w3,temp4                            ;保存第4个角度值,Q0格式
        mov #tblpage(sin_entry),w0
        mov w0,TBLPAG
        mov #tbloffset(sin_entry),w0            ;初始化TBLPAG和指针寄存器
        mov temp4,w1
        sl w1,#1,w1                             ;左移一位转换为字节地址偏移量
        add w0,w1,w2                            ;形成表地址
        tblrdl [w2],w3                          ;读表
        mov w3,temp4                            ;保存第4个sin值,Q14格式
```

```
        mov w3,w4
        mov m_,w5                           ;M 值,Q9 格式
        mpy w4*w5,A                         ;计算乘积 Q23 格式
        sac a,#-7,w0
        mov w0,temp4                        ;Q14 格式有符号数
        mov #0x4000,w1
        add w0,w1,w2                        ;加 1,Q14 格式
        mov w2,temp4                        ;保存 Q14 格式
        mov t_qua,w4                        ;t_carr/4 的定时器计数脉冲个数,Q0 格式
        mov temp4,w0
        mul.UU w4,w0,w2                     ;计算乘积
        lac w2,A
        sftac a,#16
        push ACCAL
        lac w3,A
        clr ACCAU
        pop ACCAL                           ;32 位乘积送入累加器 A
        sac a,#-2,w0                        ;Q0 格式
        mov w0,temp4                        ;保存 ton2A 为 Q0 格式
        mov temp5,w0                        ;开始将第 5 个角度转换成度
        mov atod,w4                         ;乘积转换系数,Q4 格式
        mul.UU w4,w0,w2                     ;计算乘积
        mov w3,temp5                        ;保存第 5 个角度值,Q0 格式
        mov #tblpage(sin_entry),w0
        mov w0,TBLPAG
        mov #tbloffset(sin_entry),w0        ;初始化 TBLPAG 和指针寄存器
        mov temp5,w1
        sl w1,#1,w1                         ;左移一位转换为字节地址偏移量
        add w0,w1,w2                        ;形成表地址
        tblrdl [w2],w3                      ;读表
        mov w3,temp5                        ;保存第 5 个 sin 值,Q14 格式
        mov w3,w4
        mov m_,w5                           ;M 值,Q9 格式
        mpy w4*w5,A                         ;计算乘积 Q23 格式
        sac a,#-7,w0
        mov w0,temp5                        ;Q14 格式有符号数
        mov #0x4000,w1
        add w0,w1,w2                        ;加 1,Q14 格式
        mov w2,temp5                        ;保存 Q14 格式
```

第3章 交流电动机的 SPWM 与 SVPWM 技术以及 DSC 控制的实现

```
    mov t_qua,w4                  ;t_carr/4 的定时器计数脉冲个数,Q0 格式
    mov temp5,w0
    mul.UU w4,w0,w2               ;计算乘积
    lac w2,A
    sftac a,#16
    push ACCAL
    lac w3,A
    clr ACCAU
    pop ACCAL                     ;32 位乘积送入累加器 A
    sac a,#-2,w0
    mov w0,temp5                  ;保存 ton2B 为 Q0 格式
    mov temp6,w4                  ;开始将第 6 个角度转换成度
    mov atod,w0                   ;乘积转换系数,Q4 格式
    mul.UU w4,w0,w2               ;计算乘积
    mov w3,temp6                  ;保存第 6 个角度值,Q0 格式
    mov #tblpage(sin_entry),w0
    mov w0,TBLPAG
    mov #tbloffset(sin_entry),w0  ;初始化 TBLPAG 和指针寄存器
    mov temp6,w1
    sl w1,#1,w1                   ;左移一位转换为字节地址偏移量
    add w0,w1,w2                  ;形成表地址
    tblrdl [w2],w3                ;读表
    mov w3,temp6                  ;保存第 6 个 sin 值,Q14 格式
    mov w3,w4
    mov m_,w5                     ;M 值,Q9 格式
    mpy w4*w5,A                   ;计算乘积 Q23 格式
    sac a,#-7,w0
    mov w0,temp6                  ;Q14 格式有符号数
    mov #0x4000,w1
    add w0,w1,w2                  ;加 1,Q14 格式
    mov w2,temp6                  ;保存 Q14 格式
    mov w2,w4
    mov t_qua,w0                  ;t_carr/4 的定时器计数脉冲个数,Q0 格式
    mul.UU w4,w0,w2               ;计算乘积
    lac w2,A
    sftac a,#16
    push ACCAL
    lac w3,A
    clr ACCAU
```

```
        pop ACCAL                    ;32位乘积送入累加器A
        sac a,#-2,w0
        mov w0,temp6                 ;保存ton2C为Q0格式
        mov k_,w1
        add #1,w1                    ;k+1
        mov w1,k_
        mov kmax,w0                  ;2N,Q0格式
        sub w1,w0,w6                 ;比较
        btsc w6,#15                  ;比较k是否小于2N
        bra wxm5                     ;是则跳转
        mov #0,w0
        mov w0,k_                    ;否则k=0
wxm5:
        mov temp1,w0
        mov temp4,w1
        add w1,w0,w2                 ;计算脉宽
        mov w2,temp1                 ;暂存
        mov pmin,w0
        sub w2,w0,w6                 ;检测是否小于最小正脉宽3μs
        btss w6,#15
        bra wxm6                     ;不是则跳转
        mov #0,w2
        mov w2,temp1                 ;是则删除窄脉宽
        bra wxm7                     ;转移
wxm6:
        mov pmax,w0
        mov temp1,w2
        sub w2,w0,w6                 ;检测是否小于最小负脉宽3μs
        btsc w6,#15
        bra wxm7                     ;不是则跳转
        mov #368,w2
        mov w2,temp1                 ;是则删除窄脉宽
wxm7:
        mov w2,PDC1                  ;给占空比1
        mov temp2,w0
        mov temp5,w1
        add w0,w1,w2                 ;计算脉宽
        mov w2,temp2                 ;暂存
        mov pmin,w0
```

```
        sub w2,w0,w6              ;检测是否小于最小正脉宽 3 μs
        btss w6,#15
        bra wxm8                  ;不是则跳转
        mov #0,w2
        mov w2,temp2              ;是则删除窄脉宽
        bra wxm9                  ;转移
wxm8:
        mov pmax,w0
        mov temp2,w2
        sub w2,w0,w6              ;检测是否小于最小负脉宽 3 μs
        btsc w6,#15
        bra wxm9                  ;不是则跳转
        mov #368,w2
        mov w2,temp1              ;是则删除窄脉宽
wxm9:
        mov w2,PDC2               ;给占空比 2
        mov temp3,w0
        mov temp6,w1
        add w1,w0,w2              ;计算脉宽
        mov w2,temp3
        mov pmin,w0
        sub w2,w0,w6              ;检测是否小于最小正脉宽 3 μs
        btss w6,#15
        bra wxm10                 ;不是则跳转
        mov #0,w2
        mov w2,temp3              ;是则删除窄脉宽
        bra wxm11                 ;转移
wxm10:
        mov pmax,w0
        mov temp3,w2
        sub w2,w0,w6              ;检测是否小于最小负脉宽 3 μs
        btsc w6,#15
        bra wxm11                 ;不是则跳转
        mov #368,w2
        mov w2,temp1              ;是则删除窄脉宽
wxm11:
        mov w2,PDC3               ;给占空比 3
        pop.d w6                  ;恢复工作寄存器
        pop.d w4
```

```
        pop.d w2
        pop.d w0
        bclr IFS2,#PWMIF           ;清 PWM 中断标志位
        retfie
;----------------------以下是调试错误处理----------------------
__DefaultInterrupt:
        bclr TRISA,#9              ;A 口第 9 位设置为输出
        bset PORTA,#9              ;点亮板上第 1 个 LED
        nop
        nop
        nop
        retfie
;----------------------以下是 W 寄存器初始化子程序----------------------
_wreg_init:
        clr w0
        mov w0,w14
        repeat #12
        mov w0,[++w14]
        clr w14                    ;W 寄存器初始化
        return
;----------------------以下是 sin 表----------------------
.section .sin_entry,code
.palign 2
sin_entry: .hword 0                ;0～360°,Q14 格式
           .hword 286,572,857,1143,1428
           .hword 1713,1997,2280,2563,2845
           .hword 3126,3406,3686,3964,4240
           .hword 4516,4790,5063,5334,5604
           .hword 5872,6138,6402,6664,6924
           .hword 7182,7438,7692,7943,8192
           .hword 8438,8682,8932,9162,9397
           .hword 9630,9860,10087,10311,10531
           .hword 10749,10963,11174,11381,11585
           .hword 11786,11982,12176,12365,12551
           .hword 12733,12911,13085,13255,13421
           .hword 13583,13741,13894,14044,14189
           .hword 14330,14466,14598,14726,14849
           .hword 14968,15082,15191,15296,15396
           .hword 15491,15582,15668,15749,15826
```

第3章 交流电动机的 SPWM 与 SVPWM 技术以及 DSC 控制的实现

```
.hword 15897,15964,16026,16083,16135
.hword 16182,16225,16262,16294,16322
.hword 16344,16362,16374,16382,16384    ;90°

.hword 16382,16374,16362,16344,16322
.hword 16194,16262,16225,16182,16135
.hword 16083,16026,15964,15897,15826
.hword 15749,15668,15582,15491,15396
.hword 15296,15191,15082,14968,14849
.hword 14726,14598,14466,14330,14189
.hword 14044,13894,13741,13583,13421
.hword 13255,13085,12911,12733,12551
.hword 12365,12176,11982,11786,11585
.hword 11381,11174,10963,10749,10531
.hword 10311,10087,9860,9630,9397
.hword 9162,8923,8682,8438,8192
.hword 7943,7692,7438,7182,6924
.hword 6664,6402,6138,5872,5604
.hword 5334,5063,4790,4516,4240
.hword 3964,3686,3406,3126,2845
.hword 2563,2280,1997,1713,1428
.hword 1143,857,572,286,0               ;180°

.hword 65250,64964,64679,64393,64108
.hword 63823,63539,63256,62973,62691
.hword 62410,62130,61850,61572,61296
.hword 61020,60746,60473,60202,59932
.hword 59664,59398,59134,58872,58612
.hword 58354,58098,57844,57593,57344
.hword 57098,56854,56613,56374,56139
.hword 55906,55676,55449,55225,55005
.hword 54787,54573,54362,54155,53951
.hword 53750,53554,53360,53171,52985
.hword 52803,52625,52451,52281,52115
.hword 51953,51795,51642,51492,51347
.hword 51206,51070,50938,50810,50687
.hword 50568,50454,50345,50240,50140
.hword 50045,49954,49868,49787,49710
.hword 49639,49572,49510,49453,49401
.hword 49354,49311,49274,49242,49214
.hword 49192,49174,49162,49154,49152    ;270°
```

```
        .hword 49154,49162,49174,49192,49214
        .hword 49242,49274,49311,49354,49401
        .hword 49453,49510,49572,49639,49710
        .hword 49787,49868,49954,50045,50140
        .hword 50240,50345,50454,50568,50687
        .hword 50810,50938,51070,51206,51347
        .hword 51492,51642,51795,51953,52115
        .hword 52281,52451,52625,52803,52985
        .hword 53171,53360,53554,53750,53951
        .hword 54155,54362,54573,54787,55005
        .hword 55225,55449,55676,55906,56139
        .hword 56374,56613,56854,57098,57344
        .hword 57593,57844,58098,58354,58612
        .hword 58872,59134,59398,59664,59932
        .hword 60202,60473,60746,61020,61296
        .hword 61572,61850,62130,62410,62691
        .hword 62973,63256,63539,63823,64108
        .hword 64393,64679,64964,65250,0     ;360°
        .end
```

3.3 电压空间矢量 SVPWM 技术

3.2 节介绍的规则采样法是从电源角度出发,追求输出一个频率和电压可调、三相对称的正弦波电动机供电电源,其控制原则是尽可能减少输出的谐波分量。这种方法虽然具有数学模型简单、控制线性度好和容易实现的优点,但是它也有缺点——电压利用率太低。

这是因为当采用图 3-7 所示电路进行双极性调制时,整流滤波后的直流电压为:

$$U_{DC} = \sqrt{2} \times 380 \text{ V}$$

当调制度 $M=1$ 时,逆变器输出的相电压幅值为 $U_{DC}/2$,相电压的有效值为:

$$U_A = \frac{\frac{U_{DC}}{2}}{\sqrt{2}} = 190 \text{ V}$$

相应的线电压有效值为:

$$U_{AB} = \sqrt{3} U_A = 329 \text{ V}$$

可见线电压达不到 380 V,电压利用率只有 0.865。为此人们又提出了 3 次谐波注入法等技术,来使调制度 $M>1$ 而又不会出现过调制现象,但这些方法都是出于补救目的。目前最流行、效果最好的方法当属电压空间矢量 PWM 技术——磁链轨迹法。这种方法是从电动机的

第3章 交流电动机的 SPWM 与 SVPWM 技术以及 DSC 控制的实现

角度出发,其目标是使交流电动机产生圆形磁场。

3.3.1 电压空间矢量 SVPWM 技术基本原理

1. 电压矢量与磁链矢量的关系

当用三相平衡的正弦电压向交流电动机供电时,电动机的定子磁链空间矢量幅值恒定,并以恒速旋转,磁链矢量的运动轨迹形成圆形的空间旋转磁场(磁链圆)。因此如果有一种方法,使逆变电路能向交流电动机提供可变频电源,并能保证电动机形成定子磁链圆,就可以实现交流电动机的变频调速。

电压空间矢量是按照电压所加在绕组的空间位置来定义的。电动机的三相定子绕组可以定义一个三相平面静止坐标系,如图 3-14 所示。这是一个特殊的坐标系,它有三个轴,互相间隔 120°,分别代表三个相。三相定子相电压 U_A、U_B、U_C 分别施加在三相绕组上,形成三个相电压空间矢量 u_A、u_B、u_C。它们的方向始终在各相的轴线上,大小则随时间按正弦规律变化。因此,三个相电压空间矢量相加所形成的一个合成电压空间矢量 u 是一个以电源角频率 ω 速度旋转的空间矢量。

$$u = u_A + u_B + u_C \qquad (3-33)$$

同样也可以定义电流和磁链的空间矢量 I 和 Ψ。因此有:

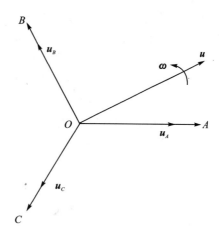

图 3-14 电压空间矢量

$$u = RI + \frac{d\Psi}{dt} \qquad (3-34)$$

当转速不是很低时,定子电阻 R 的压降相对较小,上式可简化为

$$u \approx \frac{d\Psi}{dt}$$

或

$$\Psi \approx \int u \, dt \qquad (3-35)$$

因为

$$\Psi = \Psi_m e^{j\omega t} \qquad (3-36)$$

所以

$$u = \frac{d}{dt}(\Psi_m e^{j\omega t}) = j\omega\Psi_m e^{j\omega t} = \omega\Psi_m e^{j(\omega t + \pi/2)} \qquad (3-37)$$

该式说明,当磁链幅值 Ψ_m 一定时,u 的大小与 ω 成正比,或者说供电电压与频率 f 成正比,其方向是磁链圆轨迹的切线方向。当磁链矢量在空间旋转一周时,电压矢量也连续地按磁链圆的切线方向运动 2π 弧度,其运动轨迹与磁链圆重合。这样,电动机旋转磁场的形状问题就可转化为电压空间矢量运动轨迹的形状问题来讨论。

2. 基本电压空间矢量

图 3-15 是一个典型的电压型 PWM 逆变器。利用这种逆变器功率开关管的开关状态和顺序组合、以及开关时间的调整,以保证电压空间矢量圆形运行轨迹为目标,就可以产生谐波较少的、且直流电源电压利用率较高的输出。

图 3-15 中的 $V_1 \sim V_6$ 是 6 个功率开关管,a、b、c 分别代表 3 个桥臂的开关状态。规定:当上桥臂开关管"开"状态时(此时下桥臂开关管必然是"关"状态),开关状态为 1;当下桥臂开关管"开"状态时(此时上桥臂开关管必然是"关"状态),开关状态为 0。3 个桥臂只有 1 或 0 两种状态,因此 a、b、c 形成 000、001、010、011、100、101、110、111 共 8 种 ($2^3=8$) 开关模式。其中 000 和 111 开关模式使逆变器输出电压为零,所以称这两种开关模式为零状态。

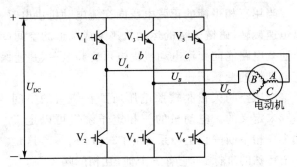

图 3-15 三相电压型逆变电路

可以推导出,三相逆变器输出的线电压矢量 $[U_{AB}\ U_{BC}\ U_{CA}]^T$ 与开关状态矢量 $[a\ b\ c]^T$ 的关系为:

$$\begin{bmatrix} U_{AB} \\ U_{BC} \\ U_{CA} \end{bmatrix} = U_{DC} \begin{bmatrix} 1 & -1 & 0 \\ 0 & 1 & -1 \\ 1 & 0 & 1 \end{bmatrix} \begin{bmatrix} a \\ b \\ c \end{bmatrix} \qquad (3-38)$$

三相逆变器输出的相电压矢量 $[U_A\ U_B\ U_C]^T$ 与开关状态矢量 $[a\ b\ c]^T$ 的关系为:

$$\begin{bmatrix} U_A \\ U_B \\ U_C \end{bmatrix} = \frac{1}{3} U_{DC} \begin{bmatrix} 2 & -1 & -1 \\ -1 & 2 & -1 \\ -1 & -1 & 2 \end{bmatrix} \begin{bmatrix} a \\ b \\ c \end{bmatrix} \qquad (3-39)$$

式中 U_{DC} 是直流电源电压,或称总线电压。

式(3-38)和式(3-39)的对应关系也可用表 3-1 来表示。

将表 3-1 中的 8 组相电压值代入式(3-33),就可以求出这些相电压的矢量和与相位角。这 8 个矢量和就称为基本电压空间矢量,根据其相位角的特点分别命名为 O_{000}、U_0、U_{60}、U_{120}、U_{180}、U_{240}、U_{300}、O_{111}。其中 O_{000}、O_{111} 称为零矢量。图 3-16 给出了 8 个基本电压空间矢量的大小和位置。其中非零矢量的幅值相同,相邻的矢量间隔 60°,而两个零矢量幅值为零,位于中心。

表 3-1 中的线电压和相电压值是在图 3-14 所示的三相 ABC 平面坐标系中。在 DSC 程序计算中,为了计算方便,需要将其转换到 $\alpha\beta$ 平面直角坐标系中。$\alpha\beta$ 平面直角坐标系选择了 α 轴与 A 轴重合,β 轴超前 α 轴 90°。如果选择在每个坐标系中电动机的总功率不变作为两

第3章 交流电动机的SPWM与SVPWM技术以及DSC控制的实现

表 3-1 开关状态与相电压和线电压的对应关系

a	b	c	U_A	U_B	U_C	U_{AB}	U_{BC}	U_{CA}
0	0	0	0	0	0	0	0	0
1	0	0	$2U_{DC}/3$	$-U_{DC}/3$	$-U_{DC}/3$	U_{DC}	0	$-U_{DC}$
1	1	0	$U_{DC}/3$	$U_{DC}/3$	$-2U_{DC}/3$	0	U_{DC}	$-U_{DC}$
0	1	0	$-U_{DC}/3$	$2U_{DC}/3$	$-U_{DC}/3$	$-U_{DC}$	U_{DC}	0
0	1	1	$-2U_{DC}/3$	$U_{DC}/3$	$U_{DC}/3$	$-U_{DC}$	0	U_{DC}
0	0	1	$-U_{DC}/3$	$-U_{DC}/3$	$2U_{DC}/3$	0	$-U_{DC}$	U_{DC}
1	0	1	$U_{DC}/3$	$-2U_{DC}/3$	$U_{DC}/3$	U_{DC}	$-U_{DC}$	0
1	1	1	0	0	0	0	0	0

个坐标系的转换原则,则变换矩阵为:

$$T_{ABC-\alpha\beta} = \sqrt{\frac{2}{3}} \begin{bmatrix} 1 & -\frac{1}{2} & -\frac{1}{3} \\ 0 & \frac{\sqrt{3}}{2} & -\frac{\sqrt{3}}{2} \end{bmatrix} \quad (3-40)$$

该变换矩阵的详细推导见第4章。

利用这个变换矩阵,就可以将三相ABC平面坐标系中的相电压转换到αβ平面直角坐标系中去。其转换式为:

$$\begin{bmatrix} U_\alpha \\ U_\beta \end{bmatrix} = \sqrt{\frac{2}{3}} \begin{bmatrix} 1 & -\frac{1}{2} & -\frac{1}{2} \\ 0 & \frac{\sqrt{3}}{2} & -\frac{\sqrt{3}}{2} \end{bmatrix} \begin{bmatrix} U_A \\ U_B \\ U_C \end{bmatrix} \quad (3-41)$$

根据式(3-41),可将表3-1中与开关状态 a、b、c 相对应的相电压转换成αβ平面直角坐标系中的分量,转换结果如表3-2所列和图3-16所示。

3. 磁链轨迹的控制

下面我们来看看基本电压空间矢量与磁链轨迹的关系。

当逆变器单独输出基本电压空间矢量 U_0 时,电动机的定子磁链矢量 $\boldsymbol{\Psi}$ 的矢端从A到B沿平行于 U_0 方向移动,如图3-17所示。当移动到B点时,如果改基本电压空间矢量为 U_{60} 输出,则定子磁链矢量 $\boldsymbol{\Psi}$ 的矢端也相应改为从B到C的移动。这样下去,当全部6个非零基本电压空间矢量分别依次单独输出后,定子磁链矢量 $\boldsymbol{\Psi}$ 矢端的运动轨迹是一个正六边形,如图3-17所示。

显然,按照这样的供电方式只能形成正六边形的旋转磁场,而不是我们希望的圆形旋转磁场。

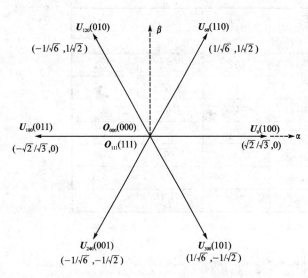

图 3-16 基本电压空间矢量

表 3-2 开关状态与相电压在 $\alpha\beta$ 坐标的分量的对应关系

a	b	c	U_α	U_β	矢量符号
0	0	0	0	0	O_{000}
1	0	0	$\sqrt{\frac{2}{3}}U_{DC}$	0	U_0
1	1	0	$\sqrt{\frac{1}{6}}U_{DC}$	$\sqrt{\frac{1}{2}}U_{DC}$	U_{60}
0	1	0	$-\sqrt{\frac{1}{6}}U_{DC}$	$\sqrt{\frac{1}{2}}U_{DC}$	U_{120}
0	1	1	$-\sqrt{\frac{2}{3}}U_{DC}$	0	U_{180}
0	0	1	$-\sqrt{\frac{1}{6}}U_{DC}$	$-\sqrt{\frac{1}{2}}U_{DC}$	U_{240}
1	0	1	$\sqrt{\frac{1}{6}}U_{DC}$	$-\sqrt{\frac{1}{2}}U_{DC}$	U_{300}
1	1	1	0	0	O_{111}

怎样获得圆形旋转磁场呢？一个思路是，如果在定子里形成的旋转磁场不是正六边形，而是正多边形，我们就可以得到近似的圆形旋转磁场。显然，正多边形的边越多，近似程度就越好。

但是非零的基本电压空间矢量只有 6 个，如果想获得尽可能多的多边形旋转磁场，就必须有更多的逆变器开关状态。一种方法是利用 6 个非零的基本电压空间矢量的线性时间组合来得到更多的开关状态。下面介绍这种线性时间组合的方法。

在图 3-18 中，U_x 和 $U_{x\pm60}$ 代表相邻的两个基本电压空间矢量；U_{out} 是输出的参考相电压矢量，其幅值代表相电压的

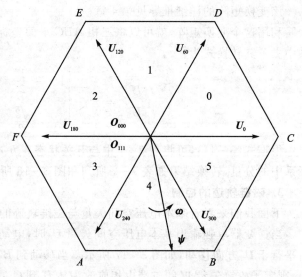

图 3-17 正六边形磁链轨迹

幅值，其旋转角速度就是输出正弦电压的角频率。U_{out} 可由 U_x 和 $U_{x\pm60}$ 线性时间组合来合成，它等于 t_1/T_{PWM} 倍的 U_x 与 t_2/T_{PWM} 倍的 $U_{x\pm60}$ 的矢量和。其中 t_1 和 t_2 分别是 U_x 和 $U_{x\pm60}$ 作用的时间；T_{PWM} 是 U_{out} 作用的时间。

第3章 交流电动机的 SPWM 与 SVPWM 技术以及 DSC 控制的实现

按照这种方式,在下一个 T_{PWM} 期间,仍然用 U_x 和 $U_{x\pm60}$ 的线性时间组合,但作用的时间 t_1' 和 t_2' 与上一次的不同,它们必须保证所合成的新的电压空间矢量 U_{out}' 与原来的电压空间矢量 U_{out} 的幅值相等。

如此下去,在每一个 T_{PWM} 期间,都改变相邻基本矢量作用的时间,并保证所合成的电压空间矢量的幅值都相等,因此,当 T_{PWM} 取足够小时,电压空间矢量的轨迹是一个近似圆形的正多边形。

4. t_1、t_2 和 t_0 的计算

现在,我们再来看 t_1 和 t_2 的确定方法。

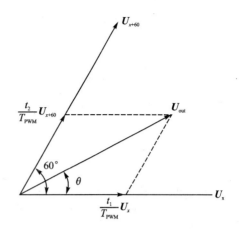

图 3-18 电压空间矢量的线性组合

如上面所述,线性时间组合的电压空间矢量 U_{out} 是 t_1/T_{PWM} 倍的 U_x 与 t_2/T_{PWM} 倍的 $U_{x\pm60}$ 的矢量和,即:

$$U_{out} = \frac{t_1}{T_{PWM}}U_x + \frac{t_2}{T_{PWM}}U_{x\pm60} \qquad (3-42)$$

由图 3-18,根据三角形的正弦定理有:

$$\frac{\frac{t_1}{T_{PWM}}U_x}{\sin(60°-\theta)} = \frac{U_{out}}{\sin 120°} \qquad (3-43)$$

$$\frac{\frac{t_2}{T_{PWM}}U_{x\pm60}}{\sin\theta} = \frac{U_{out}}{\sin 120°} \qquad (3-44)$$

由式(3-43)和(3-44)解得:

$$\left.\begin{array}{l} t_1 = \dfrac{2U_{out}}{\sqrt{3}U_x}T_{PWM}\sin(60°-\theta) \\ t_2 = \dfrac{2U_{out}}{\sqrt{3}U_{x\pm60}}T_{PWM}\sin\theta \end{array}\right\} \qquad (3-45)$$

式中,T_{PWM} 可事先选定;U_{out} 可由 U/F 曲线确定;θ 可由输出正弦电压角频率 ω 和 nT_{PWM} 的乘积确定。因此,当已知两相邻的基本电压空间矢量 U_x 和 $U_{x\pm60}$ 后,就可以根据式(3-45)确定 t_1 和 t_2。

t_1 和 t_2 还有另一种确定方法。当 U_{out}、U_x 和 $U_{x\pm60}$ 投影到平面直角坐标系 $\alpha\beta$ 中时,式(3-42)可以写成:

$$\begin{bmatrix} t_1 \\ t_2 \end{bmatrix} = T_{PWM} \begin{bmatrix} U_{x\alpha} & U_{x\pm60\alpha} \\ U_{x\beta} & U_{x\pm60\beta} \end{bmatrix}^{-1} \begin{bmatrix} U_{out\alpha} \\ U_{out\beta} \end{bmatrix} \qquad (3-46)$$

当已知逆阵 $\begin{bmatrix} U_{x\alpha} & U_{x\pm60\alpha} \\ U_{x\beta} & U_{x\pm60\beta} \end{bmatrix}^{-1}$ 和 U_{out} 在平面直角坐标系 $\alpha\beta$ 的投影 $\begin{bmatrix} U_{out\alpha} \\ U_{out\beta} \end{bmatrix}$ 后,就可以确定 t_1 和 t_2。

在图 3-17 中,当逆变器单独输出零矢量 O_{000} 和 O_{111} 时,电动机的定子磁链矢量 Ψ 是不动的。根据这个特点,我们在 T_{PWM} 期间插入零矢量作用的时间 t_0,使得:

$$T_{PWM} = t_1 + t_2 + t_0 \quad (3-47)$$

通过这样方法,可以调整角频率 ω,从而达到变频的目的。

添加零矢量是遵循使功率开关管的开关次数最少的原则来选择 O_{000} 或 O_{111}。

为了使磁链的运动速度平滑,零矢量一般都不是集中地加入,而是将零矢量平均分成几份,多点地插入到磁链轨迹中,但作用的时间和仍为 t_0,这样可以减少电动机转矩的脉动。

5. 扇区号的确定

将图 3-17 划分成 6 个区域,称为扇区。每个区域都有一个扇区号(如图中 0、1、2、3、4、5)。确定 U_{out} 位于哪个扇区是非常重要的,因为只有知道 U_{out} 位于哪个扇区,我们才能知道用哪一对相邻的基本电压空间矢量去合成 U_{out}。

确定 U_{out} 所在的扇区号的方法有两种:

① 当 U_{out} 以 $\alpha\beta$ 坐标系上的分量形式 $U_{out\alpha}$、$U_{out\beta}$ 给出时,先用下式计算 B_0、B_1、B_2:

$$\left. \begin{array}{l} B_0 = U_\beta \\ B_1 = \sin60°U_\alpha - \sin30°U_\beta \\ B_2 = -\sin60°U_\alpha - \sin30°U_\beta \end{array} \right\} \quad (3-48)$$

再用下式计算 P 值:

$$P = 4\text{sign}(B_2) + 2\text{sign}(B_1) + \text{sign}(B_0) \quad (3-49)$$

式中,$\text{sign}(x)$ 是符号函数,如果 $x>0$,$\text{sign}(x)=1$;如果 $x<0$,$\text{sign}(x)=0$。

然后,根据 P 值查表 3-3,即可确定扇区号。

表 3-3 P 值与扇区号的对应关系

P	1	2	3	4	5	6
扇区号	1	5	0	3	2	4

② 当 U_{out} 以幅值和相角的形式给出时,可直接根据相角来确定它所在的扇区。

当由 6 个基本电压空间矢量合成的 U_{out} 以近似圆形轨迹旋转时,其圆形轨迹的旋转半径受 6 个基本电压空间矢量幅值的限制。最大的圆形轨迹是 6 个基本矢量幅值所组成的正六边形的内接圆,如图 3-19 所示。

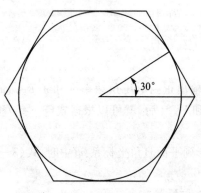

图 3-19 U_{out} 的最大轨迹圆

第3章 交流电动机的 SPWM 与 SVPWM 技术以及 DSC 控制的实现

因此,U_{out} 的最大幅值(也是最大轨迹圆半径)是 $U_{DC}/\sqrt{2}$。

3.3.2 电压空间矢量 SVPWM 技术的 DSC 实现方法

利用 Microchip 公司的 dsPIC30F6010 DSC 可以很容易地实现电压空间矢量 PWM 的控制。在本小节中,我们结合例子来介绍这种技术的软件实现方法。

对每一个电压空间矢量 PWM 波的零矢量分割方法不同、以及对非零矢量 U_x 的选择不同,会产生多种多样的电压空间矢量 PWM 波。选择的原则是:

- 尽可能使功率开关管的开关次数最少;
- 任意一次电压空间矢量的变化只能有一个桥臂的开关管动作;
- 编程容易。

目前最流行的是 7 段式电压空间矢量 PWM 波形,它由 3 段零矢量和 4 段相邻的两个非零矢量组成,3 段零矢量分别位于 PWM 波的开始、中间和结尾,如图 3-21 所示。

本例选用 7 段式电压空间矢量 PWM 波形。其中每个扇区 U_x、$U_{x\pm60}$ 的选择顺序见图 3-20,即在第 0 扇区,$U_x=U_0$,$U_{x+60}=U_{60}$;在第 1 扇区,$U_x=U_{120}$,$U_{x+60}=U_{60}$;在第 2 扇区,$U_x=U_{120}$,$U_{x+60}=U_{180}$;在第 3 扇区,$U_x=U_{240}$,$U_{x+60}=U_{180}$;在第 4 扇区,$U_x=U_{240}$,$U_{x+60}=U_{300}$;在第 5 扇区,$U_x=U_0$,$U_{x+60}=U_{300}$。这样选择所产生的 7 段式电压空间矢量 PWM 波形见图 3-21。每个 PWM 波的零矢量和非零矢量施加的顺序、以及所对应的时间都可从图 3-21 中一目了然。由图可见,其特点是:

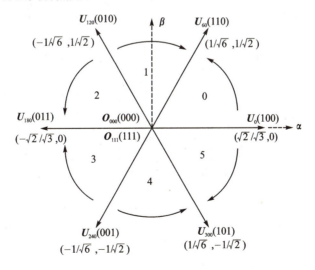

图 3-20 基本电压空间矢量的选择顺序

- 每相每个 PWM 波输出只使功率开关管开关一次。
- 电动机正反转时,每个扇区的两个相邻基本矢量 U_x、$U_{x\pm60}$ 的选择顺序不变。也就是说,

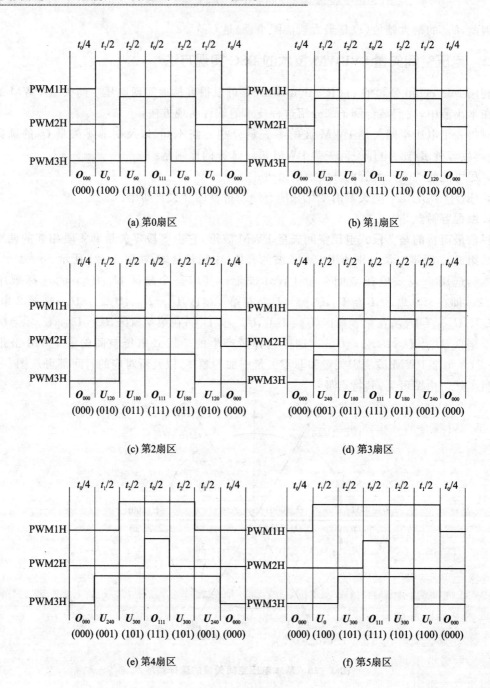

图 3-21 7段式电压空间矢量 PWM 波形

第3章 交流电动机的 SPWM 与 SVPWM 技术以及 DSC 控制的实现

电动机的正反转只与扇区顺序有关。正转时(磁链逆时针旋转),扇区的顺序是 0—1—2—3—4—5—0;反转时(磁链顺时针旋转),扇区的顺序是 5—4—3—2—1—0—5。

> 每个 PWM 波都是以 O_{000} 零矢量开始和结束,O_{111} 零矢量插在中间;
> 插入的 O_{000} 零矢量和 O_{111} 零矢量的时间相同。

为了产生图 3-21 所示的 7 段式电压空间矢量 PWM 波形,我们设计了一个 DSC 控制程序例子。在这个程序中,调制波频率 f 由外部输入,并假设已经通过 $f/50\,\text{Hz}$ 转化成频率调节比的形式。程序中的载波频率和采样频率都是 20 MHz。可以实现调制波频率 0~50 Hz 变频功能、死区功能。死区时间 2 μs。DSC 晶振频率 7.3728 MHz,内部 4 倍频,时钟频率为 7.3728 MHz×4/4=7.3728 MHz,计数周期为 135.6 ns。

程序由主程序和 PWM 中断子程序组成。主程序的工作是初始化,并将外部输入的频率调节比转换成角频率,根据 U/F 曲线确定参考电压的幅值。中断子程序的工作是在每一个 PWM 周期里计算出下一个 PWM 周期的 3 个占空比寄存器值,并送入到占空比寄存器中。为此,必须根据式(3-46)和式(3-47)计算出 t_0、t_1、t_2。

对式(3-46)先做一个简化:对式(3-46)两端除以 T_{PWM} 得:

$$\begin{bmatrix} 0.5C_1 \\ 0.5C_2 \end{bmatrix} = \begin{bmatrix} U_{x\alpha} & U_{x\pm 60\alpha} \\ U_{x\beta} & U_{x\pm 60\beta} \end{bmatrix}^{-1} \begin{bmatrix} U_{\text{out}\alpha} \\ U_{\text{out}\beta} \end{bmatrix} \tag{3-50}$$

式中:

$$C_1 = \frac{t_1}{T_{\text{PWM}}/2}, \quad C_2 = \frac{t_2}{T_{\text{PWM}}/2}$$

PWM 中断子程序框图见图 3-22。

三相 SVPWM 波由 dsPIC30F6010 的 PWM1H~3H 和 PWM1L~3L 六个引脚输出。引脚对设置为互补输出,高有效。

计算中的正弦值和余弦值采用查表方法,其中余弦值使用正弦值表倒查法。使用 90°正弦值表,每一度给出一个正弦值数据,因此共有 90 个数据,存放到 ROM 中。全部计算采用定点计算,以提高计算速度,所有数据采用 Q 格式。

本例中使用的常数:

频率调节比-角频率转换系数:$2\times\pi\times50\,\text{Hz}\times2^5 = 10053$ rad/s,Q5 格式;

PWM 周期值:PTMR(PWM 时基寄存器)预分频比 1:1,根据公式(1-2)得,PTPER(PWM 时基周期寄存器)=7.3728 MHz /20 kHz/2 −1=184 个计数周期;

采样周期:50 μs ×2^{24} = 839 s,Q24 格式;

最大参考电压幅值:$1/\sqrt{2}\times 2^{14}=11585$,Q14 格式;

相角查表索引:$180/\pi\times 2^9=29335$,Q9 格式;

θ-扇区数转换系数:$6/(2\pi)\times 2^{15}=31291$,Q15 格式。

以下是实现三相交流电动机 SVPWM 开环调速控制程序:

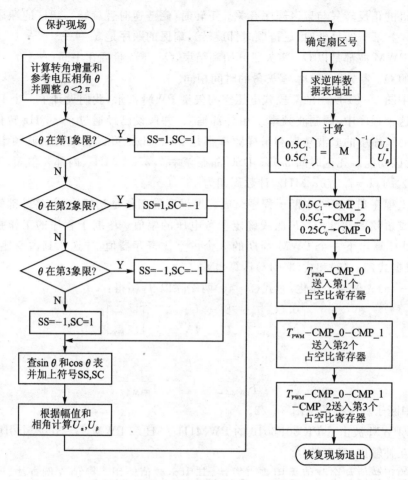

图 3-22 PWM 中断子程序框图

程序清单 3-2　三相交流电动机 SVPWM 开环调速控制程序

```
.equ __30F6010,1
.include "C:\Program Files\Microchip\MPLAB ASM30 Suite\Support\inc\p30f6010.inc"
;------------------------以下定义复位矢量和中断矢量------------------
.global __reset
.global __PWMInterrupt
.global __DefaultInterrupt
;------------------------以下器件配置寄存器---------------------------
config __FOSC, CSW_FSCM_OFF & XT_PLL4    ;关闭时钟切换和故障保护时钟监视并
                                         ;使用 XT 振荡器和 4 倍频 PLL 作为系统时钟
config __FWDT, WDT_OFF                   ;关闭看门狗定时器
```

第3章 交流电动机的 SPWM 与 SVPWM 技术以及 DSC 控制的实现

```
config __FBORPOR, PBOR_ON & BORV_27 & PWRT_16 & MCLR_EN
                                        ;设置欠压复位电压,并将上电延迟定时器设置为 16 ms
config __FGS, CODE_PROT_OFF             ;对一般代码段,将代码保护设置为关闭
;-------------------------以下定义变量-------------------------------
.bss
temp:           .space 2                ;临时变量
set_f:          .space 2                ;频率调节比,Q16 格式(值为 0～1,对应 0～50 Hz)
f_omega:        .space 2                ;频率调节比-角频率转换率,Q5 格式
omega:          .space 2                ;调制波角频率,Q5 格式
set_v:          .space 2                ;参考电压,Q14 格式
max_v:          .space 2                ;最大参考电压幅值 1/√2,Q14 格式
t_sample:       .space 2                ;采样周期,Q24 格式
theta_h:        .space 2                ;参考电压相位角高字,Q12 格式
theta_l:        .space 2                ;参考电压相位角低字,Q12 格式
theta_r:        .space 2                ;相位角的圆整值,Q12 格式
theta_m:        .space 2                ;相位查表值(0～90°),Q12 格式
theta_i:        .space 2                ;相角查表索引,Q9 格式
ss:             .space 2                ;sin 符号,Q0 格式
sc:             .space 2                ;cos 符号,Q0 格式
sin_indx:       .space 2                ;sin 表索引,Q0 格式
sin_end:        .space 2                ;sin 表结束地址
sin_theta:      .space 2                ;sinθ 值,Q14 格式
cos_theta:      .space 2                ;cosθ 值,Q14 格式
ua:             .space 2                ;参考电压 D 轴分量 $U_A$,Q12 格式
ub:             .space 2                ;参考电压 Q 轴分量 $U_B$,Q12 格式
theta_s:        .space 2                ;θ-扇区数转换系数,Q15 格式
sector:         .space 2                ;参考电压所在的扇区数,Q0 格式
theta_90:       .space 2                ;90°,Q12 格式
theta_180:      .space 2                ;180°,Q12 格式
theta_270:      .space 2                ;270°,Q12 格式
theta_360:      .space 2                ;360°,Q12 格式
t1_period:      .space 2                ;PWM 周期值,Q5 格式
cmp_1:          .space 2                ;第 1 基本矢量,Q0 格式
cmp_2:          .space 2                ;第 2 基本矢量,Q0 格式
cmp_0:          .space 2                ;0 基本矢量/2,Q0 格式
first_tog:      .space 2                ;存放第 1 次匹配的占空比寄存器地址
sec_tog:        .space 2                ;存放第 2 次匹配的占空比寄存器地址
;------------------------以下是主程序--------------------------------
```

```
.text
__reset:
;------------------------以下是寄存器初始化------------------------
    mov #__SP_init, w15              ;初始化堆栈指针
    mov #__SPLIM_init, w0            ;初始化堆栈指针限制寄存器
    mov w0, SPLIM
    nop
    call _wreg_init                  ;初始化寄存器 w0~w14
    bset CORCON, #0                  ;使能整数模式
    bclr CORCON, #SATDW              ;不用数据空间写饱和
    clr PORTE                        ;PWM 设置为输出口
    mov #0xF7FF, w0                  ;设置 RD11 输出驱动 PWM 缓冲器
    mov W0, TRISD                    ;使能
    clr PORTD                        ;设置 D 口为输出
    mov #0x5444, w0
    mov w0, IPC9                     ;设置中断优先级 = 5
    mov #0, w0                       ;占空比初值 0
    mov w0, PDC1
    mov w0, PDC2
    mov w0, PDC3
    mov #0x0077, w0
    mov w0, PWMCON1                  ;互补模式,使能#1、#2 和#3 三对 PWM 输出
    bclr IFS2, #PWMIF                ;清除中断请求标志位
    bset IEC2, #PWMIE                ;允许中断
    mov #183, w1
    mov w1, PTPER                    ;设置 PWM 周期为 20 kHz
    mov #0x000f, w0
    mov w0, DTCON1                   ;死区 2 μs
    mov #0x3f00, w0
    mov w0, OVDCON                   ;#1、#2 和#3 三对 PWM 输出由 PWM 发生器控制
    mov #0, w0
    mov w0, DTCON2                   ;不用死区 B
    mov w0, SEVTCMP                  ;不用特殊事件寄存器
    mov w0, PWMCON2                  ;允许占空比更新
    mov w0, FLTACON
    mov W0, FLTBCON                  ;不用故障引脚 A、B
    mov #0x8002, w0
    mov w0, PTCON                    ;使能 PWM 时基,连续向上/向下计数模式
```

第3章 交流电动机的 SPWM 与 SVPWM 技术以及 DSC 控制的实现

```
;----------------------------以下是变量初始化----------------------------
    mov #839,w0
    mov w0,t_sample                 ;采样周期 839 s,Q24 格式
    mov #5888,w0
    mov w0,t1_period                ;PWM 周期值 184×32,Q5 格式
    mov #11585,w0
    mov w0,max_v                    ;最大电压参考值,Q14 格式
    mov #39322,w0
    mov w0,set_f                    ;频率调节比 39322,Q16 格式
    mov #10053,w0
    mov w0,f_omega                  ;频率调节比-角频率调节比转换系数,Q5 格式
    mov #0,w0
    mov w0,theta_l                  ;θ 低字,Q12 格式
    mov w0,theta_h                  ;θ 高字,Q12 格式
    mov #tblpage(angles_),w0
    mov w0,TBLPAG                   ;初始化表页 TBLPAG
    mov #tbloffset(angles_),w0      ;初始化指针寄存器
    mov #3,w1                       ;循环 4 次,送入 4 个角度值
    mov #theta_90,w2
ww:
    tblrdl [w0++],[w2++]            ;每次传送完数据,w0 地址+2,w2 地址+2
    dec w1,w1                       ;递减
    btss w1,#15                     ;判断 w1 最高位是否为 1(如果为 1 则说明 w1 已经为负,
                                    ;已循环 4 次)
    goto ww                         ;不是 1 则跳转,是 1 则忽略此条语句
    mov #29335,w0
    mov w0,theta_i                  ;相角查表索引,Q9 格式
    mov #31291,w0
    mov w0,theta_s                  ;θ-扇区转换系数,Q15 格式
;----------------------------以下是主循环----------------------------
main_loop:
    mov f_omega,w0                  ;频率调节比-角频率调节比转换系数,Q5 格式
    mov set_f,w4                    ;频率调节比,Q16 格式
    mul.uu w4,w0,w2                 ;将频率调节比转换成角频率 Q21 格式
    mov w3,omega                    ;保存角频率 Q5 格式
    mov max_v,w0
    mul.uu w4,w0,w2                 ;转换成参考电压 Q30 格式
    mov w3,set_v                    ;保存参考电压幅值 Q14 格式
```

```asm
        bra main_loop                   ;循环
;------------------------------以下是 PWM 中断子程序----------------------
__PWMInterrupt:
        push.d w0                       ;保存工作寄存器
        push.d w2
        push.d w4
        push.d w6
        mov omega,w0                    ;Q5
        mov t_sample,w4                 ;Q24
        mul.uu w4,w0,w2                 ;转角增量 Q13
        lac w2,A                        ;将 w2 装入累加器 A
        sftac a,#16                     ;右移 16 位,放入 ACCAL
        push ACCAL                      ;将 ACCAL 放入堆栈
        lac w3,A                        ;将转角增量高位装入 ACCAH
        clr ACCAU                       ;Q31 格式,清除 8 位最高标志位
        pop ACCAL                       ;将 ACCAL 弹出堆栈,此时 ACCA 中完全是转角增量的结果
        sftac a,#1                      ;右移一位
        mov theta_h,w0                  ;加初始角位置,先加高字节
        add w0,a
        mov theta_l,w1                  ;低字节送入累加器 B
        lac w1,b
        sftac b,#16                     ;右移 16 位
        clr ACCBH
        clr ACCBU                       ;防止 B 的高字节写入
        add a                           ;绝对位置
        sac a,w0
        mov w0,theta_h                  ;保存高位
        push ACCAH                      ;保存
        push ACCAL
        sftac a,#-16
        clr ACCAU
        sac a,w0
        mov w0,theta_l                  ;保存低位
        pop ACCAL
        pop ACCAH
        btss ACCAH,#15                  ;是否大于 0°
        goto chk_uplim                  ;大于则检查上限并转化为 0~360°
        mov theta_360,w0                ;小于则+2π,转化为 0~360°
```

第3章 交流电动机的 SPWM 与 SVPWM 技术以及 DSC 控制的实现

```
        add w0,a
        sac a,w0
        mov w0,theta_h                  ;保存
        bra rnd_theta
chk_uplim:
        mov theta_360,w0                ;检测是否大于360°
        lac w0,b
        sub a
        btsc ACCAH,#15                  ;如果小于则转移到 rest_theta
        goto rest_theta
        sac a,w0                        ;大于则重新保存 theta_h
        mov w0,theta_h
        goto rnd_theta
rest_theta:
        add a                           ;恢复
rnd_theta:
        mov #1,w0
        lac w0,b
        sftac b,#1
        add a
        sac a,w0                        ;计算总角度和圆整并保留高字节(如果低字节最高位
                                        ;为1,则进位,反之则舍掉)
        mov w0,theta_r                  ;存入 THETA_R
        mov #1,w0
        mov w0,ss                       ;正弦标志位
        mov w0,sc                       ;余弦标志位
        mov theta_r,w0
        mov w0,theta_m                  ;绝对角(小于90°,本例只做出 0~90°正弦值)
        mov theta_90,w2
        sub w2,w0,w6                    ;与90°比较
        btss w6,#15                     ;小于90°则跳转
        goto e_q
        mov #-1,w2
        mov w2,sc                       ;大于90°则修改 cos=-1
        mov theta_180,w2
        mov theta_r,w0
        sub w2,w0,w6
        mov w6,theta_m                  ;计算绝对角并存入 THETA_M
```

```
        btss w6,#15
        goto e_q                        ;小于180°则跳转到 E_Q
        mov #-1,w2
        mov w2,ss                       ;三象限则修改 sin=-1
        mov theta_r,w2
        mov theta_180,w0
        sub w2,w0,w6
        mov w6,theta_m                  ;计算绝对角并存入 THETA_M
        mov theta_270,w2
        mov theta_r,w0
        sub w2,w0,w6
        btss w6,#15
        goto e_q                        ;小于270°则跳转到 E_Q
        mov #1,w2
        mov w2,sc                       ;修改 cos=1
        mov theta_360,w2
        mov theta_r,w0
        sub w2,w0,w6
        mov w6,theta_m                  ;四象限
e_q:
        mov theta_m,w0                  ;计算 sin 值,Q12
        mov theta_i,w4                  ;角度转换系数,Q9
        mul.UU w4,w0,w2
        lac w2,A
        sftac a,#16
        push ACCAL
        lac w3,A
        clr ACCAU
        pop ACCAL
        sftac a,#5                      ;转换成 Q0 格式
        sac a,w0
        mov w0,sin_indx                 ;存入 sin 值偏移地址
        mov #tblpage(sin_entry),w0      ;sin 表首地址
        mov w0,TBLPAG
        mov #tbloffset(sin_entry),w0
        mov sin_indx,w1
        sl w1,#1,w1                     ;保证最末位为0(地址为双字节,单字节为高字)
        add w0,w1,w2
```

```
tblrdl [w2],w5                    ;查表
mov w5,sin_theta                  ;sin 值
mov #180,w4
add w0,w4,w2
sub w2,w1,w6
tblrdl [w6],w5                    ;sin 尾地址
mov w5,cos_theta                  ;查表求得 cos 值
mov ss,w4
mov sin_theta,w5
mpy w4*w5,A
sftac a,#-16
sac a,#0,w0
mov w0,sin_theta                  ;sin 符号标志位与 sin 值相乘,得到带符号的 sin 值 Q14
mov sc,w4
mov cos_theta,w5
mpy w4*w5,A
sftac a,#-16
sac a,#0,w0
mov w0,cos_theta                  ;得到带符号的 cos 值 Q14
mov set_v,w4                      ;计算 UA,UB
mov cos_theta,w5
mpy w4*w5,A                       ;Q28 格式
sac a,w0
mov w0,ua                         ;UA,Q12
mov sin_theta,w5
mpy w4*w5,A                       ;Q28
sac a,w0
mov w0,ub
mov theta_r,w0                    ;Q12 格式,相位角圆整值
mov theta_s,w4                    ;Q15 格式,扇区转换系数
mul.UU w4,w0,w2
lac w2,A
sftac a,#16
push ACCAL
lac w3,A                          ;Q27 格式
clr ACCAU
pop ACCAL
sftac a,#11                       ;右移 11 位变成 Q0 格式,得到 0~5 的扇区数
```

```
        sac a,w0
        mov w0,sector
        mov #tblpage(dec_ms),w0
        mov w0,TBLPAG
        mov #tbloffset(dec_ms),w0        ;逆矩阵数据首地址
        mov sector,w1
        sl w1,#3,w1
        add w0,w1,w2
        tblrdl [w2],w5                   ;Q12。计算 UA*M(1,1)+UB*M(1,2)
        mov ua,w4
        mpy w4*w5,A
        add w2,#2,w2
        tblrdl [w2],w5                   ;Q12
        mov ub,w4
        mpy w4*w5,B                      ;UB*M(1,2),Q12*Q14
        add a                            ;0.5*C1,Q26
        btsc ACCAH,#15
        clr a                            ;否则为 0
cmp1big0:
        sac a,w0                         ;0.5*C1,Q10 格式
        mov w0,temp                      ;Q10 格式
        mov t1_period,w4                 ;Q5 格式
        mul.UU w4,w0,w6
        lac w6,A
        sftac a,#16
        push ACCAL
        lac w7,A
        clr ACCAU
        pop ACCAL
        sftac a,#-1
        sac.r a,w0
        mov w0,cmp_1                     ;0.5*C1*TP,Q0 格式
        add w2,#2,w2
        tblrdl [w2],w5                   ;计算 UA*M(2,1)+UB*M(2,2)
        mov ua,w4
        mpy w4*w5,A                      ;UA*M(2,1),Q12*Q14
        add w2,#2,w2
        tblrdl [w2],w5
```

```
        mov ub,w4
        mpy w4 * w5,B              ;UB * M(2,2),Q12 * Q14
        add a                      ;0.5 * C2,Q26
        btsc ACCAH,#15             ;大于 0 则继续
        clr a                      ;否则为 0
cmp2big0：
        sac a,w0                   ;0.5 * C2,Q10
        mov w0,temp                ;Q10 格式
        mov t1_period,w4
        mul.UU w4,w0,w2            ;Q10 * Q5
        lac w2,A
        sftac a,#16
        push ACCAL
        lac w3,A
        clr ACCAU
        pop ACCAL
        sftac a,#-1
        sac.r a,w0
        mov w0,cmp_2               ;0.5 * C2 * TP,Q0 格式
        mov #183,w2                ;PWM 半周期值
        mov cmp_1,w0
        sub w2,w0,w6
        mov cmp_2,w1
        sub w6,w1,w2
        btsc ACCAH,#15             ;大于 0 则继续
        clr w2                     ;否则为 0
cmp0big0：
        asr w2,#1,w0               ;右移一位,除以 2
        mov w0,cmp_0               ;0.25 * C0 * TP
        mov #tblpage(first),w0
        mov w0,TBLPAG
        mov #tbloffset(first),w0   ;查表求得第 1 次写入的占空比寄存器地址
        mov sector,w1
        sl w1,#1,w1
        add w0,w1,w2               ;所匹配的表地址
        tblrdl [w2],w5             ;相对应的占空比寄存器地址
        mov w5,first_tog
        mov #183,w3
```

```
        mov cmp_0,w4
        sub w3,w4,w6
        sl w6,#1,w6
        mov w6,[w5]                        ;写入计算所得占空比数据
        mov #tblpage(second),w0            ;查表求得第一次写入的占空比寄存器地址
        mov w0,TBLPAG
        mov #tbloffset(second),W0
        mov sector,w1
        sl w1,#1,w1
        add w0,w1,w2                       ;所匹配的表地址
        tblrdl [w2],w5                     ;相对应的占空比寄存器地址
        mov w5,sec_tog
        mov cmp_0,w0
        mov cmp_1,w2
        add w0,w2,w3
        mov #183,w0
        sub w0,w3,w0
        sl w0,#1,w0
        mov w0,[w5]                        ;写入计算所得占空比数据
        mov #PDC3,w2                       ;求得第3个占空比的地址
        mov first_tog,w4                   ;第1次写入的占空比
        mov #PDC1,w5
        mov #PDC2,w1
        mov sec_tog,w3                     ;第2次写入的占空比
        sub w2,w4,w6
        add w6,w1,w7
        sub w7,w3,w8
        add w8,w5,w9
        mov w9,w10
        mov w10,temp
        mov cmp_0,w0
        mov cmp_1,w1
        add w0,w1,w3
        mov cmp_2,w2
        add w3,w2,w4
        mov #183,w0
        sub w0,w4,w0
        sl w0,#1,w0
```

第3章 交流电动机的 SPWM 与 SVPWM 技术以及 DSC 控制的实现

```
        mov w0,[w10]
        pop.d w6
        pop.d w4
        pop.d w2
        pop.d W0                           ;恢复工作寄存器
        bclr IFS2,#7                       ;清中断请求标志位
        bset PTCON,#PTEN
        retfie
;--------------------以下是调试错误处理--------------------
__DefaultInterrupt:
        bclr TRISA,#9                      ;A 口第 9 位设置为输出
        bset PORTA,#9                      ;点亮板上第 1 个 LED
        nop
        nop
        nop
        retfie
;--------------------以下是 W 寄存器初始化子程序--------------------
_wreg_init:
        clr w0                             ;W 寄存器初始化
        mov w0, w14
        repeat #12
        mov w0, [++W14]
        clr w14
        return
;--------------------以下是 sin 表--------------------
.section    .sin_entry, code
.section    .angles, code
.section    .first, code
.section    .dec_ms, code
.section    .second, code
.palign 2
sin_entry: .hword 0                        ;0~90° sin 表,Q14 格式
           .hword 286,572,857,1143,1428
           .hword 1713,1997,2280,2563,2845
           .hword 3126,3406,3686,3964,4240
           .hword 4516,4790,5063,5334,5604
           .hword 5872,6138,6402,6664,6924
           .hword 7182,7438,7692,7943,8192
```

```
            .hword 8438,8682,8932,9162,9397
            .hword 9630,9860,10087,10311,10531
            .hword 10749,10963,11174,11381,11585
            .hword 11786,11982,12176,12365,12551
            .hword 12733,12911,13085,13255,13421
            .hword 13583,13741,13894,14044,14189
            .hword 14330,14466,14598,14726,14849
            .hword 14968,15082,15191,15296,15396
            .hword 15491,15582,15668,15749,15826
            .hword 15897,15964,16026,16083,16135
            .hword 16182,16225,16262,16294,16322
            .hword 16344,16362,16374,16382,16384   ;90°
angles_:    .hword 0x1922                          ;π/2,Q12 格式
            .hword 0x3244                          ;π,Q12 格式
            .hword 0x4b66                          ;3π/2,Q12 格式
            .hword 0x6488                          ;2π,Q12 格式
dec_ms:     .hword 20066                           ;矩阵 A 的逆阵数据,每一个逆阵有 4 个
                                                   ;数据,Q14 格式
            .hword -11585                          ;按参考电压所在的扇区索引
            .hword 0
            .hword 23170
            .hword -20066
            .hword 11585
            .hword 20066
            .hword 11585
            .hword 0
            .hword 23170
            .hword -20066
            .hword -11585
            .hword 0
            .hword -23170
            .hword -20066
            .hword 11585
            .hword -20066
            .hword -11585
            .hword 20066
            .hword -11585
            .hword 20066
```

第3章 交流电动机的 SPWM 与 SVPWM 技术以及 DSC 控制的实现

```
         .hword 11585
         .hword 0
         .hword -23170
first:   .hword PDC1                    ;用于第1次匹配的占空比寄存器地址,
         .hword PDC2                    ;按参考电压所在的扇区索引
         .hword PDC2
         .hword PDC3
         .hword PDC3
         .hword PDC1
second:  .hword PDC2                    ;用于第2次匹配的占空比寄存器地址,
         .hword PDC1                    ;按参考电压所在的扇区索引
         .hword PDC3
         .hword PDC2
         .hword PDC1
         .hword PDC3
         .end
```

第 4 章
交流异步电动机的 DSC 矢量控制

在第3章中我们介绍了交流异步电动机变频变压调速系统,由于它们采用了 U/F 恒定、转速开环的控制,基本上解决了异步电动机平滑调速的问题。但是,对于那些对动静态性能要求较高的应用系统来说,上述系统还不能满足使用要求。这使我们又想起了直流电动机的优良的动静态调速特性。能不能使交流电动机调速系统像直流电动机那样去控制呢?矢量控制方法给了我们一个肯定的答案。

矢量控制理论(Trans Vector Control)是由德国的 F. Blaschke 在 1971 年提出的。矢量控制法成功的实施后,使交流异步电动机变频调速后的机械特性以及动态性能都达到了与直流电动机调压时的调速性能不相上下的程度。从而使交流异步电动机变频调速在电动机的调速领域里占有越来越重要的地位。

4.1 交流异步电动机的矢量控制基本原理

任何电动机的电磁转矩都是由主磁场和电枢磁场相互作用而产生的。因此,为了弄清交流异步电动机的调速性能为什么不如直流电动机的原因,我们将交流异步电动机和直流电动机的磁场情况进行比较:
- 直流电动机的励磁电路和电枢电路是互相独立的;而交流异步电动机的励磁电流和负载电流都在定子电路内,无法将它们分开。
- 直流电动机的主磁场和电枢磁场在空间是互差 90°电角度;而交流异步电动机的主磁场与转子电流磁场间的夹角与功率因数有关。
- 直流电动机是通过独立地调节两个磁场中的一个来进行调速的;交流异步电动机则不能。

以上比较引发人们的思考:在交流异步电动机中,如果也能够对负载电流和励磁电流分别进行独立的控制,并使它们的磁场在空间位置上也能互差 90°电角度,那么,其调速性能就可以和直流电动机相媲美了。这一想法在相当长的时间内成为人们的追求目标,并最终通过矢量控制的方式得以实现。

1. 产生旋转磁场的 3 种方法

众所周知,任意多相绕组通以多相平衡的电流,都能产生旋转磁场。为了找出在三相交流异步电动机上模拟直流电动机控制转矩的规律,我们对下面 3 种旋转磁场进行分析。

(1) 三相旋转磁场

如图 4-1 所示是三相固定绕组 A、B、C。这三相绕组的特点是:三相绕组在空间上相差 $120°$,三相平衡的交流电流 i_A、i_B、i_C 在相位上相差 $120°$。

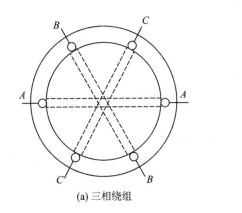
(a) 三相绕组

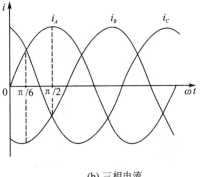
(b) 三相电流

图 4-1 三相绕组与三相交流电流

对三相绕组通入三相交流电后,其合成磁场如图 4-2 所示。由图可见,随着时间的变化,合成磁场的轴线也在旋转,电流交变一个周期,磁场也旋转一周。在合成磁场旋转的过程中,合成磁感应强度不变,所以称为圆磁场。

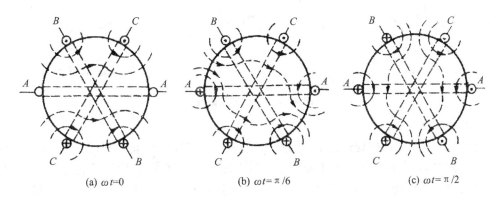

图 4-2 三相合成磁场

(2) 两相旋转磁场

如图 4-3 所示是两相固定绕组 α、β。这两相绕组在空间上相差 $90°$,两相平衡的交流电流 i_α、i_β 在相位上相差 $90°$。

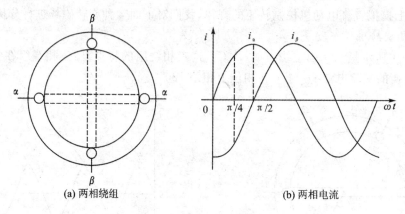

(a) 两相绕组　　　　　　　　(b) 两相电流

图 4-3　两相绕组与两相交流电流

对两相绕组通入两相电流后,其合成磁场如图 4-4 所示。由图可见,两相合成磁场也具有和三相旋转磁场完全相同的特点。

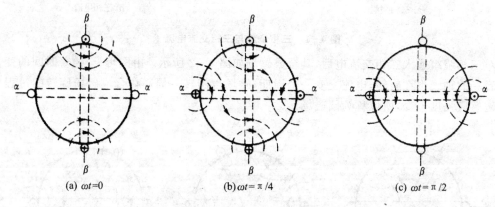

(a) $\omega t=0$　　　　(b) $\omega t=\pi/4$　　　　(c) $\omega t=\pi/2$

图 4-4　两相合成磁场

(3) 旋转体的旋转磁场

在如图 4-5(a) 所示的旋转体上,放置一个直流绕组 M,M 内通入直流电流,这样它将产生一个恒定磁场,这个恒定磁场是不旋转的。但当旋转体旋转时,恒定磁场也随之旋转,在空间形成了一个旋转磁场。由于是借助于机械运动而得到的,所以也称为机械旋转磁场。

如果在旋转体上放置两个互相垂直的直流绕组 M、T,则当给这两个绕组分别通入直流电流时,它们的合成磁场仍然是恒定磁场,如图 4-5(b) 所示。

同样,当旋转体旋转时,该合成磁场也随之旋转,我们称它为机械旋转直流合成磁场。而

第4章 交流异步电动机的 DSC 矢量控制

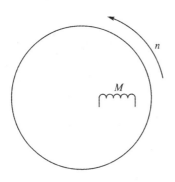
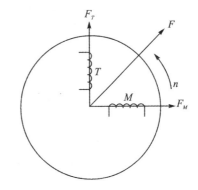

(a) 旋转体所形成的旋转磁场　　(b) 旋转体上两个直流绕组产生的磁场

图 4-5　机械旋转磁场

且,如果调节两路直流电流 i_M、i_T 中的任何一路时,直流合成磁场的磁感应强度也得到了调整。

如果用上述 3 种方法产生的旋转磁场完全相同(磁极对数相同,磁感应强度相同,转速相同)的话,则认为这时的三相磁场、两相磁场、旋转直流磁场系统是等效的。因此,这 3 种旋转磁场之间可以互相进行等效转换。

通常,把三相交流系统向两相交流系统的转换称为 Clarke 变换,或称 3/2 变换;两相系统向三相系统的转换称为 Clarke 逆变换,或称 2/3 变换;把两相交流系统向旋转的直流系统的转换称为 Park 变换,或称交/直变换;旋转的直流系统向两相交流系统的转换称为 Park 逆变换,或称直/交变换。

2. 矢量控制的基本思想

如上所述,一个三相交流的磁场系统和一个旋转体上的直流磁场系统,通过两相交流系统作为过渡,可以互相进行等效变换。所以,如果将用于控制交流调速的给定信号变换成类似于直流电动机磁场系统的控制信号,也就是说,假想由两个互相垂直的直流绕组同处于一个旋转体上,两个绕组中分别独立地通入由给定信号分解而得的励磁电流信号 i_M 和转矩电流信号 i_T,并把 i_M、i_T 作为基本控制信号,通过等效变换,可以得到与基本控制信号 i_M 和 i_T 等效的三相交流控制信号 i_A、i_B、i_C,用它们去控制逆变电路。同样,对于电动机在运行过程中系统的三相交流数据,又可以等效变换成两个互相垂直的直流信号,反馈到控制端,用来修正基本控制信号 i_M、i_T。

在进行控制时,可以和直流电动机一样,使其中一个磁场电流(例如 i_M)不变,而控制另一个磁场电流(例如 i_T)信号,从而获得和直流电动机类似的控制效果。

矢量控制的基本原理也可以用图 4-6 所示的框图来加以说明。给定信号分解成两个互相垂直而且独立的直流信号 i_M、i_T,然后通过直/交变换将 i_M、i_T 变换成两相交流信号 i_α、i_β,又经 2/3 变换,得到三相交流的控制信号 i_A、i_B、i_C,去控制逆变电路。

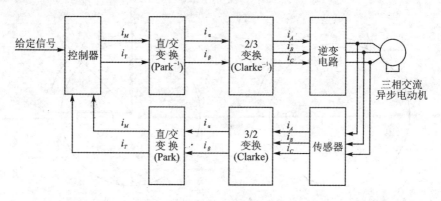

图 4-6 矢量控制原理框图

电流反馈信号经 3/2 变换和交/直变换,传送到控制端,对直流控制信号的转矩分量 i_T 进行修正,从而模拟出类似于直流电动机的工作状况。

4.2 矢量控制的坐标变换

感应电动机内的磁场是由定、转子三相绕组的磁势(或磁动势)产生的,根据电动机旋转磁场理论可知,向对称的三相绕组(所谓对称是指定、转子各绕组分别具有相同的匝数和分布电阻)中通以对称的三相正弦电流时,就会产生合成磁势,它是一个在空间以 ω 速度旋转的空间矢量。如果用磁势或电流空间矢量来描述前面所述的三相磁场、两相磁场和旋转直流磁场,并对它们进行坐标变换,就称为矢量坐标变换。

矢量坐标变换必须要遵循以下原则:
➢ 应遵循变换前后电流所产生的旋转磁场等效;
➢ 应遵循变换前后两个系统的电动机功率不变。

将原来坐标下的电压 u 和电流 i 变换为新坐标下的电压 u' 和电流 i',我们希望它们有相同的变换矩阵 C,因此有:

$$u = Cu' \tag{4-1}$$

$$i = Ci' \tag{4-2}$$

为了能实现逆变换,变换矩阵 C 必须存在逆阵 C^{-1},因此变换矩阵 C 必须是方阵,而且其行列式的值必须不等于 0。

因为 $u = Zi$,Z 是阻抗矩阵,所以:

$$u' = C^{-1}u = C^{-1}ZCi' = Z'i' \tag{4-3}$$

式中,Z' 是变换后的阻抗矩阵,它为:

$$Z' = C^{-1}ZC \tag{4-4}$$

为了满足功率不变的原则,在一个坐标下的电功率 $i^T u = u_1 i_1 + u_2 i_2 + \cdots + u_n i_n$ 应该等于另一个坐标下的电功率 $i^{T'} u' = u'_1 i'_1 + u'_2 i'_2 + \cdots + u'_n i'_n$,即:

$$i^T u = i^{T'} u' \tag{4-5}$$

而:

$$i^T u = (Ci')^T Cu' = i^{T'} C^T C u' \tag{4-6}$$

为了使式(4-5)与式(4-6)相同,必须有:

$$C^T C = 1 \quad \text{或} \quad C^T = C^{-1} \tag{4-7}$$

因此变换矩阵 C 应该是一个正交矩阵。

下面求变换矩阵 C。

4.2.1 Clarke 变换

Clarke 变换是将三相平面坐标系 ABC 向两相平面直角坐标系 $\alpha\beta$ 的转换。

1. 定子绕组的 Clarke 变换

图 4-7 是定子三相电动机绕组 A、B、C 的磁势矢量和两相电动机绕组 α、β 的磁势矢量的空间位置关系。其中选定 A 轴与 α 轴重合。

根据矢量坐标变换原则,两者的磁场应该完全等效,即合成磁势矢量分别在两个坐标系坐标轴上的投影应该相等。因此有:

$$\left. \begin{array}{l} N_2 i_\alpha = N_3 i_A + N_3 i_B \cos 120° + N_3 i_C \cos(-120°) \\ N_2 i_\beta = 0 + N_3 i_B \sin 120° + N_3 i_C \sin(-120°) \end{array} \right\} \tag{4-8}$$

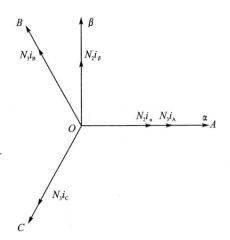

图 4-7 三相 ABC 绕组和两相 $\alpha\beta$ 绕组各相的磁势

也即:

$$\left. \begin{array}{l} i_\alpha = \dfrac{N_3}{N_2}\left(i_A - \dfrac{1}{2} i_B - \dfrac{1}{2} i_C\right) \\ i_\beta = \dfrac{N_3}{N_2}\left(0 + \dfrac{\sqrt{3}}{2} i_B - \dfrac{\sqrt{3}}{2} i_C\right) \end{array} \right\} \tag{4-9}$$

式中,N_2、N_3 分别表示三相电动机和两相电动机定子每相绕组的有效匝数。

式(4-9)用矩阵表示:

$$\begin{bmatrix} i_\alpha \\ i_\beta \end{bmatrix} = \frac{N_3}{N_2} \begin{bmatrix} 1 & -\dfrac{1}{2} & -\dfrac{1}{2} \\ 0 & \dfrac{\sqrt{3}}{2} & -\dfrac{\sqrt{3}}{2} \end{bmatrix} \begin{bmatrix} i_A \\ i_B \\ i_C \end{bmatrix} \tag{4-10}$$

转换矩阵 $\begin{bmatrix} 1 & -\dfrac{1}{2} & -\dfrac{1}{2} \\ 0 & \dfrac{\sqrt{3}}{2} & -\dfrac{\sqrt{3}}{2} \end{bmatrix}$ 不是方阵，因此不能求逆阵。所以需要引进一个独立于 I_α 和 i_β 的新变量 i_0，称它为零轴电流。零轴是同时垂直于 α 和 β 轴的轴，因此形成 α、β、0 轴坐标系。定义：

$$N_2 i_0 = KN_3 i_A + KN_3 i_B + KN_3 i_C$$

或：

$$i_0 = \frac{N_3}{N_2}(Ki_A + Ki_B + Ki_C) \tag{4-11}$$

式中 K 为待定系数。故式(4-10)改写成：

$$\begin{bmatrix} i_\alpha \\ i_\beta \\ i_0 \end{bmatrix} = \frac{N_3}{N_2} \begin{bmatrix} 1 & -\dfrac{1}{2} & -\dfrac{1}{2} \\ 0 & \dfrac{\sqrt{3}}{2} & -\dfrac{\sqrt{3}}{2} \\ K & K & K \end{bmatrix} \begin{bmatrix} i_A \\ i_B \\ i_C \end{bmatrix} \tag{4-12}$$

式中：

$$\boldsymbol{C}^{-1} = \frac{N_3}{N_2} \begin{bmatrix} 1 & -\dfrac{1}{2} & -\dfrac{1}{2} \\ 0 & \dfrac{\sqrt{3}}{2} & -\dfrac{\sqrt{3}}{2} \\ K & K & K \end{bmatrix} \tag{4-13}$$

因此：

$$\boldsymbol{C} = \frac{2N_2}{3N_3} \begin{bmatrix} 1 & 0 & \dfrac{1}{2K} \\ -\dfrac{1}{2} & \dfrac{\sqrt{3}}{2} & \dfrac{1}{2K} \\ -\dfrac{1}{2} & -\dfrac{\sqrt{3}}{2} & \dfrac{1}{2K} \end{bmatrix} \tag{4-14}$$

其转置矩阵为：

$$\boldsymbol{C}^{\mathrm{T}} = \frac{2N_2}{3N_3} \begin{bmatrix} 1 & -\dfrac{1}{2} & -\dfrac{1}{2} \\ 0 & \dfrac{\sqrt{3}}{2} & -\dfrac{\sqrt{3}}{2} \\ \dfrac{1}{2K} & \dfrac{1}{2K} & \dfrac{1}{2K} \end{bmatrix} \tag{4-15}$$

为了满足功率不变变换原则，有 $\boldsymbol{C}^{-1} = \boldsymbol{C}^{\mathrm{T}}$。因此，令式(4-13)与式(4-15)相等，可求得：

$$\left.\begin{array}{c} \dfrac{N_2}{N_3} = \sqrt{\dfrac{3}{2}} \\ K = \dfrac{1}{\sqrt{2}} \end{array}\right\} \quad (4-16)$$

将式(4-16)代入式(4-14)得：

$$\boldsymbol{C} = \sqrt{\dfrac{2}{3}} \begin{bmatrix} 1 & 0 & \dfrac{1}{\sqrt{2}} \\ -\dfrac{1}{2} & \dfrac{\sqrt{3}}{2} & \dfrac{1}{\sqrt{2}} \\ -\dfrac{1}{2} & -\dfrac{\sqrt{3}}{2} & \dfrac{1}{\sqrt{2}} \end{bmatrix} \quad (4-17)$$

因此，Clarke 变换(或 3/2 变换)式为：

$$\begin{bmatrix} i_\alpha \\ i_\beta \\ i_0 \end{bmatrix} = \sqrt{\dfrac{2}{3}} \begin{bmatrix} 1 & -\dfrac{1}{2} & -\dfrac{1}{2} \\ 0 & \dfrac{\sqrt{3}}{2} & -\dfrac{\sqrt{3}}{2} \\ \dfrac{1}{\sqrt{2}} & \dfrac{1}{\sqrt{2}} & \dfrac{1}{\sqrt{2}} \end{bmatrix} \begin{bmatrix} i_A \\ i_B \\ i_C \end{bmatrix} \quad (4-18)$$

Clarke 逆变换(或 2/3 变换)式为：

$$\begin{bmatrix} i_A \\ i_B \\ i_C \end{bmatrix} = \sqrt{\dfrac{2}{3}} \begin{bmatrix} 1 & 0 & \dfrac{1}{\sqrt{2}} \\ -\dfrac{1}{2} & \dfrac{\sqrt{3}}{2} & \dfrac{1}{\sqrt{2}} \\ -\dfrac{1}{2} & -\dfrac{\sqrt{3}}{2} & \dfrac{1}{\sqrt{2}} \end{bmatrix} \begin{bmatrix} i_\alpha \\ i_\beta \\ i_0 \end{bmatrix} \quad (4-19)$$

对于三相绕组不带零线的星形接法，有 $i_A + i_B + i_C = 0$，因此 $i_C = -i_A - i_B$，分别代入式(4-18)、式(4-19)得：

$$\begin{bmatrix} i_\alpha \\ i_\beta \end{bmatrix} = \begin{bmatrix} \sqrt{\dfrac{3}{2}} & 0 \\ \dfrac{\sqrt{2}}{2} & \sqrt{2} \end{bmatrix} \begin{bmatrix} i_A \\ i_B \end{bmatrix} \quad (4-20)$$

$$\begin{bmatrix} i_A \\ i_B \end{bmatrix} = \begin{bmatrix} \sqrt{\dfrac{2}{3}} & 0 \\ -\dfrac{1}{\sqrt{6}} & \dfrac{1}{\sqrt{2}} \end{bmatrix} \begin{bmatrix} i_\alpha \\ i_\beta \end{bmatrix} \quad (4-21)$$

2. 转子绕组的 Clarke 变换

图 4-8 是对称的三相转子绕组坐标系 abc 和两相转子绕组坐标系 dq 的位置关系。其中 d 轴（也称直轴）位于转子的轴线上，q 轴（也称交轴）超前 d 轴 $90°$。这里取 a 轴与 d 轴重合。

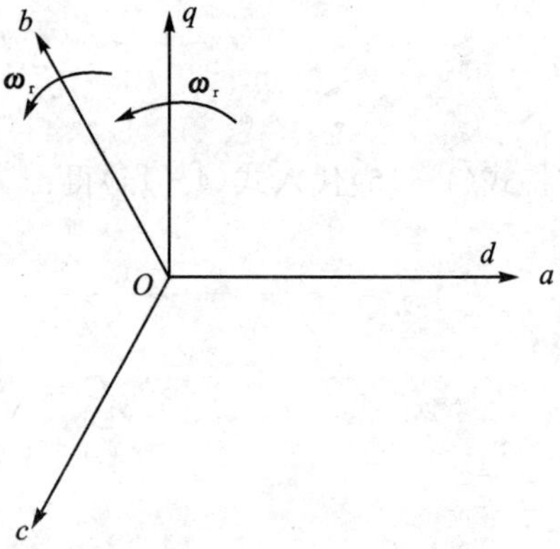

不管是绕线式转子还是鼠笼式转子，这些绕组都被看成是经频率和绕组归算后到定子侧的，即将转子绕组的频率、相数、每相有效匝数以及绕组系数都归算成和定子绕组一样。

当对转子绕组也遵循旋转磁场等效和电动机功率不变的原则时，可以证明，与定子绕组一样，转子三相绕组的 Clarke 变换矩阵与式(4-17)相同。

图 4-8 转子三相 abc 绕组和两组 dq 绕组位置关系

但是与定子绕组坐标系不同的是，不管是 a、b、c 转子绕组还是 d、q 转子绕组，都在以 ω_r 的速度随转子转动，也就是说，这些绕组相对于转子是不动的。

3. Clarke 变换子程序

以下是针对式(4-20)Clarke 的变换子程序。

程序清单 4-1　Clarke 的变换子程序

```
Clarke:   mov #ia,w0
          mov w0,ia
          mov ia,w4
          mov #5018,w5
          mpy w4*w5,A          ;√3/2 = 5018,Q12 格式
          btsc ACCAU,#0        ;判断正负
          goto iafu            ;负转移
          goto iazheng         ;正转移
iafu:     neg a
          sac a,#-4,w0
          neg w0,w0
          goto iaa
iazheng:  sac a,#-4,w0
iaa:      mov w0,ialfa         ;保存 ialfa,Q12 格式
          mov ib,w0
          sl w0,#1,w1          ;2iB
          mov ia,w4
          add w4,w1,w2         ;2iB + iA
```

```
          mov w2,w4
          mov #2896,w5
          mpy w4*w5,A              ;乘√2/2 = 2896,Q12 格式
          btsc ACCAU,#0
          goto ibfu
          goto ibzheng
ibfu:     neg a
          sac a,#-4,w0
          neg w0,w0
          goto ibb
ibzheng:  sac a,#-4,w0
ibb:      mov w0,ibeta             ;保存 ibeta,Q12 格式
          return
```

以下是针对式(4-21)Clarke 逆变换的子程序。

程序清单 4-2 Clarke 逆变换的子程序

```
I_Clarke: mov #ialfa,w0
          mov w0,ialfa
          mov ialfa,w4
          mov #3344,w5
          mpy w4*w5,A              ;乘√2/3 = 3344,Q12 格式
          btsc ACCAU,#0            ;判断正负
          goto iafu                ;负转移
          goto iazheng             ;正转移
iafu:     neg a
          sac a,#-4,w0
          neg w0,w0
          goto iaa
iazheng:  sac a,#-4,w0
iaa:      mov w0,ia                ;保存 $i_A$,Q12 格式
          mov ibeta,w4
          mov #7094,w5
          mpy w4*w5,A              ;乘√3 = 7094,Q12 格式
          btsc ACCAU,#0
          goto ibfu1
          goto ibzheng1
ibfu1:    neg a
          sac a,#-4,w0
          neg w0,w0
          goto ibb1
```

```
ibzheng1: sac a,#-4,w0
ibb1:    mov w0,ib            ;暂时保存 $i_B$,Q12 格式
         mov ialfa,w1
         sub w0,w1,w4         ;减 ialfa
         mov #1672,w5
         mpy w4*w5,A          ;乘 $1/\sqrt{6}=1672$,Q12 格式
         btsc ACCAU,#0
         goto ibfu2
         goto ibzheng2
ibfu2:   neg a
         sac a,#-4,w0
         neg w0,w0
         goto ibb2
ibzheng2: sac a,#-4,w0
ibb2:    mov w0,ib            ;保存 $i_B$,Q12 格式
         return
```

4.2.2 Park 变换

PARK 变换是将两相静止直角坐标系向两相旋转直角坐标系的转换。

1. 定子绕组的 Park 变换

图 4-9 是定子电流矢量 i_S 在 $\alpha\beta$ 坐标系与 MT 旋转坐标系的投影。图中，MT 坐标系是以定子电流角频率 ω_S 速度在旋转。i_S 与 M 轴的夹角为 θ_S，M 轴与 α 轴的夹角为 ϕ_S，因为 MT 坐标系是旋转的，因此 ϕ_S 随时间在变化，$\phi_S = \omega_S t + \phi_0$，$\phi_0$ 是初始角。

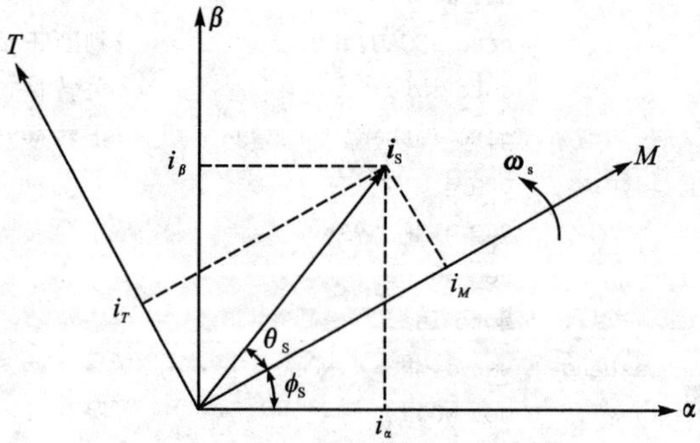

根据图 4-9,可以得到 i_α、i_β 与 i_M、i_T 的关系：

$$\left.\begin{array}{l} i_\alpha = i_M \cos\phi_S - i_T \sin\phi_S \\ i_\beta = i_M \sin\phi_S + i_T \cos\phi_S \end{array}\right\} \quad (4-22)$$

图 4-9 定子电流矢量在 $\alpha\beta$ 坐标系和 MT 坐标系上的投影

其矩阵关系式为：

$$\begin{bmatrix} i_\alpha \\ i_\beta \end{bmatrix} = \begin{bmatrix} \cos\phi_S & -\sin\phi_S \\ \sin\phi_S & \cos\phi_S \end{bmatrix} \begin{bmatrix} i_M \\ i_T \end{bmatrix} \quad (4-23)$$

式中，$\begin{bmatrix} \cos\phi_S & -\sin\phi_S \\ \sin\phi_S & \cos\phi_S \end{bmatrix} = \boldsymbol{C}$ 是两相旋转坐标系 MT 到两相静止坐标系 $\alpha\beta$ 的变换矩阵。很明显，这是一个正交矩阵，因此有 $\boldsymbol{C}^T = \boldsymbol{C}^{-1}$。因此，从两相静止坐标系 $\alpha\beta$ 到两相旋转坐标系

MT 的变换为

$$\begin{bmatrix} i_M \\ i_T \end{bmatrix} = \begin{bmatrix} \cos \phi_S & \sin \phi_S \\ -\sin \phi_S & \cos \phi_S \end{bmatrix} \begin{bmatrix} i_\alpha \\ i_\beta \end{bmatrix} \qquad (4-24)$$

式(4-24)、式(4-23)分别是定子绕组的 Park 变换和逆变换。

假如定子三相电流为：

$$\left. \begin{aligned} i_A &= \sqrt{2}I\cos(\omega_S t + \phi_1) \\ i_B &= \sqrt{2}I\cos(\omega_S t + \phi_1 + 120°) \\ i_C &= \sqrt{2}I\cos(\omega_S t + \phi_1 + 240°) \end{aligned} \right\} \qquad (4-25)$$

式中，I 是定子电流有效值；ϕ_1 是定子 A 相电流初始相位角。

根据式(4-18)进行变换得：

$$\left. \begin{aligned} i_\alpha &= \sqrt{3}I\cos(\omega_S t + \phi_1) \\ i_\beta &= \sqrt{3}I\sin(\omega_S t + \phi_1) \end{aligned} \right\} \qquad (4-26)$$

将 $\phi_S = \omega_S t + \phi_0$ 和式(4-26)代入式(4-24)进行变换得：

$$\left. \begin{aligned} i_M &= \sqrt{3}I\cos(\phi_1 - \phi_0) \\ i_T &= \sqrt{3}I\sin(\phi_1 - \phi_0) \end{aligned} \right\} \qquad (4-27)$$

由式(4-27)可见，i_M 和 i_T 都是直流量。因此，Park 变换也称交/直变换。其逆变换称为直/交变换。

2. 转子绕组的 Park 变换

转子三相旋转绕组 a、b、c 经 Clarke 变换到两相旋转绕组 d、q 后，再经 Park 变换到固定不动的两相绕组 α、β。图 4-10 是两个坐标系 dq 和 $\alpha\beta$ 上的电流分量之间的位置关系。其中两个坐标系的绕组完全相同，dq 坐标系以 $\boldsymbol{\omega}_r$ 速度旋转，它与 $\alpha\beta$ 坐标系的夹角 $\theta_r(\theta_r = \omega_r t)$ 随时间在变化。

根据矢量坐标变换原则，由图 4-10 可得：

$$\left. \begin{aligned} i_{\alpha r} &= i_d \cos \theta_r - i_q \sin \theta_r \\ i_{\beta r} &= i_d \sin \theta_r + i_q \cos \theta_r \end{aligned} \right\} \qquad (4-28)$$

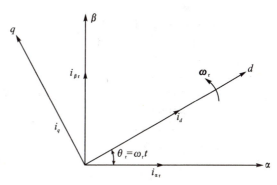

图 4-10 转子电流在 $\alpha\beta$ 坐标系和 dq 坐标系轴上的分量

其矩阵形式为：

$$\begin{bmatrix} i_{\alpha r} \\ i_{\beta r} \end{bmatrix} = \begin{bmatrix} \cos \theta_r & -\sin \theta_r \\ \sin \theta_r & \cos \theta_r \end{bmatrix} \begin{bmatrix} i_d \\ i_q \end{bmatrix} \qquad (4-29)$$

如果变换前转子电流的频率是转差频率,因此:

$$\left.\begin{array}{l} i_d = I_{rm}\sin(\omega_s - \omega_r)t \\ i_q = -I_{rm}\cos(\omega_s - \omega_r)t \end{array}\right\} \quad (4-30)$$

将其代入式(4-28)有:

$$\left.\begin{array}{l} i_{\alpha r} = i_d\cos\theta_r - i_q\sin\theta_r = I_{rm}\sin(\theta_r + (\omega_s - \omega_r)t) = I_{rm}\sin\omega_s t \\ i_{\beta r} = i_d\sin\theta_r + i_q\cos\theta_r = -I_{rm}\cos(\theta_r + (\omega_s - \omega_r)t) = -I_{rm}\cos\omega_s t \end{array}\right\} \quad (4-31)$$

式(4-31)说明了变换后转子电流的频率是定子频率。

3. Park 变换子程序

以下是针对式(4-24)Park 变换的子程序。

程序清单 4-3　Park 变换的子程序

```
Park:    mov ibeta,w4            ;Q12 格式
         mov sin_theta,w5        ;sin_theta,Q12 格式
         mpy w4*w5,A
         mov ialfa,w6            ;Q12 格式
         mov cos_theta,w7        ;cos_theta,Q12 格式
         mpy w6*w7,B
         add a                   ;ibeta*sin_theta+ialfa*cos_theta
         btsc ACCAU,#0           ;判断正负
         goto imfu               ;负转移
         goto imzheng            ;正转移
imfu:    neg a
         sac a,#-4,w0
         neg w0,w0
         goto imm
imzheng: sac a,#-4,w0
imm:     mov w0,im               ;保存 i_M,Q12 格式
         mov ialfa,w4
         mov sin_theta,w5
         mpy w4*w5,A
         neg a
         mov ibeta,w6
         mov cos_theta,w7
         mpy w6*w7,B
         add a                   ;-ialfa*sin_theta+ibeta*cos_theta
         btsc ACCAU,#0           ;判断正负
         goto itfu               ;负转移
         goto itzheng            ;正转移
itfu:    neg a
```

```
              sac a,#-4,w0
              neg w0,w0
              goto itt
itzheng: sac a,#-4,w0
itt:          mov w0,it              ;保存 iT,Q12 格式
              return
```

程序中的 sin_theta 和 cos_theta 可通过查表方式得到。

以下是针对式(4-23)Park 逆变换的子程序。

程序清单 4-4 Park 逆变换的子程序

```
I_Park: mov im,w4                ;Q12 格式
        mov sin_theta,w5         ;Q12 格式
        mpy w4*w5,A
        mov it,w4                ;Q12 格式
        mov cos_theta,w5         ;Q12 格式
        mpy w4*w5,B
        add a                    ;iT*cos_theta+iM*sin_theta
        btsc ACCAU,#0            ;判断正负
        goto ibfu                ;负转移
        goto ibzheng             ;正转移
ibfu:   neg a
        sac a,#-4,w0
        neg w0,w0
        goto ibl
ibzheng: sac a,#-4,w0
ibl:    mov w0,ibeta             ;保存 ibeta,Q12 格式
        mov it,w4
        mov sin_theta,w5
        mpy w4*w5,A
        neg a
        mov im,w4
        mov cos_theta,w5
        mpy w4*w5,B
        add a                    ;-iT*sin_theta+iM*cos_theta
        btsc ACCAU,#0            ;判断正负
        goto iafu                ;负转移
        goto iazheng             ;正转移
iafu:   neg a
        sac a,#-4,w0
```

```
            neg  w0,w0
            goto iaf
iazheng:    sac  a,#-4,w0
iaf:        mov  w0,ialfa              ;保存 ialfa,Q12 格式
            return
```

4.3 转子磁链位置的计算

正像交流异步电动机的"异步"定义的那样,它的转子机械转速并不等于转子磁链转速。这就是说不能通过位置传感器或速度传感器直接检测到交流异步电动机的转子磁链位置。转子磁链位置在交流异步电动机矢量控制中是一个非常重要的参数,没有它就无法进行 Park 变换和逆变换。因此必须寻找一种能够获得转子磁链位置的方法。以下我们来推导转子磁链位置的计算方法。

在 MT 坐标系中,电动机的电流模型满足下面两式:

$$i_M = \frac{L_r}{R_r}\frac{\mathrm{d}i_d}{\mathrm{d}t} + i_d \tag{4-32}$$

$$F_S = \frac{\mathrm{d}\theta/\mathrm{d}t}{\omega_n} = n + \frac{i_T}{\frac{L_r}{R_r}i_d\omega_n} \tag{4-33}$$

式中:θ 为转子磁链位置;L_r 为转子电感;R_r 为转子电阻;F_S 为转子磁链角频率与额定角频率之比;ω_n 为额定电角频率,$\omega_n = 2\pi50 \text{ rad/s} = 100\pi \text{ rad/s}$;$n$ 为转子实际转速与额定转速之比。

以上转子磁链位置计算公式是建立在能够精确地获得电动机转子时间常数的基础之上的。假设 $i_{T(K+1)} \approx i_{TK}$,对式(4-32)和式(4-33)进行离散化处理,并令 $\frac{\mathrm{d}i_d}{\mathrm{d}t} \approx \frac{i_{d(K+1)} - i_{dK}}{T}$,可得:

$$i_{d(K+1)} = i_{dK} + \frac{TR_r}{L_r}(i_{MK} - i_{dK}) \tag{4-34}$$

$$F_{S(K+1)} = n_{K+1} + \frac{R_r}{L_r\omega_n}\frac{i_{TK}}{i_{d(K+1)}} \tag{4-35}$$

式中,T 为采样周期。

令常数 $K_r = \frac{TR_r}{L_r}$,$K_t = \frac{R_r}{L_r\omega_n}$,则上面两式变为

$$i_{d(K+1)} = i_{dK} + K_r(i_{MK} - i_{dK}) \tag{4-36}$$

$$F_{S(K+1)} = n_{K+1} + K_t\frac{i_{TK}}{i_{d(K+1)}} \tag{4-37}$$

一旦通过上式计算出 $F_{S(K+1)}$,就可以用下式计算转子磁链位置:

第4章 交流异步电动机的 DSC 矢量控制

$$\theta_{K+1} = \theta_K + \omega_n F_{S(K+1)} T \tag{4-38}$$

式(4-38)中的第1项是转子磁链转角的累计量,第2项是采样周期 T 时间内转子磁链转角的增量。当采样周期 T 确定之后,$\omega_n T$ 就是一个常量。如果取 $T=100\ \mu s$,则:

$$\omega_n T = 2\pi \times 50\ \text{rad/s} \times 100\ \mu s = \frac{\pi}{100}\ \text{rad}$$

现在用一个16位数来表示转子磁链位置 θ。因为 θ 的变化范围是 $0 \sim 2\pi$,对应的16位数的变化范围是 $0 \sim 65536(2^{16})$。那么式(4-38)的转角增量也要用16位数表示。下面给出转角增量的16位数表示方法。

当在额定转速下(即 $F_S=1$)工作时,在每个采样周期 T 时间里,转子磁链都转过 $\pi/100$ 弧度。这样,要转过一转(2π)就需要:

$$\frac{2\pi}{\pi/100} = 200 \text{ 个采样周期}$$

定义一个常数 K,使:

$$K = \frac{65536}{200} = 327.68$$

用 K 作为转换系数,当工作在最高转速($F_S=1$)时,使转角转过 2π 所累计的16位最大值是65536。因此,式(4-38)改写成:

$$\theta_{K+1} = \theta_K + K F_{S(K+1)} \tag{4-39}$$

当定子电流在 MT 坐标系的分量 i_M 和 i_T 以及电动机的转速 n 已知时,就可以通过式(4-36)、式(4-37)和式(4-39)求出转子磁链的位置 θ。

4.4 交流异步电动机的 DSC 矢量控制

4.4.1 三相异步电动机的 DSC 控制系统

图4-11是三相异步电动机采用 DSC 全数字控制的结构图。

通过电流传感器测量逆变器输出的定子电流 i_A、i_B,经过 DSC 的 A/D 转换器转换成数字量,并利用式 $i_C = -(i_A + i_B)$ 计算出 i_C。通过 Clarke 变换和 Park 变换将电流 i_A、i_B、i_C 变换成旋转坐标系中的直流分量 i_M、i_T,i_M、i_T 作为电流环的负反馈量。

利用4倍频的1024线的增量式编码器测量电动机的机械转角位移,并将其转换成转速 n。转速 n 作为速度环的负反馈量。

由于异步电动机的转子机械转速与转子磁链转速不同步,所以用电流/磁链位置转换模块求出转子磁链位置,用于参与 Park 变换和逆变换的计算。当定子电流在 MT 坐标系的分量 i_M、i_T 以及电动机的转速 n 已知时,可求出转子磁链位置 θ。

给定转速 n_{ref} 与转速反馈量 n 的偏差经过速度 PI 调节器,其输出作为用于转矩控制的电流 T 轴参考分量 i_{Tref}。i_{Tref} 和 i_{Mref}(等于 0)与电流反馈量 i_T、i_M 的偏差经过电流 PI 调节器,分别输出 MT 旋转坐标系的相电压分量 V_{Mref} 和 V_{Tref}。V_{Mref} 和 V_{Tref} 再通过 Park 逆变换转换成 $\alpha\beta$ 直角坐标系的定子相电压矢量的分量 $V_{S\alpha ref}$ 和 $V_{S\beta ref}$。

当定子相电压矢量的分量 $V_{S\alpha ref}$、$V_{S\beta ref}$ 和其所在的扇区数已知时,就可以利用第 3 章所介绍的电压空间矢量 SVPWM 技术,产生 PWM 控制信号来控制逆变器。

以上操作可以全部采用软件来完成,从而实现三相异步电动机的全数字实时控制。

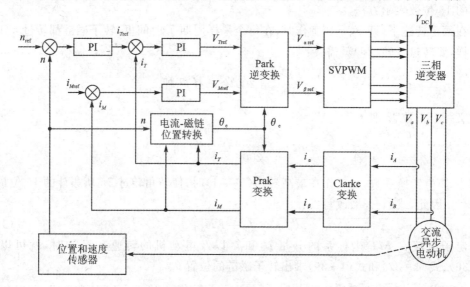

图 4-11 三相异步电动机磁场定向矢量控制系统结构图

4.4.2 三相异步电动机的 DSC 控制编程例子

根据图 4-11 所示的控制结构,设计一个用 dsPIC30F6010 来控制三相交流异步电动机矢量控制程序的例子。

主程序主要用于初始化,读者可以在其中自行添加自己的应用程序。

设计了 4 个中断子程序,其中 PWM 中断子程序是我们主要介绍的电动机实时矢量控制程序;另外 3 个中断子程序分别是 ADC 中断子程序,用于电流采样;故障中断子程序和错误中断子程序用于调试时对故障和错误的处理,这里只做简单报警处理,读者可根据自己的应用要求进行改编。

图 4-12 是这个例子的 PWM 中断子程序框图。其中启动采用开环的 SVPWM 控制。

在程序中,有关 Clarke 变换、Park 变换和逆变换、转子磁链位置计算的程序模块,可参考本章前面讲述的内容去理解;速度 PI 调节模块、电流 PI 调节模块可参考第 2 章相关内容;

第4章 交流异步电动机的 DSC 矢量控制

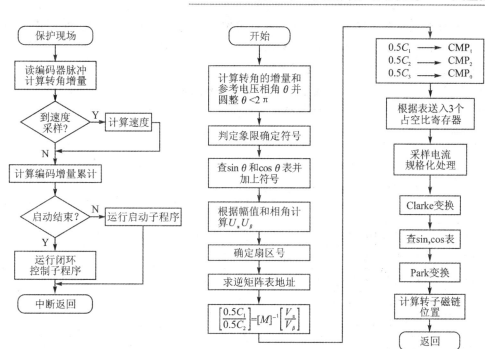

(a) PWM中断子程序　　　　(b) 启动子程序

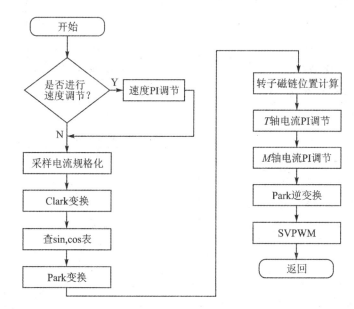

(c) 闭环控制子程序

图 4-12　PWM 中断子程序框图

SVPWM 程序模块可参考第 3 章相关内容;有关编码器脉冲生成速度模块、采样电流规格化处理模块、sin 和 cos 计算模块,可参考第 5 章相关内容去理解。

程序中各变量和常数的含义见表 4-1。

表 4-1 各变量和常数的含义

名称	含义	名称	含义
temp	临时变量	cmp_1	第 1 基本矢量,Q0 格式
set_f	频率调节比,Q16 格式	cmp_2	第 2 基本矢量,Q0 格式
f_omega	频率调节比—角频率转换率,Q5 格式	cmp_0	0 基本矢量/2,Q0 格式
omega	调制波角频率,Q5 格式	first_tog	存放第 1 次匹配的占空比寄存器地址
set_v	参考电压,Q14 格式	sec_tog	存放第 2 次匹配的占空比寄存器地址
max_v	最大参考电压幅值 $1/\sqrt{2}$,Q14 格式	t1_periods	PWM 定时器周期值,Q5 格式
t_sample	采样周期,Q24 格式	kcurrent	电流 i_{pu} Q12 的转换系数,Q8 格式
theta_h	参考电压相位角高字,Q12 格式	ki	电流积分系数,Q12 格式
theta_l	参考电压相位角低字,Q12 格式	kp	电流比例系数,Q12 格式
theta_r	相位角的圆整值,Q12 格式	kc	电流防积分饱和修正系数,Q12 格式
theta_m	相位查表值(0~90°),Q12 格式	kin	速度积分系数,Q12 格式
theta_i	相角查表索引,Q9 格式	kpn	速度比例系数,Q12 格式
ss	sin 符号,Q0 格式	kcn	速度防积分饱和修正系数,Q12 格式
sc	cos 符号,Q0 格式	vmax	电压最大极限 1.25PU,Q12 格式
sin_indx	sin 表索引(开环),Q0 格式	vmin	电压最小极限 1.25PU,Q12 格式
sin_theta	sin 值,Q14 格式	imax	相电流最大极限,Q12 格式
cos_theta	cos 值,Q14 格式	tmp	临时变量
ua	参考电压 D 轴分量 U_A,Q12 格式	ia	A 相电流 A/D 采样值
ub	参考电压 Q 轴分量 U_B,Q12 格式	ib	B 相电流 A/D 采样值
theta_s	θ-扇区数转换系数,Q15 格式	valf_ref	α 轴参考电压
sector	参考电压所在的扇区数,Q0 格式	vbet_ref	β 轴参考电压
theta_90	90°,Q12 格式	ia1	A 相电流 PU 值,Q12 格式
theta_180	180°,Q12 格式	ib1	B 相电流 PU 值,Q12 格式
theta_270	270°,Q12 格式	ic	C 相电流 PU 值,Q12 格式
theta_360	360°,Q12 格式	sin	sin 值,Q12 格式

续表 4-1

名称	含义	名称	含义
cos	cos 值,Q12 格式	p	SVPWM 扇区索引
teta_e	转子电角度(0~65535),Q0 格式	itrefmin	T 轴电流最小极限
teta_el	转子电角度(0~1000H),对应(0~360°),Q0 格式	itrefmax	T 轴电流最大极限
		index	sin 表索引(闭环)
ialfa	α 轴电流	upi	PI 调节器输出
ibeta	β 轴电流	elpi	PI 调节器极限偏差
imref	M 轴参考电流	encoderold	前一个采样周期时编码器脉冲数
itref	T 轴参考电流	encincr	编码器增量
im	M 轴电流	speedtmp	编码器脉冲增量累计量
it	T 轴电流	speedstep	速度采样周期减计数器
vmref	M 轴参考电压	kr	常数,见式(4-36)
vtref	T 轴参考电压	kt	常数,见式(4-37)
epit	T 轴电流调节偏差	k	转换常数,见式(4-39)
epim	M 轴电流调节偏差	idk	转子励磁电流,Q12 格式
xit	T 轴电流调节器积分累计量	fs	转子磁链角频率与额定角频率之比
xim	M 轴电流调节器积分累计量	tetaincr	Teta 转角增量
n	实际速度	tmp1	临时变量
n_ref	速度参考值	kspeed	将编码器脉冲转换为速度系数,Q20 格式
supi	标志,值为 1 表示从开环到闭环第 1 次速度调节时使用,以后速度调节每隔 step 个周期调节一次,所以该标志只用一次	qidong	启动时间(折算为 PWM 周期次数)
		dianya	标志,值为 1,启动时使用,以后为 0
epispeed	速度偏差	step	变量,值 25 表示隔 25 个 PWM 周期调节一次速度
xispeed	速度调节器积分累计量		

程序清单 4-5 三相交流异步电动机矢量控制程序

```
.equ __30F6010,1
.include  "C:\Program Files\Microchip\MPLAB ASM30 Suite\Support\inc\p30f6010.inc"
;--------------------以下定义复位矢量和中断矢量--------------------
.global __reset
.global __FLTAInterrupt          ;故障中断
```

```
        .global __DefaultInterrupt        ;错误中断
        .global __PWMInterrupt            ;PWM 中断
        .global __ADCInterrupt            ;ADC 中断
;------------------------------以下定义变量------------------------------
        .bss
        temp:           .space 2          ;临时变量
        set_f:          .space 2          ;频率调节比,Q16 格式(值为 0~1,对应 0~50 Hz)
        f_omega:        .space 2          ;频率调节比-角频率转换率,Q5 格式
        omega:          .space 2          ;调制波角频率,Q5 格式
        set_v:          .space 2          ;参考电压,Q14 格式
        max_v:          .space 2          ;最大参考电压幅值 $1/\sqrt{2}$,Q14 格式
        t_sample:       .space 2          ;采样周期,Q24 格式
        theta_h:        .space 2          ;参考电压相位角高字,Q12 格式
        theta_l:        .space 2          ;参考电压相位角低字,Q12 格式
        theta_r:        .space 2          ;相位角的圆整值,Q12 格式
        theta_m:        .space 2          ;相位查表值(0~90°),Q12 格式
        theta_i:        .space 2          ;相角查表索引,Q9 格式
        ss:             .space 2          ;sin 符号,Q0 格式
        sc:             .space 2          ;cos 符号,Q0 格式
        sin_indx:       .space 2          ;sin 表索引,Q0 格式
        sin_theta:      .space 2          ;sin$\theta$ 值,Q14 格式
        cos_theta:      .space 2          ;cos$\theta$ 值,Q14 格式
        ua:             .space 2          ;参考电压 D 轴分量 $U_A$,Q12 格式
        ub:             .space 2          ;参考电压 Q 轴分量 $U_B$,Q12 格式
        theta_s:        .space 2          ;$\theta$-扇区数转换系数,Q15 格式
        sector:         .space 2          ;参考电压所在的扇区数,Q0 格式
        theta_90:       .space 2          ;90°,Q12 格式
        theta_180:      .space 2          ;180°,Q12 格式
        theta_270:      .space 2          ;270°,Q12 格式
        theta_360:      .space 2          ;360°,Q12 格式
        cmp_1:          .space 2          ;第 1 基本矢量,Q0 格式
        cmp_2:          .space 2          ;第 2 基本矢量,Q0 格式
        cmp_0:          .space 2          ;0 基本矢量/2,Q0 格式
        first_tog:      .space 2          ;存放第 1 次匹配的占空比寄存器地址
        sec_tog:        .space 2          ;存放第 2 次匹配的占空比寄存器地址
        t1_periods:     .space 2          ;PWM 定时器周期值,Q5
        kcurrent:       .space 2          ;电流 $i_{PU}$Q12 的转化系数,Q8 格式
        ki:             .space 2          ;电流积分系数,Q12 格式
        kp:             .space 2          ;电流比例系数,Q12 格式
```

```
kc:         .space 2    ;电流防积分饱和修正系数,Q12 格式
kin:        .space 2    ;速度积分系数,Q12 格式
kpn:        .space 2    ;速度比例系数,Q12 格式
kcn:        .space 2    ;速度防积分饱和修正系数,Q12 格式
vmax:       .space 2    ;电压最大极限 1.25PU,Q12
vmin:       .space 2    ;电压最小极限 1.25PU,Q12
imax:       .space 2    ;相电压最大极限,Q12
tmp:        .space 2    ;临时变量
ia:         .space 2    ;A 相电流 A/D 采样值
ib:         .space 2    ;B 相电流 A/D 采样值
ia1:        .space 2    ;A 相电流 PU 值,Q12
ib1:        .space 2    ;B 相电流 PU 值,Q12
ic:         .space 2    ;C 相电流 PU 值,Q12
sin:        .space 2    ;sin 值 Q12
cos:        .space 2    ;cos 值 Q12
teta_e:     .space 2    ;转子电角度(0~65535)
teta_e1:    .space 2    ;转子电角度(0~1000H),对应(0~360°),Q12
ialfa:      .space 2    ;α 轴电流
ibeta:      .space 2    ;β 轴电流
valf_ref:   .space 2    ;α 轴参考电压
vbet_ref:   .space 2    ;β 轴参考电压
imref:      .space 2    ;M 轴参考电流
itref:      .space 2    ;T 轴参考电流
im:         .space 2    ;M 轴电流
it:         .space 2    ;T 轴电流
vmref:      .space 2    ;M 轴参考电压
vtref:      .space 2    ;T 轴参考电压
epit:       .space 2    ;T 轴电流调节偏差
epim:       .space 2    ;M 轴电流调节偏差
xit:        .space 2    ;T 轴电流调节器积分累计量
xim:        .space 2    ;M 轴电流调节器积分累计量
n:          .space 2    ;实际速度
n_ref:      .space 2    ;速度参考值
supi:       .space 2    ;标志参数
epispeed:   .space 2    ;速度偏差
xispeed:    .space 2    ;速度调节器积分累计量
p:          .space 2    ;SVPWM 扇区数
itrefmin:   .space 2    ;T 轴电流最小极限
itrefmax:   .space 2    ;T 轴电流最大极限
```

```
index:          .space 2         ;sin 表索引
upi:            .space 2         ;PI 调节器输出
elpi:           .space 2         ;PI 调节器极限偏差
encoderold:     .space 2         ;前一个采样周期时编码器脉冲数
encincr:        .space 2         ;编码器增量
speedtmp:       .space 2         ;编码器脉冲累计量
speedstep:      .space 2         ;速度采样周期减计数器
kr:             .space 2         ;常数
kt:             .space 2         ;常数
k:              .space 2         ;转换常数
idk:            .space 2         ;转子励磁电流,Q12
fs:             .space 2         ;转子磁链角频率与额定角频率之比
tetaincr:       .space 2         ;转角增量
tmp1:           .space 2         ;临时变量
kspeed:         .space 2         ;编码器脉冲转化系数,Q20 格式
qidong:         .space 2         ;开环启动时间(折算为 PWM 周期次数)
dianya:         .space 2         ;标志
step :          .space 2         ;变量
;----------------------以下是主程序----------------------------
.text
__reset:
    mov #__SP_init, w15          ;初始化堆栈指针
    mov #__SPLIM_init, w0        ;初始化堆栈指针限制寄存器
    mov w0, SPLIM
    nop                          ;在初始化 SPLIM 之后,加一条 NOP
    call _wreg_init              ;调用 _wreg_init 子程序
    bset CORCON, #0              ;使能 DSP 乘法运算器的整数模式
    bclr CORCON, #SATDW          ;不用数据空间写饱和
    mov #0x0300,w0
    mov w0,TRISE                 ;PWM 设置为输出口
    mov #0x03ff,w1
    mov w1,PORTE                 ;PWM 引脚变成 I/O 口输出高电平以保护 IPM
    mov #1678,w0
    mov w0,t_sample              ;采样周期 = 100 μs,变为 Q24 格式 = 1678 s
    mov #11776,w0
    mov w0,t1_periods            ;Q5 格式 368 * 32
    mov #11585,w0
    mov w0,max_v                 ;最大电压参考值 Q14
    mov #19661,w0
```

第4章　交流异步电动机的 DSC 矢量控制

```
        mov w0,set_f              ;频率调节比,Q16 格式
        mov #10053,w0
        mov w0,f_omega            ;频率调节比-角频率调节比转换系数,Q5 格式
        mov set_f,w4              ;频率调节比,Q16 格式
        mul.uu w4,w0,w2           ;将频率调节比转换成角频率 Q21 格式
        mov w3,omega              ;保存角频率 Q5 格式
        mov max_v,w0
        mul.uu w4,w0,w2           ;转换成参考电压 Q30 格式
        mov w3,set_v              ;保存参考电压幅值 Q14 格式
        mov #0,w0
        mov w0,theta_l            ;θ低字节,Q12 格式
        mov w0,theta_h            ;θ高字节,Q12 格式
        mov #tblpage(angles_),w0  ;初始化表页 TBLPAG
        mov w0,TBLPAG
        mov #tbloffset(angles_),w0 ;初始化 TBLPAG 和指针寄存器
        mov #3,w1                 ;循环 4 次,送入 4 个角度值
        mov #theta_90,w2
ww:
        tblrdl [w0++],[w2++]      ;每次传送完数据,w0 地址+2,w2 地址+2
        dec w1,w1                 ;递减 w1
        btss w1,#15               ;判断 w1 最高位是否为 1(如果为 1 则说明 w1 已经为负,
                                  ;已循环 4 次)
        bra ww                    ;不是 1 则跳转,是 1 则忽略此条语句
        mov #29335,w0
        mov w0,theta_i            ;相角查表索引,Q9 格式
        mov #31291,w0
        mov w0,theta_s            ;θ-扇区转换系数,Q15 格式
        mov #8,w0
        mov w0,ki                 ;赋值电流积分常数
        mov #82,w0
        mov w0,kp                 ;赋值电流比例常数
        mov #400,w0
        mov w0,kc                 ;赋值电流防积分饱和修正常数
        mov #82,w0
        mov w0,kin                ;赋值速度积分常数
        mov #8200,w0
        mov w0,kpn                ;赋值速度比例常数
        mov #41,w0
        mov w0,kcn                ;赋值速度防积分饱和修正常数
```

```
mov #-5120,w0
mov w0,vmin              ;赋值电压最小极限值,-1.25PU,Q12
mov #5120,w0
mov w0,vmax              ;赋值电压最大极限值,1.25PU,Q12
mov #5800,w0
mov w0,imax              ;赋值相电流最大极限值,Q12
mov w0,itrefmax          ;赋值T轴电流最大极限值,Q12
neg w0,w1
mov w1,itrefmin          ;赋值T轴电流最小极限值,Q12
mov #3732,w0
mov w0,kcurrent          ;赋值电流 $i_{PU}$ Q12 的转换系数,Q8
mov #42,w1
mov w1,kr                ;Q15
mov #165,w1
mov w1,kt                ;Q12
mov #328,w1
mov w1,k                 ;赋值转换系数,采样周期 100 $\mu s$,Q0
mov #0,w1                ;变量初始化 0
mov w1,idk
mov w1,fs
mov w1,tetaincr
mov w1,teta_e
mov w1,teta_e1
mov w1,itref
mov w1,imref
mov w1,index
mov w1,xim
mov w1,xit
mov w1,xispeed
mov w1,upi
mov w1,elpi
mov w1,encoderold
mov w1,n
mov w1,speedtmp
mov w1,tmp
mov w1,tmp1
mov #3000,w1
mov w1,n_ref             ;赋值速度参考值,PU Q12
mov #21,w0
```

```
mov w0,speedstep        ;赋值速度采样周期 21
mov #5480,w0
mov w0,kspeed           ;赋值编码器脉冲转化系数
mov #25,w0
mov w0,step             ;赋值速度调节时间
mov #1,w0
mov w0,supi
mov w0,dianya           ;赋值变量常数
mov #512,w2
mov w2,ia
mov w2,ib               ;A/D 采样电流初始化
mov #10000,w1
mov w1,qidong           ;赋值启动时间(转化为 PWM 周期数)
mov #0x0100,w0
mov w0,ADCON2           ;内部电压作为参考,两通道输入
mov #0x0001,w0;
mov w0,ADCON3           ;Tad 是 1 个 Tcy
mov #0x002c,w0
mov w0,ADCHS            ;选择 AN12,AN3 同时采样
clr ADPCFG              ;将所有 A/D 引脚设置为模拟模式
clr ADCSSL              ;不扫描
mov #0x806e,w0
mov W0,ADCON1           ;使能 A/D、PWM 触发和自动采样
mov #0x0001,w0
mov w0,SEVTCMP          ;将 A/D 设置为特殊寄存器启动
mov #0X0030,w1
mov w1,ADPCFG           ;配置 QEI 的引脚为数字输入
mov #0xffff,w0
mov w0,MAXCNT           ;最大值复位
mov #0,w0
mov w0,POSCNT           ;计数器清 0
mov #0x0700,w0
mov w0,QEICON           ;X4 模式,通过与 MAXCNT 匹配复位
mov #0,w0
mov w0,PDC1
mov w0,PDC2
mov w0,PDC3             ;赋值 0% 占空比,电压为 0
mov #0x0077,w0
mov w0,PWMCON1          ;互补模式,使能 #1、#2 和 #3 三对 PWM 输出
```

```
        bclr IFS2,#PWMIF          ;清除中断请求标志位
        bset IEC2,#PWMIE          ;允许 PWM 中断
        bclr IFS2,#FLTAIF         ;清除故障变化中断请求标志位
        bset IEC2,#FLTAIE         ;允许故障变化中断
        bclr IFS0,#ADIF
        bset IEC0,#ADIE           ;允许 A/D 中断
        mov #368,w1
        mov w1,PTPER              ;器件运行速度为 7.38 MIPS 时,PWM 周期为 20 kHz
        mov #0x000f,w0
        mov w0,DTCON1             ;器件运行速度为 7.38 MIPS 时,死区时间 2 μs
        mov #0x3f00,w0
        mov w0,OVDCON             ;#1、#2 和#3 三对 PWM 输出由 PWM 发生器控制
        mov #0,w0
        mov w0,DTCON2             ;不用死区 B
        mov w0,PWMCON2            ;允许占空比更新
        mov w0,FLTACON
        mov w0,FLTBCON            ;不用故障引脚
        mov #0x008f,w1
        mov w1,FLTACON            ;用故障引脚
        mov #0x8002,w0
        mov w0,PTCON              ;使能 PWM 时基,中心对齐模式
        bclr TRISD,#11            ;设置 RD11 输出驱动 PWM 缓冲器
        clr PORTD                 ;使能
done:
        bra done                  ;等待
        nop
;-----------------------以下是 PWM 中断子程序----------------------
__PWMInterrupt:
        push.d w0
        push.d w2
        push.d w4
        push.d w6                 ;保存工作寄存器
        mov POSCNT,w0             ;读编码脉冲
        mov w0,tmp
        mov encoderold,w1
        sub w0,w1,w2              ;减去前一个周期测的脉冲数
        btsc w2,#15
        goto yichu1               ;如果溢出转移
        mov w2,encincr            ;得到编码增量
```

```
        mov w0,encoderold              ;更新
        goto jisuansudu1
yichu1:
        mov ♯0xffff,w1
        add w1,w2,w3
        mov w3,encincr                 ;得到编码增量
        mov,w0,encoderold              ;更新
jisuansudu1:                           ;计算转速
        mov speedstep,w0               ;检测是否采样速度
        dec w0,w0
        mov w0,speedstep
        mov ♯0,w2
        cpseq w0,w2
        goto nocalc                    ;没到跳转
        mov speedtmp,w5                ;到采样时刻,计算编码器累计值
        mov kspeed,w4
        mpy w4*w5,A
        sftac a,♯-8
        sac a,w0
        mov w0,n                       ;相当于右移8位,Q12 的 PU 值
        mov ♯0,w0
        mov w0,speedtmp                ;清 0
        mov ♯21,w0
        mov w0,speedstep               ;重新赋初值21
nocalc:                                ;计算编码增量累计值
        mov speed
        tmp,w0
        mov encincr,w1
        add w0,w1,w2
        mov w2,speedtmp                ;保存编码器增量累积值
        mov qidong,w0
        mov ♯0,w2
        cpsne w2,w0                    ;检测启动时间是否结束
        goto gaibiansudu               ;启动结束,开始闭环运行
        dec w0,w0
        mov w0,qidong
        mov ♯0,w2
        cpsne w2,w0                    ;检测启动时间是否结束
        goto gaibiansudu               ;启动结束,开始闭环运行
```

```
;------------------------------------电机启动程序---------------------------
    mov omega,w0                    ;Q5
    mov t_sample,w4                 ;Q24
    mul.uu w4,w0,w2                 ;转角增量 Q13
    lac w2,A                        ;将 w2 装入累加器 A
    sftac a,#16                     ;右移 16 位,放入 ACCAL
    push ACCAL                      ;将 ACCAL 放入堆栈
    lac w3,A                        ;将转角增量高位装入 ACCAH
    clr ACCAU                       ;Q31 格式,清除 8 位最高标志位
    pop ACCAL                       ;将 ACCAL 弹出堆栈,此时 ACCA 中完全是转角增量的结果
    sftac a,#1                      ;右移 1 位
    mov theta_h,w0                  ;加初始角位置,先加高字节
    add w0,a
    mov theta_l,w1                  ;低字节送入累加器 B
    lac w1,b
    sftac b,#16                     ;右移 16 位
    clr ACCBH
    clr ACCBU                       ;防止 B 的高字节写入
    add a                           ;绝对位置
    sac a,w0
    mov w0,theta_h                  ;保存高位
    push ACCAH                      ;保存
    push ACCAL
    sftac a,#-16
    clr ACCAU
    sac a,w0
    mov w0,theta_l                  ;保存低位
    pop ACCAL
    pop ACCAH
    btss ACCAH,#15                  ;是否大于 0°
    goto chk_uplim                  ;大于则检查上限并转化为 0~360°
    mov theta_360,w0                ;小于则+2π,转化为 0~360°
    add w0,a
    sac a,w0
    mov w0,theta_h                  ;保存
    bra rnd_theta
chk_uplim:
    mov theta_360,w0                ;检测是否大于 360°
    lac w0,b
```

```
        sub a
        btsc ACCAH,#15           ;如果小于则跳到 rest_theta
        goto rest_theta
        sac a,w0                 ;大于则重新保存 theta_h
        mov w0,theta_h
        goto rnd_theta
rest_theta:
        add a                    ;恢复
rnd_theta:
        mov #1,w0
        lac w0,b
        sftac b,#1
        add a
        sac a,w0                 ;计算总角度,圆整并保留高字节(如果低字节最高位为1
                                 ;则进位,否则舍掉)
        mov w0,theta_r           ;存入 theta_r
        mov #1,w0
        mov w0,ss                ;正弦标志位
        mov w0,sc                ;余弦标志位
        mov theta_r,w0
        mov w0,theta_m           ;绝对角(小于 90°)
        mov theta_90,w2
        sub w2,w0,w6             ;与 90°比较
        btss w6,#15              ;小于 90°则跳转
        goto e_q
        mov #-1,w2
        mov w2,sc                ;大于 90°则修改 cos=-1
        mov theta_180,w2
        mov theta_r,w0
        sub w2,w0,w6
        mov w6,theta_m           ;计算绝对角并存入 theta_m
        btss w6,#15
        goto e_q                 ;小于 180°则跳转
        mov #-1,w2
        mov w2,ss                ;三象限则修改 sin=-1
        mov theta_r,w2
        mov theta_180,w0
        sub w2,w0,w6
        mov w6,theta_m           ;计算绝对角并存入 theta_m
```

```
        mov theta_270,w2
        mov theta_r,w0
        sub w2,w0,w6
        btss w6,#15
        goto e_q                            ;小于 270°则跳转
        mov #1,w2
        mov w2,sc                           ;修改 cos=1
        mov theta_360,w2
        mov theta_r,w0
        sub w2,w0,w6
        mov w6,theta_m                      ;四象限
e_q:
        mov theta_m,w0                      ;计算 sin 值,Q12
        mov theta_i,w4                      ;角度转换系数,Q9
        mul.UU w4,w0,w2
        lac w2,A
        sftac a,#16
        push ACCAL
        lac w3,A
        clr ACCAU
        pop ACCAL
        sftac a,#5                          ;转换成 Q0 格式
        sac a,w0
        mov w0,sin_indx                     ;存入 sin 值偏移地址
        mov #tblpage(sin_entry),w0          ;sin 表首地址
        mov w0,TBLPAG
        mov #tbloffset(sin_entry),w0
        mov sin_indx,w1
        sl w1,#1,w1                         ;保证最末位为 0(地址为双字节,单字节为高字)
        add w0,w1,w2
        tblrdl [w2],w5                      ;查表
        mov w5,sin_theta                    ;sin 值
        mov #180,w4
        add w0,w4,w2
        sub w2,w1,w6
        tblrdl [w6],w5                      ;sin 尾地址
        mov w5,cos_theta                    ;查表求得 cos 值
        mov ss,w4
        mov sin_theta,w5
```

```
mpy w4 * w5, A
sftac a, #-16
sac a, #0, w0
mov w0, sin_theta          ;sin 符号标志位与 sin 值相乘,得到带符号的 sin 值,Q14
mov sc, w4
mov cos_theta, w5
mpy w4 * w5, A
sftac a, #-16
sac a, #0, w0
mov w0, cos_theta          ;得到带符号的 cos 值 Q14
mov set_v, w4              ;计算 UA,UB
mov cos_theta, w5
mpy w4 * w5, A             ;Q28 格式
sac a, w0
mov w0, ua                 ;UA,Q12
mov sin_theta, w5
mpy w4 * w5, A             ;Q28
sac a, w0
mov w0, ub                 ;UB,Q12
mov theta_r, w0            ;Q12 格式,相位角圆整值
mov theta_s, w4            ;Q15 格式,扇区转换系数
mul.UU w4, w0, w2
lac w2, A
sftac a, #16
push ACCAL
lac w3, A                  ;Q27 格式
clr ACCAU
pop ACCAL
sftac a, #11               ;右移 11 位变成 Q0 格式,得到 0~5 的扇区数
sac a, w0
mov w0, sector
mov #tblpage(dec_ms), w0
mov w0, TBLPAG
mov #tbloffset(dec_ms), w0 ;逆矩阵数据首地址
mov sector, w1
sl w1, #3, w1
add w0, w1, w2
tblrdl [w2], w5            ;Q12,计算 UA*M(1,1)+UB*M(1,2)
mov ua, w4
```

```
        mpy w4 * w5, A
        add w2,#2,w2
        tblrdl [w2],w5                  ;Q12
        mov ub,w4
        mpy w4 * w5, B                  ;UB * M(1,2),Q26
        add a                           ;0.5 * C1,Q26
        btsc ACCAH,#15
        clr a                           ;否则为 0
cmp1big0:
        sac a,w0                        ;0.5 * C1,Q10 格式
        mov w0,temp                     ;Q10 格式
        mov t1_period,w4                ;Q5 格式
        mul.UU w4,w0,w6
        lac w6,A
        sftac a,#16
        push ACCAL
        lac w7,A
        clr ACCAU
        pop ACCAL
        sftac a,#-1
        sac.r a,w0
        mov w0,cmp_1                    ;0.5 * C1 * TP,Q0 格式
        add w2,#2,w2
        tblrdl [w2],w5                  ;计算 UA * M(2,1) + UB * M(2,2)
        mov ua,w4
        mpy w4 * w5, A                  ;UA * M(2,1),Q26
        add w2,#2,w2
        tblrdl [w2],w5
        mov ub,w4
        mpy w4 * w5, B                  ;UB * M(2,2),Q26
        add a                           ;0.5 * C2,Q26
        btsc ACCAH,#15                  ;大于 0 则继续
        clr a                           ;否则为 0
cmp2big0:
        sac a,w0                        ;0.5 * C2,Q10
        mov w0,temp                     ;Q10 格式
        mov t1_period,w4
        mul.UU w4,w0,w2                 ;Q15
        lac w2,A
```

```
        sftac a,#16
        push ACCAL
        lac w3,A
        clr ACCAU
        pop ACCAL
        sftac a,#-1
        sac.r a,w0
        mov w0,cmp_2              ;0.5*C2*TP,Q0 格式
        mov #368,w2               ;PWM 半周期值
        mov cmp_1,w0
        sub w2,w0,w6
        mov cmp_2,w1
        sub w6,w1,w2
        btsc w2,#15               ;大于 0 则继续
        clr w2                    ;否则为 0
cmp0big0:
        asr w2,#1,w0              ;右移一位,除 2
        mov w0,cmp_0              ;0.25*C0*TP
        mov #tblpage(first),w0
        mov w0,TBLPAG
        mov #tbloffset(first),w0  ;查表求得第一次写入的占空比寄存器地址
        mov sector,w1
        sl w1,#1,w1
        add w0,w1,w2              ;所匹配的表地址
        tblrdl [w2],w5            ;相对应的占空比寄存器地址
        mov w5,first_tog
        mov #368,w3
        mov cmp_0,w4
        sub w3,w4,w6
        sl w6,#1,w6
        mov w6,[w5]               ;写入计算所得的占空比数据
        mov #tblpage(second),w0   ;查表求得第二次写入的占空比寄存器地址
        mov w0,TBLPAG
        mov #tbloffset(second),w0
        mov sector,w1
        sl w1,#1,w1
        add w0,w1,w2              ;所匹配的表地址
        tblrdl [w2],w5            ;相对应的占空比寄存器地址
        mov w5,sec_tog
```

```
        mov cmp_0,w0
        mov cmp_1,w2
        add w0,w2,w3
        mov #368,w0
        sub w0,w3,w0
        sl w0,#1,w0
        mov w0,[w5]              ;写入计算所得的占空比数据
        mov #PDC3,w2             ;求得第3个占空比的地址
        mov first_tog,w4         ;第1次写入的占空比
        mov #PDC1,w5
        mov #PDC2,w1
        mov sec_tog,w3           ;第2次写入的占空比
        sub w2,w4,w6
        add w6,w1,w7
        sub w7,w3,w8
        add w8,w5,w9
        mov w9,w10
        mov w10,temp
        mov cmp_0,w0
        mov cmp_1,w1
        add w0,w1,w3
        mov cmp_2,w2
        add w3,w2,w4
        mov #368,w0
        sub w0,w4,w0
        sl w0,#1,w0
        mov w0,[w10]
;------------------------IA,IB,IC规格化处理----------------------
        mov ia,w0
        mov #0x3ff,w1
        and w0,w1,w2             ;屏蔽高位
        mov #512,w0
        sub w2,w0,w4             ;向下平移
        mov w4,tmp
        mov kcurrent,w5
        mpy w4*w5,A
        btsc ACCAU,#0            ;判断正负
        goto afu0                ;负转移
        goto azheng0             ;正则转移
```

第4章 交流异步电动机的 DSC 矢量控制

```
afu0：
    neg a
    sftac a,#-8
    sac a,w0
    neg w0,w0
    goto a10
azheng0：
    sftac a,#-8
    sac a,w0
a10：
    mov w0,ia1                    ;右移 8 位,A 相电流,Q12
    mov ib,w0
    mov #0x3ff,w1
    and w0,w1,w2
    mov #512,w0
    sub w2,w0,w4
    mov w4,tmp
    mov kcurrent,w5
    mpy w4*w5,A
    btsc ACCAU,#0
    goto bfu0
    goto bzheng0
bfu0：
    neg a
    Sftac a,#-8
    Sac a,w0
    neg w0,w0
    goto b10
bzheng0：
    Sftac a,#-8
    Sac a,w0
b10：
    mov w0,ib1                    ;右移 8 位,B 相电流,Q12
    mov ia1,w1
    add w1,w0,w2
    neg w2,w2
    mov w2,ic                     ;求出 C 相电流
;---------------------------Clarke 变换-------------------------------
    mov ia1,w4
```

```
        mov #5018,w5
        mpy w4*w5,A                  ;乘√3/2=5018,Q12
        btsc ACCAU,#0                ;判断正负
        goto iafu0                   ;负转移
        goto iazheng0                ;正转移
iafu0:
        neg a
        sac a,#-4,w0
        neg w0,w0
        goto iaa0
iazheng0:
        sac a,#-4,w0
iaa0:
        mov w0,ialfa                 ;保存 ialfa,Q12
        mov ib1,w0
        sl w0,#1,w1                  ;2*IB
        add w4,w1,w2                 ;2*IB+IA
        mov w2,tmp
        mov tmp,w4
        mov #2896,w5
        mpy w4*w5,A                  ;乘√2/2=2896,Q12
        btsc ACCAU,#0
        goto ibfu0
        goto ibzheng0
ibfu0:
        neg a
        sac a,#-4,w0
        neg w0,w0
        goto ibb0
ibzheng0:
        sac a,#-4,w0
ibb0:
        mov w0,ibeta                 ;保存 ibeta,Q12
;----------------------根据 TETA_E 查 sin,cos----------------------
        mov teta_e1,w0               ;范围为 0~1000H 对应 0~360°,Q0
        lsr w0,#4,w1                 ;右移 4 位,变为 0~255
        mov #0x0ff,w2
        and w1,w2,W3                 ;屏蔽高位
```

```
    mov w3,index
    mov #tblpage(sintab),w0
    mov w0,TBLPAG
    mov #tbloffset(sintab),w0      ;初始化 TBLPAG 和指针寄存器
    sl w3,#1,w3                    ;左移 1 位转换为字节地址偏移量
    add w0,w3,w2                   ;形成表地址
    tblrdl [w2],w5                 ;读表
    mov w5,sin                     ;保存 sin 值
    mov #64,w3
    mov index,w4
    add w3,w4,w1                   ;cos(TETA) = sin(TETA + 90)
    mov #0x0ff,w2
    and w1,w2,w3
    mov #tblpage(sintab),w0
    mov w0,TBLPAG
    mov #tbloffset(sintab),w0      ;初始化 TBLPAG 和指针寄存器
    sl w3,#1,w3                    ;左移 1 位转换为字节地址偏移量
    add w0,w3,w2                   ;形成表地址
    tblrdl [w2],w5                 ;读表
    mov w5,cos                     ;保存 cos 值
;------------------------- PARK 变换-------------------------
    mov ibeta,w4
    mov sin,w5                     ;Q12
    mpy w4*w5,A
    mov ialfa,w6
    mov cos,w7
    mpy w6*w7,B
    add a                          ;ibeta*sin + ialfa*cos
    btsc ACCAU,#0                  ;判断正负
    goto imfu0                     ;负转移
    goto imzheng0                  ;正转移
imfu0:
    neg a
    sac a,#-4,w0
    neg w0,w0
    goto imm0
imzheng0:
    sac a,#-4,w0
imm0:
```

```
    mov w0,im                       ;保存 IM,Q12
    mov ialfa,w4
    mov sin,w5
    mpy w4 * w5,A
    neg a
    mov ibeta,w6
    mov cos,w7
    mpy w6 * w7,B
    add a                           ;- iaeta * sin + iblfa * cos
    btsc ACCAU,#0                   ;判断正负
    goto itfu0                      ;负转移
    goto itzheng0                   ;正转移
itfu0:
    neg a
    sac a,#-4,w0
    neg w0,w0
    goto itt0
itzheng0:
    sac a,#-4,w0
itt0:
    mov w0,it                       ;保存 IT
    mov w0,xispeed                  ;作为速度 PI 调节的累计值
;------------------------转子磁链位置计算------------------------
    mov im,w0                       ;Q12
    mov idk,w1                      ;Q12
    sub w0,w1,w4
    mov w4,tmp
    mov kr,w5
    mpy w4 * w5,A
    btsc ACCAU,#0
    goto idfu0
    goto idzheng0
idfu0:
    neg a
    sac a,#-1,w0
    neg w0,w0
    goto idd0
idzheng0:
    sac a,#-1,w0
```

```
idd0:
    mov w0,tmp
    mov idk,w1
    add w0,w1,w2
    mov w2,idk                          ;idk = idk + kr * (im - idk)
    mov #0,w4
    cpseq w2,w4
    goto idknotzero0                    ;不等于 0 跳转
    mov #0,w4
    mov w4,tmp                          ;等于零 idk 取 0
    bra itpos0
idknotzero0:
    mov idk,w2
    mov w2,tmp1                         ;暂存 idk,Q12
    mov it,w6
    btsc w6,#15
    neg w6,w6
    mov w6,tmp                          ;取绝对值,暂存 IT
    mov w6,ACCAL
    sftac a,#-2
    mov ACCAH,w7
    mov ACCAL,w6
    mov tmp1,w4                         ;左移 2 位,Q14
    repeat #17
    div.sd w6,w4
    mov w0,tmp                          ;除法,tmp = it/idk,Q2 格式
    mov it,w1
    btss w1,#15                         ;根据 IT 正负调整商的符号
    goto itpos0                         ;大于 0 跳转
    neg w0,w1                           ;否则求补
    mov w1,tmp
itpos0:
    mov tmp,w4
    mov kt,w5
    mpy w4*w5,A                         ;tmp * kt,Q14
    sftac a,#-14                        ;左移 14,Q28
    sac a,w0
    mov w0,tmp                          ;Q12
    mov n,w1                            ;Q12
```

```
    add w0,w1,w2
    lac w2,a
    sac a,♯1,w2                     ;两对磁极除以 2
    mov w2,fs
    mov w2,tmp
    mov tmp,w4
    mov k,w5                        ;Q0
    mpy w4*w5,A                     ;计算 teta-e = teta-e+k*fs = teta-e + tetaincr
                                    ;(0~65535)
    btsc ACCAU,♯0
    goto tfu0
    goto tzheng0
tfu0:
    neg a
    sac a,♯-4,w0
    neg w0,w0
    goto t0
tzheng0:
    sac a,♯-4,w0
t0:
    mov w0,tetaincr                 ;Q0
    mov fs,w2
    btsc w2,♯15                     ;根据 fs 的正负调整
    goto fs_neg0                    ;为负则跳转
    mov teta_e,w0
    mov tetaincr,w2
    add w0,w2,w5
    mov w5,teta_e
    bra fs_pos0
fs_neg0:
    mov teta_e,w0
    mov tetaincr,w1
    sub w0,w1,w2
    mov w2,teta_e
fs_pos0:
    mov teta_e,w0
    lsr w0,♯4,w0                    ;右移 4 位,变成 0~4096 格式
    mov w0, teta_e1                 ;保存 teta_e1
    goto wancheng
```

;----------------------电机双闭环控制程序----------------------
gaibiansudu:
    mov supi,w0
    mov #0,w2
    cpsne w2,w0   ;是否进行第一次速度调节
    goto speed   ;是跳转
    mov supi,w0
    dec w0,w0
    mov w0,supi
    mov #0,w2
    cpsne w2,w0   ;是否进行速度调节
    goto sutiao   ;速度调节
speed:
    mov step,w0
    dec w0,w0
    mov w0,step
    mov #0,w2
    cpseq w0,w2   ;是否到速度调节时刻
    goto ipuQ12   ;不速度调节
    mov #25,w0
    mov w0,step   ;重新给初值
;----------------------转速 PI 调节,输出 ITREF----------------------
sutiao:
    mov n_ref,w0   ;转速给定值
    mov n,w1
    sub w0,w1,w2
    mov w2,epispeed   ;转速偏差
    mov xispeed,w0
    lac w0,b
    sftac b,#4
    mov epispeed,w4
    mov kpn,w5
    mpy w4*w5,A   ;乘比例系数
    add a   ;累加
    btsc ACCAU,#0
    goto nfu
    goto nzheng
nfu:
    neg a

```
        sac a,#-4,w0
        neg w0,w0
        goto nt
nzheng:
        sac a,#-4,w0
nt:
        mov w0,upi
        btss w0,#15              ;检测调节器输出的正负
        goto upimagzeros         ;正跳转
        mov itrefmin,w1          ;负检查下限
        sub w1,w0,w2
        btss w2,#15
        goto neg_sat             ;超过下限跳转
        mov upi,w0               ;否则正常调节
        bra limiters
neg_sat:
        mov itrefmin,w0          ;等于下限
        bra limiters
upimagzeros:
        mov itrefmax,w1          ;检测是否超上限
        mov upi,w0
        sub w1,w0,w2
        btsc w2,#15
        goto pos_sat             ;超过下限跳转
        mov upi,w0               ;否则正常调节
        bra limiters
pos_sat:
        mov itrefmax,w0          ;令等于下限
limiters:
        mov upi,w1
        mov w0,itref             ;输出 itref
        sub w0,w1,w4
        mov w4,elpi              ;求极限偏差
        mov kcn,w5               ;积分修正系数,Q12
        mpy w4*w5,A
        mov epispeed,w6
        mov kin,w7               ;积分系数,Q12
        mpy w6*w7,B
        add a
```

```
        mov xispeed,w0
        lac w0,b
        sftac b,#4
        add a
        btsc ACCAU,#0
        goto nzfu
        goto nzzheng
nzfu:
        neg a
        sac a,#-4,w0
        neg w0,w0
        goto nz
nzzheng:
        sac a,#-4,w0
nz:
        mov w0,xispeed                    ;更新调节器积分累计量
;------------------------IA,IB,IC 规格化处理------------------------
ipuQ12:
        mov ia,w0
        mov #0x3ff,w1
        and w0,w1,w2                      ;屏蔽高位
        mov #512,w0
        sub w2,w0,w4                      ;向下平移,产生负电流值
        mov w4,tmp
        mov kcurrent,w5                   ;转换系数,Q8
        mpy w4*w5,A
        btsc ACCAU,#0
        goto afu
        goto azheng
afu:
        neg a
        sftac a,#-8
        sac a,w0
        neg w0,w0
        goto a1
azheng:
        sftac a,#-8
        sac a,w0
a1:
```

```
        mov w0,ia1                    ;A 相电流,Q12
        mov ib,w0
        mov #0x3ff,w1
        and w0,w1,w2
        mov #512,w0
        sub w2,w0,w4
        mov w4,tmp
        mov kcurrent,w5
        mpy w4*w5,A
        btsc ACCAU,#0
        goto bfu
        goto bzheng
bfu:
        neg a
        sftac a,#-8
        sac a,w0
        neg w0,w0
        goto b1
bzheng:
        sftac a,#-8
        sac a,w0
b1:
        mov w0,ib1                    ;B 相电流,Q12
        mov ia1,w1
        add w1,w0,w2
        neg w2,w2
        mov w2,ic                     ;求出 C 相电流
;------------------------------Clarke 变换------------------------------
        mov ia1,w4
        mov #5018,w5
        mpy w4*w5,A                   ;乘$\sqrt{3}/2 = 5018$,Q12
        btsc ACCAU,#0
        goto iafu
        goto iazheng
iafu:
        neg a
        sac a,#-4,w0
        neg w0,w0
```

第4章 交流异步电动机的 DSC 矢量控制

```
        goto iaa
iazheng:
        sac a,#-4,w0
iaa:
        mov w0,ialfa            ;保存 ialfa
        mov ib1,w0
        sl w0,#1,w1             ;2 * IB
        add w4,w1,w2            ;2 * IB + IA
        mov w2,tmp
        mov tmp,w4
        mov #2896,w5
        mpy w4 * w5,A           ;乘√2/2 = 2896,Q12
        btsc ACCAU,#0
        goto ibfu
        goto ibzheng
ibfu:
        neg a
        sac a,#-4,w0
        neg w0,w0
        goto ibb
ibzheng:
        sac a,#-4,w0
ibb:
        mov w0,ibeta            ;保存 ibeta
;------------------------根据 TETA_E 查 sin,cos 表------------------------
        mov teta_e1,w0          ;范围为 0~1000H 对应 0~360°,Q0
        lsr w0,#4,w1            ;右移 4 位,变为 0~255
        mov #0x0ff,w2
        and w1,w2,w3            ;屏蔽高位
        mov w3,index
        mov #tblpage(sintab),w0
        mov w0,TBLPAG
        mov #tbloffset(sintab),w0   ;初始化 TBLPAG 和指针寄存器
        sl W3,#1,w3             ;左移 1 位转换为字节地址偏移量
        add w0,w3,w2            ;形成表地址
        TBLRDl [w2],w5          ;读表
        mov w5,sin              ;保存 sin 值
        mov #64,w3
```

```
    mov index,w4
    add w3,w4,w1                    ;cos(TETA) = sin(TETA + 90°)
    mov #0x0ff,w2
    and w1,w2,w3
    mov #tblpage(sintab),w0
    mov w0,TBLPAG
    mov #tbloffset(sintab),w0       ;初始化 TBLPAG 和指针寄存器
    sl w3,#1,w3                     ;左移 1 位转换为字节地址偏移量
    add w0,w3,w2                    ;形成表地址
    tblrdl [w2],w5                  ;读表
    mov w5,cos                      ;保存 cos 值
;------------------------------ Park 变换 ------------------------------
    mov ibeta,w4
    mov sin,w5
    mpy w4 * w5,A
    mov ialfa,w6
    mov cos,w7
    mpy w6 * w7, B
    add a                           ;ibeta * sin + ialfa * cos
    btsc ACCAU,#0
    goto imfu
    goto imzheng
imfu:
    neg a
    sac a,#-4,w0
    neg w0,w0
    goto imm
imzheng:
    sac a,#-4,w0
imm:
    mov w0,im                       ;保存 IM,Q12
    mov ialfa,w4
    mov sin,w5
    mpy w4 * w5,A
    neg a
    mov ibeta,w6
    mov cos,w7
    mpy w6 * w7, B
    add a                           ;- iaeta * sin + iblfa * cos
```

```
    btsc ACCAU,#0
    goto itfu
    goto itzheng
itfu:
    neg a
    sac a,#-4,w0
    neg w0,w0
    goto itt
itzheng:
    sac a,#-4,w0
itt:
    mov w0,it                              ;保存 IT,Q12
;---------------------第一次电流调节时需要的 PARK 变换--------------------
    mov dianya,w0
    mov #0,w2
    cpsne w2,w0                            ;是否进行变换
    goto tiaoguo                           ;不进行跳过
    mov dianya,w0
    dec w0,w0
    mov w0,dianya
    mov #0,w2
    cpsne w2,w0                            ;是否进行变换
    goto uu                                ;进行跳转
    goto tiaoguo                           ;不进行跳过
uu:
    mov ub,w4
    mov sin,w5
    mpy w4*w5,A
    mov ua,w6
    mov cos,w7
    mpy w6*w7,B
    add a                                  ;ub*sin+ua*cos
    btsc ACCAU,#0
    goto ximchufu
    goto ximchuzheng
ximchufu:
    neg a
    sac a,#-4,w0
    neg w0,w0
```

```
        goto ximchu
ximchuzheng:
        sac a,#-4,w0
ximchu:
        mov w0,xim                      ;保存作为 M 轴电流 PI 调节第一次累计值,Q12
        mov ua,w4
        mov sin,w5
        mpy w4*w5,A
        neg a
        mov ub,w6
        mov cos,w7
        mpy w6*w7,B
        add a                           ;-ua*sin+ub*cos
        btsc ACCAU,#0
        goto xitchufu
        goto xitchuzheng
xitchufu:
        neg a
        sac a,#-4,w0
        neg w0,w0
        goto xitchu
xitchuzheng:
        sac a,#-4,w0
xitchu:
        mov w0,xit                      ;保存作为 T 轴电流 PI 调节第一次累计值,Q12
;---------------------- 转子磁链位置计算 ----------------------
tiaoguo:
        mov im,w0                       ;Q12
        mov idk,w1                      ;Q12
        sub w0,w1,w4
        mov w4,tmp
        mov kr,w5
        mpy w4*w5,A
        btsc ACCAU,#0
        goto idfu
        goto idzheng
idfu:
        neg a
        sac a,#-1,w0
```

第4章 交流异步电动机的 DSC 矢量控制

```
        neg w0,w0
        goto idd
idzheng:
        sac a,#-1,w0
idd:
        mov w0,tmp
        mov idk,w1
        add w0,w1,w2
        mov w2,idk              ;idk = idk + kr*(im - idk)
        mov #0,w4
        cpseq w2,w4
        goto idknotzero         ;不等于 0 跳转
        mov #0,w4
        mov w4,tmp              ;等于 0 idk 取 0
        bra itpos
idknotzero:
        mov idk,w2
        mov w2,tmp1             ;暂存 idk,Q12
        mov it,w6
        btsc w6,#15
        neg w6,w6
        mov w6,tmp              ;取绝对值,暂存 IT
        mov w6,ACCAL
        sftac a,#-2
        mov ACCAH,w7
        mov ACCAL,w6
        mov tmp1,w4             ;左移 2 位,Q14
        repeat #17
        div.sd w6,w4
        mov w0,tmp              ;除法,tmp = it/idk,Q2 格式
        mov it,w1
        btss w1,#15
        goto itpos              ;根据 IT 正负调整商的符号
        neg w0,w1               ;大于 0 跳转
        mov w1,tmp              ;否则求补
itpos:
        mov tmp,w4
        mov kt,w5
        mpy w4*w5,A             ;tmp*kt,Q14
```

```
        sftac a,#-14              ;左移动 14 位,Q28
        mov w0,tmp                ;Q12
        mov n,w1                  ;Q12
        add w0,w1,w2
        lac w2,a
        sac a,#1,w2               ;两对磁极除以 2
        mov w2,fs                 ;Q12
        mov w2,tmp
        mov tmp,w4
        mov k,w5                  ;Q0
        mpy w4*w5,A               ;计算 teta-e = teta-e+k*fs = teta-e + tetaincr
                                  ;(0~65535)
        btsc ACCAU,#0
        goto tfu
        goto tzheng
tfu:
        neg a
        sac a,#-4,w0
        neg w0,w0
        goto t
tzheng:
        sac a,#-4,w0
t:
        mov w0,tetaincr           ;Q0 格式
        mov fs,w2
        btsc w2,#15               ;根据 fs 的正负调整
        goto fs_neg               ;为负则跳转
        mov teta_e,w0
        mov tetaincr,w2
        add w0,w2,w5
        mov w5,teta_e
        bra fs_pos
fs_neg:
        mov teta_e,w0
        mov tetaincr,w1
        sub w0,w1,w2
        mov w2,teta_e
fs_pos:
        mov teta_e,w0
```

```
    lsr w0,#4,w0                  ;右移 4 位,变成(0~4096)格式
    mov w0,teta_e1                ;保存 teta_e1
;---------------------------T 轴电流 PI 调节,输出 vtref------------------
    mov itref,w0
    mov it,w1
    sub w0,w1,w2
    mov w2,epit                   ;T 轴电流偏差
    mov xit,w0                    ;电流调节器积分累积量
    lac w0,b
    sftac b,#4
    mov epit,w5
    mov kp,w4                     ;比例系数
    mpy w4 * w5,A
    add a
    btsc ACCAU,#0
    goto uptfu
    goto uptzheng
uptfu:
    neg a
    sac a,#-4,w0
    neg w0,w0
    goto utt
uptzheng:
    sac a,#-4,w0
utt:
    mov w0,upi
    btss w0,#15                   ;检测调节器输出正负
    goto upimagzerot              ;如果正跳转
    mov vmin,w1                   ;为负,检测是否超过电压下限
    sub w1,w0,w2
    btss w2,#15
    goto neg_satt                 ;超过下限跳转
    mov upi,w0                    ;否则正常调节
    bra limitert
neg_satt:
    mov vmin,w0                   ;令等于下限值
    bra limitert
upimagzerot:
    mov vmax,w1                   ;为正,检测是否超过电压上限
```

```
        mov upi,w0
        sub w1,w0,w2
        btsc w2,#15
        goto pos_satt                   ;超过跳转
        mov upi,w0                      ;否则正常调节
        bra limitert
pos_satt:
        mov vmax,w0                     ;给上限值
        bra limitert
limitert:
        mov upi,w1
        mov w0,vtref                    ;输出 vtref
        sub w0,w1,w4
        mov w4,elpi
        mov kc,w5                       ;积分修正系数,Q12
        mpy w4*w5,A
        mov epit,w6
        mov ki,w7                       ;积分系数,Q12
        mpy w6*w7,B
        add a
        mov xit,w0
        lac w0,b
        sftac b,#4
        add a
        btsc ACCAU,#0
        goto xitfu
        goto xitzheng
xitfu:
        neg a
        sac a,#-4,w0
        neg w0,w0
        goto xt
xitzheng:
        sac a,#-4,w0
xt:
        mov w0,xit                      ;更新调节器积分累积量
;---------------------- M 轴电流 PI 调节,输出 vmref -------------------
        mov imref,w0
        mov im,w1
```

```
        sub w0,w1,w2
        mov w2,epim              ;M 轴电流偏差
        mov xim,w0               ;电流积分累积量
        lac w0,b
        sftac b,#4
        mov epim,w5
        mov kp,w4                ;比例系数,Q12
        mpy w4*w5,A
        add a
        btsc ACCAU,#0
        goto upmfu
        goto upmzheng
upmfu:
        neg a
        sac a,#-4,w0
        neg w0,w0
        goto um
upmzheng:
        sac a,#-4,w0
um:
        mov w0,upi
        btss w0,#15              ;检测调节器输出正负
        goto upimagzerom         ;如果正跳转
        mov vmin,w1              ;为负,检查是否超过下限
        sub w1,w0,w2
        btss w2,#15
        goto neg_satm            ;超过跳转
        mov upi,w0               ;否则正常调节
        bra limiterm
neg_satm:
        mov vmin,w0              ;等于下限
        bra limiterm
upimagzerom:
        mov vmax,w1              ;检测是否超过上限
        mov upi,w0
        sub w1,w0,w2
        btsc w2,#15
        goto pos_satm            ;超过跳转
        mov upi,w0               ;否则正常调节
```

```
        bra limiterm
pos_satm:
        mov vmax,w0                    ;令等于上限
limiterm:
        mov upi,w1
        mov w0,vmref                   ;输出 vmref
        sub w0,w1,w4
        mov w4,elpi
        mov kc,w5                      ;积分修正系数,Q12
        mpy w4 * w5,A
        mov epim,w6
        mov ki,w7                      ;积分系数,Q12
        mpy w6 * w7,B
        add a
        mov xim,w0
        lac w0,b
        sftac b,#4
        add a
        btsc ACCAU,#0
        goto ximfu
        goto ximzheng
ximfu:
        neg a
        sac a,#-4,w0
        neg w0,w0
        goto xi
ximzheng:
        sac a,#-4,w0
xi:
        mov w0,xim                     ;更新调节器积分累积值
;---------------------- Park 反变换 ----------------------
        mov vmref,w4
        mov sin,w5
        mpy w4 * w5,a
        mov vtref,w4
        mov cos,w5
        mpy w4 * w5,b
        add a                          ;vmref * sin + vtref * cos
        btsc ACCAU,#0
```

```
        goto vbfu
        goto vbzheng
vbfu:
        neg a
        sac a,#-4,w0
        neg w0,w0
        goto val
vbzheng:
        sac a,#-4,w0
val:
        mov w0,vbet_ref              ;保存 vbet_ref,Q12
        mov vtref,w4
        mov sin,w5
        mpy w4*w5,a
        neg a
        mov vmref,w4
        mov cos,w5
        mpy w4*w5,b
        add a                        ;vtref*sin-vmref*cos
        btsc ACCAU,#0
        goto vafu
        goto vazheng
vafu:
        neg a
        sac a,#-4,w0
        neg w0,w0
        goto vaf
vazheng:
        sac a,#-4,w0
vaf:
        mov w0,valf_ref              ;保存 valf_ref,Q12
;--------------------------------- SVPWM ---------------------------------
;-------------------------------计算扇区数-------------------------------
        mov #0,w0
        mov w0,p
        mov vbet_ref,w1
        btsc w1,#15
        goto b0_neg
        mov #0,w2
```

```
        cpsne w2,w1
        goto b0_neg                    ;b0 小于等于 0 跳转
        mov #1,w1
        mov w1,p                       ;否则为 1
b0_neg:
        mov valf_ref,w6                ;计算 b1
        mov #7095,w7                   ;$\sqrt{3} = 7095, Q12$
        mpy w6 * w7, a
        btsc ACCAU,#0
        goto pfu
        goto pzheng
pfu:
        neg a
        sac a,#-4,w0
        neg w0,w0
        goto pp
pzheng:
        sac a,#-4,w0
pp:
        mov w0,tmp
        mov vbet_ref,w1
        sub w0,w1,w2
        asr w2,w3                      ;除 2
        btsc w3,#15
        goto b1_neg
        mov #0,w2
        cpsne w2,w3
        goto b1_neg                    ;b1 小于等于 0 跳转
        mov p,w0
        mov #2,w1
        add w0,w1,w2
        mov w2,p                       ;否则 p+2
b1_neg:
        mov tmp,w0
        mov vbet_ref,w1
        add w0,w1,w2
        asr w2,w3                      ;除 2
        neg w3,w4                      ;求补
        btsc w4,#15
```

```
        goto b2_neg
        mov #0,w2
        cpsne w2,w4
        goto b2_neg                     ;b2 小于等于 0 跳转
        mov p,w0
        mov #4,w1
        add w0,w1,w2
        mov w2,p                        ;否则 p+4
b2_neg:
        mov #tblpage(psector),w0
        mov W0,TBLPAG
        mov #tbloffset(psector),w0      ;初始化 TBLPAG 和指针寄存器
        mov p,w1
        mov #1,w4
        sub w1,w4,w1
        sl w1,#1,w1                     ;左移 1 位转换为字节地址偏移量
        add w0,w1,w2                    ;形成表地址
        tblrdl [w2],w5                  ;读表
        mov w5,sector                   ;得到扇区数
;------------------------------计算 T1,T2-----------------------------
        mov #tblpage(dec_ms),w0
        mov w0,TBLPAG
        mov #tbloffset(dec_ms),w0       ;初始化 TBLPAG 和指针寄存器
        mov sector,w1
        sl w1,#3,w1                     ;左移 1 位转换为字节地址偏移量
        add w0,w1,w2                    ;形成表地址
        TBLRDl [w2],w5                  ;读表
        mov w5,tmp
                                        ;根据逆阵计算 T1,T2
        mov valf_ref,w4                 ;计算 valf_ref*M(1,1)+vbet_ref*M(1,2),Q26
        mpy w4*w5,A                     ;Q26,计算 valf_ref*M(1,1)
        add w2,#2,w2
        tblrdl [w2],w5
        mov vbet_ref,w4
        mpy w4*w5,B                     ;vbet_ref*M(1,2),Q26
        add a                           ;0.5*C1,Q26
        btsc ACCAH,#15
        clr a                           ;否则为 0
cmp1big01:
```

```
        sac a,w0                        ;0.5*C1,Q10 格式
        mov w0,tmp                      ;Q10 格式
        mov t1_periods,w4               ;Q5 格式
        mul.UU w4,w0,w6
        lac w6,A
        sftac a,#16
        push ACCAL
        lac w7,A
        clr ACCAU
        pop ACCAL
        sftac a,#-1
        sac a,w0
        mov w0,cmp_1                    ;0.5*C1*TP,Q0 格式
        add w2,#2,w2
        tblrdl [w2],w5
        mov valf_ref,w4                 ;计算 valf_ref*M(2,1)+vblf_ref*M(2,2)
        mpy w4*w5,A                     ;valf_ref*M(2,1),Q26
        add w2,#2,w2
        tblrdl [w2],w5
        mov vbet_ref,w4
        mpy w4*w5,B                     ;vbet_ref*M(2,2),Q26
        add a                           ;0.5*C2,Q26
        btsc ACCAH,#15                  ;大于 0 则继续
        clr a                           ;否则为 0
cmp2big01:
        sac a,w0                        ;0.5*C2,Q10
        mov w0,tmp                      ;Q10 格式
        mov t1_periods,w4
        mul.UU w4,w0,w2                 ;Q15
        lac w2,A
        sftac a,#16
        push ACCAL
        lac w3,A
        clr ACCAU
        pop ACCAL
        sftac a,#-1
        sac a,w0
        mov w0,cmp_2                    ;0.5*C2*TP,Q0 格式
        mov #368,w2                     ;PWM 半周期值
```

```
        mov cmp_1,w0
        sub w2,w0,w6
        mov cmp_2,w1
        sub w6,w1,w2
        btsc w2,#15                     ;大于 0 则继续
        clr w2                          ;否则为 0
cmp0big01:
        asr w2,#1,w0                    ;右移 1 位,除以 2
        mov w0,cmp_0                    ;0.25 * C0 * TP
        mov #tblpage(first),w0          ;查表求得第 1 次写入的占空比寄存器地址
        mov w0,TBLPAG
        mov #tbloffset(first),w0
        mov sector,w1
        sl w1,#1,w1
        add w0,w1,w2                    ;所匹配的表地址
        tblrdl [w2],w5                  ;相对应的占空比寄存器地址
        mov w5,first_tog
        mov #368,w3
        mov cmp_0,w4
        sub w3,w4,w6
        sl w6,#1,w6
        mov w6,[w5]                     ;写入计算所得占空比数据
        mov #tblpage(second),w0
        mov w0,TBLPAG
        mov #tbloffset(second),w0       ;查表求得第 2 次写入的占空比寄存器地址
        mov sector,w1
        sl w1,#1,w1
        add w0,w1,w2                    ;所匹配的表地址
        tblrdl [w2],w5                  ;相对应的占空比寄存器地址
        mov w5,sec_tog
        mov cmp_0,w0
        mov cmp_1,w2
        add w0,w2,w3
        mov #368,w0
        sub w0,w3,w0
        sl w0,#1,w0
        mov w0,[w5]                     ;写入计算所得占空比数据
        mov #PDC3,w2                    ;求得第 3 个占空比的地址
        mov first_tog,w4                ;第 1 次写入的占空比
```

```
        mov #PDC1,w5
        mov #PDC2,w1
        mov sec_tog,w3              ;第2次写入的占空比
        sub w2,w4,w6
        add w6,w1,w7
        sub w7,w3,w8
        add w8,w5,w9
        mov w9,tmp
        mov cmp_0,w0
        mov cmp_1,w1
        add w0,w1,w3
        mov cmp_2,w2
        add w3,w2,w4
        mov #368,w0
        sub w0,w4,w0
        sl w0,#1,w0
        mov w0,[w9]
wancheng:
        bclr IFS2,#PWMIF            ;清中断请求标志位
        pop.d w6
        pop.d w4
        pop.d w2
        pop.d w0                    ;恢复工作寄存器
        retfie
;------------------------以下是ADC中断子程序------------------------
__ADCInterrupt:
        push.d w0
        bclr IFS0,#ADIF
        mov ADCBUF0,w0              ;将ADC结果读入w0和w1
        mov ADCBUF1,w1
        mov w0,ib
        mov w1,ia
        pop.d w0
        retfie
;------------------------以下是故障中断子程序------------------------
__FLTAInterrupt:
        bclr PTCON,#15
        bclr TRISE,#8
        bclr TRISA,#9               ;A口第9位设置为输出
```

```
        bset PORTA,#9              ;点亮板上第 1 个 LED
        nop
        nop
        nop
        retfie
;----------------------以下是错误中断子程序------------------
__DefaultInterrupt:
        bclr PTCON,#15
        bclr TRISE,#8
        bclr TRISA,#10             ;A 口第 10 位设置为输出
        bset PORTA,#10             ;点亮板上第 2 个 LED
        nop
        nop
        nop
        retfie
;----------------------以下是 W 寄存器初始化子程序------------------
_wreg_init:
        clr w0
        mov w0,w14
        repeat #12
        mov w0,[++w14]
        clr w14
        return
;----------------------以下是数据区------------------
        .section    .sin_entry,code
        .section    .angles_,code
        .section    .first,code
        .section    .dec_ms,code
        .section    .second,code
        .section    .psector,code
        .section    .sintab,code
        .palign 2
sin_entry: .hword 0                 ;0~90°sin 值表,Q14 格式
        .hword 286,572,857,1143,1428
        .hword 1713,1997,2280,2563,2845
        .hword 3126,3406,3686,3964,4240
        .hword 4516,4790,5063,5334,5604
        .hword 5872,6138,6402,6664,6924
        .hword 7182,7438,7692,7943,8192
```

```
        .hword 8438,8682,8932,9162,9397
        .hword 9630,9860,10087,10311,10531
        .hword 10749,10963,11174,11381,11585
        .hword 11786,11982,12176,12365,12551
        .hword 12733,12911,13085,13255,13421
        .hword 13583,13741,13894,14044,14189
        .hword 14330,14466,14598,14726,14849
        .hword 14968,15082,15191,15296,15396
        .hword 15491,15582,15668,15749,15826
        .hword 15897,15964,16026,16083,16135
        .hword 16182,16225,16262,16294,16322
        .hword 16344,16362,16374,16382,16384
angles_:  .hword 0x1922          ;π/2,Q12 格式
        .hword 0x3244            ;π,Q12 格式
        .hword 0x4b66            ;3π/2,Q12 格式
        .hword 0x6488            ;2π,Q12 格式
dec_ms:  .hword 20066            ;逆阵数据,每一个逆阵有 4 个数据,Q14 格式
        .hword -11585            ;按参考电压所在扇区索引
        .hword 0
        .hword 23170
        .hword -20066
        .hword 11585
        .hword 20066
        .hword 11585
        .hword 0
        .hword 23170
        .hword -20066
        .hword -11585
        .hword 0
        .hword -23170
        .hword -20066
        .hword 11585
        .hword -20066
        .hword -11585
        .hword 20066
        .hword -11585
        .hword 20066
        .hword 11585
        .hword 0
```

第 4 章　交流异步电动机的 DSC 矢量控制

```
        .hword -23170
psector:.hword 1                    ;扇区数
        .hword 5
        .hword 0
        .hword 3
        .hword 2
        .hword 4
sintab: .hword 0                    ;256 个 sin 函数值,Q12 格式
        .hword 101,201,301,401,501
        .hword 601,700,799,897,995
        .hword 1092,1189,1285,1380,1474
        .hword 1567,1660,1751,1842,1931
        .hword 2019,2106,2191,2276,2359
        .hword 2440,2520,2598,2675,2751
        .hword 2824,2896,2967,3035,3102
        .hword 3166,3229,3290,3349,3406
        .hword 3461,3513,3564,3612,3659
        .hword 3703,3745,3784,3822,3857
        .hword 3889,3920,3948,3973,3996
        .hword 4017,4036,4052,4065,4076
        .hword 4085,4091,4095,4096,4095
        .hword 4091,4085,4076,4065,4052
        .hword 4036,4017,3996,3973,3948
        .hword 3920,3889,3857,3822,3784
        .hword 3745,3703,3659,3612,3564
        .hword 3513,3461,3406,3349,3290
        .hword 3229,3166,3102,3035,2967
        .hword 2896,2824,2751,2675,2598
        .hword 2520,2440,2359,2276,2191
        .hword 2106,2019,1931,1842,1751
        .hword 1660,1567,1474,1380,1285
        .hword 1189,1092,995,897,799
        .hword 700,601,501,401,301,201,101,0    ;180°
        .hword 65435,65335,65235,65135,65035
        .hword 64935,64836,64737,64639,64541
        .hword 64444,64347,64251,64156,64062
        .hword 63969,63876,63785,63694,63605
        .hword 63517,63430,63345,63260,63177
        .hword 63096,63016,62938,62861,62785
```

```
        .hword 62712,62640,62569,62501,62434
        .hword 62370,62307,62246,62187,62130
        .hword 62075,62023,61972,61924,61877
        .hword 61833,61791,61752,61714,61679
        .hword 61647,61616,61588,61563,61540
        .hword 61519,61500,61484,61471,61460
        .hword 61451,61445,61441,61440,61441
        .hword 61445,61451,61460,61471,61484
        .hword 61500,61519,61540,61563,61588
        .hword 61616,61647,61679,61741,61752
        .hword 61791,61883,61877,61924,61972
        .hword 62023,62075,62130,62187,62246
        .hword 62307,62370,62434,62501,62569
        .hword 62640,62712,62785,62861,62938
        .hword 63016,63096,63177,63260,63345
        .hword 63430,63517,63605,63694,63785
        .hword 63876,63969,64062,64156,64251
        .hword 64347,64444,64541,64639,64373
        .hword 64836,64935,65035,65135,65235
        .hword 65335,65435
first: .hword PDC1                     ;用于第 1 次匹配时占空比寄存器地址
        .hword PDC4                    ;按参考电压所在的扇区索引
        .hword PDC4
        .hword PDC3
        .hword PDC3
        .hword PDC1
second: .hword PDC4                    ;用于第 2 次匹配时占空比寄存器地址
        .hword PDC1                    ;按参考电压所在的扇区索引
        .hword PDC3
        .hword PDC4
        .hword PDC1
        .hword PDC3
        .end
```

第 5 章
三相永磁同步伺服电动机的 DSC 控制

三相永磁同步伺服电动机(Permanent Magnet Synchronous Motor,PMSM)是从绕线式转子同步伺服电动机发展而来的。它用强抗退磁的永磁转子代替了绕线式转子,因而淘汰了易出故障的绕线式转子同步伺服电动机的电刷,克服了交流同步伺服电动机的致命弱点,同时它兼有体积小、重量轻、低惯性、效率高、转子无发热问题的特点。因此它一经出现,便在高性能的伺服系统中得到了广泛地应用,例如工业机器人、数控机床、柔性制造系统、各种自动化设备等领域。

5.1 三相永磁同步伺服电动机的结构和工作原理

永磁同步伺服电动机的定子与绕线式的定子基本相同,但可根据转子结构可分为凸极式和嵌入式两类。凸极式转子是将永磁铁安装在转子轴的表面,如图 5-1(a)所示。因为永磁材料的磁导率十分接近空气的磁导率,所以在交轴(q 轴)、直轴(d 轴)上的电感基本相同。嵌入式转子则是将永磁铁嵌入在转子轴的内部,如图 5-1(b)所示,因此交轴的电感大于直轴的电感。并且,除了电磁转矩外,还有磁阻转矩存在。

为了使永磁同步伺服电动机具有正弦波感应电动势波形,其转子磁钢形状呈抛物线状,使其气隙中产生的磁通密度尽量呈正弦分布;定子电枢绕组采用短距分布式绕组,能最大限度地消除谐波磁动势。

永磁体转子产生恒定的电磁场。当定子通以三相对称的正弦波交流电时,则产生旋转的磁场。两种磁场相互作用产生电磁力,推动转子旋转。如果能改变定子三相电源的频率和相位,就可以改变转子的转速和位置。因此,对三相永磁同步伺服电动机的控制也和对三相异步电动机的控制相似,采用矢量控制。

在三相永磁同步伺服电动机的转子上通常要安装一个位置传感器,用来测量转子的位置。这样通过检测转子的实际位置就可以得到转子的磁通位置,从而使三相永磁同步伺服电动机的矢量控制比三相异步电动机的矢量控制简单。

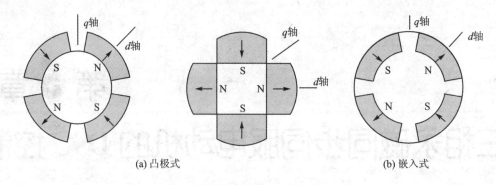

(a) 凸极式　　　　　　(b) 嵌入式

图 5-1　永磁转子结构(两对磁极)

5.2　转子磁场定向矢量控制与弱磁控制

三相永磁同步伺服电动机的模型是一个多变量、非线性、强耦合系统。为了实现转矩线性化控制,就必须要对转矩的控制参数实现解耦。转子磁场定向控制是一种常用的解耦控制方法。

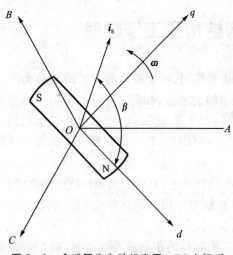

图 5-2　永磁同步电动机定子 ABC 坐标系与转子 dq 坐标系的关系

转子磁场定向控制实际上是将 dq 同步旋转坐标系放在转子上,随转子同步旋转。其 d 轴(直轴)与转子的磁场方向重合(定向),q 轴(交轴)逆时针超前 d 轴 90°电角度,如图 5-2 所示。

图 5-2(图中转子的磁极对数为 1)表示了转子磁场定向后,定子三相不动坐标系 ABC 与转子同步旋转坐标系 dq 的位置关系。定子电流矢量 i_S 在 dq 坐标系上的投影为 i_d、i_q。i_d、i_q 可以通过第 4 章介绍的对 i_A、i_B、i_C 的 Clarke 变换(3/2 变换)和 Park 变换(交/直变换)求得,因此 i_d、i_q 是直流量。

三相永磁同步伺服电动机的转矩方程为:

$$T_m = p(\psi_d i_q - \psi_q i_d) = p[\psi_f i_q - (L_d - L_q)i_d i_q] \tag{5-1}$$

式中,ψ_d、ψ_q 为定子磁链在 d、q 轴的分量;ψ_f 为转子磁钢在定子上的耦合磁链,它只在 d 轴上存在;p 为转子的磁极对数;L_d、L_q 为永磁同步电动机 d、q 轴的主电感。

式(5-1)说明了转矩由两项组成,括号中的第 1 项是由三相旋转磁场和永磁磁场相互作用所产生的电磁转矩;第2项是由凸极效应引起的磁阻转矩。

对于嵌入式转子,$L_d < L_q$,电磁转矩和磁阻转矩同时存在。可以灵活有效地利用这个磁阻转矩,通过调整和控制 β 角,用最小的电流幅值来获得最大的输出转矩。

对于凸极式转子,$L_d = L_q$,因此只存在电磁转矩,而不存在磁阻转矩。转矩方程变为:

$$T_m = p\psi_f i_q = p\psi_f i_s \sin\beta \tag{5-2}$$

由式(5-2)可以明显看出,当三相合成的电流矢量 i_s 与 d 轴的夹角 β 等于90°时可以获得最大转矩,也就是说 i_s 与 q 轴重合时转矩最大。这时,$i_d = i_s\cos\beta = 0$;$i_q = i_s\sin\beta = i_s$。式(5-2)可以改写为:

$$T_m = p\psi_f i_q = p\psi_f i_s \tag{5-3}$$

因为是永磁转子,ψ_f 是一个不变的值,所以式(5-3)说明了只要保持 i_s 与 d 轴垂直,就可以像直流电动机控制那样,通过调整直流量 i_q 来控制转矩,从而实现三相永磁同步伺服电动机的控制参数的解耦,实现三相永磁同步伺服电动机转矩的线性化控制。

当电动机超过基速以上运行时,因永磁转子的励磁磁链为常数,所以电动机的感应电动势随电动机转速的增加而增加,同时电动机的端电压也随之增加。但端电压要受逆变器最高电压 U_{DC} 的限制。通过削弱磁场的方法可以在保持端电压不变的情况下提高转速,这种控制方法称为弱磁控制,这是在基速以上进行调速时经常采用的方法。

i_d、i_q 两个直流量各有不同的作用,i_q 用于产生转矩;i_d 用于产生磁场。当 $\beta > 90°$ 时,i_d 为负值,即负的励磁电流,i_d 起去磁(弱磁)作用,i_d 越大去磁作用越强。

因为电动机的定子电流也受限制,所以在弱磁控制中,增大 i_d 的同时也要减小 i_q。减小 i_q 的结果是减小了输出转矩,因此在弱磁控制时(基速以上调速时)的电动机机械特性表现为恒功率特性。而在基速以下调速时仍然是恒转矩特性,如图5-3所示。

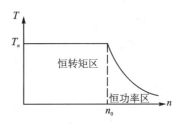

图 5-3 机械特性

5.3 三相永磁同步伺服电动机的 DSC 控制

5.3.1 三相永磁同步伺服电动机的 DSC 控制系统

三相永磁同步伺服电动机采用 DSC 全数字控制,其结构图如图5-4所示。

通过电流传感器测量逆变器输出的定子电流 i_A、i_B,经过 DSC 的 A/D 转换器转换成数字量,并利用式 $i_C = -(i_A + i_B)$ 计算出 i_C。通过 Clarke 变换和 Park 变换将电流 i_A、i_B、i_C 变换成旋转坐标系中的直流分量 i_{sq}、i_{sd},i_{sq}、i_{sd} 作为电流环的负反馈量。

利用增量式编码器测量电动机的机械转角位移 θ_m,并将其转换成电角度 θ_e 和转速 n。电

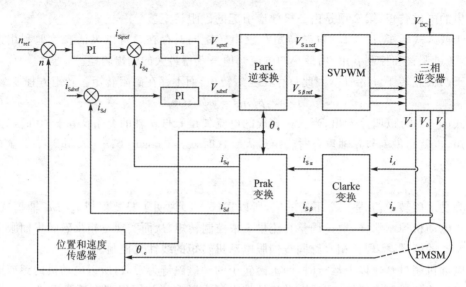

图 5-4 三相永磁同步伺服电动机磁场定向矢量控制系统结构图

角度 θ_e 用于参与 Park 变换和逆变换的计算。转速 n 作为速度环的负反馈量。

给定转速 n_{ref} 与转速反馈量 n 的偏差经过速度 PI 调节器,其输出作为用于转矩控制的电流 q 轴参考分量 i_{Sqref}。i_{Sqref} 和 i_{Sdref}(等于零)与电流反馈量 i_{Sq}、i_{Sd} 的偏差经过电流 PI 调节器,分别输出 dq 旋转坐标系的相电压分量 V_{Sqref} 和 V_{Sdref}。V_{Sqref} 和 V_{Sdref} 再通过 Park 逆变换转换成 $\alpha\beta$ 直角坐标系的定子相电压矢量的分量 $V_{S\alpha ref}$ 和 $V_{S\beta ref}$。

当定子相电压矢量的分量 $V_{S\alpha ref}$、$V_{S\beta ref}$ 和其所在的扇区数已知时,就可以利用第 3 章所介绍的电压空间矢量 SVPWM 技术,产生 PWM 控制信号来控制逆变器。

以上操作可以全部采用软件来完成,从而实现三相永磁同步伺服电动机的全数字实时控制。

5.3.2 三相永磁同步伺服电动机的 DSC 控制编程例子

根据图 5-4 的控制结构,设计一个用 DSC 来控制三相永磁同步伺服电动机的程序例子。为了简明,这里只给出主程序和用于磁场定向实时矢量控制的 PWM 中断子程序的程序框图,如图 5-5 所示。

1. 转子相位初始化

因为在电动机转动之前,转子的位置是未知的。而转子磁场定向控制要求转子的位置必须是已知的,因此在电动机转动之前必须要对转子的相位进行初始化。

转子相位初始化采用磁定位的方法,它是通过给定子通以一个已知大小和方向的直流电,这样使定子产生一个恒定的磁场,这个磁场与转子的恒定磁场相互作用,迫使转子转到两个磁链成一线的位置而停止,从而得到转子的相位。

第 5 章 三相永磁同步伺服电动机的 DSC 控制

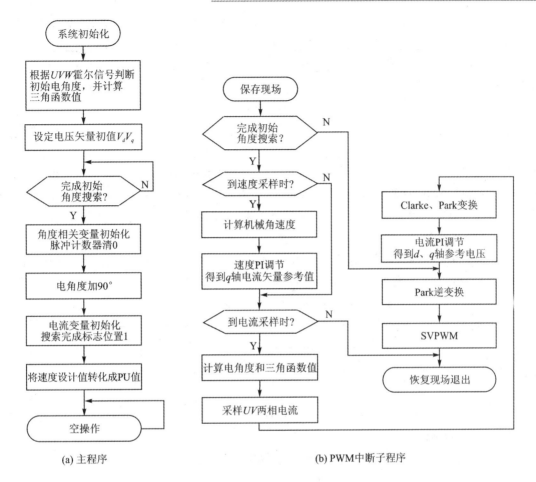

图 5-5 主程序和 PWM 中断子程序框图

转子相位初始化还可以通过图 5-6 来进行详细说明。

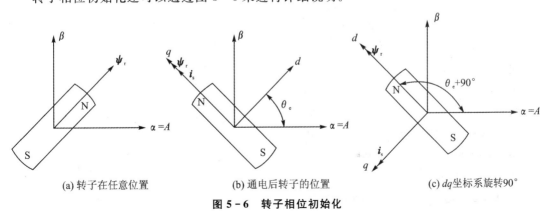

图 5-6 转子相位初始化

图 5-6(a)表示转子处于一个未知位置。这时给定子通一个直流电流 i_s,这个电流 i_s 的 d 轴分量 $i_d=0$,q 轴分量 $i_q=i_n$,并且 dq 坐标系的相位为 θ_e。i_s 所产生的磁场与转子磁场作用,使转子转到图 5-6(b)的位置。但是这个位置并不是我们希望的转子磁场定向位置,因为转子的磁场方向没有与 d 轴重合。所以需要将 dq 坐标系在 θ_e 的基础上再转 90°,如图 5-6(c)所示,实现转子磁场定向。

电动机自身带有霍尔传感器,输出相位差为 120°的 U、V、W 三路信号。将一个电角度周期分为 6 个区域,U、V、W 信号与电角度区域的对应关系见表 5-1。根据 U、V、W 检测信号,可以判定转子初始相位角位于哪一个区域。选定该区域的中点作为转子的初始相位角 θ_e,并施加一个 q 轴初始电流(此电流的大小可由 0 逐步增大,直到电机转子转动)、d 轴电流为 0、相位为 θ_e 的直流电。这样使定子产生一个恒定的磁场,这个磁场与转子的恒定磁场相互作用,迫使转子转到两个磁链成一线的位置而停止,这个位置就是 θ_e,从而完成转子的强制磁定位。

由于这个角度区域较小,在这个定位过程中,转子最多可转动 30°电角度(如果转子磁极对数等于 4,换算成机械角度就是 7.5°),所以转子会很快完成定位。

表 5-1 UVW 霍尔信号与电角度区域对应关系

UVW 信号	对应区域	施加电角度	Q15 格式	UVW 信号	对应区域	施加电角度	Q15 格式
010	0~60°	30°	0x1555	101	−180~−120°	−150°	0x9555
011	60~120°	90°	0x4000	100	−120~−60°	−90°	0xC000
001	120~180°	150°	0x6AAB	110	−60~0°	−30°	0xEAAB

2. 各参数的确定

本例中所用的三相永磁同步伺服电动机参数如下:

电机型号	AC SERVO MOTOR 60BL 3 A20-30 ST
磁极对数	4
额定转矩	0.637 Nm
额定转速	3000 r/min
额定功率	200 W
机械时间常数	1.26 ms
电时间常数	1.35 ms
转矩常数	0.411 Nm/A
电势系数	0.411 Vs/rad
增量式编码器的参数	2500 P/r
电枢绕组(线间)电阻	15.42 Ω
电枢绕组(线间)电感	30.08 mH

转子惯量	0.138×10^{-4} kgm²
额定线电流有效值	1.265 A
额定线电压有效值	119.8 V
霍尔位置传感器	有

由于 DSC 是定点的控制器，如果使用 Q 格式数据，则精度越高表示数的范围越小，例如 Q15 格式只能表示 $-1 \sim +1$。

为了既能满足高精度又能满足宽范围的要求，在定点运算中通常采用 PU(Per Unit)模式，即使用一个数的 PU 值来代替其实际值。一个数的 PU 值等于它的实际值与其额定值或基值之比。例如电流的 PU 值 $I_{PU} = I/I_n$。这样，当 I 在 $-I_n \sim +I_n$ 范围内变化时，I_{PU} 只在 $-1 \sim +1$ 范围内变化，因此可以用最高精度的 Q15 格式表示 I_{PU}，达到高精度表示 I 的目的。

电流变量 qIa、qIb 的参考基值是 $\sqrt{2}I_n$；电流矢量 qIalpha、qIbeta、qId、qIq 的参考基值是 I_n；电压矢量 qValpha、qVbeta、qVd、qVq 的参考基值是 U_n。

PWM 周期寄存器中值 PWM_Scaling 为 738。PWM_Scaling 中存放的是 PWM 周期值的一半。

将给定角速度转换成速度 PU 值(Q15 格式)的转换系数 SPEED_K 为：

$$\frac{1}{3000} \times 2^{15} \times 2^9 = 0x15D8$$

3. $\sin\theta$ 和 $\cos\theta$ 的计算

Park 变换和逆变换以及 SVPWM 的扇区计算都需要用到 $\sin\theta$ 和 $\cos\theta$ 值。可以用查表法和插值运算得到较精确的值。

本例中将 360°电角度分成 256 份，每份 1.406 25°，变成 256 个 sin 值数据表。电角度的 PU 值 θ_e 等于实际电角度值与 180°之比，采用 Q15 格式。

查表的方法是用电角度乘以表的大小，取乘积的高 16 位(Q0 格式)作为查表索引值偏移量，再加上表首地址便可查出角度的正弦值。乘积的低 16 位可以看作角度值的余量，通过插值处理，可作为正弦值的修正量，这样就可以使角度计算更加精确。图 5-7 是查表子程序框图。

由于数据表是 256 个 sin 值，所以利用 $\cos\theta = \sin(\theta+90°)$ 的规律，先将 θ_e 加 90°(0x40)，再查表即可得到 cos 值。

4. 增量式编码器

增量编码器只能测量转角的增量，因此它是相对于转子相位初始化时的转子位置来计数的。

本例中所使用的增量编码器每转可产生 2500 个脉冲。其输出 A、B 信号线直接接入 DSC 的编码器接口 QEA 和 QEB 引脚。DSC 的编码信号处理电路自动地利用每个 A、B 信号脉冲的 4 个沿(2 个上升沿和 2 个下降沿)对输入的信号 4 倍频，这样就可以使每转得到 10 000 个

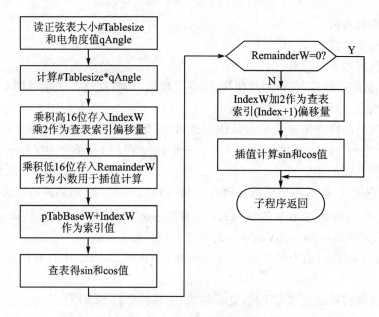

图 5-7 sin 和 cos 值查表子程序框图

脉冲,提高了分辨率。

输入的 4 倍频编码脉冲存入到位置计数器寄存器 POSCNT 中,根据转向进行增或减计数。在每个 PWM 周期都对增量式编码器采样一次,通过读 POSCNT 获取采样脉冲数,两次 PWM 周期的采样脉冲数之差就是本次 PWM 周期的脉冲增量,即转子机械转角增量。通过对这些脉冲增量的累计就可以得到转子的绝对机械位置。将转子的机械转角乘以磁极对数(本例中为 4),就可以得到转子的电角度 θ_e。

由于惯性较大,机械系统响应的时间常数远大于电系统响应的时间常数。因此速度采样并不是在每个 PWM 周期内进行。本例中取每 8 个 PWM 周期对速度采样一次。

机械速度的采样是通过对速度采样周期(8 个 PWM 周期)期间的脉冲增量乘以 dEncod_qKvel 的计算而得到的。

本例中的 PWM 周期为 200 μs,因此速度采样周期所需的时间为 1.6 ms。

当速度基值 $n_{base}=3000$ r/min$=50$ r/s 时,增量编码器每秒发出的脉冲数为 $50\times10000=500000$ 个脉冲。在这种情况下,一个速度采样周期(8 个 PWM 周期)期间编码器发出的脉冲数为 $500000\times1.6\times10^{-3}=800$ 个脉冲。因此,一个速度采样周期的速度基值的脉冲形式为 800。

令 dEncode_qKvel$=1/800$,它的 Q24 格式为 $2^{24}/800=$ 0x51EB。它作为将编码器采样值增量转换成机械角速度 PU 值(Q15 格式)的转换系数。

当转子旋转一周电角度时,编码器采集 2 500 个脉冲(磁极对数为 4),则电角度转换系数 dEncod_iKang 的 Q24 格式为 $2^{24}/2\,500 = $ 0x346E。它作为将编码器采样值转换成电角度 PU 值(Q15 格式)的转换系数。

5. 源程序

采用数组空间分配的形式存储变量,即每一类变量放在一个数组里。采用"基地址+偏移地址"的寻址方式查找各变量。数组定义在头文件中进行。

程序中各变量的含义见表 5-2,除注明外,其他全部采用 Q15 格式。

表 5-2 各变量含义

数 组	符 号	含 义
_MeasCurrParm 电流采样计算数组	iOffsetLa	电流偏差值,用于均值滤波算法累计量
	iOffsetHa	
	iOffsetLb	
	iOffsetHb	
_ParkParm 矢量变换数组	qAngle	电角度
	qSin	三角函数
	qCos	
	qIa	采集电流 I_A、I_B 值
	qIb	
	qIalpha	I_α、I_β
	qIbeta	
	qId	I_d、I_q
	qIq	
	qVd	V_d、V_q
	qVq	
	qValpha	V_α、V_β
	qVbeta	
_Time 时间数组	pwmOccr	记录发生 PWM 周期数 Q0 格式
	currOccr	记录电流采样时间 Q0 格式
	speedOccr	记录速度采样时间 Q0 格式

续表 5-2

数 组	符 号	含 义
_EncoderParm 编码器、角度相关数组	qMechAng	转子机械角度
	qVelMech	转子机械角速度
	qPrevCnt	用于机械角速度计算的($k-1$)时刻编码器采样值
	iPrevCnt	用于电角度计算的($k-1$)时刻编码器采样值
_CtrlParm 设定值和参考值	qVelRef	设定参考速度 PU 值
	qIdRef	d 轴参考电流
	qIqRef	q 轴参考电流
_SVGenParmPWM 模块相关数组	iPWMPeriod	周期寄存器中的值 Q0 格式
	qVr1	占空比寄存器中的值 Q0 格式
	qVr2	
	qVr3	
_PIParmQref,_PIParmQ,_PIParmDPI 调节相关的速度、Q 轴电流、D 轴电流 3 个数组	qOut	PI 调节输出变量
	qerror2	偏差增量
	qKp	比例系数 Q11 格式
	qKi	积分系数 Q11 格式
	qOutMax	输出上限
	qOutMin	输出下限
	qInRef	参考值
	qInMeas	测量值
_flag		Q0 格式,第 15 位作为相位强制初始化完成标志

程序清单 5-1 三相永磁同步伺服电动机磁场定向速度控制程序

通用参数设定头文件:general.Inc

```
;.....................通用参数设定头文件:general.Inc.....................
;...................设定 PWM 周期...........................
.equ PWM_Scaling,738        ;器件运行速度为 7.38 MIPS 时,为 5 kHz PWM 设置周期
.equ diPoles,4              ;磁极对数
.extern _initSystem
;...................转速设定...........................
.equ SET_SPEED,600          ;设定角速度。单位 r/min
.equ SPEED_K,0x15D8         ;转换系数 1/3000 * 2^{24}
```

;......................系统时间定义..
.equ Timer_pwmOccr, 0
.equ Timer_currOccr, 2
.equ Timer_speedOccr, 4

控制参数设定头文件：Control.inc

;......................控制参数设定头文件:Control.inc..............................
.equ Ctrl_qVelRef,0   ;设定速度的 PU 值
.equ Ctrl_qIdRef,2   ;Vd 转矩参考值
.equ Ctrl_qIqRef,4   ;Vq 磁通参考值
.extern _CtrlParm

编码器参数设定头文件：Encoder.inc

;......................编码器参数设定头文件:Encoder.inc............................
;......................常量定义..
.equ dEncod_qKvel,0x51EB   ;速度采样周期为 8 个 PWM 周期时,每次最多能采 800 个脉冲
                              ;将采样脉冲值转化为机械角速度(PU 值)系数 (1/800) * 2^{24}
.equ dEncod_iKang,0x346E   ;将采样脉冲值转化为电角度(PU 值)系数 8/10 000 * 2^9 * 2^{15}
;......................变量定义..
; EncoderParm 结构
.equ Encod_qMechAng,0   ;机械角度 Q15 格式
.equ Encod_qVelMech,2   ;转子机械角速度 Q15 格式
.equ Encod_qPrevCnt,4   ;上一次机械采样时的值
.equ Encod_iPrevCnt,6   ;上一次电角度采样时的值
.extern _initAng
.extern _EncoderParm
.extern _CalcMagAng
.extern _CalcVel

电流检测参数设定头文件：MeasCurr.inc

;......................电流检测参数设定头文件:MeasCurr.inc..........................
;......................常数定义..
;.equ dADC_Ka , 0x2468   ;将电流采样值转化为 Q15 格式
;.equ dADC_Kb , 0x2468   ;电流转换系数 9.10194,Q10 格式
;......................变量定义..
; MeasCurrParm 结构
.equ ADC_iOffsetLa,0
.equ ADC_iOffsetHa,2
.equ ADC_iOffsetLb,4
.equ ADC_iOffsetHb,6
.extern _MeasCurrParm

Park Clarke 参数定义头文件：Park.inc

```
;................. Park Clarke 参数定义头文件:Park.inc...........................
; ParkParm 结构
.equ Park_qAngle,0          ;qAngle
.equ Park_qSin,2            ;qSin
.equ Park_qCos,4            ;qCos
.equ Park_qIa,6             ;qIa
.equ Park_qIb,8             ;qIb
.equ Park_qIalpha,10        ;qIalpha
.equ Park_qIbeta,12         ;qIbeta
.equ Park_qId,14            ;qId
.equ Park_qIq,16            ;qIq
.equ Park_qVd,18            ;qVd
.equ Park_qVq,20            ;qVq
.equ Park_qValpha,22        ;qValpha
.equ Park_qVbeta,24         ;qVbeta
.extern _ParkParm
```

PI 参数设定头文件：PI.inc

```
;................... PI 参数设定头文件:PI.inc.............................
; PIParm 结构
.equ PI_qOut,0
.equ PI_qerror2,2
.equ PI_qKp,4
.equ PI_qKi,6
.equ PI_qOutMax,8
.equ PI_qOutMin,10
.equ PI_qInRef,12
.equ PI_qInMeas,14
.equ NKo,4                  ;Kp 范围整定系数
;........................ PI 调节系数
;........................ Q 轴控制参数.....................................
.equ dQqKp,0x0100           ;0x0831 / 0x1000 * 2^(15 - NKo)
.equ dQqKi,0x0003
.equ dQqOutMax,0x2000       ;1500 r/min 时的电压矢量 Q15,0x2500
;........................ D 轴控制参数.....................................
.equ dDqKp,0x0000
.equ dDqKi,0x0000
.equ dDqOutMax,0x2000
;........................ 速度控制参数.....................................
```

```
        .equ dQrefqKp,0x033B        ;0x170A / 0x2500 * 2^(15-NKo)
        .equ dQrefqKi,0x0300
        .equ dQrefqOutMax,0x7FFF    ;电流采样 240 mV,0x0624
        .extern _PIParmQ
        .extern _PIParmD
        .extern _PIParmQref
```

SVPWM 参数设定头文件：SVGen.inc

```
;......................SVPWM 参数设定头文件:SVGen.inc...........................
; SVGenParm 结构
        .equ SVGen_iPWMPeriod,0
        .equ SVGen_qVr1,2
        .equ SVGen_qVr2,4
        .equ SVGen_qVr3,6
        .extern _SVGenParm
```

dsPIC30F6010 头文件 p30f6010A.inc 因篇幅所限略去，其详细内容可参见微芯公司网站。以下是主程序模块。

```
;.............................主程序模块......................................
        .equ __30F6010A, 1
        .include    "general.inc"
        .include    "Control.inc"
        .include    "encoder.inc"
        .include    "MeasCurr.inc"
        .include    "park.inc"
        .include    "PI.inc"
        .include    "SVGen.inc"
        .include    "p30f6010A.inc"
;.............................全局变量声明....................................
        .global __reset
        .global __PWMInterrupt
        .global __QEIInterrupt
        .global __FLTAInterrupt
        .global __DefaultInterrupt

        .global _MeasCurrParm
        .global _ParkParm
        .global _CurModelParm
        .global _EncoderParm
        .global _CtrlParm
        .global _SVGenParm
```

```
        .global  _PIParmQ
        .global  _PIParmD
        .global  _PIParmQref
;............................配置位............................
        config  __FOSC, CSW_FSCM_OFF & XT_PLL4      ;关闭时钟切换和故障保护时钟监视,
                                                    ;并使用 XT 振荡器和 4 倍频 PLL 作为系统时钟
        config  __FWDT, WDT_OFF                     ;关闭看门狗定时器
        config  __FBORPOR, PBOR_ON & BORV_27 & PWRT_16 & MCLR_EN & PWMxH_ACT_LO & PWMxL_ACT_LO
        ;设置欠压复位电压,并将上电延迟定时器设置为 16 ms;PWM 低电平有效
        config  __FGS, CODE_PROT_OFF                ;对一般代码段,将代码保护设置为关闭
;............................定义变量............................
.section MeasCurr_,bss
_MeasCurrParm:  .space 8
        ;iOffsetLa                                  电流偏差值,用于确定电流采集基值
        ;iOffsetHa
        ;iOffsetLb
        ;iOffsetHb
.section Park_,bss
_ParkParm:      .space   26
        ;qAngle   .space  2                         电角度
        ;qSin     .space  2                         三角函数
        ;qCos     .space  2
        ;qIa      .space  2                         采集电流
        ;qIb      .space  2
        ;qIalpha  .space  2                         旋转坐标系电流
        ;qIbeta   .space  2
        ;qId      .space  2                         $d$ 轴电流实际值
        ;qIq      .space  2
        ;qVd      .space  2
        ;qVq      .space  2
        ;qValpha  .space  2
        ;qVbeta   .space  2
.section Encoder_,bss
_EncoderParm:   .space  8
        ;qMechAng                                   转子机械角度 Q15
        ;qVelMech                                   转子机械角速度 Q15
        ;qPrevCnt                                   ($k-1$)时刻机械采样时编码器的值
        ;iPrevCnt                                   ($k-1$)时刻电角度采样时编码器的值

.section Ctrl_,bss                                  ;设定参考量
_CtrlParm:  .space 6
```

```
            ;qVelRef                         设定参考速度 PU 值
            ;qIdRef                          d 轴设定参考电流
            ;qIqRef                          q 轴设定参考电流
.section SVGen_,bss
_SVGenParm：.space    8
            ;iPWMPeriod .space    2
            ;qVr1        .space    2         占空比寄存器中的值
            ;qVr2        .space    2
            ;qVr3        .space    2
.section PI_,bss
_PIParmQref：.space 16                        ;速度调节器
_PIParmQ：   .space 16                        ;Q 轴电流调节器
_PIParmD：   .space 16                        ;D 轴电流调节器
            ;qOut
            ;qerror2                         偏差增量
            ;qKp
            ;qKi
            ;qOutMax
            ;qOutMin
            ;qInRef
            ;qInMeas
.section Timer_,bss
_Timer：.space 6                              ;记录时间
            ;pwmOccr                         记录发生 PWM 周期数
            ;currOccr                        记录电流采样时间
            ;speedOccr                       记录速度采样时间
.section Flag_,bss
_initFlag：.space 2                           ;强制过程完成标志
.text
;···················主程序···················
__reset：
;···················堆栈配置···················
mov #__SP_init,w15                            ;初始化堆栈指针
mov #__SPLIM_init,w0                          ;初始化堆栈指针限制寄存器
mov w0,SPLIM
nop                                           ;在初始化 SPLIM 之后,加一条 NOP
;···················调用系统初始化程序···················
        rcall _initSystem
        rcall _initParameters
```

```asm
        rcall _SetRefSpeed
        rcall _myTestInit
        rcall _runAll
        rcall _searchPosi
done:
    nop
    nop
    nop
    bra done                                    ;等待
;··················PWM 中断子程序__PWMInterrupt··················
__PWMInterrupt:
    push.d w0
    push.d w2
    push.d w4
    push.d w6
    bset ADCON1, #SAMP
    btss _initFlag, #15                         ;判断是否完成强制定位
    bra _unInit1

    mov.w _Timer+Timer_speedOccr, w0            ;速度调节。判断是否到速度调节时间
    mov.w _Timer+Timer_pwmOccr, w1
    cpseq w0, w1
    bra _next1
    add #8, w0                                  ;每8个PWM周期调节一次速度
    mov w0, _Timer+Timer_speedOccr              ;记录下次速度调节时间

    rcall _CalcVel                              ;计算机械角速度
    rcall _SpeedPI                              ;速度调节
_next1:
    mov.w _Timer+Timer_currOccr, w0             ;速度调节。判断是否到电流调节时间
    mov.w _Timer+Timer_pwmOccr, w1
    cpseq w0, w1
    bra _next2
    add #4, w0                                  ;每2个PWM周期调节一次电流
    mov w0, _Timer+Timer_currOccr               ;记录下次速度调节时间

    rcall _CalcMagAng                           ;计算电角度
    rcall _SinCos
    rcall _MeasCompCurr
    rcall _ClarkePark
    rcall _CurrPI
```

```
_unInit1:
    rcall _InvPark
    rcall _CalcRefVec
    rcall _CalcSVGen
_next2:
    inc _Timer + Timer_pwm0ccr          ;系统时间加 1
    bclr IFS2,#PWMIF                    ;清中断标志位
    pop.d w6
    pop.d w4
    pop.d w2
    pop.d w0
RETFIE
;··················编码器 z 信号触发中断子程序 __QEIInterrupt··················
__QEIInterrupt:
    push.d w0
    push.d w2
    mov POSCNT, w1
    clr POSCNT
    mov.w _EncoderParm + Encod_qPrevCnt, w2
    mov.w _EncoderParm + Encod_iPrevCnt, w0
    btss QEICON,#UPDN                   ;判断计数方向
    bra _zeroInvClock
    sub w0, w1, w0                      ;增计数方向,历史寄存器清 0
    mov.w w0, _EncoderParm + Encod_iPrevCnt
    sub w2, w1, w2
    mov.w w2, _EncoderParm + Encod_qPrevCnt
    bra _QEIInterEnd
_zeroInvClock:
    add w0, w1, w0                      ;减计数方向,历史寄存器为满值
    mov.w w0, _EncoderParm + Encod_iPrevCnt
    add w2, w1, w2
    mov.w w2, _EncoderParm + Encod_qPrevCnt
_QEIInterEnd:
    clr.w _ParkParm + Park_qAngle       ;强制 0
    bclr IFS2,#QEIIF                    ;清除编码器中断请求
    pop.d w2
    pop.d w0
RETFIE
;··················错误中断处理子程序··················
```

```
__FLTAInterrupt:
    bclr PTCON, #15                          ;停止 PWM 时基
    setm PORTD                               ;D 口配置为高阻态
    bclr TRISE, #8                           ;E 口
    bclr TRISA, #9                           ;A 口第 9 位设置为输出
    bset PORTA, #9                           ;点亮板上 LED7
__Error: bra _Error
RETFIE
;························故障中断处理子程序························
__DefaultInterrupt:
    bclr PTCON, #15                          ;停止 PWM 时基
    setm PORTD                               ;D 口配置为高阻态
    bclr TRISE, #8                           ;E 口
    bclr TRISA, #10                          ;A 口第 10 位设置为输出
    bset PORTA, #10                          ;点亮板上 LED6
_Error1: bra _Error1
RETFIE
;·····················变量初始化子程序_initParameters·····················
_initParameters:
;·····················PWM 周期寄存器初始化·····················
    mov #PWM_Scaling, w1
    sl w1, w1                                ;乘 2
    mov.w w1, _SVGenParm + SVGen_iPWMPeriod
;·····················PI 参数初始化·····················
    rcall _InitPI
;·····················电流量参数初始化·····················
    rcall _InitMeasCompCurr                  ;设定电流初始偏差为 0
;·············读 UVW 信号,得出初始角度,并计算三角函数值·············
    rcall _ReadHall
    rcall _SinCos
;·····················角度量初始化·····················
    rcall _initAng                           ;重新设定编码器值
;·····················标志位初始化·····················
    clr.w _initFlag                          ;作为是否完成强制过程标志
    clr.w _Timer + Timer_currOccr
    clr.w _Timer + Timer_speedOccr
    clr.w _Timer + Timer_pwmOccr             ;PWM 采样次数
return
;·····················设定参考速度子程序_SetRefSpeed·····················
```

```
_SetRefSpeed:
    mov  #SET_SPEED, w4
    mov  #SPEED_K, w5
    mpy  w4 * w5, A
    sac  A, #-6, w0
    mov.w w0, _CtrlParm + Ctrl_qVelRef
return
;······························速度 PI 调节子程序_SpeedPI······························

_SpeedPI:
;计算速度 PI 调节,得出 Q 轴参考
    mov.w _EncoderParm + Encod_qVelMech, w0
    mov.w w0, _PIParmQref + PI_qInMeas
    mov.w _CtrlParm + Ctrl_qVelRef, w0
    mov.w w0, _PIParmQref + PI_qInRef
    mov   #_PIParmQref, w0
    rcall _CalcPI                          ;调用 PI 运算子程序
    mov.w _PIParmQref + PI_qOut, w0
    mov.w w0, _CtrlParm + Ctrl_qIqRef      ;Q 轴参考电流
    clr.w _CtrlParm + Ctrl_qIdRef          ;D 轴参考为 0

return
;······························电流 PI 调节子程序_CurrPI······························
_CurrPI:
;计算电流 PI 运算
;Q 轴 PI 控制
    mov.w _ParkParm + Park_qIq, w0
    mov.w w0, _PIParmQ + PI_qInMeas
    mov.w _CtrlParm + Ctrl_qIqRef, w0
    mov.w w0, _PIParmQ + PI_qInRef
    mov   #_PIParmQ, w0
    RCALL _CalcPI                          ;调用 PI 运算子程序
    mov.w _PIParmQ + PI_qOut, w0
    mov.w w0, _ParkParm + Park_qVq
;D 轴 PI 控制
    mov.w _ParkParm + Park_qId, w0
    mov.w w0, _PIParmD + PI_qInMeas
    mov.w _CtrlParm + Ctrl_qIdRef, w0
    mov.w w0, _PIParmD + PI_qInRef
```

```asm
        mov    #_PIParmD, w0
        rcall  _CalcPI                          ;调用 PI 运算子程序
        mov.w  _PIParmD + PI_qOut, w0
        mov.w  w0, _ParkParm + Park_qVd
return
;················启动子程序_runAll················

_runAll:
        bclr   PORTD, #11                       ;使能 244 驱动,使能 PWM 输出
        bset   PTCON, #15                       ;使能 PWM
        bset   ADCON1, #ADON
return
;················测试子程序_myTestInit················
_myTestInit:
        mov    #0x0C30, w1                      ;设定初始电压矢量幅值
        mov.w  w1, _ParkParm + Park_qVq
        clr.w  _ParkParm + Park_qVd             ;d 轴参考量为 0
return
;················检测初始位置子程序················
_searchPosi:
;先加初始矢量,再开环控制。根据编码器震动位移大小,判断是否完成强制定位
_unInit:
        mov.w  _Timer + Timer_pwmOccr, w0
        add    #200, w0                         ;记录 PWM 周期,约 50 ms 时间
        mov    w0, _Timer + Timer_speedOccr     ;借用为临时时间变量
;延时
_unInitLoop1:
        mov.w  _Timer + Timer_speedOccr, w0     ;速度调节。判断是否到速度调节时间
        mov.w  _Timer + Timer_pwmOccr, w1
        cpseq  w0, w1
        bra    _unInitLoop1
        mov.w  POSCNT, w0                       ;编码器值
        mov.w  _EncoderParm + Encod_qPrevCnt, w1 ;读取上一次计数值
        mov.w  w0, _EncoderParm + Encod_qPrevCnt ;保存
        sub    w0, w1, w0                       ;编码器增量
        btsc   w0, #15                          ;测试符号位
        neg    w0, w0                           ;取编码器增量的绝对值
        cp     w0, #6                           ;如果两次角度采样在一个电角度以内,则完成强制
                                                 ;过程
```

第5章 三相永磁同步伺服电动机的 DSC 控制

```
    bra GE, _unInit
;完成强制过程,准备矢量控制
    bclr IEC2,♯PWMIE              ;禁止 PWM 中断
    clr.w _Timer + Timer_speedOccr
    clr.w _Timer + Timer_pwmOccr
    RCALL _initAng                ;重新设定编码器值
    mov.w _ParkParm + Park_qAngle, w1  ;加 90°电角度
    mov ♯0x4000,w0
    add w0,w1,w0
    mov.w w0,_ParkParm + Park_qAngle
    bset _initFlag,♯15            ;作为完成初始化标志
    bset IEC2,♯PWMIE              ;使能 PWM 中断
return
;······················系统初始化子程序_initSystem··························
_initSystem:
;····················· W 寄存器初始化为 0x0000·······················
_wreg_init:
    clr w0
    mov w0,w14
    repeat ♯12
    mov W0,[ ++w14]
    clr w14
;·························内核初始化···························
    bclr CORCON,♯IF               ;使能 DSP 乘法运算器的 1.15 模式
    bclr CORCON,♯SATDW            ;禁止饱和
    mov ♯0x4000,w0                ;中断配置
    mov w0,IPC9                   ;设置 PWM 中断优先级 = 4
    mov ♯0x6005,w0                ;编码器中断 5
    mov w0,IPC10                  ;故障引脚 A 中断优先级 6
    bclr IFS2,♯QEIIF              ;清除编码器中断请求
    bclr IFS2,♯PWMIF              ;清除 PWM 中断请求标志位
    bclr IFS2,♯FLTAIF             ;清故障 A
    bset IEC2,♯QEIIE              ;允许编码器中断
    bset IEC2,♯PWMIE              ;允许 PWM 中断
    bset IEC2,♯FLTAIE             ;允许故障 A 中断
;······················IO、PWM 和 ADC 的设置························
;该控制板有一个缓冲 PWM 控制线的驱动器 IC。RD11 端口上的有效低电平使能该缓冲器。
;此电源模块有一条与端口 RE9 相连的高电平有效复位线路
    setm PORTD                    ;禁止 244 输出,使能放在主程序
```

```asm
        mov #0xF7FF,w0                  ;设置 RD11 输出驱动 PWM 缓冲器
        mov w0,TRISD                    ;使能
        clr PORTE
        mov #0xFDFF,w0;
        mov w0,TRISE                    ;设置 RE9 输出复位电源模块
        clr PORTF
        mov #0xFFFF,w0
        mov w0,TRISF                    ;RF5~7 为输入引脚,用于读取霍尔传感器信息
;现在,通过驱动复位线并保持几个微秒来确保电源模块复位
        bset PORTE,#9
        repeat #39
        nop
        bclr PORTE,#9
;························设置 ADC························
        mov #0x0424,w0                  ;扫描输入
        mov w0,ADCON2                   ;每次中断进行 2 次采样/转换
        mov #0x0503,w0
        mov w0,ADCON3                   ;$T_{ad}$ 是 2 个 $T_{cy}$
        clr ADCHS
        setm ADPCFG                     ;AN13,AN12 引脚设置为模拟模式
        bclr ADPCFG,#12
        bclr ADPCFG,#13
        clr ADCSSL
        bset ADCSSL,#12                 ;使能对 AN12 的扫描
        bset ADCSSL,#13                 ;使能对 AN13 的扫描
        mov #0x0364,w0                  ;使能 A/D、PWM 触发和自动采样
        mov w0,ADCON1
;························设置编码器寄存器························
        mov #0x270F,w0                  ;记数最大值 10 000-1
        mov w0,MAXCNT
        mov #0x0020,w0
        mov w0,DFLTCON                  ;配置数字滤波器 1:4 分频
        mov #0x0600,w0
        mov w0,QEICON                   ;乘 4,索引信号中断,不复位模式
;························设置 PWM 寄存器························
        mov #0x0077,w0                  ;互补模式,使能#1、#2 和#3
        mov w0,PWMCON1                  ;3 对 PWM 输出
        mov #59,w0                      ;器件运行速度为 7.38 MIPS 时,将产生 8 $\mu s$ 的死区
        mov w0,DTCON1
```

```asm
        mov  #PWM_Scaling,w0              ;PWM 设置周期
        mov  w0,PTPER
        mov  #0x0001,w0
        mov  w0,SEVTCMP                   ;将 ADC 设置为以特殊事件触发启动
        mov  #0x0F00,w0                   ;将特殊事件后分频比设置为 1:16
        mov  w0,PWMCON2
        mov  #0x0002,w0                   ;中心对齐模式,向上向下计数模式
        mov  w0,PTCON
        return
.end
```

以下是计算机械角速度和电角度模块 CalcAng：

```asm
;························计算机械角速度和电角度模块 CalcAng························
.include "general.inc"
.include "encoder.inc"
.include "park.inc"
.section .text
.equ Work0W, w4                           ;工作寄存器
.equ PosW, w5                             ;当前位置：POSCNT
.global _initAng
.global _ReadHall
.global _CalcMagAng
.global _CalcVel
;························计算机械角速度子程序························
_CalcVel：
        ;计算相邻两次采样编码器的差值
        mov.w POSCNT,PosW                                 ;编码器值
        mov.w _EncoderParm+Encod_qPrevCnt,Work0W          ;读取上一次计数值
        mov.w PosW,_EncoderParm+Encod_qPrevCnt            ;保存
        sub PosW,Work0W,PosW                              ;机械角度增量
        mov #dEncod_qKvel,Work0W                          ;乘以速度转换系数得出机械角速度
        mpy Work0W*PosW,A
        sac A,#-6,Work0W
        mov.w Work0W,_EncoderParm+Encod_qVelMech
        return
;························计算电角度子程序························
_CalcMagAng：
        ;求电角度增量
        mov.w POSCNT,PosW                                 ;编码器值
        mov.w _EncoderParm+Encod_iPrevCnt,Work0W          ;读取上一次计数值
        mov.w PosW,_EncoderParm+Encod_iPrevCnt            ;保存
```

```
    sub PosW, Work0W, PosW                  ;编码器增量
    mov #dEncod_iKang, Work0W
    mpy Work0W * PosW, A                    ;乘以系数得出电角度增量
    sac A,#-6,Work0W                        ;可以根据实际情况调节移位数
    mov.w _ParkParm + Park_qAngle, PosW
    add Work0W, PosW, Work0W                ;加上增量得出新的电角度值
    mov.w Work0W,_ParkParm + Park_qAngle
    return
;·····················编码器初始化子程序························
_initAng:
    clr.w _EncoderParm + Encod_iPrevCnt     ;编码器历史记录值为0
    clr.w _EncoderParm + Encod_qPrevCnt
    clr.w _EncoderParm + Encod_qVelMech     ;速度为0
    clr.w _EncoderParm + Encod_qMechAng     ;机械角度
    clr.w POSCNT
    return
;···············通过霍尔传感器判断初始电角度子程序··············
_ReadHall:
    mov PORTF, w0                           ;读F口值
    mov #0x00E0, w1                         ;读取RF7~5,对应U,V,W
    and w1,w0,w0                            ;得出霍尔传感器值
    mov #0x00A0, w1
    cp w0,w1                                ;30° Q15 格式
    bra Z,_30deg
    mov #0x0080, w1
    cp w0,w1
    bra Z,_90deg
    mov #0x00C0, w1
    cp w0, w1
    bra Z,_150deg
    mov #0x0040, w1
    cp w0,w1
    bra Z,_fu150deg
    mov #0x0060, w1
    cp w0,w1
    bra Z,_fu90deg
    mov #0x0020 ,w1
    cp w0,w1
    bra Z,_fu30deg
```

```asm
        bra _defaultDeg
_30deg:
        mov #0x9555, w1                          ;#0x1555, w1
        mov.w w1, _ParkParm + Park_qAngle
        bra _degEnd
_90deg:
        mov #0xC000, w1                          ;#0x4000, w1
        mov.w w1, _ParkParm + Park_qAngle
        bra _degEnd
_150deg:
        mov #0xEAAB, w1                          ;#0x6AAB, w1
        mov.w w1, _ParkParm + Park_qAngle
        bra _degEnd
_fu150deg:
        mov #0x1555, w1                          ;#0x9555, w1
        mov.w w1, _ParkParm + Park_qAngle
        bra _degEnd
_fu90deg:
        mov #0x4000, w1                          ;#0xC000, w1
        mov.w w1, _ParkParm + Park_qAngle
        bra _degEnd
_fu30deg:
        mov #0x6AAB, w1                          ;#0xEAAB, w1
        mov.w w1, _ParkParm + Park_qAngle
        bra _degEnd
_defaultDeg:
        clr.w _ParkParm + Park_qAngle
_degEnd:
        return
.end
```

以下是用线性插值法计算 128 点的正/余弦值模块 Trig。输入可以是整数格式或 Q15 格式。对于整数格式，输入角度范围 $0 \sim 2\pi$，对应于 $0 \sim 0xFFFF$；正/余弦结果范围 $-32769 \sim 32767$，也即 $0x8000 \sim 0x7FFF$；对于 Q15 格式，输入角度范围 $-\pi \sim \pi$，对应于 $-1 \sim 0.9999$；正/余弦结果范围 $-1 \sim 0.9999$，也即 $0x8000 \sim 0x7FFF$。

```asm
;…………用线性插值法计算 128 点的正/余弦值模块 Trig…………
.include "general.inc"
.include "park.inc"
.equ TableSize,128
```

```
    .equ WorkOW, w0                    ;工作寄存器
    .equ Work1W, w1                    ;工作寄存器
    .equ RemainderW, w2                ;小数插值:0~0xFFFF
    .equ IndexW, w3                    ;查表索引
    .equ pTabPtrW, w4                  ;指向表
    .equ pTabBaseW,w5                  ;指向表地址
    .equ Y0W,w6                        ;Y0 = SinTable[Index]
    .equ ParkParmW,w7                  ;ParkParm 结构的基值
                                       ;注意:RemainderW 和 WorkOW 必须是偶数寄存器
.section .const,psv

    .align 256
SinTable:
    .word 0,1608,3212,4808,6393,7962,9512,11039
    .word 12540,14010,15446,16846,18205,19520,20787,22005
    .word 23170,24279,25330,26319,27245,28106,28898,29621
    .word 30273,30852,31357,31785,32138,32413,32610,32728
    .word 32767,32728,32610,32413,32138,31785,31357,30852
    .word 30273,29621,28898,28106,27245,26319,25330,24279
    .word 23170,22005,20787,19520,18205,16846,15446,14010
    .word 12540,11039,9512,7962,6393,4808,3212,1608
    .word 0,-1608,-3212,-4808,-6393,-7962,-9512,-11039
    .word -12540,-14010,-15446,-16846,-18205,-19520,-20787,-22005
    .word -23170,-24279,-25330,-26319,-27245,-28106,-28898,-29621
    .word -30273,-30852,-31357,-31785,-32138,-32413,-32610,-32728
    .word -32767,-32728,-32610,-32413,-32138,-31785,-31357,-30852
    .word -30273,-29621,-28898,-28106,-27245,-26319,-25330,-24279
    .word -23170,-22005,-20787,-19520,-18205,-16846,-15446,-14010
    .word -12540,-11039,-9512,-7962,-6393,-4808,-3212,-1608

.section .text
    .global _SinCos
    .global SinCos
;·····················查 sin,cos 表子程序·····················
_SinCos:
SinCos:
    mov CORCON,w0                      ;保存当前 CORCON 和 PSVPAG 寄存器
    mov PSVPAG,w1
    push.d w0
    bset CORCON,#PSV                   ;置 1 PSV 位,使能 PSV 访问
```

```
        mov #psvpage(SinTable),w0         ;装载 PSVPAG 寄存器指向 sin 表
        mov w0,PSVPAG
        mov.w #_ParkParm+#Park_qAngle,ParkParmW
        mov.w #TableSize,Work0W            ;sin 插值计算
        mov.w [ParkParmW++],Work1W         ;装 qAngle,指向 qCos
        mul.uu Work0W,Work1W,RemainderW    ;IndexW 高字
        add.w IndexW,IndexW,IndexW
        ;注意 IndexW 的值是 0x00nn,这里 nn 是 TabBase 字节偏移量
        mov.w #psvoffset(SinTable),pTabBaseW  ;指针
        cp0.w RemainderW                   ;检查是否为 0
        bra nz,jInterpolate                ;如果为 0 不用插值
        add.w IndexW,pTabBaseW,pTabPtrW
        mov.w [pTabPtrW],[ParkParmW++]     ;写 qSin
        add.b #0x40,IndexW                 ;sin 索引加 0x40 得到 cos 索引
        add.w IndexW,pTabBaseW,pTabPtrW
        mov.w [pTabPtrW],[ParkParmW]       ;写 qCos
        pop.d w0                           ;恢复 PSVPAG 和 CORCON
        mov w0,CORCON
        mov w1,PSVPAG
        return
jInterpolate:
        add.w IndexW,pTabBaseW,pTabPtrW    ;Y1-Y0 = SinTable[Index+1] - SinTable[Index]
        mov.w [pTabPtrW],Y0W               ;Y0
        inc2.b IndexW,IndexW
        add.w IndexW,pTabBaseW,pTabPtrW
        subr.w Y0W,[pTabPtrW],Work0W       ;Y1 - Y0
        mul.us RemainderW,Work0W,Work0W    ;计算 Delta = (Remainder*(Y1-Y0))>>16
        ;Work1W 包含(Remainder*(Y1-Y0))的高字    ;*pSin = Y0 + Delta
        add.w Work1W,Y0W,[ParkParmW++]     ;写 qSin & inc pt 到 qCos
        add.b #0x3E,IndexW                 ;cos
        add.w IndexW,pTabBaseW,pTabPtrW
        add.w IndexW,pTabBaseW,pTabPtrW    ;Y1-Y0 = SinTable[Index+1] - SinTable[Index]
        mov.w [pTabPtrW],Y0W               ;Y0
        inc2.b IndexW,IndexW
        add.w IndexW,pTabBaseW,pTabPtrW
        subr.w Y0W,[pTabPtrW],Work0W       ;Y1 - Y0
        mul.us RemainderW,Work0W,Work0W    ;计算 Delta = (Remainder*(Y1-Y0))>>16
        ;Work1W 包含(Remainder*(Y1-Y0))的高字    ;*pSin = Y0 + Delta

        add.w Work1W,Y0W,[ParkParmW]       ;写 qCos
```

```
        pop.d w0                                    ;恢复 PSVPAG 和 CORCON
        mov w0,CORCON
        mov w1,PSVPAG
        return
.end
```

以下是计算参考矢量模块 CalcRefVec:

```
;······················计算参考矢量模块 CalcRefVec······················
;根据 qValpha,qVbeta 计算参考矢量(Vr1,Vr2,Vr3)
.include "general.inc"
.include "park.inc"
.include "SVGen.inc"
.equ WorkW, w0                                      ;工作寄存器
.equ ValphaW, w4                                    ;qValpha (scaled)
.equ VbetaW, w5                                     ;qVbeta (scaled)
.equ ScaleW, w6                                     ;scaling
.equ Sq3OV2,0x6EDA                                  ;$\sqrt{3}/2$,Q15 格式
.section .text
.global _CalcRefVec
.global CalcRefVec
;······················参考矢量计算子程序 CalcRefVec······················
_CalcRefVec:
CalcRefVec:
        mov.w _ParkParm+Park_qValpha,ValphaW        ;从 ParkParm 结构中取 qValpha、qVbeta 参数
        mov.w _ParkParm+Park_qVbeta,VbetaW
        mov.w VbetaW,_SVGenParm+SVGen_qVr1          ;Vr1 = Vbeta
        mov.w #Sq3OV2,ScaleW                        ;取$\sqrt{3}/2$
        neg.VbetaW,VbetaW                           ;AccA = -Vbeta/2
        lac VbetaW,#1,A
        mac ValphaW*ScaleW,A                        ;Valpha*$\sqrt{3}/2$+A
        sac A,WorkW
        mov.w WorkW,_SVGenParm+SVGen_qVr2           ;Vr2 = -Vbeta/2 + $\sqrt{3}/2$*Valpha
        lac VbetaW,#1,A;  AccA = -Vbeta/2
        msc ValphaW*ScaleW,A                        ;减 Valpha*$\sqrt{3}/2$到 A
        sac A,WorkW
        mov.w WorkW,_SVGenParm+SVGen_qVr3           ;Vr3 = (-Vbeta/2 - $\sqrt{3}/2$ * Valpha)
        return
.end
```

以下是根据 qVr1、qVr2、qVr3 计算 PWM 占空比寄存器值模块 SVGen：

```
;··············根据 qVr1,qVr2,qVr3 计算 PWM 占空比寄存器值模块 SVGen············
.include "general.inc"
.include "Park.inc"
.include "SVGen.inc"
.equ WorkW, w1                    ;工作寄存器
.equ T1W, w2
.equ T2W, w3
.equ WorkDLoW, w4
.equ Vr1W, w4
.equ TaW, w4
.equ WorkDHiW, w5
.equ Vr2W, w5
.equ TbW, w5
.equ Vr3W, w6
.equ TcW, w6
.equ dPWM1, PDC1
.equ dPWM2, PDC2
.equ dPWM3, PDC3
.section .text
.global _CalcSVGen
.global CalcSVGen
;·················PWM 占空比寄存器值计算子程序·················
_CalcSVGen:
CalcSVGen:
    mov.w _SVGenParm + SVGen_qVr1,Vr1W    ;取 qVr1,qVr2,qVr3
    mov.w _SVGenParm + SVGen_qVr2,Vr2W
    mov.w _SVGenParm + SVGen_qVr3,Vr3W
    cp0 Vr1W                              ;测试 Vr1
    bra LT,jCalcRef20                     ;Vr1W < 0
    cp0 Vr2W                              ;测试 Vr2
    bra LT,jCalcRef10                     ;Vr2W < 0
    ;扇区 3:(0,1,1),0~60°
    mov.w Vr2W,T2W                        ;T1 = Vr2,T2 = Vr1
    mov.w Vr1W,T1W
    rcall CalcTimes
    mov.w TaW,dPWM1                       ;dPWM1 = Ta,dPWM2 = Tb,dPWM3 = Tc
    mov.w TbW,dPWM2
    mov.w TcW,dPWM3
```

```
                return
jCalcRef10：
        cp0 Vr3W                            ;测试 Vr3
        bra LT,jCalcRef15                   ;Vr3W＜0
        ;扇区 5：(1,0,1),120～180°
        mov.w Vr1W,T2W                      ;T1 = Vr1,T2 = Vr3
        mov.w Vr3W,T1W
        rcall CalcTimes
        mov.w TcW,dPWM1                     ;dPWM1 = Tc,dPWM2 = Ta,dPWM3 = Tb
        mov.w TaW,dPWM2
        mov.w TbW,dPWM3
        return
jCalcRef15：
        ;扇区 1：(0,0,1),60～120°
        neg.w Vr2W,T2W                      ;T1 = －Vr2,T2 = －Vr3
        neg.w Vr3W,T1W
        rcall CalcTimes
        mov.w TbW,dPWM1                     ;dPWM1 = Tb,dPWM2 = Ta,dPWM3 = Tc
        mov.w TaW,dPWM2
        mov.w TcW,dPWM3
        return
jCalcRef20：
        cp0 Vr2W                            ;测试 Vr2
        bra LT,jCalcRef30                   ;Vr2W ＜ 0
        cp0 Vr3W                            ;测试 Vr3
        bra LT,jCalcRef25                   ;Vr3W ＜ 0
        ;扇区 6：(1,1,0),240～300°
        mov.w Vr3W,T2W                      ;T1 = Vr3,T2 = Vr2
        mov.w Vr2W,T1W
        rcall CalcTimes
        mov.w TbW,dPWM1                     ;dPWM1 = Tb,dPWM2 = Tc,dPWM3 = Ta
        mov.w TcW,dPWM2
        mov.w TaW,dPWM3
        return
jCalcRef25：
        ;扇区 2：(0,1,0),300～360°
        neg.w Vr3W,T2W                      ;T1 = －Vr3,T2 = －Vr1
        neg.w Vr1W,T1W
        rcall CalcTimes
```

```
        mov.w TaW,dPWM1                              ;dPWM1 = Ta,dPWM2 = Tc,dPWM3 = Tb
        mov.w TcW,dPWM2
        mov.w TbW,dPWM3
        return
jCalcRef30:
        ;扇区4:(1,0,0),180~240°
        neg.w Vr1W,T2W                               ;T1 = -Vr1,T2 = -Vr2
        neg.w Vr2W,T1W
        rcall CalcTimes
        mov.w TcW,dPWM1                              ;dPWM1 = Tc,dPWM2 = Tb,dPWM3 = Ta
        mov.w TbW,dPWM2
        mov.w TaW,dPWM3
        return
;················计算时间子程序CalcTimes················
CalcTimes:
        sl.w _SVGenParm + SVGen_iPWMPeriod,WREG      ;取PWM周期,移位变成Q1格式
        mul.us w0,T1W,WorkDLoW                       ;T1 = PWM*T1(T1是Q15格式)
        mov.w WorkDHiW,T1W
        mul.us w0,T2W,WorkDLoW                       ;T2 = PWM*T2
        mov.w WorkDHiW,T2W
        mov.w _SVGenParm + SVGen_iPWMPeriod,WREG     ;Tc = (PWM-T1-T2)/2
        sub.w w0,T1W,WorkW                           ;PWM-T1
        sub.w WorkW,T2W,WorkW                        ;-T2
        asr.w WorkW,WorkW                            ;/2
        mov.w WorkW,TcW                              ;保存Tc
        add.w WorkW,T1W,WorkW                        ;Tb = Tc+T1
        mov.w WorkW,TbW
        add.w WorkW,T2W,WorkW                        ;Ta = Tb+T2
        mov.w WorkW,TaW
        return
.end
```

以下是电流AD转换及处理模块MeasCompCurr。

读取ADC1和ADC2通道,乘以单精度系数qKa和qKb,从而得到数组ParkParm中规范变量qIa和qIb。运算前要将采样值减去平均基值(ADC-Ave)。电流采样的最大值为3.125 A,运算中均采用Q15格式表示。由于电路放大倍数为1,ADC采用有符号小数模式,故无需乘以转换系数。补偿量Offset是一个32位单精度的积分量:iOffset =(ADC-Offset),用于消除ADC采样偏差 CorrADC = ADCBUFn - iOffset/2^{16}。补偿量采样时间常数为MeasurementPeriod×2^{16}。该模块应在ADC转换完成后使用。

转换系数 qKa 和 qKb 应在初始化文件中设置：
$$qIa = 2 \times qKa \times CorrADC1$$
$$qIb = 2 \times qKb \times CorrADC2$$
式中"2"是为了使 qKa 和 qKb 变成 Q1 格式，从而使乘法结果为 Q15 格式。

```
;··················电流 AD 转换及处理模块 MeasCompCurr··················
.include "general.inc"
.include "MeasCurr.inc"
.include "park.inc"
.equ Work0W, w4
.equ Work1W, w5
.equ OffsetHW, w3
.global _MeasCompCurr
.global MeasCompCurr
;··················电流 A/D 转换及处理子程序_MeasCompCurr··················
_MeasCompCurr:
    ;计算 CorrADC1 = ADCBUF0 - iOffsetHa/2^16
    ;计算 qIa = 2 * qKa * CorrADC1
    mov.w _MeasCurrParm + ADC_iOffsetHa,w0
    sub.w ADCBUF0,WREG                      ;w0 = ADC - Offset
    clr.w w1
    btsc w0,#15
    setm w1                                 ;用于扩展符号位
    mov.w w0,_ParkParm + Park_qIa
    add _MeasCurrParm + ADC_iOffsetLa       ;iOffset + = (ADC - Offset)
    mov.w w1,w0
    addc _MeasCurrParm + ADC_iOffsetHa
    ;计算 CorrADC2 = ADCBUF1 - iOffsetHb/2^16
    ;计算 qIb = 2 * qKb * CorrADC2
    mov.w _MeasCurrParm + ADC_iOffsetHb,w0
    sub.w ADCBUF1,WREG                      ;w0 = ADC - Offset
    clr.w w1
    btsc w0,#15
    setm w1
    mov.w w0,_ParkParm + Park_qIb
    add _MeasCurrParm + ADC_iOffsetLb       ;iOffset + = (ADC - Offset)
    mov.w w1,w0
    addc _MeasCurrParm + ADC_iOffsetHb
    return
```

```
        .global _InitMeasCompCurr
;················电流 A/D 转换初始化子程序_InitMeasCompCurr················
_InitMeasCompCurr:
        clr.w _MeasCurrParm + ADC_iOffsetLa
        clr.w _MeasCurrParm + ADC_iOffsetHa
        clr.w _MeasCurrParm + ADC_iOffsetLb
        clr.w _MeasCurrParm + ADC_iOffsetHb
        return
.end
```

以下是 Clarke 和 Park 变换模块 ClarkePark。

```
;··················Clarke 和 Park 变换模块 ClarkePark··················
.include "general.inc"
.include "park.inc"
.equ ParmW, w3                      ;指向 ParkParm 结构
.equ Sq3W, w4                       ;OneBySq3
.equ SinW, w4                       ;replaces Work0W
.equ CosW, w5
.equ IaW, w6                        ;copy of qIa
.equ IalphaW,w6                     ;replaces Ia
.equ IbW, w7                        ;copy of qIb
.equ IbetaW, w7                     ;Ibeta  replaces Ib
.equ OneBySq3,0x49E7                ;1/sqrt(3),Q15 格式
.section   .text
.global    _ClarkePark
.global    ClarkePark
;··················ClarkePark 变换子程序··················
_ClarkePark:
ClarkePark:
        ;计算 Ibeta = Ia * OneBySq3 + 2 * Ib * OneBySq3;
        mov.w #OneBySq3,Sq3W                ;1/sqrt(3),Q15 格式
        mov.w _ParkParm + Park_qIa,IaW
        mpy Sq3W * IaW,A
        mov.w _ParkParm + Park_qIb,IbW
        mac Sq3W * IbW,A
        mac Sq3W * IbW,A
        mov.w _ParkParm + Park_qIa,IalphaW
        mov.w IalphaW,_ParkParm + Park_qIalpha
        sac A,IbetaW
```

```
    mov.w IbetaW,_ParkParm+Park_qIbeta
    mov.w _ParkParm+Park_qSin,SinW          ;从 ParkParm 结构里取 qSin,qCos
    mov.w _ParkParm+Park_qCos,CosW
    ;计算 Id = Ialpha*cos(Angle) + Ibeta*sin(Angle)
    mpy SinW*IbetaW,A                       ;Ibeta*qSin 保存到 A
    mac CosW*IalphaW,A                      ;Ialpha*qCos + A
    mov.w #_ParkParm+Park_qId,ParmW
    sac A,[ParmW++]                         ;保存到 qId,指向 qIq
    ;计算 Iq = -Ialpha*sin(Angle) + Ibeta*cos(Angle)
    mpy CosW*IbetaW,A                       ;Ibeta*qCos 保存到 A
    msc SinW*IalphaW,A                      ;A - Ialpha*qSin
    sac A,[ParmW]                           ;保存到 qIq
    return
.end
```

以下是 Park 逆变换模块 InvPark。

```
;·····················Park 逆变换模块 InvPark·····················
.include "general.inc"
.include "park.inc"
.equ ParmW, w3                              ;指向 ParkParm 结构
.equ SinW, w4
.equ CosW, w5
.equ VdW, w6                                ;copy of qVd
.equ VqW, w7                                ;copy of qVq
.section .text
.global  _InvPark
.global  InvPark
;·····················Park 逆变换子程序·····················
_InvPark:
InvPark:
    mov.w _ParkParm+Park_qVd,VdW            ;从 ParkParm 结构取 qVd,qVq
    mov.w _ParkParm+Park_qVq,VqW
    mov.w _ParkParm+Park_qSin,SinW          ;从 ParkParm 结构取 qSin,qCos
    mov.w _ParkParm+Park_qCos,CosW
    ;计算 Valpha = Vd*cos(Angle) - Vq*sin(Angle)
    mpy CosW*VdW,A                          ;Vd*qCos 保存到 A
    msc SinW*VqW,A                          ;A - Vq*qSin
    mov.w #_ParkParm+Park_qValpha,ParmW
    sac A,[ParmW++]                         ;保存到 qValpha,指向 qVbeta
```

```
            ;计算 Vbeta = Vd * sin(Angle) + Vq * cos(Angle)
    mpy SinW * VdW, A              ;Vd * qSin 保存到 A
    mac CosW * VqW, A              ;A + Vq * qCos
    sac A, [ParmW]                 ;保存到 Vbeta
    return
.end
```

以下是 PI 调节模块 PI。

```
;···························PI 调节模块 PI································
.include "general.inc"
.include "PI.inc"
.equ BaseW0, w0                    ;parm 结构基值
.equ OutW1, w1                     ;输出
.equ SumLW2, w2                    ;积分和
.equ SumHW3, w3                    ;积分和
.equ ErrW4, w4                     ;偏差 InRef - InMeas
.equ WorkW5, w5                    ;工作寄存器
.equ UnlimitW6, w6                 ;无极限输出
.equ WorkW7, w7                    ;工作寄存器
.section .text
.global _InitPI
;·························PI 初始化子程序································
_InitPI:
    clr.w _PIParmD + PI_qerror2    ;PI_qerror2 = 0
    clr.w _PIParmQ + PI_qerror2
    clr.w _PIParmQref + PI_qerror2
    clr.w _PIParmQref + PI_qOut    ;PI_output = 0
    mov.w W0, _PIParmQ + PI_qOut
    mov.w W0, _PIParmD + PI_qOut
    mov #dDqKp, w0                 ;D 轴
    mov.w w0, _PIParmD + PI_qKp
    mov #dDqKi, w0
    mov.w w0, _PIParmD + PI_qKi
    mov #dDqOutMax, w0
    mov.w w0, _PIParmD + PI_qOutMax
    neg w0, w0
    mov.w w0, _PIParmD + PI_qOutMin
    mov #dQqKp, w0                 ;Q 轴
    mov.w w0, _PIParmQ + PI_qKp
    mov #dQqKi, w0
    mov.w w0, _PIParmQ + PI_qKi
```

```
        mov #dQqOutMax, w0
        mov.w w0, _PIParmQ + PI_qOutMax
        neg w0, w0
        mov.w w0, _PIParmQ + PI_qOutMin
        mov #dQrefqKp, w0                       ;速度
        mov.w w0, _PIParmQref + PI_qKp
        mov #dQrefqKi, w0
        mov.w w0, _PIParmQref + PI_qKi
        mov #dQrefqOutMax, w0
        mov.w w0, _PIParmQref + PI_qOutMax
        neg w0, w0
        mov.w w0, _PIParmQref + PI_qOutMin
        return
.global _CalcPI
;··················PI 运算子程序··················
_CalcPI:
        mov.w [BaseW0 + PI_qInRef], WorkW7      ;Err = InRef - InMeas
        mov.w [BaseW0 + PI_qInMeas], WorkW5
        sub.w WorkW7, WorkW5, ErrW4
        mov.w [BaseW0 + PI_qKi], WorkW5
        mpy ErrW4 * WorkW5, A
        mov.w [BaseW0 + PI_qerror2], WorkW5     ;Ki * Err
        mov.w ErrW4, [BaseW0 + PI_qerror2]      ;保存此次偏差
        sub.w ErrW4, WorkW5, ErrW4
        mov.w [BaseW0 + PI_qKp], WorkW5
        mpy ErrW4 * WorkW5, B
        add A                                   ;Sum = Ki * Err[k] + Kp * (Err[k] - Err[k-1])
        sac A, #-NKo, UnlimitW6                 ;delt_U[k]
        mov.w [BaseW0 + PI_qOut], WorkW5        ;读取 U[k-1]
        add WorkW5, UnlimitW6, UnlimitW6        ;得出 U[k]
        mov.w [BaseW0 + PI_qOutMax], OutW1
        cp UnlimitW6, OutW1
        bra GT, jPI5                            ;U > Outmax, OutW1 = Outmax
        mov.w [BaseW0 + PI_qOutMin], OutW1
        cp UnlimitW6, OutW1
        bra LE, jPI5                            ;U < Outmin, OutW1 = Outmin
        mov.w UnlimitW6, OutW1                  ;OutW1 = U
jPI5:
        mov.w OutW1, [BaseW0 + PI_qOut]
        return
.end
```

第 6 章 步进电动机的 DSC 控制

步进电动机是纯粹的数字控制电动机,它将电脉冲信号转变成角位移,即给一个脉冲信号,步进电动机就转动一个角度。近 30 年来,数字技术、计算机技术和永磁材料的迅速发展,推动了步进电动机的发展,为步进电动机的应用开辟了广阔的前景。

步进电动机有如下特点:

① 步进电动机的角位移与输入脉冲数严格成正比,因此,当它转一转后,没有累计误差,具有良好的跟随性。

② 由步进电动机与驱动电路组成的开环数控系统,既非常简单、廉价,又非常可靠。同时,它也可以与角度反馈环节组成高性能的闭环数控系统。

③ 步进电动机的动态响应快,易于起停、正反转及变速。

④ 速度可在相当宽的范围内平滑调节,低速下仍能保证获得大转矩,因此,一般可以不用减速器而直接驱动负载。

⑤ 步进电动机只能通过脉冲电源供电才能运行,它不能直接使用交流电源和直流电源。

⑥ 步进电动机存在振荡和失步现象,必须对控制系统和机械负载采取相应的措施。

⑦ 步进电动机自身的噪声和振动较大,带惯性负载的能力较差。

6.1 步进电动机的工作原理

6.1.1 步进电动机的结构

1. 步进电动机的分类

步进电动机可分为 3 大类:

① 反应式步进电动机(Variable Reluctance,VR)。反应式步进电动机的转子是由软磁材料制成的,转子中没有绕组。它的结构简单,成本低,步距角可以做得很小,但动态性能较差。

② 永磁式步进电动机(Permanent Magnet,PM)。永磁式步进电动机的转子是用永磁材

料制成的,转子本身就是一个磁源。它的输出转矩大,动态性能好。转子的极数与定子的极数相同,因此步距角一般较大。需给该电机提供正负脉冲信号。

③ 混合式步进电动机(Hybrid,称 Hb)。混合式步进电动机综合了反应式和永磁式两者的优点,它的输出转矩大,动态性能好,步距角小,但结构复杂,成本较高。

2. 步进电动机的结构

图 6-1 是一个三相反应式步进电动机结构图。从图中可以看出,它分成转子和定子两部分。定子是由硅钢片叠成的,有 6 个磁极(大极),每两个相对的磁极(N、S 极)组成一对,共有 3 对。每对磁极都缠有同一绕组,也即形成一相,这样 3 对磁极有 3 个绕组,形成 3 相。可以得出,4 相步进电动机有 4 对磁极、4 相绕组;5 相步进电动机有 5 对磁极、5 相绕组……依此类推。每个磁极的内表面都分布着多个小齿,它们大小相等,间距相同。

转子是由软磁材料制成的,其外表面也均匀分布着小齿。这些小齿与定子磁极上的小齿的齿距相同,形状相似。

由于小齿的齿距相同,所以不管是定子还是转子,它们的齿距角都可以由下式来计算:

$$\theta_z = 2\pi/Z \tag{6-1}$$

式中:Z 为转子的齿数。

反应式步进电动机运动的动力来自于电磁力。在电磁力的作用下,转子被强行推动到最大磁导率(或者最小磁阻)的位置,如图 6-2(b)所示,即定子小齿与转子小齿对齐的位置,并处于平衡状态。对三相步进电动机来说,当某一相的磁极处于最大磁导位置时,另外两相必须处于非最大磁导位置,如图 6-2(a)所示,即定子小齿与转子小齿不对齐的位置。

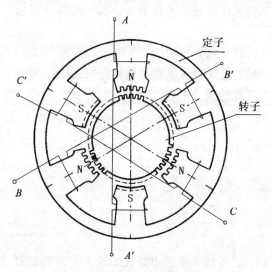

图 6-1 三相反应式步进电动机结构

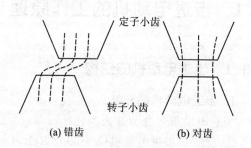

(a) 错齿   (b) 对齿

图 6-2 定子齿与转子齿间的磁导现象

我们把定子小齿与转子小齿对齐的状态称为对齿;把定子小齿与转子小齿不对齐的状态称为错齿;错齿的存在是步进电动机能够旋转的前提条件。因此,在步进电动机的结构中必须保证有错齿存在,也就是说,当某一相处于对齿状态时,其他相必须处于错齿状态。

因为定子的齿距角与转子相同,所不同的是,转子的齿是圆周分布的,而定子的齿只分布在磁极上,属于不完全齿。当某一相处于对齿状态时,该相磁极上定子的所有小齿都与转子上的小齿对齐。

6.1.2 步进电动机的工作方式

1. 步进电动机的步进原理

如果给处于错齿状态的相通电,则转子在电磁力的作用下,将向磁导率最大(或磁阻最小)的位置转动,即向趋于对齿的状态转动。步进电动机就是基于这一原理转动的。

步进电动机步进的过程也可通过图 6-3 进一步说明。当开关 K_A 合上时,A 相绕组通电,使 A 相磁场建立。A 相定子磁极上的齿与转子的齿形成对齿,同时,B 相、C 相上的齿与转子形成错齿。

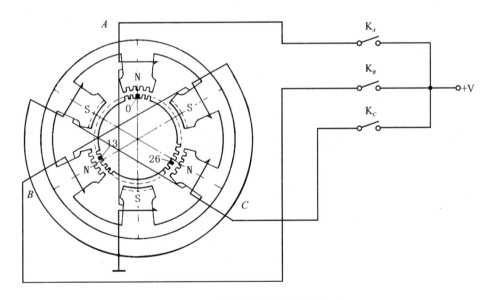

图 6-3 步进电动机的步进原理

将 A 相断电,同时将 K_B 合上,使处于错 1/3 个齿距角的 B 相通电,并建立磁场。转子在电磁力的作用下,向与 B 相成对齿的位置转动。其结果是:转子转动了 1/3 个齿距角;B 相与转子形成对齿;C 相与转子错 1/3 个齿距角;A 相与转子错 2/3 个齿距角。

相似地,在 B 相断电的同时,合开关 K_C 给 C 相通电建立磁场,转子又转动了 1/3 个齿距角,与 C 相形成对齿,并且 A 相与转子错 1/3 个齿距角,B 相与转子错 2/3 个齿距角。

当 C 相断电,再给 A 相通电时,转子又转动了 1/3 个齿距角,与 A 相形成对齿,与 B、C 两相形成错齿。至此,所有的状态与最初时一样,只不过转子累计转过了一个齿距。

可见,由于按 A—B—C—A 顺序轮流给各相绕组通电,磁场按 A—B—C 方向转过了 360°,转子则沿相同方向转过一个齿距角。

同样,如果改变通电顺序,即按与上面相反的方向(A—C—B—A 的顺序)通电,则转子的转向也改变。

如果对绕组通电一次的操作称为一拍,那么前面所述的三相反应式步进电动机的三相轮流通电就需要三拍。转子每拍走一步,转一个齿距角需要三步。

转子走一步所转过的角度称为步距角 θ_N,可用下式计算:

$$\theta_N = \frac{\theta_z}{N} = \frac{2\pi}{NZ} \tag{6-2}$$

式中:N 为步进电动机工作拍数。

2. 单三拍工作方式

三相步进电动机如果按 A—B—C—A 方式循环通电工作,就称这种工作方式为单三拍工作方式。其中"单"指的是每次对一个相通电;"三拍"指的是磁场旋转一周需要换相三次,这时转子转动一个齿距角。如果对多相步进电动机来说,每次只对一相通电,要使磁场旋转一周就需要多拍。

以单三拍工作方式工作的步进电动机,其步距角按式(6-2)计算。在用单三拍方式工作时,各相通电的波形如图 6-4 所示。其中电压波形是方波;而电流波形则是由两段指数曲线组成。这是因为受步进电动机绕组电感的影响,当绕组通电时,电感阻止电流的快速变化;当绕组断电时,储存在绕组中的电能通过续流二极管放电。电流的上升时间取决于回路中的时间常数。我们希望绕组中的电流也能象电压一样突变,这一点与其他电动机不同,因为这样会使绕组在通电时能迅速建立磁场,断电时不会干扰其他相磁场。

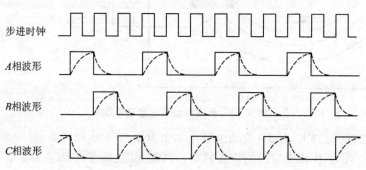

图 6-4 单三拍工作方式时的相电压、电流波形

为了达到这一目的可以有许多方法,在续流二极管回路中串联一个电阻是其中一种有效的方法。该方法可以在绕组断电时,通过续流二极管将储存在绕组中的电能消耗在电阻上,表现为电流波形下降的速度加快,下降时间减小。

3. 双三拍工作方式

三相步进电动机的各相除了采用单三拍方式通电工作外,还可以有其他种通电方式。双三拍是其中之一。

双三拍的工作方式是每次对两相同时通电,即所谓"双";磁场旋转一周需要换相三次,即所谓"三拍",转子转动一个齿距角,这与单三拍是一样的。在双三拍工作方式中,步进电动机正转的通电的顺序为 $AB—BC—CA$;反转的通电顺序为 $BA—AC—CB$。

因为在双三拍工作方式中,转子转动一个齿距角需要的拍数也是三拍,所以,它的步距角与单三拍时一样,仍然用式(6-2)求得。

在用双三拍方式工作时,各相通电的波形如图 6-5 所示。由图可见,每一拍中,都有两相通电,每一相通电时间都持续两拍。因此,双三拍通电的时间长,消耗的电功率大,当然,获得的电磁转矩也大。

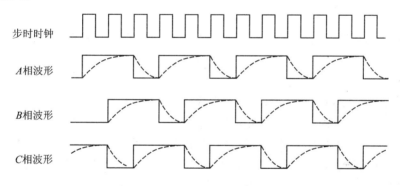

图 6-5 三双拍工作方式的相电压、电流波形

双三拍工作时,所产生的磁场形状与单三拍时不一样,如图 6-6 所示。与单三拍另一个不同之处在于,双三拍工作时的磁导率最大位置并不是转子处于对齿的位置。当某两相通电时,最大磁导率的位置是转子齿与两个通电相磁极的齿分别错±1/6 个齿距角的位置,而此时转子齿与另一未通电相错 1/2 个齿距角。也就是说,在最大磁导率位置时,没有对齿存在。在这个位置上,两个通电相的磁极所产生的磁场,使定子与转子相互作用的电磁转矩大小相等,方向相反,使转子处于平衡状态。

双三拍方式还有一个优点,这就是不易产生失步。这是因为当两相通电后,两相绕组中的电流幅值不同,产生的电磁力作用方向也不同。因此,其中一相产生的电磁力起了阻尼作用。绕组中电流越大,阻尼作用就越大,这有利于步进电动机在低频区工作。而单三拍由于是单相通电励磁,不会产生阻尼作用。因此当工作在低频区时,由于通电时间长而使能量过大,易产

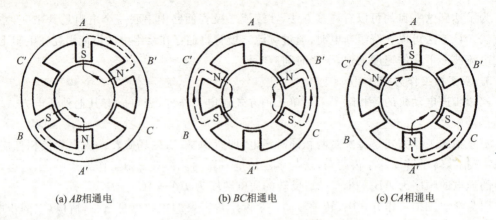

图 6-6 双三拍工作时的磁场情况

生失步现象。

4. 六拍工作方式

六拍工作方式是三相步进电动机的另一种通电方式。这是单三拍与双三拍交替使用的一种方法,也称作单双六拍或 1—2 相励磁法。

步进电动机的正转通电顺序为 $A—AB—B—BC—C—CA$;反转通电顺序为 $A—AC—C—CB—B—BA$。可见,磁场旋转一周,通电需要换相六次(即六拍),转子才转动一个齿距角,这是与单三拍和双三拍最大的区别。

由于转子转动一个齿距角需要六拍,根据式(6-2),六拍工作时的步距角要比单三拍和双三拍时的步距角小一半,所以步进精度要高一倍。

六拍工作时,各相通电的电压和电流波形如图 6-7 所示。可以看出,在使用六拍工作方式时,有三拍是单相通电,有三拍是双相通电;对任一相来说,它的电压波形是一个方波,周期为六拍,其中有三拍连续通电,有三拍连续断电。

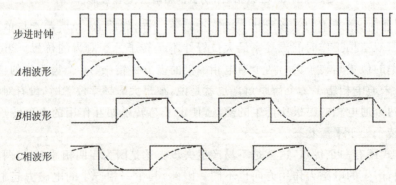

图 6-7 六拍工作方式时的相电压、电流波形

单三拍、双三拍、六拍这 3 种工作方式的区别见表 6-1。

表 6-1 3 种工作方式的比较

工作方式	单三拍	双三拍	六拍	工作方式	单三拍	双三拍	六拍
步进周期	T	T	T	转矩	小	中	大
每相通电时间	T	$2T$	$3T$	电磁阻尼	小	较大	较大
走齿周期	$3T$	$3T$	$6T$	振荡	易	较易	不易
相电流	小	较大	最大	功耗	小	大	中
高频性能	差	较好	较好				

由表 6-1 可以看出,这 3 种工作方式的区别较大,一般来说,六拍工作方式的性能最好,单三拍工作方式的性能较差。因此,在步进电动机控制的应用中,选择合适的工作方式非常重要。

以上我们介绍了三相步进电动机的工作方式。对于多相步进电动机,也可以有几种工作方式。例如四相步进电动机,有单四拍 A—B—C—D、双四拍 AB—BC—CD—DA、八拍 A—AB—B—BC—C—CD—D—DA,或者 AB—ABC—BC—BCD—CD—CDA—DA—DAB。同样,读者可以自己推得五相步进电动机的工作方式。

6.2 步进电动机的 DSC 控制方法

步进电动机的驱动电路是根据控制信号工作的。在步进电动机的 DSC 控制中,控制信号是由 DSC 产生的。其基本控制作用如下:

> 控制换相顺序。步进电动机的通电换相顺序是严格按照步进电动机的工作方式进行的。通常我们把通电换相这一过程称为"脉冲分配"。例如,三相步进电动机的单三拍工作方式,其各相通电的顺序为 A—B—C,通电控制脉冲必须严格地按照这一顺序分别控制 A、B、C 相的通电和断电。

> 控制步进电动机的转向。通过前面介绍的步进电动机原理我们已经知道,如果按给定的工作方式正序通电换相的话,步进电动机就正转;如果按反序通电换相,则电动机就反转。例如四相步进电动机工作在单四拍方式,通电换相的正序是 A—B—C—D,电动机就正转;如果按反序 A—D—C—B,电动机就反转。

> 控制步进电动机的速度。如果给步进电动机发一个控制脉冲,它就转一个步距角,再发一个脉冲,它会再转一个步距角。两个脉冲的间隔时间越短,步进电动机就转得越快。因此,脉冲的频率 f 决定了步进电动机的转速。

步进电动机的转速可由下式计算:

$$\omega = \theta_N f \qquad (6-3)$$

当步进电动机的工作方式确定之后,调整脉冲的频率 f,就可以对步进电动机进行调速。下面我们介绍如何用 DSC 实现上述控制。

6.2.1 步进电动机的脉冲分配

实现脉冲分配(也就是通电换相控制)的方法有两种:软件法和硬件法。

1. 通过软件实现脉冲分配

软件法是完全用软件的方式,按照给定的通电换相顺序,通过 dsPIC30F6010 的 I/O 口向驱动电路发出控制脉冲。图 6-8 就是用这种方法控制五相步进电动机的硬件接口例子。该例利用 6010 的 RB 口,向五相步进电动机各相传送控制信号。

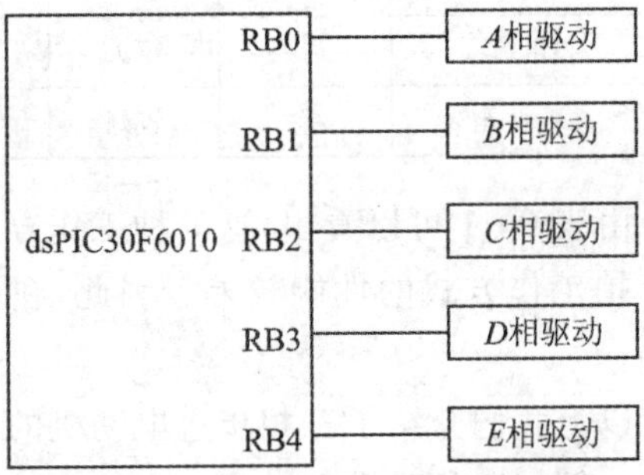

下面以五相步进电动机工作在十拍方式为例,来说明如何设计软件。

图 6-8 用软件实现脉冲分配的接口示意图

五相十拍工作方式通电换相的正序为

$$AB-ABC-BC-BCD-CD-CDE-DE-DEA-EA-EAB$$

共有 10 个通电状态。这 10 个通电状态对应 10 个控制字。设计低电平有效,不用的 RB 引脚取 0 值,则这 10 个控制字见表 6-2。

表 6-2 五相十拍工作方式的控制字

通电状态	RB 口(电机相)					控制字
	RB4(E)	RB3(D)	RB2(C)	RB1(B)	RB0(A)	
AB	1	1	1	0	0	0x001C
ABC	1	1	0	0	0	0x0018
BC	1	1	0	0	1	0x0019
BCD	1	0	0	0	1	0x0011
CD	1	0	0	1	1	0x0013
CDE	0	0	0	1	1	0x0003
DE	0	0	1	1	1	0x0007
DEA	0	0	1	1	0	0x0006
EA	0	1	1	1	0	0x000E
EAB	0	1	1	0	0	0x000C

第6章 步进电动机的 DSC 控制

利用 6010 的 Timer1 定时器作为时钟源,设计定时器 Timer1 的周期值为步进脉冲的周期,即 $PR1=1/f$。当 Timer1 中断时,在中断处理子程序中,通过查表的方法,根据当前状态和转向查得控制字,将这个控制字送入 RB 口,来控制某相通断电,实现换相。

每送一个控制字,就完成一拍,步进电动机转过一个步距角。依次正序完成 10 次换相,步进电动机就会正向转动一个齿距角。如果按照控制字的反序查表,就会实现步进电动机的反转。

以下是根据上述原理设计的实现正反转脉冲分配子程序(Timer1 中断子程序)。

用 DIRECTION 作为转向标志,正转为 1,反转为 0;STATE 作为当前通电状态。

程序清单 6-1 步进电动机实现正反转脉冲分配子程序(Timer1 中断子程序)

```
_T1Interrupt:
    push.s                          ;保存现场
    push.d w0
    btss DIRECTION,0                ;正转则跳到 CW
    goto CCW
CW:
    inc STATE                       ;正转加 1
    mov STATE,w0
    and #0x000f,w0                  ;屏蔽高 12 位
    sub #10,w0                      ;检测 STATE 是否超过 9
    bra nz ZZ                       ;没超则跳转
    clr STATE                       ;否则 0
    goto ZZ
CCW:
    dec STATE                       ;反转减 1
    mov STATE,w0
    and #0x000f,w0                  ;屏蔽高 12 位
    sub #15,w0                      ;检测 STATE 是否等于 F
    bra nz ZZ                       ;不等则跳转
    mov #9,w0                       ;否则 9
    mov w0,STATE
ZZ:
    mov #tblpage(ABC),w0
    mov w0,TBLPAG
    mov #tbloffset(ABC),W0          ;初始化 TBLPAG 和指针寄存器
    mov STATE,w1
    sl w1,#1,w1                     ;左移一位转换为字节地址偏移量
    add w0,w1,w0                    ;形成表地址
```

```
tblrdl [w0],w0                    ;查表
mov w0,PORTB                      ;输出
pop.d w0
pop.s
retfie
.section .ABC, code
.palign 2
ABC:
.hword 0x001C,0x0018,0x0019,0x0011,0x0013    ;10 个控制字
.hword 0x0003,0x0007,0x0006,0x000E,0x000C
```

软件法是以牺牲 DSC 机时和资源来换取系统的硬件成本降低。

2. 通过硬件实现脉冲分配

所谓硬件法实际上是使用脉冲分配器芯片,来进行通电换相控制。脉冲分配器有很多种,如 CH250、CH224、PMM8713、PMM8714、PMM8723 等。这里介绍一种 8713 集成电路芯片。8713 有几种型号,如三洋公司生产的 PMM8713,富士通公司生产的 MB8713,国产的 5G8713 等,它们的功能一样,可以互换。

8713 是属于单极性控制,用于控制三相和四相步进电动机,可以选择以下不同的工作方式。三相步进电动机:单三拍、双三拍、六拍;四相步进电动机:单四拍、双四拍、八拍。

8713 可以选择单时钟输入或双时钟输入,具有正反转控制、初始化复位、工作方式和输入脉冲状态监视等功能。所有输入端内部都设有斯密特整形电路,提高抗干扰能力。8713 使用 4～18 V 直流电源,输出电流为 20 mA。8713 有 16 个引脚。各引脚功能见表 6-3。

表 6-3 8713 引脚功能

引脚	功 能	说 明
1	正转脉冲输入端	1、2 脚为双时钟输入端
2	反转脉冲输入端	
3	脉冲输入端	3、4 脚为单时钟输入端
4	转向控制端。0 为反转;1 为正转	
5	工作方式选择:00 为双三(四)拍;01、10 为单三(四)拍;11 为六(八)拍	
6		
7	三/四相选择。0 为三相;1 为四相	
8	地	
9	复位端,低电平有效	

第6章 步进电动机的DSC控制

续表6-3

引脚	功能	说明
10	输出端。四相用13、12、11、10脚,分别代表A、B、C、D; 三相用13、12、11脚,分别代表A、B、C	
11		
12		
13		
14	工作方式监视。0为单三(四)拍;1为双三(四)拍;脉冲为六(八)拍	
15	输入脉冲状态监视,与时钟同步	
16	电源	

8713脉冲分配器与6010的接口例子如图6-9所示,本例8713选用单时钟输入方式。8713的3脚为步进脉冲输入端,4脚为转向控制端,这两个引脚的输入均可由6010的比较输出口OC7和I/O口RA9提供和控制。选用对四相步进电动机进行八拍方式控制,因此8713的5、6、7脚均接高电平。

6010的比较输出口OC7设置成高低

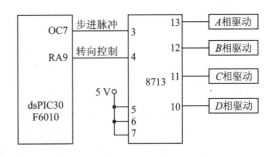

图6-9 8713脉冲分配器与dsPIC接口

交替输出方式。当比较值和定时器的周期值给定后,就可以自动地发出PWM波。本例定时器选用Timer2,分频比1:1,周期值和比较值各为500,也就是说输出的PWM波的频率7.375 Hz(假设计数周期为135.6 ns),占空比1/2。对OC7口的初始化程序如下:

```
mov #0x0001,w0
mov w0,OC7CON      ;初始化OC7引脚低电平,Timer2是时钟源
bset OC7CON,#1     ;设置成高低交替方式
mov #500,w0        ;OC7R = 500
mov w0,OC7R
mov w0,PR2         ;PR2 = 500
bset T2CON,#TON    ;启动定时器。分频比1:1
```

硬件法节约了DSC的机时和资源。

6.2.2 步进电动机的速度控制(双轴联动举例)

如前所述,步进电动机的速度控制是通过控制DSC发出的步进脉冲频率来实现的。不管

是对于软脉冲分配方式,还是对于硬脉冲分配方式,都可以通过控制 DSC 定时器的周期值来控制步进脉冲的频率。周期值越大,步进脉冲的频率就越低,步进电动机的速度越慢。

对于软脉冲分配方式,DSC 定时器的周期值决定了周期中断的时刻,因此也决定了执行换相的时刻。控制中只要改变定时器的周期值就可以改变电动机的速度。

对于硬脉冲分配方式,由于要在 OCx 口发出等宽步进脉冲方波,所以还要对比较通道的数据寄存器 OCxR 的值进行设置。采用高低交替比较输出方式时,比较值应该等于定时器的周期值,也即 1/2 步进周期值,这样可使占空比为 50%。因此,在电动机调速时,除了要改变 DSC 定时器的周期值外,还要改变相应的比较通道数据寄存器 OCxR 的值,以保证输出等宽步进脉冲方波。

以下我们结合多轴联动的例子来介绍步进电动机的速度控制方法。多轴联动指的是多台电动机同时协调运动、控制空间运动轨迹的方法,它可以提高运动轨迹的精度。在多轴联动应用中,以两轴联动应用得最为普遍,例如绘图仪,XY 工作台等。下面以两轴联动直线运动为例,介绍用 dsPIC 控制两台步进电动机实现两轴联动直线运动的编程方法。

设要控制运动从 A 点(x_A, y_A) 运动到 B 点(x_B, y_B),如图 6-10 所示,其中 A、B 点是四象限上的任何一点。

x 轴电动机运动的距离为 $d_x = x_B - x_A$;y 轴电动机运动的距离为 $d_y = y_B - y_A$;两台电动机同时开始运动,到达 B 点后停止,所用的时间 t 相同。因此,x 轴电动机运动的速度为:

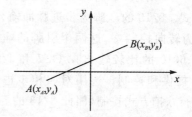

图 6-10 两轴联动直线运动

$$d_x/t = n_x k/t \tag{6-4}$$

式中,k 是步进电动机的脉冲当量,单位为 μm/P;n_x 是 x 轴步进电动机的步数。它们的关系为:

$$n_x = d_x/k \tag{6-5}$$

步进电动机的步进频率为:

$$f_x = n_x/t = d_x/(kt) \tag{6-6}$$

则步进周期为:

$$T_x = 1/f_x = kt/d_x \tag{6-7}$$

对于 y 轴电动机的运动同样有:

$$n_y = d_y/k \tag{6-8}$$

$$T_y = kt/d_y \tag{6-9}$$

这样,只要计算出各电动机的步进周期和步数,就可以控制这两台电动机从 A 点沿直线运动到 B 点。

下面介绍程序设计。

本例中,设计长度为32位,单位为0.1 μm,最大长度为104 mm;时间也是32位,Q-4格式,单位为ns,最大的范围是10 s;脉冲当量$k=0.4$ μm/P,如果取单位为0.1 μm/P,则常数$k=4$;步进电动机的步数也设计为32位。

设计OC7口控制x轴电动机,RG0口控制x轴电动机的转向,Timer2作为OC7的时钟源;OC8口控制y轴电动机,RG1口控制y轴电动机的转向,Timer3作为OC8的时钟源。

设计OCx采用高低交替输出方式,方波输出,因此$PRy=OCxR=T/2$(参见图1-71)。PRy(定时器周期)和OCxR(比较通道数据寄存器)的单位是计数周期的个数,所以还要除以计数周期。如果dsPIC的计数周期为136 ns,因此对x轴运动有:

$$PR2 = OC7R = \frac{T_x}{2\times 136} = \frac{4\times t}{2\times 136\times d_x} = \frac{t}{68\times d_x} \quad (6-10)$$

同样,对y轴运动有:

$$PR3 = OC8R = \frac{t}{68\times d_y} \quad (6-11)$$

设计主程序,根据式(6-5)、(6-8)、(6-10)、(6-11)计算n_x、n_y、PR2、PR3、OC7R、OC8R的值,以及各电动机的转向控制。主程序框图见图6-11。

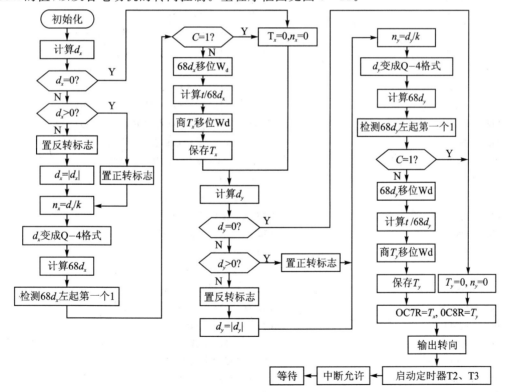

图6-11 两轴联动主程序框图

设计 OC7 和 OC8 中断子程序,电动机每走一步,步数减 1,直到步数为 0 为止。

程序清单 6-2　步进电动机实现两轴联动直线运动程序

```
.equ __30F6010, 1
.include    "C:\Program Files\Microchip\MPLAB ASM30 Suite\Support\inc\p30f6010.inc"
.global __reset
.global __OC7Interrupt
.global __OC8Interrupt
config __FOSC, CSW_FSCM_OFF & XT_PLL4      ;关闭时钟切换和
;故障保护时钟监视,并使用 XT 振荡器和 4 倍频 PLL 作为系统时钟
config __FWDT, WDT_OFF                     ;关闭看门狗定时器
config __FBORPOR, PBOR_ON & BORV_27 & PWRT_16 & MCLR_EN
;设置欠压复位电压,并将上电延迟定时器设置为 16ms
config __FGS, CODE_PROT_OFF                ;对一般代码段将代码保护设置为关闭
;--------------------------变量定义--------------------------
.bss
XAL: .space 2           ;A 点 x 坐标低 16 位(有符号数,0.1 μm)
XBL: .space 2           ;B 点 x 坐标低 16 位(有符号数,0.1 μm)
YAL: .space 2           ;A 点 y 坐标低 16 位(有符号数,0.1 μm)
YBL: .space 2           ;B 点 y 坐标低 16 位(有符号数,0.1 μm)
XAH: .space 2           ;A 点 x 坐标高 16 位(有符号数,0.1 μm)
XBH: .space 2           ;B 点 x 坐标高 16 位(有符号数,0.1 μm)
YAH: .space 2           ;A 点 y 坐标高 16 位(有符号数,0.1 μm)
YBH: .space 2           ;B 点 y 坐标高 16 位(有符号数,0.1 μm)
tL: .space 2            ;位移时间低 16 位(ns,Q-4 格式)
tH: .space 2            ;位移时间高 16 位(ns,Q-4 格式)
K: .space 2             ;脉冲当量(0.1 μm/P)
dXL: .space 2           ;AB 点 x 坐标差低 16 位
dYL: .space 2           ;AB 点 y 坐标差低 16 位
dXH: .space 2           ;AB 点 x 坐标差高 16 位
dYH: .space 2           ;AB 点 y 坐标差高 16 位
Tx: .space 2            ;1/2x 轴电机步进周期(脉冲个数)
Ty: .space 2            ;1/2y 轴电机步进周期(脉冲个数)
DIR: .space 2           ;xy 正负值标志位,也是 xy 电机转向
NXL: .space 2           ;x 方向移动步数低 16 位
NXH: .space 2           ;x 方向移动步数高 16 位
NYL: .space 2           ;y 方向移动步数低 16 位
NYH: .space 2           ;y 方向移动步数高 16 位
Testx: .space 2         ;步进脉冲状态 x
```

```
Testy: .space 2                        ;步进脉冲状态 y
;------------------------主程序------------------------
.text
__reset:
;----------------------初始化----------------------
    mov #__SP_init, w15                ;初始化堆栈指针
    mov #__SPLIM_init, w0              ;初始化堆栈指针限制寄存器
    mov w0, SPLIM
    nop                                ;在初始化 SPLIM 之后,加一条 NOP
    clr w0
    mov w0, w14
    repeat #12
    mov w0, [++w14]
    clr w14                            ;W 寄存器初始化
    mov #0x0001, w0
    mov w0, OC7CON                     ;初始化 OC7 引脚低电平,Timer2 是 x 轴时钟源
    bset OC7CON, #1                    ;设置成高低交替方式
    mov #0x0009, w0
    mov w0, OC8CON                     ;初始化 OC8 引脚低电平,Timer3 是 y 轴时钟源
    bset OC8CON, #1                    ;设置成高低交替方式
    mov #0xFFFC, w0
    mov w0, TRISG                      ;RG0,RG1 为输出口
    mov #0x5544, w0
    mov w0, IPC8                       ;OC8、OC7 中断优先级 = 5
    clr IFS2                           ;清中断标志
    clr Testx                          ;清 0
    clr Testy
;------------------------计算------------------------
    bset SR, #C
    mov XBL, w2
    mov XAL, w0
    sub w2, w0, w6                     ;XBL - XAL = w6
    mov XBH, w2
    mov XAH, w0
    subb w2, w0, w5                    ;XBH - XAH = w5
    bra n, TB1                         ;是负数跳转
    bra z, TB5                         ;是 0 跳转
    bclr DIR, #0                       ;是正数(正转),清标志位
    goto TB2
```

TB1:
```
    bset DIR,#0                    ;置 1 标志位(反转)
    mov w6,ACCAL                   ;32 位差送 ACC
    mov w5,ACCAH
    clr ACCAU
    neg A                          ;求补,转变成正数
    mov ACCAL,w6
    mov ACCAH,w5
```
TB2:
```
    mov w6,ACCAL                   ;32 位差送 ACC
    mov w5,ACCAH
    clr ACCAU
    sftac A,#2                     ;相当于 dx/k(k = 4)
    mov ACCAL, w6
    mov ACCAH, w5
    mov w6, NXL                    ;保存 NX
    mov w5, NXH
    sftac A,#2                     ;再右移 2 位,dx 变成 Q - 4 格式(单字)
    mov ACCAL, w0
    mov #68,w1
    mul.uu w0,w1,w2                ;dx * 68,积存入 w2 和 w3
    clr w4                         ;清 0
    clr w5
    ffl1 w3,w4                     ;检测高位左起第一个 1 的位数
    bra nc,TB3                     ;w4 不是 0 跳转
    ffl1 w2,w5                     ;检测低位左起第一个 1 的位数
    bra c,TB5                      ;w5 是 0 跳转
    mov # -16, w4
    subr w5,#1,w5                  ;1 - w5
    mov w2,ACCAL                   ;送 ACC
    mov w3,ACCAH
    clr ACCAU
    sftac A,w4                     ;移位
    sftac A,w5                     ;继续移位
    mov ACCAH,w6                   ;除数
    mov tL,w2                      ;被除数
    mov tH,w3
    repeat #17
    div.ud w2,w6                   ;计算 t/(68dx)
```

```
        mov w0,ACCAL
        clr ACCAH
        sftac A,w4
        sftac A,w5
        goto TB4
TB3:
        subr w4,#1,w4           ;1 - w4
        mov w2,ACCAL            ;送 ACC
        mov w3,ACCAH
        clr ACCAU
        sftac A,w4              ;移位
        mov ACCAH,w6            ;除数
        mov tL,w2               ;被除数
        mov tH,w3
        repeat #17
        div.ud w2,w6            ;计算 $t/(68d_x)$
        mov w0,ACCAL
        clr ACCAH
        sftac A,w4
TB4:
        mov ACCAH,w0
        mov w0,Tx               ;保存商
        goto TB6
TB5:
        clr Tx                  ;$T_x = 0$
        clr NXL                 ;NXL = 0
        clr NXH                 ;NXH = 0
TB6:
        bset SR,#C              ;清借位标志
        mov YBL,w2
        mov YAL,w0
        sub w2,w0,w6            ;YBL - YAL = w6
        mov YBH,w2
        mov YAH,w0
        subb w2,w0,w5           ;YBH - YAH = w5
        bra n,TB7               ;是负数跳转
        bra z,TB11              ;是 0 跳转
        bclr DIR,#1             ;是正数(正转),清标志位
        goto TB8
```

TB7:
```
    bset DIR,#1              ;置1标志位(反转)
    mov w6,ACCAL             ;32位差送ACC
    mov w5,ACCAH
    clr ACCAU
    neg A                    ;求补,转变成正数
    mov ACCAL,w6
    mov ACCAH,w5
```
TB8:
```
    mov w6,ACCAL             ;32位差送ACC
    mov w5,ACCAH
    clr ACCAU
    sftac A,#2               ;相当于 d_y/k(k=4)
    mov ACCAL,w6
    mov ACCAH,w5
    mov w6,NYL               ;保存 n_y
    mov w5,NYH
    sftac A,#2               ;再右移2位,d_y 变成Q-4格式(单字)
    mov ACCAL,w0
    mov #68,w1
    mul.uu w0,w1,w2          ;d_y*68,积存入w2和w3
    clr w4                   ;清0
    clr w5
    ffll w3,w4               ;检测高位左起第一个1的位数
    bra nc,TB9               ;w4不是0跳转
    ffll w2,w5               ;检测低位左起第一个1的位数
    bra c,TB11               ;w5是0跳转
    mov #-16,w4
    subr w5,#1,w5            ;1-w5
    mov w2,ACCAL             ;送ACC
    mov w3,ACCAH
    clr ACCAU
    sftac A,w4               ;移位
    sftac A,w5               ;继续移位
    mov ACCAH,w6             ;除数
    mov tL,w2                ;被除数
    mov tH,w3
    repeat #17
    div.ud w2,w6             ;计算 t/(68d_y)
```

```
        mov w0,ACCAL
        clr ACCAH
        sftac A,w4
        sftac A,w5
        goto TB10
TB9：
        subr w4,#1,w4                    ;1 - w4
        mov w2,ACCAL                     ;送 ACC
        mov w3,ACCAH
        clr ACCAU
        sftac A,w4                       ;移位
        mov ACCAH,w6                     ;除数
        mov tL,w2                        ;被除数
        mov tH,w3
        repeat #17
        div.ud w2,w6                     ;计算 $t/(68d_y)$
        mov w0,ACCAL
        clr ACCAH
        sftac A,w4
TB10：
        mov ACCAH,w0
        mov w0,Ty                        ;保存商
        goto TB12
TB11：
        clr Ty                           ;$T_y = 0$
        clr NYL                          ;NYL = 0
        clr NYH                          ;NYH = 0
TB12：
        mov Tx,w0                        ;OC7R = $T_x$
        mov w0,OC7R
        mov w0,PR2                       ;PR2 = $T_x$
        mov Ty,w0                        ;OC8R = $T_y$
        mov w0,OC8R
        mov w0,PR3                       ;PR3 = $T_y$
        mov DIR,w0
        mov w0,PORTG                     ;输出转向
        bset T2CON,#TON                  ;启动定时器。分频比 1:1
        bset T3CON,#TON                  ;启动定时器。分频比 1:1
        bset IEC2,#OC7IE                 ;OC7 中断允许
```

```
        bset IEC2,#OC8IE              ;OC8 中断允许
abc:
        goto abc                      ;等待
;------------------------OC7 中断子程序------------------------
__OC7Interrupt:
        push.s                        ;保存现场
        push w0
        inc Testx
        btsc Testx,#0
        goto H2
        dec NXL                       ;减 1
        bra C,H1
        dec NXH
H1:
        mov NXL,w0
        ior NXH,wreg                  ;检测是否为 0
        bra NZ,H2                     ;非 0 跳转
        bclr T2CON,#TON               ;停定时器
H2:
        bclr IFS2,#OC7IF              ;清中断标志
        pop w0                        ;恢复现场
        pop.s
        retfie
;------------------------OC8 中断子程序------------------------
__OC8Interrupt:
        push.s                        ;保存现场
        push w0
        inc Testy
        btsc Testy,#0
        goto H4
        dec NYL                       ;减 1
        bra C,H3
        dec NYH
H3:
        mov NYL,w0
        ior NYH,wreg                  ;检测是否为 0
        bra NZ,H4                     ;非 0 跳转
        bclr T3CON,#TON               ;停定时器
H4:
```

```
bclr IFS2,#OC8IF            ;清中断标志
pop w0                      ;恢复现场
pop.s
retfie
.end
```

6.3 步进电动机的驱动

步进电动机的驱动方式有多种,我们可以根据实际需要来选用。下面介绍几种常用驱动的工作原理和与 DSC 的接口。

6.3.1 双电压驱动

双电压法的基本思路是在低频段使用较低的电压驱动,目的是减弱低速时因能量过大而易造成的振荡和过冲现象;在高频段使用较高的电压驱动,以补偿高速时因换相频率过快而造成能量供给不足现象。

双电压驱动原理和与 dsPIC 接口电路如图 6-12 所示。当电动机工作在低频时,通过控制 dsPIC 的 RA10 引脚,输出低电平给 T_1,使 T_1 关断。这时电动机的绕组由低电压 V_L 供电,步进脉冲通过 T_2 使绕组得到低压脉冲电源。当电动机工作在高频时,控制 RA10 输出高电平给 T_1,使 T_1 打开。这时二极管 D_2 反向截止,切断低电压电源 V_L,电动机绕组由高电压 V_H 供电,步进脉冲通过 T_2 使绕组得到高压脉冲电源。

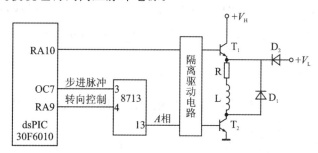

图 6-12 A 相双电压驱动原理及与 dsPIC 接口

这种驱动方法保证了低频段仍然具有单电压驱动的特点,在高频段具有良好的高频性能。

6.3.2 高低压驱动

高低压法的基本思路是:不论电动机工作的频率如何,在绕组通电的开始用高压供电,使绕组中电流迅速上升,而后用低压来维持绕组中的电流。电流波形的前沿越陡,越有利于绕组磁场的快速建立。

高低压驱动电路的原理图如图 6-13 所示。尽管看起来与双电压法电路非常相似,但它们的原理有很大差别。

如图 6-13(b)所示,高压开关管 T_1 的输入脉冲 u_H 与低压开关管 T_2 的输入脉冲 u_L 同时起步,但脉宽要窄的多。两个脉冲同时使开关管 T_1、T_2 导通,使高电压 V_H 为电动机绕组供电。这使得绕组中电流 i 快速上升,见图 6-13(b)波形,电流波形的前沿很陡。当脉冲 u_H 降为低电平时,高压开关管 T_1 截止,高电压被切断,低电压 V_L 通过二极管 D_2 为绕组继续供电。

为了实现上述控制,可设计 dsPIC 的 OC6 口控制开关管 T_1 如图 6-13(a)所示。因为 OC6 和 OC7 可以共用同一个定时器的周期寄存器,因此两者输出的控制脉冲周期相同。但是由于两者分别使用各自的比较通道数据寄存器 OC6R 和 OC7R,故可输出不同脉宽的控制脉冲信号。这样,在工作中可根据电动机速度的变化,相应地调整 OC6R 的比较值,使高压控制信号 u_H 的脉宽最优。

双电压驱动和高低压驱动都需要两个电源。

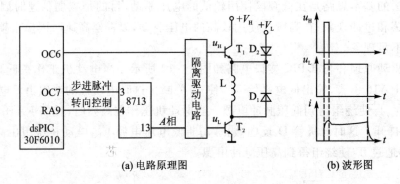

(a) 电路原理图　　　　　　　(b) 波形图

图 6-13　A 相高低压驱动原理及与 dsPIC 接口

6.3.3　斩波驱动

因为步进电动机常用于开环控制,频繁的换相使电流的波形起伏较大,这样会影响转矩的变化,斩波恒流驱动可以解决这个问题。

图 6-14(a)是斩波恒流驱动的原理图。T_1 是一个高频开关管;T_2 开关管的发射极接一只小电阻 R,电动机绕组的电流经这个电阻到地,所以这个电阻是电流取样电阻;比较器的一端接给定电压 u_c,另一端接取样电阻上的压降,当取样电压为 0 时,比较器输出高电平。

当控制脉冲 u_i 为低电平时,T_1 和 T_2 两个开关管均截止。当 u_i 为高电平时,T_1 和 T_2 两个开关管均导通,电源向绕组供电。由于绕组电感的作用,R 上的电压逐渐升高,当超过给定电压 u_c 的值时,比较器输出低电平,使"与"门输出低电平,T_1 截止,电源被切断。当取样电阻上的电压小于给定电压时,比较器输出高电平,"与"门也输出高电平,T_1 又导通,电源又开始向绕组供电。这样反复循环,直到 u_i 为低电平。

以上的驱动过程表现为：T_2 每导通一次，T_1 导通多次，绕组的电流波形近似为平顶形，见图 6-14(b)。

在 T_2 导通的时间里，电源是脉冲式供电，如图 6-14(b)所示的 u_a 波形，因此提高了电源效率，并且能有效地抑制共振。由于无需外接影响时间常数的限流电阻，所以提高了高频性能。但是由于电流波形为锯齿形，将会产生较大的电磁噪声。

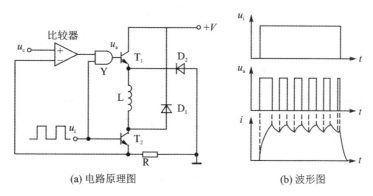

(a) 电路原理图　　　　　　　　　(b) 波形图

图 6-14　斩波恒流驱动原理图

6.3.4　集成电路驱动

驱动电路集成化已成为一种趋势。目前已有多种步进电动机驱动集成电路芯片，它们大多集驱动和保护于一体，作为小功率步进电动机的专用驱动芯片，广泛用于小型仪表、计算机外设等领域，使用起来非常方便。下面举一例，介绍 UCN5804B 芯片的功能和应用。

UCN5804B 集成电路芯片适用于四相步进电动机的单极性驱动。它最大能输出 1.5 A 电流、35 V 电压。内部集成有驱动电路、脉冲分配器、续流二极管和过热保护电路。它可以选择工作在单四拍、双四拍和八拍方式，上电自行复位，可以控制转向和输出使能。

图 6-15 是这种芯片的一个典型应用。结合图 6-15 可以看出芯片的各引脚功能为 4、5、12、13 脚为接地引脚；1、3、6、8 脚为输出引脚；电动机各相的接线如图 6-15 所示。14 脚控制电动机的转向，其中低电平为正转，高电平为反转；11 脚是步进脉冲的输入端；9、10 脚决定工作方式，其真值表见表 6-4。

表 6-4　真值表

工作方式	9 脚	10 脚	工作方式	9 脚	10 脚
双四拍	0	0	单四拍	1	0
八拍	0	1	禁止	1	1

在图 6-15 所示的应用中，每两相绕组共用一个限流电阻。由于绕组间存在互感，绕组的

感应电动势可能会使芯片的输出电压为负,导致芯片有较大电流输出,发生逻辑错误。因此,需要在输出端串接肖特基二极管。

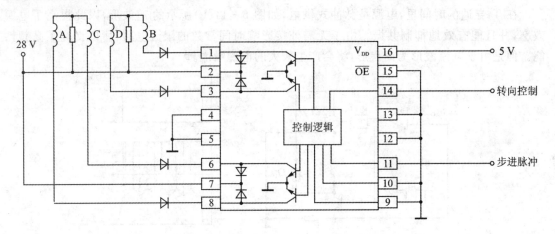

图 6-15　UCN5804B 集成电路典型应用

6.4　步进电动机的运行控制

步进电动机的运行控制涉及到位置控制和加减速控制,下面分别来介绍。

6.4.1　步进电动机的位置控制

步进电动机的最主要用途就是实现位置控制。步进电动机的位置控制指的是控制步进电动机带动执行机构从一个位置精确地运行到另一个位置。步进电动机的位置控制是步进电动机的一大优点,它可以用不着借助位置传感器而只需简单的开环控制就能达到足够的位置精度,因此应用很广。

步进电动机的位置控制需要两个参数:
> 第一个参数是步进电动机控制的执行机构当前的位置参数,我们称为绝对位置。绝对位置是有极限的,其极限是执行机构运动的范围,超越了这个极限就应报警。绝对位置一般要折算成步进电动机的步数。
> 第二个参数是从当前位置移动到目标位置的距离,也可以称为相对位置。我们也将这个距离折算成步进电动机的步数,这个参数是从外部输入的。

对步进电动机位置控制的一般作法是步进电动机每走一步,步数减 1,如果没有失步存在,当执行机构到达目标位置时,步数正好减到 0。因此用步数等于 0 来判断是否移动到目标位,作为步进电动机停止运行的信号。

绝对位置参数可作为人机对话的显示参数,或作为其他控制目的的重要参数(例如本例作为越界报警参数),因此也必须要给出。它与步进电动机的转向有关,当步进电动机正转时,步进电动机每走一步,绝对位置加1;当步进电动机反转时,绝对位置随每次步进减1。

下面给出一个例子,其硬件连接如图6-9所示。每两次比较中断都表示步进电动机已经走了一步,因此,需要对相对位置进行减1操作,根据转向对绝对位置进行加1或减1操作,并且还要判断绝对位置是否越界,相对位置是否为0。位置控制子程序在每次比较中断执行一次。

位置控制子程序框图见图6-16。

程序中的变量为:

TEST	脉冲状态;
DIRECTION	转向标志;
ABSOLUTEL	低16位绝对位置;
ABSOLUTEH	高16位绝对位置;
RELATIVE	相对位置。

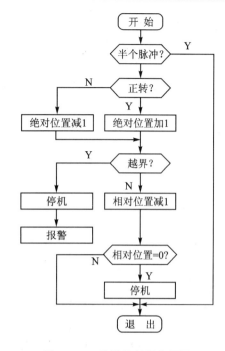

图6-16 位置控制程序框图

程序清单6-3 步进电动机位置控制子程序

```
__OC7Interrupt:
    push.s                  ;保存现场
    inc Test
    btsc Test,#0
    goto QUIT               ;半个脉冲退出
    btss DIRECTION,#0       ;检测转向
    goto CCW                ;反转跳转
CW:
    inc ABSOLUTEL           ;正转加1
    bra NC,REL              ;无进位跳转
    inc ABSOLUTEH           ;有进位则高位加1
    bra NC,REL              ;无进位跳转
    goto ALARM              ;有进位则越界
CCW:
    dec ABSOLUTEL           ;减1
    bra C,REL               ;无借位跳转
    dec ABSOLUTEH           ;否则高位减1
    bra C,REL               ;无借位跳转
```

```
        goto ALARM                    ;有借位则越界
REL:
        dec RELATIVE                  ;步数减 1
        bra NZ,QUIT                   ;步数不等于 0 退出
        goto STOP                     ;步数等于 0 停机
ALARM:
        call BAOJING                  ;调报警子程序
STOP:
        bclr T2CON,#TON               ;停定时器
QUIT:
        bclr IFS2,#OC7IF              ;清中断标志
        pop.s                         ;恢复现场
        retfie
```

6.4.2 步进电动机的加减速控制

实际上,多数步进电动机用于开环控制,没有速度调节环节。因此在速度控制中,速度并不是一次升到位。另外,在位置控制中,执行机构的位移也不总是在恒速下进行,它们对运行的速度都有一定的要求。在这一节中,我们将讨论步进电动机在运行中的加减速问题。

步进电动机驱动执行机构从 A 点到 B 点移动时,要经历升速、恒速和减速过程。如果启动时一次将速度升到给定速度,由于启动频率超过极限启动频率 f_q,步进电动机要发生失步现象,因此会造成不能正常启动。如果到终点时突然停下来,由于惯性作用,步进电动机会发生过冲现象,会造成位置精度降低。如果非常缓慢的升降速,步进电动机虽然不会产生失步和过冲现象,但影响了执行机构的工作效率。因此对步进电动机的加减速要有严格的要求,那就是保证在不失步和过冲的前提下,用最快的速度(或最短的时间)移动到指定位置。

为了满足加减速要求,步进电动机运行通常按照加减速曲线进行,图 6-17 是加减速运行曲线。加减速运行曲线没有一个固定的模式,一般是根据经验和试验得到的。

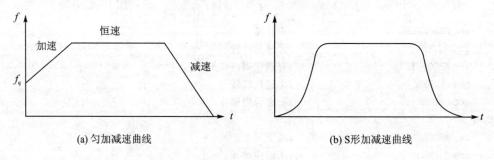

图 6-17 加减速运行曲线

最简单的是匀加速和匀减速曲线,如图 6-17(a)所示。其加减速曲线都是直线,因此容易编程实现。在按直线加速时,加速度是不变的,因此要求转矩也应该是不变的。但是,当步进电动机在转速升高时,因感应电动势和绕组电感的作用,绕组电流会逐渐减少,所以电磁转矩随转速的增加而下降,因而实际加速度也随频率的增加而下降。所以按直线加速时,有可能造成因转矩不足而产生失步现象。

采用指数加减速曲线或 S 形(分段指数曲线)加减速曲线是最好的选择,如图 6-17(b)所示。因为按指数规律升速时,加速度是逐渐下降的,接近步进电动机的输出转矩随转速的变化规律。

步进电动机的运行还可根据距离的长短分如下 3 种情况处理:

- 短距离。由于距离较短,来不及升到最高速,因此在这种情况下步进电动机以接近启动频率运行,运行过程没有加减速。
- 中短距离。在这样的距离里,步进电动机只有加减速过程,而没有恒速过程。
- 中、长距离。不仅有加减速过程,还有恒速过程。由于距离较长,要尽量缩短用时,保证快速反应性。因此,在加速时,尽量用接近启动频率启动。在恒速时,尽量工作在最高速。

下面举例来说明步进电动机加减速控制程序的编制。

图 6-18 是近似指数加速曲线。由图可见,离散后速度并不是一直上升的,而是每升一级都要在该级上保持一段时间,因此实际加速轨迹呈阶梯状。如果速度是等间距分布,那么在该速度级上保持的时间不一样长,

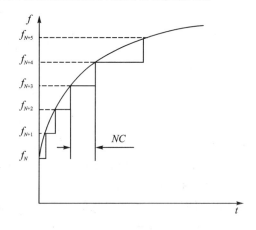

图 6-18 加速曲线离散化

如图 6-18 所示。为了简化,我们用速度级数 N 与一个常数 C 的乘积去模拟,并且保持的时间用步数来代替。因此,速度每升一级,步进电动机都要在该速度级上走 NC 步(其中 N 为该速度级数)。

为了简化,减速时也采用与加速时相同的方法,只不过其过程是加速时的逆过程。

根据上述规律,我们设计了加减速控制子程序,该子程序作为 DSC 比较中断子程序,步进电动机每走一步要执行两次该程序。

加减速控制子程序框图见图 6-19。

本程序设计的速度级差为 10 个定时器计数时钟,读者可以根据实际应用的不同进行相应的调整。定时器的周期寄存器值越大,步进脉冲的周期就越长,速度越慢。因此,当加速时,速度每升一级,定时器周期值应该减 10;当减速时,速度每降一级,定时器周期值应该加 10。

程序中的变量含义如下:

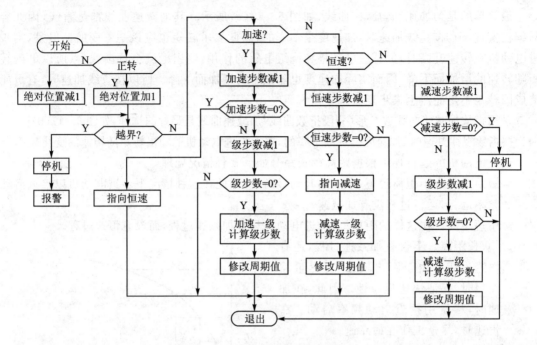

图 6-19 加减速控制程序框图

- SPEEDUPN——加速过程的总步数。电动机在升速过程中每走一步,加速总步数就减1,直到减为0,加速过程结束,进入恒速过程。加速过程的总步数用一个字长来表示,该参数在主程序中给出。

- SPEEDCN——恒速过程的总步数。电动机在恒速过程中每走一步,恒速总步数就减1,直到减为0,恒速过程结束,进入减速过程。恒速过程的总步数用一个字长来表示,该参数在主程序中给出。

- SPEEDWN——减速过程的总步数。电动机在减速过程中每走一步,减速总步数就减1,直到减为0,减速过程结束,电动机停止运行。减速过程的总步数用一个字长来表示,该参数在主程序中给出。

- ABC——加减速标志。加减速标志表示当前正在运行的速度状态。加速时 ABC=1;恒速时 ABC=2;减速时 ABC=4。当需要改变速度状态标志时(例如从加速到恒速),只需将原标志值左移一位即可。该参数在主程序中给出,初始化为1。

- SPEEDN——速度级数。速度级数的初值可根据步进电动机的启动频率确定。该参数在主程序中给出,初始化为0。

- K——常数。K 是用于计算级步数的常数。该参数会影响速度升降的快慢,可根据实际要求确定。该参数在主程序中给出。

- STEP——级步数。级步数是步进电动机在每级速度上所走的步数。STEP = $K \times$

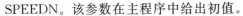

SPEEDN。该参数在主程序中给出初值。
- DIRECTION——转向标志。1 为正转；0 为反转。
- ABSOLUTE——绝对位置。绝对位置用两个字长来表示，ABSOLUTEL 表示低 16 位，ABSOLUTEH 表示高 16 位。读者可根据需要增减位数。
- TEST——脉冲状态标志。1 为半个脉冲；0 为完整脉冲。

程序清单 6-4　步进电动机加减速控制子程序

```
__OC7Interrupt:
    push.s                      ;保存现场
    push.d w0
    push.d w2
    inc TEST
    btsc TEST,#0
    goto QUIT                   ;半个脉冲退出
    btss DIRECTION,#0           ;检测转向
    goto CCW                    ;反转跳转
CW:
    inc ABSOLUTEL               ;正转加 1
    bra NC,UP                   ;无进位跳转
    inc ABSOLUTEH               ;有进位则高位加 1
    bra NC,UP                   ;无进位跳转
    goto ALARM                  ;有进位则越界
CCW:
    dec ABSOLUTEL               ;减 1
    bra C,UP                    ;无借位跳转
    dec ABSOLUTEH               ;否则高位减 1
    bra C,UP                    ;无借位跳转
    goto ALARM                  ;有借位则越界
UP:
    btss ABC,#0                 ;检测加减速标志
    goto CONSTANT               ;不是加速则跳转
    dec SPEEDUPN                ;加速总步数减 1
    bra NZ,UP1                  ;总步数没走完则跳转
    sl ABC                      ;修改标志,指向恒速
    goto QUIT
UP1:
    dec STEP                    ;级步数减 1
    bra NZ, QUIT                ;级步数没走完则退出
    inc SPEEDN                  ;速度级数加 1
    mov SPEEDN, w0
```

```
        mul K                   ;计算级步数
        mov w2, STEP
        mov PR2, w0
        sub #10, w0             ;减 10
        mov w0, PR2             ;修改周期值
        mov w0, OC7R            ;修改比较值
        goto QUIT
CONSTANT:
        btss ABC, #1            ;检测加减速标志
        goto DOWN               ;不是恒速则跳转
        dec SPEEDCN             ;恒速总步数减 1
        bra NZ, QUIT            ;恒速总步数没走完则退出
        sl ABC                  ;修改标志,指向减速
        goto DOWN2
DOWN:
        dec SPEEDWN             ;减速总步数减 1
        bra NZ, DOWN1           ;减速总步数没走完则跳转
        bclr T2CON, #TON        ;停定时器
        goto QUIT
DOWN1:
        dec STEP                ;级步数减 1
        bra NZ, QUIT            ;级步数没走完退出
DOWN2:
        dec SPEEDN              ;速度级数减 1
        mov SPEEDN, w0
        mul K                   ;计算级步数
        mov w2, STEP
        mov PR2, w0
        add #10, w0             ;加 10
        mov w0, PR2             ;修改周期值
        mov w0, OC7R            ;修改比较值
        goto QUIT
ALARM:
        cALL BAOJING            ;调报警子程序
        bclr T2CON, #TON        ;停定时器
QUIT:
        bclr IFS2, #OC7IF       ;清中断标志
        pop.d w2                ;恢复现场
        pop.d w0
        pop.s
        retfie
```

第 7 章
无刷直流电动机的 DSC 控制

直流电动机具有非常优秀的线性机械特性、宽的调速范围、大的启动转矩、简单的控制电路等优点,长期以来一直广泛地应用在各种驱动装置和伺服系统中。但是直流电动机的电刷和换向器却成为阻碍它发展的障碍。机械电刷和换向器因强迫性接触,造成它结构复杂、可靠性差、变化的接触电阻、火花、噪音等一系列问题,影响了直流电动机的调速精度和性能。因此,长期以来人们一直在寻找一种不用电刷和换向器的直流电动机。随着电子技术、功率半导体技术和高性能的磁性材料制造技术的飞速发展,这种想法已成为现实。无刷直流电动机利用电子换向器取代了机械电刷和机械换向器,因此使这种电动机不仅保留了直流电动机的优点,而且又具有交流电动机的结构简单、运行可靠、维护方便等优点。使它一经出现就以极快的速度发展和普及。从 1962 年问世以来,尤其经过近 20 多年来的发展,目前无刷直流电动机已广泛应用在计算机外围设备(如软驱、硬盘、光驱等)、办公自动化设备(如打印机、复印机、扫描仪、绘图仪、复印机等)、家电(如洗衣机、空调、风扇等)、音像设备(如 VCD、摄像机、录像机等)、汽车、电动自行车、数控机床、机器人、医疗设备等方面和领域。

7.1 无刷直流电动机的结构和原理

我们首先在这一节里介绍无刷直流电动机的结构和工作原理。

7.1.1 结 构

无刷直流电动机的基本结构见图 7-1。如图所示,无刷直流电动机的转子是由永磁材料制成的、具有一定磁极对数的永磁体。与永磁同步伺服电动机非常类似,转子的结构分为两种,第一种是将瓦片状的永磁体贴在转子外表上,称为凸极式;另一种是将永磁体内嵌到转子铁心中,称为嵌入式,见图 5-1。但与永磁同步伺服电动机的转子有所区别,为了能产生梯形波感应电动势,无刷直流电动机的转子磁钢的形状呈弧形(瓦片形),磁极下定转子气隙均匀,气隙磁场呈梯形分布。定子上有电枢,这一点与永磁有刷直流电动机正好相反,永磁有刷直流电动机的电枢装在转子上,而永磁体装在定子上。无刷直流电动机的定子电枢绕组采用整距集中式绕组。绕组的相数有二、三、四、五相,但应用最多的是三相和四相。各相绕组分别与外部的电子开关电路相连,开关电路中的开关管受位置传感器的信号控制。

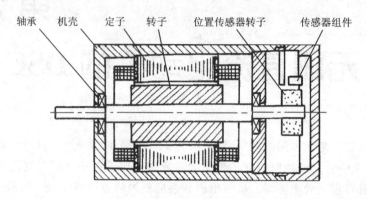

图 7-1 无刷直流电动机结构示意图

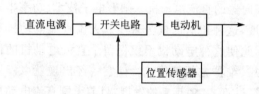

图 7-2 无刷直流电动机的原理框图

无刷直流电动机的工作离不开电子开关电路,因此由电动机本体、转子位置传感器和电子开关电路 3 部分组成了无刷直流电动机控制系统。其原理框图如图 7-2 所示。图中,直流电源通过开关电路向电动机定子绕组供电,位置传感器随时检测到转子所处的位置,并根据转子的位置信号来控制开关管的导通和截止,从而自动地控制了哪些绕组通电,哪些绕组断电,实现了电子换向。

7.1.2 无刷直流电动机的工作原理

普通直流电动机的电枢在转子上,而定子产生固定不动的磁场。为了使直流电动机旋转,需要通过换向器和电刷不断地改变电枢绕组中电流的方向,使两个磁场的方向始终保持相互垂直,从而产生恒定的转矩驱动电动机不断旋转。

无刷直流电动机为了去掉电刷,将电枢放到定子上去,而转子做成永磁体,这样的结构正好与普通直流电动机相反。然而即使这样改变还不够,因为定子上的电枢通入直流电以后,只能产生不变的磁场,电动机依然转不起来。为了使电动机的转子转起来,必须使定子电枢各相绕组不断地换相通电,这样才能使定子磁场随着转子的位置在不断地变化,使定子磁场与转子永磁磁场始终保持 90°左右的空间角,产生转矩推动转子旋转。

为了详细说明无刷直流电动机的工作原理,下面以三相无刷直流电动机为例,来分析它的转动过程。

图 7-3 是三相无刷直流电动机的工作原理图。采用光电式位置传感器,电子开关电路为半桥式驱动。电动机的定子绕组分别为 A 相、B 相、C 相,采用星形联结。因此光电式位置传感器上也有 3 个光敏接收元件 V_A、V_B、V_C 与之对应。3 个光敏接收元件在空间上间隔 120°,分别控制 3 个开关管 V_1、V_2、V_3,该开关管控制对应相绕组的通电与断电。遮光板安装在转子上,安装的位置与图中转子的位置相对应,并随转子一同旋转,遮光板的透光部分占 120°。为了简化,转子只有一对磁极。

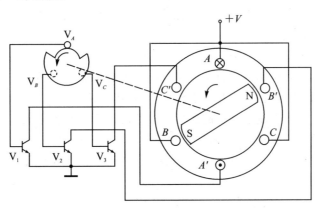

图 7-3 无刷直流电动机原理图

当转子处于图 7-4(a)所示的位置时,遮光板遮住光敏接收元件 V_B、V_C,只有 V_A 可以透光。因此 V_A 输出高电平使开关管 V_1 导通,A 相绕组通电,而 B、C 两相处于断电状态。A 相绕组通电使定子产生的磁场与转子的永磁磁场相互作用,产生的转矩推动转子逆时针转动。

 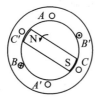 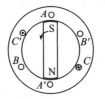 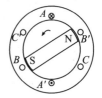

(a) 遮光板遮住V_B、V_C　(b) 遮光板遮住V_A、V_C　(c) 遮光板遮住V_B、V_A　(d) 遮光板遮住V_B、V_C

图 7-4 通电绕组与转子位置关系

当转子转到图 7-4(b)的位置时,遮光板遮住 V_A,并使 V_B 透光。因此 V_A 输出低电平使开关管 V_1 截止,A 相断电。同时 V_B 输出高电平使开关管 V_2 导通,B 相通电,C 相状态不变。这样由于通电相发生了变化,使定子磁场方向也发生了变化,与转子永磁磁场相互作用,仍然会产生与前面过程同样大的转矩,推动转子继续逆时针转动。当转子转到图 7-4(c)的位置时,遮光板遮住 V_B,同时使 V_C 透光。因此,B 相断电,C 相通电,定子磁场方向又发生变化,继续推动转子转到图 7-4(d)的位置,使转子转过一周又回到原来位置。如此循环下去,电动机就转动起来了。

上述过程可以看成按一定顺序换相通电的过程,或者说磁场旋转的过程。在换相的过程中,定子各相绕组在工作气隙中所形成的旋转磁场是跳跃式运动的。这种旋转磁场在一周内有 3 种状态,每种磁状态持续 120°。它们跟踪转子,并与转子的磁场相互作用,能够产生推动转子继续转动的转矩。

无刷直流电动机有多相结构,每种电动机可分为半桥驱动和全桥驱动,全桥驱动又可分成星形和角形联结以及不同的通电方式。因此,不同的选择会使电动机产生不同的性能和成本。以下我们对此作一个对比。

> 绕组利用率。不像普通直流电动机那样,无刷直流电动机的绕组是断续通电的。适当地提高绕组通电利用率将可以使同时通电导体数增加,使电阻下降,提高效率。从这个角度来看,三相比四相好,四相比五相好,全桥比半桥好。
> 转矩的波动。无刷直流电动机的输出转矩波动比普通直流电动机的大,因此希望尽量减小转矩波动。一般相数越多,转矩的波动越小。全桥驱动比半桥驱动转矩的波动小。
> 电路成本。相数越多,驱动电路所使用的开关管越多,成本越高。全桥驱动比半桥驱动所使用的开关管多一倍,因此成本要高。多相电动机的结构复杂,成本也高。

综合上述分析,目前以三相星形全桥驱动方式应用最多。

7.2 三相无刷直流电动机星形联结全桥驱动原理

图 7-5 是三相无刷直流电动机星形联结全桥驱动方式。在这种方式下,对驱动电路开关管的控制原理可用图 7-6 和图 7-7 加以说明(图中假设转子只有一对磁极,定子绕组 A、B、C 三相对称,按每极每相 60°相带分布)。

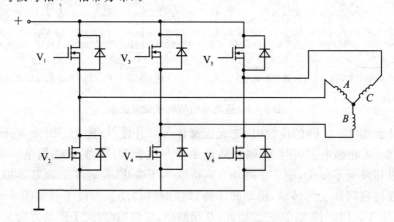

图 7-5 三相星形联结全桥驱动电路

第7章 无刷直流电动机的 DSC 控制

假设当转子处于图 7-6(a) 位置时为 $0°$,相带 A'、B、C' 在 S 极下,相带 A、B'、C 在 N 极下,这时 A 相正向通电,B 相反向通电,C 相不通电,各相通电波形见图 7-7,产生的定子磁场与转子磁场相互作用,使转子逆时针恒速转动。

当转过 $60°$ 角后,转子位置如图 7-6(b) 所示。这时如果转子继续转下去就进入图 7-6(c) 所示的位置,这样就会使同一磁极下的电枢绕组中有部分导体的电流方向不一致,它们相互抵消,削弱磁场,使电磁转矩减小。因此,为了避免出现这样的结果,当转子转到图 7-6(b) 的位置时,就必须换相,使 B 相断电,C 相反向通电。

转子继续旋转,转过 $60°$ 角后到图 7-6(d) 所示位置,根据上面讲的道理必须要进行换相,即 A 相断电,B 相正向通电,如图 7-6(e) 所示。

转子再转过 $60°$ 角,如图 7-6(f) 位置,再进行换相,使 C 相断电,A 相反向通电,如图 7-6(g) 所示。

这样如此下去,转子每转过 $60°$ 角就换相一次,相电流按图 7-6 所示的顺序进行断电和通电,电动机就会平稳地旋转下去。

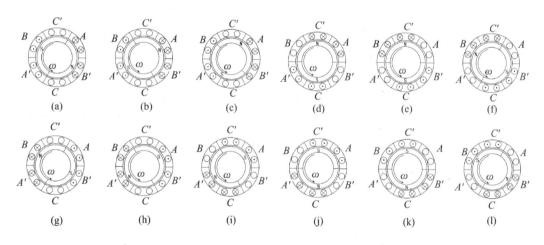

图 7-6 无刷直流电动机转子位置与换相的关系

按照图 7-6 的驱动方式,就可以得到图 7-7 所示的电流和感应电动势波形。下面对照图 7-7 中电流波形来分析一下相绕组内感应电动势的波形。

以 A 相为例,在转子位于 $0\sim120°$ 区间内,相带 A 始终在 N 磁极下,相带 A' 始终在 S 磁极下,所以感应电动势 e_A 是恒定的。在转子位于 $120\sim180°$ 区间内,随着 A 相的断电,相带 A 和相带 A' 分别同时逐渐全部进入 S 磁极下和 N 磁极下,实现换极。由于磁极的改变,使感应电动势的方向也随之改变,e_A 经过过零点后变成负值。在转子位于 $180\sim300°$ 区间内,A 相反向通电,相带 A 和相带 A' 仍然分别在 S 磁极下和 N 磁极下,获得恒定的负感应电动势。在转子位于 $300\sim360°$ 区间内,A 相断电,相带 A 和相带 A' 又进行换极,感应电动势的方向再次改变,

e_A 经过过零点后变成正值。因此,感应电动势是梯形波,且其平顶部分恰好包含了 $120°$ 电流方波。转子每旋转一周,感应电动势变化一个周期。

对于 B 相和 C 相,感应电动势的波形也是如此,只不过在相位上分别滞后于 A 相 $120°$ 和 $240°$。

实际上,感应电动势的梯形波形取决于转子永磁体供磁磁场和定子绕组空间分布,以及两者的匹配情况。感应电动势的梯形波形有利于电动机产生一个恒定的转矩。

由于在换相时电流不能突变,因此实际的相电流波形不是纯粹方波,而是接近方波的梯形波,这会使转矩产生波纹。

根据图 7-6 的通断电顺序,图 7-5 的三相星形联结全桥驱动的通电规律如表 7-1 所列。

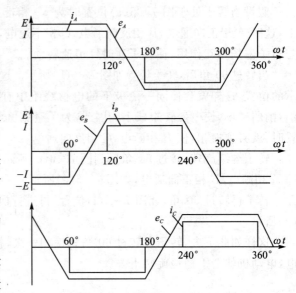

图 7-7 电流与感应电动势波形

表 7-1 三相星形联结全桥驱动的通电规律

通电顺序	正转(逆时针)						反转(顺时针)					
转子位置 (电角度/(°))	0~60	60~120	120~180	180~240	240~300	300~360	360~300	240~300	180~240	120~180	60~120	0~60
开关管	1,4	1,6	3,6	3,2	5,2	5,4	3,6	1,6	1,4	5,4	5,2	3,2
A 相	+	+	−	−			+	+	−	−		
B 相	−		+	+	+			−	−		+	+
C 相		−	−		+	+	−		+	+		−

注:"+"表示正向通电;"−"表示反向通电。

7.3 三相无刷直流电动机的 DSC 控制

理想的无刷直流电动机的感应电动势和电磁转矩的公式如下:

$$E = \frac{2}{3}\pi N_P Blr\omega \tag{7-1}$$

$$T_e = \frac{4}{3}\pi N_P Blri_s \tag{7-2}$$

式中，N_P 为通电导体数；B 为永磁体产生的气隙磁通密度；l 为转子铁心长度；r 为转子半径；ω 为转子的机械角速度；i_s 为定子电流。

由以上两个公式可见，感应电动势与转子转速成正比，电磁转矩与定子电流成正比，因此无刷直流电动机与有刷直流电动机一样具有良好的控制性能。

7.3.1 三相无刷直流电动机的 DSC 控制策略

以下结合一个实际例子来说明三相无刷直流电动机调速系统控制方法。本例所用的三相无刷直流电动机有 5 对磁极，采用三相星形联结。额定转速 3000 r/min，额定转矩 0.22 N·m，转矩系数 0.0522 Nm/A，额定电源电压 24 V，额定功率 70 W，额定电流 5.18 A，三相绕组电阻 0.488 Ω，三相绕组自感 1.19 mH，转动惯量 1.89×10^{-6} kg·m²，电气时间常数 2.44 ms，机械时间常数 0.338 ms。

图 7-8 是用 dsPIC30F6010 实现三相无刷直流电动机调速的控制和驱动电路。在这个例子中，霍尔传感器 H1、H2、H3 输出信号经整形隔离电路后分别与 dsPIC30F6010 的 3 个电平中断引脚 RF4、RD15、RD14 相连，通过产生电平中断来给出换相时刻，同时给出位置信息。

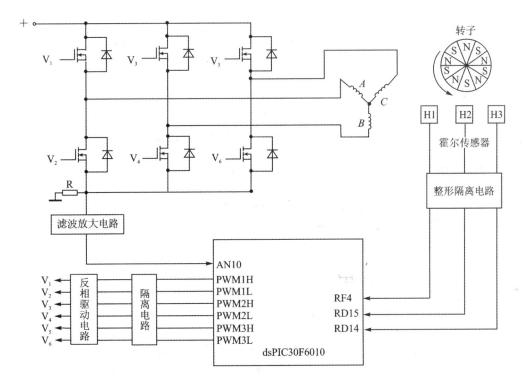

图 7-8 dsPIC 控制和驱动电路

由于电动机每次只有两相通电,其中一相正向通电,另一相反向通电,形成一个回路,因此每次只需控制一个电流。用电阻 R 作为廉价的电流传感器,将其安放在电源对地端,就可方便地实现电流反馈。电流反馈输出经滤波放大电路连接到 dsPIC30F6010 的 ADC 输入端 AN10,在每一个 PWM 周期都对电流进行一次采样,对速度(PWM 占空比)进行控制。

dsPIC30F6010 通过 PWM1H/L～PWM3H/L 引脚经一个反相驱动电路连接到 6 个开关管,实现定频 PWM 和换相控制。

图 7-9 是对本例中三相无刷直流电动机用软件实现全数字双闭环控制的框图。给定转速与速度反馈量形成偏差,经速度调节后产生电流参考量,它与电流反馈量的偏差经电流调节后形成 PWM 占空比的控制量,实现电动机的速度控制。电流的反馈是通过检测电阻 R 上的压降来实现的。速度反馈则是通过霍尔位置传感器输出的位置量,经过计算得到的。位置传感器输出的位置量还用于控制换相。

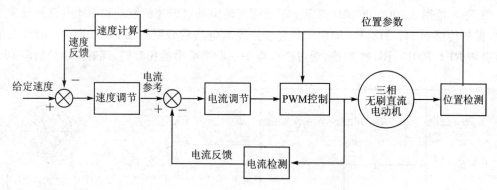

图 7-9 三相无刷直流电动机调速控制框图

7.3.2 电流的检测和计算

电流的检测是用分压电阻 R 来实现的。电阻值的选择可考虑当过流发生时能输出最大电压,同时起到过流检测的作用。例如电动机额定线电流为 5.18 A,设最大允许电流为其 2 倍,即 10.36 A。设计采样电阻阻值为 0.03 Ω,其上的最大电压降为:

$$10.36 \text{ A} \times 0.03 \text{ Ω} = 0.3108 \text{ V}$$

因此,需要将其滤波放大到 5 V。

每一个 PWM 周期对电流采样一次。如果 PWM 周期设为 0.1 ms,则电流的采样频率为 10 kHz。

但是有一个问题必须要注意:这就是在一个 PWM 周期中何时对电流进行采样。

如果对开关管采用单极性 PWM 控制(即两个对角开关管中的上桥臂开关管采用定频 PWM 控制,另一个开关管常开),在 PWM 周期的"关"期间,电流经过那个常开的开关管和另一个开关管的续流二极管形成续流回路,这个续流回路并不经过电流检测电阻 R,因此在 R

上没有压降,所以在 PWM 周期的"关"期间不能采样电流。

如果对开关管采用双极性 PWM 控制(即两个对角开关管都采用同样的定频 PWM 控制),在 PWM 周期的"关"期间,电流经过同一桥臂的另两个开关管的续流二极管到电源形成续流回路,在电阻 R 上有反向电流流过,产生负压降。所以在 PWM 周期的"关"期间也不能采样电流。

另外在 PWM 周期的"开"瞬间,电流上升并不稳定,也不益采样。因此电流采样时刻应该是在 PWM 周期的"开"期间的中部,如图 7-10 所示(以对 V_1、V_4 开关管的控制为例)。它恰好是 PWM 时基寄存器(详见 1.6.3 小节) PTMR=0 的时刻,在这个时刻启动 ADC 转换来实现电流采样。

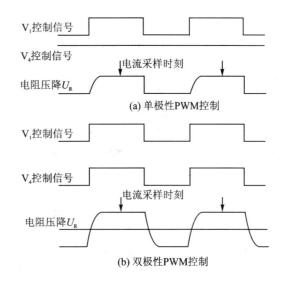

图 7-10 两种不同 PWM 控制时电阻上的电压波形图

本例中的电流调节采用 PI 调节。即:

$$\text{COMP}_k = \text{COMP}_{k-1} + K_P \Delta e_k + K_i T_i e_{ki} \quad (7-3)$$

式中:COMP 为产生下一个 PWM 的占空比值;e_{ki} 为第 k 次电流偏差;Δe_k 为第 k 次与第 $k-1$ 次电流偏差之差;K_P 为电流比例调节系数;K_i 为电流积分调节系数;T_i 为电流调节周期。

电流调节输出的控制量 COMP 还应该在极限范围内,本例的范围是 $0 \sim 736$,因此有:

$$\text{COMP} = \begin{cases} 736 & (\text{COMP} > 736) \\ 0 & (\text{COMP} < 0) \end{cases} \quad (7-4)$$

7.3.3 位置检测和速度计算

根据前面讲述的三相无刷直流电动机控制原理,为了保证得到恒定的最大转矩,就必须要不断地对三相无刷直流电动机进行换相。掌握好恰当的换相时刻,可以减小转矩的波动,因此位置检测是非常重要的。

位置检测不但用于换相控制,而且还用于产生速度控制量。下面我们讨论如何通过位置信号进行换相控制,以及如何进行速度计算。

位置信号是通过 3 个霍尔传感器得到的。每一个霍尔传感器都会产生 180°电角度脉宽的输出信号,如图 7-11 所示。3 个霍尔传感器的输出信号互差 120°电角度相位差。这样它们在每转过360°电角度中共有6个上升或下降沿,正好对应6个换相时刻。通过将dsPIC设置为电平触发中断功能,就可以获得这6个时刻。

但是只有换相时刻还不能正确换相,还需要知道应该换哪一相。通过检测这3个I/O口(RF4、RD15、RD14)的电平状态,就可以知道哪一个霍尔传感器的什么沿触发的捕捉中断。我们将捕捉口的电平状态称为换相控制字,换相控制字与换相的对应关系见表7-2,该表是根据图7-11和表7-1所得到的。在电平中断处理子程序中,根据换相控制字查表就能得到换相信息,实现正确换相。

位置信号还可以用于产生速度控制量。我们都知道,当电机只有一对磁极时,每个机械转有6次换相,这就是说转子每转过60°机械角都有一次换相。那么,当电

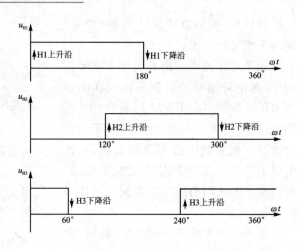

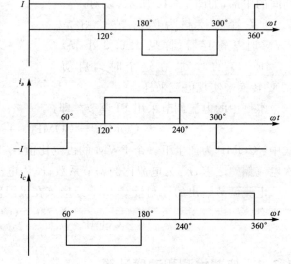

图7-11 霍尔位置传感器输出波形与电流波形的对应关系

表7-2 换相控制字与换相的对应关系

H_3	H_2	H_1	正转通电顺序	反转通电顺序	控制字
1	0	1	A+、B−	B+、A−	0005H
0	0	1	A+、C−	C+、A−	0001H
0	1	1	B+、C−	C+、B−	0003H
0	1	0	B+、A−	A+、B−	0002H
1	1	0	C+、A−	A+、C−	0006H
1	0	0	C+、B−	B+、C−	0004H

机有 n 对磁极时,每个机械转有 $6n$ 次换相,也就是说转子每转过 $60°/n$ 机械角都有一次换相。这样,只要测得两次换相的时间间隔 Δt,就可以根据下式计算出两次换相间隔期间的平均角速度。

$$\omega = 60°/(n\Delta t) \tag{7-5}$$

两次换相的时间间隔 Δt 可以通过电平中断发生时读定时器 TMR1 的值来获得。

TMR1 采用连续增计数方式。转子转速越低,所花的时间 Δt 越长,TMR1 寄存器中的值就越大。如果定时器 TMR1 的周期值定为 0xFFFF,预分频设为 1/64,则 5 对磁极的电机每转 12°机械角度所用的最长时间为(计数时钟周期为 135 ns):

$$135 \text{ ns} \times 64 \times 2^{16} = 0.566\,231\,040 \text{ s}$$

每机械转所用的时间为:

$$30 \times 0.566\,231\,040 \text{ s} = 16.986\,9312 \text{ s}$$

最低平均转速为:

$$60/16.986\,9312 = 3.53 \text{ r/min}$$

这样可以得到一个比例关系,当 TMR1 = 0xFFFF 时,对应的转速是 3.53 r/min;当 TMR1 = X 时,对应的转速应该是 3.53 r/min 的 0xFFFF/X 倍。通过这样计算所得到的速度值作为速度反馈量,参与速度调节计算。

速度调节采用最通用的 PI 算法,以获得最佳的动态效果。计算公式如下:

$$\text{Idcref}_k = \text{Idcref}_{k-1} + K_p(e_k - e_{k-1}) + K_i T e_k \tag{7-6}$$

式中:Idcref 为速度调节输出,作为电流调节的参考值;e_k 为第 k 次速度偏差;K_p 为速度比例系数;K_i 为速度积分系数;T 为速度调节周期。

本例中,速度调节每 6.4 ms 进行一次,即 64 个 PWM 周期(每个 PWM 周期 0.1 ms)。因此速度调节周期 $T = 0.064$ s。

速度计算和速度调节所使用的参数存放在以 shujubianliang 为起始地址的数据区中。各单元存放的变量如表 7-3 所列。

表 7-3 PI 速度调节变量地址表

地址	变量名	地址	变量名
shujubianliang	两次电平变化中断时间间隔	shujubianliang+4	第 $k-1$ 次速度偏差 e_{k-1}
shujubianliang+2	第 k 次速度偏差 e_k	shujubianliang+6	两次速度偏差之差 Δe_k

三相无刷直流电动机在启动时也需要位置信号。通过 3 个霍尔传感器的输出来判断应该先给那两相通电,并且给出一个不变的供电电流。启动时间设定为 1 s,然后开始第一次速度调节。

7.3.4 无刷直流电动机的 DSC 控制编程例子

根据以上所述,设计一个用 dsPIC30F6010 来控制一个三相无刷直流电动机调速的例子。采用图 7-8 所示的硬件电路。

在 CONFIGURATION BITS(器件寄存器)中,选用主振荡器为 XT 振荡器,4 倍 PLL 作为系统时钟;关闭时钟切换和故障保护时钟监视,关闭看门狗定时器;设置欠压复位电压为 2.7 V;并将上电延迟定时器设置为 16;对一般代码段将代码保护设置为关闭。

晶振频率为 7.3728 MHz，则每个计数周期为：

$$每个计数周期 = 4/(7.3728\ \text{MHz} \times 4 \times 1000000) = 135.6368\ \text{ns}$$

式中，分子中的"4"表示每 4 个晶振周期为一个计数周期；分母中的"4"表示 4 倍频。

设 PWM 周期为 736(PTPER=368)个计数周期，则 PWM 周期为：

$$\text{PWM 周期} = 736 \times 135.6368\ \text{ns} = 0.099826\ \text{ms}$$

HPOL 和 LPOL 低有效；PWMPIN(0)=0，复位的时候 PWM 模块引脚由 PWM 模块控制；采用向上向下计数方式。死区时间设计为 135.6368 ns×15=2.0345 μs。

通过 PWM 特殊事件寄存器匹配 AD 采样，使每个 PWM 周期对电流进行一次采样，并在 A/D 转换中断处理程序中对电流进行调节。每 64 个 PWM 中断进入一次速度调节，来控制 PWM 输出。转子每转过 12°都触发一次电平变化中断，进行换相操作和速度计算。

图 7-12 是这个例子的主程序、电平变化中断子程序和 A/D 转换中断子程序框图。

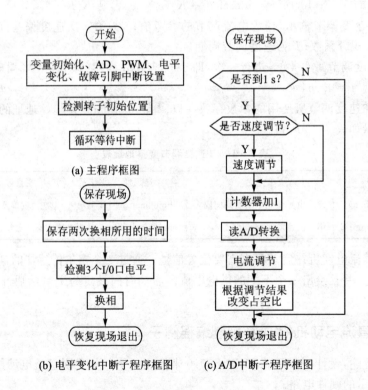

(a) 主程序框图

(b) 电平变化中断子程序框图　　(c) A/D 中断子程序框图

图 7-12　程序框图

程序中所用的变量和常数含义见表 7-4。

第7章 无刷直流电动机的 DSC 控制

表7-4 变量和常数含义

名 称	含 义	名 称	含 义
CAPT	换相控制字	KP	速度比例设置为 Q11 格式
COMP	占空比	KI	速度积分设置为 Q11 格式
IDC	实际电流值	KP1	电流比例设置为 Q11 格式
IDC_REF	电流参考值	KI1	电流积分设置为 Q11 格式
SPEED_REF	速度参考值	QIDONG	启动时间
SPEED_COUNT	速度循环内环调节计数器	dianliuki	上一次电流偏差

无刷直流电动机调速控制程序如下：

程序清单 7-1 无刷直流电动机调速控制程序

```
.equ __30F6010,1
.include"C:\Program Files\Microchip\MPLAB ASM30 Suite\Support\inc\p30f6010.inc"
.global __reset
.global __ADCInterrupt
.global __CNInterrupt
.global __DefaultInterrupt
.global __FLTAInterrupt
.global __T1Interrupt
.bss
CAPT：.space 2
COMP：.space 2
IDC：.space 2
IDC_REF：.space 2
SPEED_REF：.space 2
SPEED_COUNT：.space 2
KP：.space 2              ;速度比例系数设置为 Q11 格式
KI：.space 2              ;速度积分系数设置为 Q11 格式
shujubianliang：.space 8
KP1：.space 2             ;电流比例系数设置为 Q11 格式
KI1：.space 2             ;电流积分系数设置为 Q11 格式
QIDONG：.space 2          ;启动时间
dianliuki：.space 2       ;上一次电流偏差
.text
__reset：
    mov #__SP_init,w15
```

```
        mov #__SPLIM_init,w0
        mov w0,SPLIM
        nop
        call _wreg_init
        bset CORCON,#0
        bclr CORCON,#SATDW
;..................................................
;变量初始化
;..................................................
        mov #0,w0                      ;变量初始化
        mov #shujubianliang,w1         ;速度调节变量初始化
        mov w0,[w1++]                  ;两次电平变化中断时间间隔
        mov w0,[w1++]                  ;第 $k$ 次速度偏差 $e_k$
        mov w0,[w1++]                  ;第 $k-1$ 次速度偏差 $e_{k-1}$
        mov w0,[w1]                    ;两次速度偏差之差 $\Delta e_k$
        mov #0x00ef,w0                 ;电流参考初值
        mov w0,IDC_REF
        mov #274,w0
        mov w0,COMP                    ;占空比
        mov #0x0000,w0
        mov w0,SPEED_COUNT             ;调速计数器
        mov w0,CAPT
        mov w0,dianliuki               ;电流 $k-1$ 次偏差设置为 0
        mov #0x03b8,w0
        mov w0,KP                      ;定义为 0.465,Q11 格式
        mov #0x01e0,w0
        mov w0,KI                      ;KI * $T$ = 0.23438,Q11 格式,其中 $T$ = 0.0064 s,KI = 36.622
        mov #0x00bc,w0                 ;电流的比例调节 KP1 = 0.0918,Q11 格式
        mov w0,KP1
        mov #0x0020,w0
        mov w0,KI1                     ;KI1 * $T$ = 0.016,Q11 格式,其中 $T$ = 0.0001 s,KI1 = 160
        mov #10000,w0
        mov w0,QIDONG
        mov #369,w0
        mov w0,SPEED_REF               ;速度参考可根据实际应用决定大小
;..................................................
;定时器设置(利用定时器计数,每一次速度调节对其进行一次清0)
;..................................................
        clr T1CON                      ;TIMER1 设置
```

第 7 章 无刷直流电动机的 DSC 控制

```
    clr TMR1
    mov ♯0xFFFF,w0
    mov w0,PR1              ;时钟周期值为 65 536
    bclr IFS0,♯T1IF         ;清中断请求标志
    bset IEC0,♯T1IE         ;清中断允许标志位
    mov ♯0x8020,w0
    mov w0,T1CON            ;64 分频设置,5 对磁极,计算最低转速为 3.53 r/min
;……………………………………………………………
;ADC 设置
;……………………………………………………………
    mov ♯0x0000,w0          ;ADC 设置扫描输入
    mov w0,ADCON2           ;每次中断进行 1 次采样/转换
    mov ♯0x0101,w0
    mov w0,ADCON3           ;Tad 是 2 个 Tcy
    mov ♯0x000A,w0
    mov w0,ADCHS
    clr ADPCFG              ;将所有 A/D 引脚设置为模拟模式
    clr ADCSSL
    mov ♯0x806e,w0          ;使能 A/D、PWM 触发和自动采样
    mov w0,ADCON1
    bclr IFS0,♯ADIF         ;清 A/D 中断标志位
    mov ♯0x3444,w0
    mov w0,IPC2             ;中断优先级为 3
    bset IEC0,♯ADIE         ;允许中断
;……………………………………………………………
;PWM 设置
;……………………………………………………………
    mov ♯0x6444,w1          ;故障引脚中断,优先级为 6
    mov w1,IPC10
    mov ♯0x4444,w0          ;PWM 中断优先级为 4
    mov w0,IPC9
    mov ♯0x0300,w0
    mov w0,TRISE            ;故障引脚输入使能,其他作为输出引脚用
    mov ♯0x03ff,w1
    mov w1,PORTE
    mov ♯0x0015,w0
    mov w0,OVDCON           ;初始化输出改写寄存器,H 引脚全为高电平(反向),
                            ;L 引脚全为低电平,准备充电
    mov ♯0XF7FF,w0          ;设置 RD11 输出驱动 PWM 缓冲器
```

```
        mov w0,TRISD                  ;使能
        clr PORTD                     ;使能
        mov #0x13CB,w0
LOOP123:
        do w0,END1                    ;延迟5067(13CB)*10*Tcy(136 ns)给足够时间使自举电容充电
        nop
        nop
        nop
        nop
        nop
        nop
        nop
        nop
        nop
        END1:nop
        mov #0,w0
        mov w0,PDC1
        mov w0,PDC2
        mov w0,PDC3                   ;给占空比初值
        mov #0x0077,w0
        mov w0,PWMCON1                ;互补模式,使能#1、#2和#3,3对PWM输出
        bclr IFS2,#PWMIF              ;清除中断请求标志位
        bclr IEC2,#PWMIE              ;不允许中断(因为AD中断代替PWM中断)
        mov #368,w1
        mov w1,PTPER                  ;器件运行速度为7.38 MIPS时,PWM频率为10 kHz
        mov #0x000f,w0
        mov w0,DTCON1                 ;器件运行速度为7.38 MIPS时,将产生2 μs的死区
        mov #0,w0
        mov w0,DTCON2                 ;不用死区B
        mov w0,PWMCON2                ;允许占空比更新
        mov w0,FLTBCON                ;不用故障引脚
        mov w0,SEVTCMP                ;特殊寄存器
;_____
;电平变化中断设置
;_____
        bclr U2MODE,#15               ;禁止串行数据总线,使能RF4口作为电平变化输入引脚
        mov #0x31ff,w0
        mov w0,TRISF                  ;对RF4设置 (系统自动设置为输入)
        bset CNEN2,#4                 ;允许CN20中断(37引脚)PORTD14
```

```
    bset CNEN2,#5              ;允许 CN21 中断(38)PORTD15
    bset CNEN2,#1              ;允许 CN17 中断(39)PORTF4
    mov #0x0032,w0
    mov w0,CNPU2               ;设置 CN 中断的弱上拉电阻
    BCLR IFS0,#15
    mov #0x5444,w0
    mov w0,IPC3                ;设置 CN 中断的优先级
;……………………………………………………
;  检测转子初始位置(LATD)
;……………………………………………………
    mov PORTF,w0               ;读入霍尔 1 信号(RF4)
    asr w0,#4,w0               ;右移 4 位
    and w0,#1,w0               ;与 1 相"与",则 w0 最低位为霍尔 1 信号电平
    mov PORTD,w1               ;读入霍尔 2 与霍尔 3 信号,分别为 RD15 和 RD14
    asr w1,#2,w2               ;右移 2 位
    mov #0x4000,w4
    and w1,w4,w1
    mov #0x2000,w3
    and w2,w3,w2               ;相"与"屏蔽其他位
    ior w1,w2,w1               ;与原值相"或"得到霍尔 3 与霍尔 2 信号(RD14 在前 RD15 在后)
    asr w1,#12,w1              ;右移动 12 位,则 RD14 在 w1 的位 2 上,RD15 在位 1 上
    add w0,w1,w0               ;相加得到电平变化
    mov w0,CAPT
    bset IEC0,#15              ;设置使能电平变化中断
;……………………………………………………
;  故障中断设置
;……………………………………………………
    bclr IFS2,#FLTAIF
    bset IEC2,#FLTAIE
    mov #0x008f,w0
    mov w0,FLTACON
    mov #0x8002,w0
    mov w0,PTCON               ;使能
;……………………………………………………
;  主循环
;……………………………………………………
done:
    nop
    bra done                   ;等待中断
```

```
;..............................................................
; A/D 中断子程序
;..............................................................
__ADCInterrupt:
    push.d w0                      ;各种保护
    push.d w2
    push.d w4
    push ACCAH
    push ACCAL
    push ACCBH
    push ACCBL
    push SR
    mov QIDONG,w0
    dec w0,w0
    mov w0,QIDONG                  ;启动时间为 1 s
    bra NN,NO_SPEED_REG            ;如果非负则跳转,不进行速度调节中断
    mov #0,w0
    mov w0,QIDONG                  ;可以调速了,启动清 0,下一次循环则直接向下进行
    mov SPEED_COUNT,w0
    inc w0,w0
    mov w0,SPEED_COUNT             ;检测是否进行速度调节
    mov #64,w1
    cp w0,w1                       ;每 64 个 PWM 周期进行一次调速
    bra N,NO_SPEED_REG
    call SPEED_REG                 ;已经运转 64 个 PWM 周期,调速一次
NO_SPEED_REG:
    bclr IFS0,#ADIF                ;清 0 A/D 中断标志位
    bclr IFS2,#PWMIF               ;清 PWM 中断标志位
;..............................................................
; 电流调节
;..............................................................
    mov ADCBUF0,w0                 ;电流调节
    mov IDC_REF,w1
    sub w1,w0,w4
    mov dianliuki,w5               ;上一次电流偏差
    sub w4,w5,w4                   ;计算电流偏差之差
    mov w1,dianliuki               ;保存这一次电流偏差到 dianliuki 便于下一次计算
    mov KP1,w5                     ;Q11 格式
    mpy w4*w5,A
```

第7章 无刷直流电动机的 DSC 控制

```
        mov dianliuki,w4
        mov KI1,w5
        mpy w4 * w5,B              ;计算出 KI 乘电流偏差
        add a
        sac a,#-5,w0               ;变成 Q0 格式
        mov COMP,w1                ;电流比例积分调节
        add w0,w1,w0
        mov #0,w1
        cp w0,w1
        bra NN,COMP_DA
COMP_FU:mov #0,w0                  ;占空比下限
        bra COMP_OK
COMP_DA:mov #736,w1                ;占空比上限
        cp w0,w1
        bra N,COMP_OK
        mov #736,w0
COMP_OK:
        mov w0,COMP
        call SEQUENCE              ;调入修改占空比或换相子程序
        pop SR
        pop ACCBL
        pop ACCBH
        pop ACCAL
        pop ACCAH
        pop.d w4
        pop.d w2
        pop.d w0
        retfie
;..............................................
; 电平变化中断子程序
;..............................................
__CNInterrupt:
        push.d w0                  ;各种保护
        push.d w2
        push.d w4
        push ACCAH
        push ACCAL
        push ACCBH
        push ACCBL
```

```
    push SR
    mov TMR1,w0
    mov #shujubianliang,w1
    mov w0,[w1]
    mov #0x0000,w0
    mov w0,TMR1                 ;清0计数器
    mov PORTF,w0                ;读入霍尔1信号(RF4)
    asr w0,#4,w0                ;右移4位
    and w0,#1,w0                ;与1相"与",则w0最低位为霍尔1信号电平
    mov PORTD,w1                ;读入霍尔2与霍尔3信号,分别为RD15和RD14
    asr w1,#2,w2                ;右移2位
    mov #0x2000,w3
    and w2,w3,w2
    mov #0x4000,w4
    and w1,w4,w1
    ior w1,w2,w1                ;与原值相"或"得到霍尔3与霍尔2信号(RD14在前高位 RD15在低位)
    asr w1,#12,w1               ;右移动12位,则RD14在w1的位2上,RD15在位1上
    add w0,w1,w0                ;相加得到电平变化标志位
    mov w0,CAPT
    bclr IFS0,#CNIF
    call SEQUENCE               ;调入换相子程序
    pop SR
    pop ACCBL
    pop ACCBH
    pop ACCAL
    pop ACCAH
    pop.d w4
    pop.d w2
    pop.d w0                    ;恢复并保存
Retfie
;···············································································
; 换相或修改占空比子程序
;···············································································
SEQUENCE:
    mov CAPT,w0
    sub w0,#1,w0
    bra w0
CAPT_DETER:
    bra FALLING3                ;H3下降沿
```

```
        bra FALLING1           ;H1 下降沿
        bra RISING2            ;H2 上升沿
        bra FALLING2           ;H2 下降沿
        bra RISING1            ;H1 上升沿
RISING3: mov COMP,w0            ;H3 上升沿
        mov #0x3001,w1
        mov w1,OVDCON
        mov w0,PDC3
        mov #0,w1
        mov w1,PDC2
        bra ENND
FALLING3: mov COMP,w0           ;H3 下降沿
        mov #0x0310,w1
        mov w1,OVDCON
        mov w0,PDC1
        mov #0,w1
        mov w1,PDC2
        bra ENND
RISING2: mov COMP,w0            ;H2 上升沿
        mov #0x0c10,w1
        mov w1,OVDCON
        mov w0,PDC2
        mov #0,w1
        mov w1,PDC1
        bra ENND
FALLING2: mov COMP,w0           ;H2 下降沿
        mov #0x3004,w1
        mov w1,OVDCON
        mov w0,PDC3
        mov #0,w1
        mov w1,PDC1
        bra ENND
RISING1: mov COMP,w0            ;H3 上升沿
        mov #0x0304,w1
        mov w1,OVDCON
        mov w0,PDC1
        mov #0,w1
        mov w1,PDC3
        bra ENND
```

```
FALLING1: mov COMP,w0            ;H1 下降沿
          mov #0x0c01,w1
          mov w1,OVDCON
          mov w0,PDC2
          mov #0,w1
          mov w1,PDC3
          bra ENND
ENND:     return
```

;••
;速度调节子程序
;••

```
SPEED_REG:
          mov shujubianliang,w4   ;定时器时间
          mov #0,w1
          mov w1,SPEED_COUNT      ;计数器清 0
          mov #0xffff,w2
          REPEAT #17              ;执行 DIV.U 18 次
          DIV.U w2,w4             ;将 w2 除以 w4
                                  ;将商存入 w0,而将余数存入 w1(除以捕捉时间增量)
          mov SPEED_REF,w1        ;舍弃余数
          sub w1,w0,w0            ;计算速度偏差
          mov #shujubianliang,w2
          mov #2,w1
          add w2,w1,w2
          mov w0,[w2++]           ;保存 k 次速度偏差
          sub w0,[w2++],w5        ;减第 k-1 次偏差
          mov w5,[w2--]           ;存入两次偏差之差
          mov w0,[w2]             ;保存第 k 次偏差到第 k-1 次,以便下次计算
          mov KP,w4
          mpy w4*w5,A
          mov w0,w5
          mov KI,w4
          mpy w4*w5,B
          add a
          sac a,#-5,w0            ;转化为 Q0 格式
          mov IDC_REF,w1
          add w0,w1,w0
          mov w0,IDC_REF
          return
```

```
;··················································
;W 寄存器初始化子程序
;··················································
_wreg_init:
        clr w0
        mov w0, w14
        repeat #12
        mov w0, [++w14]
        clr w14
        return
;··················································
;故障中断处理子程序
;··················································
__FLTAInterrupt:
        bclr PTCON, #15
        bclr TRISA, #10        ;A 口第 10 位设置为输出
        bset PORTA, #10        ;点亮板上第 2 个 LED
        retfie
;··················································
;T1 中断处理子程序
;··················································
__T1Interrupt:
        bclr PTCON, #15
        bclr TRISA, #14        ;A 口第 10 位设置为输出
        bset PORTA, #14        ;点亮板上第 2 个 LED
        bclr TRISA, #9         ;A 口第 9 位设置为输出
        bset PORTA, #9         ;点亮板上第 1 个 LED
        bclr IFS0, #T1IF
        Retfie
;··················································
;未定义中断处理子程序
;··················································
__DefaultInterrupt:
        bclr TRISA, #9         ;A 口第 9 位设置为输出
        bset PORTA, #9         ;点亮板上第 1 个 LED
        nop
        nop
        nop
        retfie
.end
```

7.4 无位置传感器的无刷直流电动机 DSC 控制

位置传感器虽然为转子位置提供了最直接有效的检测方法,但是它也使电动机增加了体积、需要多条信号线,更增加了电动机制造的工艺要求和成本。在某些场合(如高温高压),位置传感器工作不可靠。因此,近年来推出了几种无刷直流电动机的无位置传感器控制方法,其中感应电动势法是最常见和应用最广泛的一种方法。本节介绍这种方法的工作原理以及用 DSC 实现的例子。

7.4.1 利用感应电动势检测转子位置原理

三相无刷直流电动机每转 60°电角度就需要换相一次,每转 360°电角度就需要换相 6 次,因此需要 6 个换相信号。我们在图 7-7 中发现,每相的感应电动势都有 2 个过 0 点,这样三相共有 6 个过 0 点。如果能够通过一种方法测量和计算出这 6 个过 0 点,再将其延迟 30°,就可以获得 6 个换相信号。感应电动势位置检测法正是利用了这一原理来实现位置检测。

那么怎样测量和计算出这 6 个过 0 点?

图 7-13 给出了电动机某一相的模型。图中,L 为相电感;R 为相电阻;E_X 为相感应电动势;I_X 为相电流;V_X 为相电压;V_n 为星形连接中性点电压。

根据图 7-13,我们可以列出相电压方程:

$$V_X = RI_X + L\frac{\mathrm{d}I_X}{\mathrm{d}t} + E_X + V_n \quad (7-7)$$

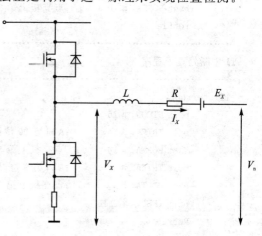

图 7-13 电动机定子某一相电模型

对于三相无刷直流电动机,每次只有两相通电,两相通电电流方向相反,同时另一相断电,相电流为 0。因此,利用这个特点,将 X 分别等于 A、B、C 代入式(7-7),列出 A、B、C 三相的电压方程,并将 3 个方程相加,使 RI_X 项和 $L\frac{\mathrm{d}I_X}{\mathrm{d}t}$ 项相抵消,我们可以得到:

$$V_A + V_B + V_C = E_A + E_B + E_C + 3V_n \quad (7-8)$$

由图 7-7 可见,无论哪个相的感应电动势的过 0 点,都存在 $E_A + E_B + E_C = 0$ 的关系成立。因此在感应电动势过 0 点有:

$$V_A + V_B + V_C = 3V_n \quad (7-9)$$

对于断电的那一相，$I_X = 0$，因此根据式(7-7)，其感应电动势为：

$$E_X = V_X - V_n \qquad (7-10)$$

因此，我们只要测量出各相的相电压 V_A、V_B、V_C，根据式(7-9)计算出 V_n，就可以通过式 (7-10)计算出任一断电相的感应电动势。通过判断感应电动势的符号变化，来确定过 0 点时刻。

7.4.2 用 DSC 实现无位置传感器无刷直流电动机控制的方法

以下也结合一个例子来说明用 DSC 实现无位置传感器的三相无刷直流电动机调速系统控制方法。

1. 硬件系统

本例所用的三相无刷直流电动机参数如下：额定功率 70 W、额定转速 3000 r/min、额定转矩 0.22 N·m、额定电流 5.18 A、额定电源电压 24 V、5 对极、电枢绕组电阻 0.488 Ω、电枢绕组电感 1.19 mH、转动惯量 1.89×10^{-6} kg·m²、转矩系数 0.052 2 Nm/A、电气时间常数 2.44 ms、机械时间常数 0.338 ms。感应电动势波形为梯形。

图 7-14 是采用 dsPIC30F6010 实现无位置传感器无刷直流电动机调速的控制电路和驱动电路。

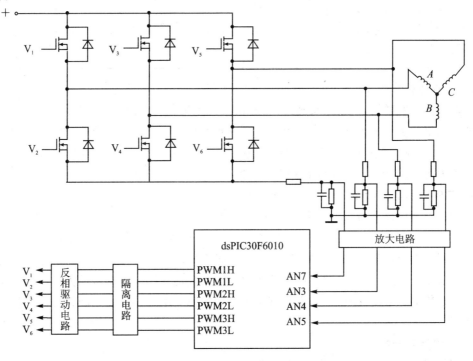

图 7-14　dsPIC 控制和驱动电路

为了计算不通电相的感应电动势,需要测量3个相电压。与有位置传感器的硬件电路不同的是,这里增加了相电压测量电路取代了位置传感器和测量电路。采用廉价的分压电阻和滤波电容组成相电压测量电路。电流信号和各相电压信号经过放大后,分别与dsPIC30F6010的AN3~AN7通道相连。

2. 对开关管的控制方式

本例采用单极性PWM控制方式,即受控的两个对角开关管中的上桥臂开关管采用定频PWM控制,另一个开关管常开。这样使开关管的工作状态与换相的对应关系如表7-5所列。

为了对应程序中的分支关系(跳转关系),换相控制字依次取1、2、3、4、5、6。

表7-5 开关管的工作状态与换相的对应关系

换相控制字	相当于有位置传感器的沿状态	各开关管工作状态					
		V_1	V_2	V_3	V_4	V_5	V_6
1	H1 上升沿	PWM	OFF	OFF	ON	OFF	OFF
2	H3 下降沿	PWM	OFF	OFF	OFF	OFF	ON
3	H2 上升沿	OFF	OFF	PWM	OFF	OFF	ON
4	H1 下降沿	OFF	ON	PWM	OFF	OFF	OFF
5	H3 上升沿	OFF	ON	OFF	OFF	PWM	OFF
6	H2 下降沿	OFF	OFF	OFF	ON	PWM	OFF

3. 调节计算

电动机为5对磁极,电角度每转一周,即机械角度每转72°进行一次速度计算更新,所以速度调节周期要略大于速度计算周期,争取达到速度计算更新与速度调节同步。当PWM频率设计为10 kHz时,速度比例调节周期设计为15 ms,采用SPEEDCOUNT作为计数器;电流比例调节为每0.0001 s一次,与PWM频率相同。

4. 感应电动势的计算

每个PWM周期都对3个相电压采样一次,通过ADC转换变成数字量。根据式(7-9)求得中性点电压。因为DSC的乘法运算比除法运算快得多,在计算中性点电压时不除3,而是保留3倍的中性点电压值。在用式(7-10)计算感应电动势时,使用3倍的相电压与3倍的中性点电压值相减,而得到3倍的感应电动势值。因为我们对感应电动势的大小不感兴趣,而只对感应电动势的符号变化感兴趣,所以直接用3倍的感应电动势值去判断符号的变化,而省去除法运算。

5. 滤除换相干扰

换相的瞬间会产生电磁干扰,这时检测相电压容易产生较大的误差。又因为换相后感应电动势不会立即进入过 0 点,所以在换相后加一个延时 ASYM,等待延时过后再进行相电压的检测。

6. 换相时刻计算及其补偿

由图 7-7 可见,过 0 点与换相点间隔 30°电角度,折合成机械角度为 6°。这就是说在测得过 0 点后,还要延迟一段时间(或者 30°电角度)才能换相。这个时间称为延迟时间。

在程序中,延迟时间是采用以下方法估算的:测得转子刚转过一电角度转所用的时间,将这个时间除 12 就可以得到转过 30°所用的平均时间,用这个平均时间作为下一转的 6 个过 0 点与相应的换相点之间的延迟时间。

当速度发生变化时,采用这种估算延迟时间的方法会在系统动态响应中产生一个负反馈作用。即当电动机减速时,估算的延迟时间要比实际所需的时间短,使换相点提前,造成电动机加速;当电动机加速时,估算的延迟时间要比实际所需的时间长,使换相点滞后,造成电动机减速。因此这种延迟时间的估算对速度控制影响不大。

但是,毕竟是估算,会存在一定的误差。此外,滤波器也会造成相移,因此需要补偿。通过试验,得到补偿角与转速的对应关系见表 7-6。

表 7-6 电动势过零点补偿方案

速度/(r·min^{-1})	1000	1000~2000	2000~3000
相位提前电角度/(°)	4	7	14

7. 电动机的启动

本例采用磁定位的方法启动无位置传感器无刷直流电动机。启动时,对任意两相通电,使其转到与定子磁场一致的位置。通过一个延时(本例为 1 s)来等待电动机轴停止振荡。

使用感应电动势过 0 检测法时,由于转速越低其相电压越小,越不易测量,因此电动机的最低转速一般不低于 30 r/min。启动时的速度参考值的设置应考虑这个问题。

在磁定位期间,不对速度进行调节,不对延迟时间进行估算,其他操作与正常时一样。

延迟时间采用一个初值,该初值可由如下方法确定:

根据动力学方程:

$$J \frac{\mathrm{d}^2 \theta}{\mathrm{d}t} = \sum T_i$$

解得电动机转 1 转所需的时间:

$$t = \frac{1}{2} \sqrt{\frac{4J\pi}{\sum T_i}} \tag{7-11}$$

式中 J 和 $\sum T_i$ 看作常量,延迟时间的初值可根据式(7-11)来设计,本例定为 4.8 ms。初始启动占空比设计为 29.89%。

7.4.3 DSC 控制编程例子

根据图 7-14 设计了软件结构。PWM 采用单极性驱动,固定频率为 10 kHz。利用 PWM 的特殊事件触发 ADC 转换,因此每 0.000 1 s 进行一次转换,转换结束后产生 ADC 中断。

ADC 中断子程序的框图见图 7-15。在 ADC 中断子程序中,主要进行读 ADC 转换结果、电流调节、速度调节、中性点电压计算、延迟时间计算、感应电动势符号判别和换相准备的操作。

另外在磁定位过程中,根据电流调节的结果更新 PWM 的占空比、磁定位结束的判别操作。其中速度调节子程序框图见图 7-16。

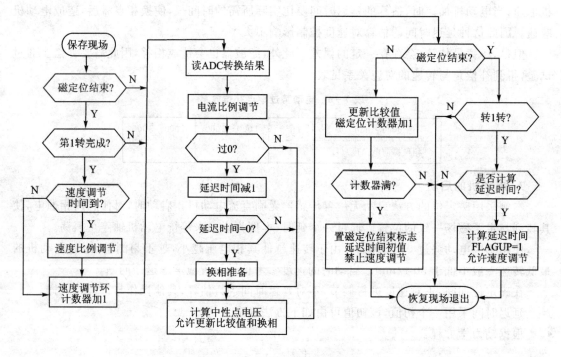

图 7-15 ADC 中断子程序框图

主程序框图见图 7-17,初始化后进行磁定位启动电动机操作。之后的主循环程序主要进行换相操作和每 0.000 1 s 一次的更新 PWM 占空比操作。这些操作是通过调用更新比较值或换相子程序来实现的,该程序框图见图 7-18。

程序中所用的变量和常数含义见表 7-7。

第7章 无刷直流电动机的 DSC 控制

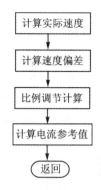

图 7-16 速度调节子程序

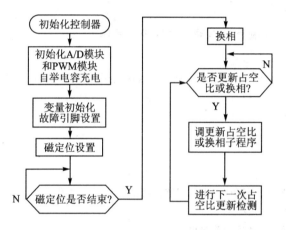

图 7-17 主程序框图

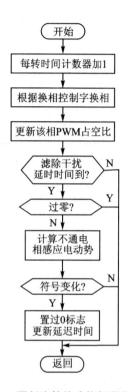

图 7-18 更新比较值或换相子程序框图

表 7-7 变量和常数含义

名 称	含 义	名 称	含 义
KP	电流调节比例系数,Q11 格式	SPEED_REF	给定速度参考
KPS	速度调节比例系数	V_ERRORK	速度偏差
CAPT	换相控制字	SPEED_COUNT	速度调节环计数器
COMP	更新占空比值,由电流调节输出	V1	相电压 1
IDC_REF	电流参考值,由速度调节输出	V2	相电压 2
IDC_ERRORK	实际电流值	V3	相电压 3
FLAGCUR	更新比较值和换相标志 1=允许更新,0=禁止更新	NEUTRAL	中性点电压

续表 7-7

名 称	含 义	名 称	含 义
FLAG	感应电动势变符号标志 1=变了；0=没变	STALL	磁定位结束标志 1=结束，0=没结束
FLAGUP	转过一个电角度转 1=没转过，0=转过	ASYM	延时计算感应电动势计数器
		SPEEDFLAG	第一转时禁止速度调节标志 1=禁止，0=允许
BCOUNT	延迟时间更新值，磁定位时临时变量	TIME	每转时间计数器
B2COUNT	延迟时间	SPEED_DET	实际速度值

无位置传感器的无刷直流电动机调速控制程序如下：

程序清单 7-2　无位置传感器的无刷直流电动机调速控制程序

```
.equ __30F6010, 1
.include "C:\Program Files\Microchip\MPLAB ASM30 Suite\Support\inc\p30f6010.inc"
.global __reset
.global __DefaultInterrupt
.global __FLTAInterrupt
.global __ADCInterrupt
.bss
        COMP:          .space 2        ;更新占空比的比较值，由电流调节输出
        CAPT:          .space 2        ;换相控制字
        IDC_REF:       .space 2        ;电流参考值，由速度调节输出
        IDC_ERRORK:    .space 2        ;实际电流值
        FLAGCUR:       .space 2        ;更新比较值标志位：1=允许更新，0=禁止更新
        SPEED_REF:     .space 2        ;给定速度参考值
        SPEED_DET:     .space 2        ;实际速度值
        V_ERRORK:      .space 2        ;速度偏差
        SPEED_COUNT:   .space 2        ;速度调节环计数器
        V1:            .space 2        ;相电压1
        V2:            .space 2        ;相电压2
        V3:            .space 2        ;相电压3
        NEUTRAL:       .space 2        ;中性点电压
        FLAG:          .space 2        ;感应电动势变符号标志：1=已改变，0=未改变
        FLAGUP:        .space 2        ;转过一个电角度转：1=没转过，0=转过了
        BCOUNT:        .space 2        ;延迟时间更新值，磁定位时临时变量
        B2COUNT:       .space 2        ;延迟时间
```

```
    STALL:          .space 2     ;磁定位结束标志位:1 = 结束,0 = 没结束
    ASYM:           .space 2     ;延时计算感应电动势计数器
    SPEEDFLAG:      .space 2     ;第一转时禁止速度调节标志:1 = 禁止,0 = 允许
    TIME:           .space 2     ;每转时间计数器
    KPS:            .space 2     ;速度比例系数,Q11 格式
    KP:             .space 2     ;电流比例系数,Q11 格式
.text
__reset:
    mov #__SP_init,w15
    mov #__SPLIM_init,w0
    mov w0,SPLIM
    nop
    call _wreg_init
    bset CORCON,#0
    bclr CORCON,#SATDW
;..........................................................
;ADC 设置
;..........................................................
    mov #0x0200,w0            ;ADC 设置为非扫描输入
    mov w0,ADCON2             ;每次中断进行 1 次采样/转换
    mov #0x0102,w0
    mov w0,ADCON3             ;$T_{ad}$ 是 2 个 $T_{cy}$
    mov #0x0027,w0
    mov w0,ADCHS
    mov #0x0000,w0
    mov w0,ADPCFG             ;将所有用到的 A/D 引脚设置为模拟模式
    clr ADCSSL
    mov #0x806e,w0            ;使能 A/D、PWM 触发和自动采样
    mov w0,ADCON1
    bclr IFS0,#ADIF           ;清零 A/D 中断标志位
    mov #0x4444,w0
    mov w0,IPC2               ;中断优先级为 4
    bset IEC0,#ADIE           ;允许中断
;..........................................................
;PWM 中断设置
;..........................................................
    mov #0x6444,w1            ;故障引脚中断,优先级为 6
    mov w1,IPC10
```

```
        mov #0x4444,w0              ;PWM 中断优先级为 4
        mov w0,IPC9
        mov #0x0300,w0
        mov w0,TRISE
        mov #0x03ff,w1
        mov w1,PORTE
        mov #0x0015,w0
    mov w0,OVDCON                   ;初始化输出改写寄存器,H 引脚全为高电平(反向)
                                    ;L 引脚全为低电平,准备充电
        mov #0xF7FF,w0              ;设置 RD11 输出驱动 PWM 缓冲器
        mov w0,TRISD                ;使能
        clr PORTD                   ;使能
        mov #0x13CB,w0
LOOP123:
        do w0,END1                  ;延迟 5067(0x13CB)*10*Tcy(135 ns)给足够时间自举电容充电
        nop
        nop
        nop
        nop
        nop
        nop
        nop
        nop
        nop
END1:nop
        mov #0,w0
        mov w0,PDC1
        mov w0,PDC2
        mov w0,PDC3                 ;给占空比初值
        mov #0x0077,w0
        mov w0,PWMCON1              ;互补模式,使能#1、#2 和#3 三对 PWM 输出
        bclr IFS2,#PWMIF            ;清除中断请求标志位
        bclr IEC2,#PWMIE            ;禁止中断(因为 AD 中断代替 PWM 中断)
        mov #368,w1
        mov w1,PTPER                ;器件运行速度为 7.38 MIPS 时,PWM 周期设置为 10 kHz
        mov #0x000f,w0
        Mov w0,DTCON1               ;器件运行速度为 7.38 MIPS 时,死区时间设置为 2 μs
        mov #0,w0
```

```
        mov w0,DTCON2          ;不用死区 B
        mov w0,PWMCON2         ;允许占空比更新
        mov w0,FLTBCON         ;不用故障引脚
        mov w0,SEVTCMP         ;特殊寄存器
;..................................................
;变量初始化
;..................................................
        mov #0x0080,w0
        mov w0,IDC_REF         ;磁定位电流初值
        mov #0,w0
        mov w0,IDC_ERRORK      ;实际电流值
        mov #145,w0
        mov w0,SPEED_REF       ;转速初值
        mov #220,w0
        mov w0,COMP            ;最小占空比
        mov #0,w0
        mov w0,FLAGCUR         ;更新比较值和换相标志位
        mov #0,w0
        mov w0,SPEED_COUNT     ;速度调节环计数器
        mov w0,CAPT            ;换相控制字
        mov w0,V1              ;VA 电压
        mov w0,V2              ;VB 电压
        mov w0,V3              ;VC 电压
        mov w0,NEUTRAL         ;中性点电压
        mov w0,FLAG            ;感应电动势变符号标志位
        mov w0,B2COUNT         ;延迟时间
        mov w0,STALL           ;磁定位没结束标志位
        mov w0,ASYM            ;延时计算感应电动势计数器
        mov w0,V_ERRORK        ;速度偏差
        mov w0,TIME            ;每转时间计数器
        mov #1,w0
        mov w0,FLAGUP          ;是否转过一转标志位,没转过一转
        mov w0,SPEEDFLAG       ;禁止速度调节
        mov #10000,w0
        mov w0,BCOUNT          ;延迟时间更新值
        mov #0x0080,w0
        mov w0,KPS             ;速度比例系数 KPS = 0.0625,Q11 格式
        mov #0x0032,w0         ;电流比例系数 KP = 0.0244,Q11 格式
```

```
        mov w0,KP
;..........................................................
;故障中断设置
;..........................................................
        bclr IFS2,#FLTAIF
        bset IEC2,#FLTAIE
        mov #0x008f,w0
        mov w0,FLTACON
        mov #0x8002,w0
        mov w0,PTCON                    ;使能
;..........................................................
;准备磁定位
;..........................................................
        mov #0x0310,w0
        mov w0,OVDCON                   ;PWM1H,1L 低有效,PWM3L 低电平,其他高电平,相当于 H3 下降沿
        mov COMP,w0
        mov w0,PDC1
        mov #0,w0
        mov w0,PDC2
        mov w0,PDC3                     ;送入占空比
;..........................................................
;等待磁定位结束
;..........................................................
MAGSTALL:
        bclr IFS2,#PWMIF                ;不使用 PWM 中断,只使用 A/D 中断
        cp0 STALL
        bra Z,MAGSTALL
;..........................................................
;磁定位结束,开始换相
;..........................................................
        mov #0x0c10,w0
        mov w0,OVDCON                   ;PWM2H2L 低有效,PWM3L 低电平,其他高电平
        mov COMP,w0
        mov w0,PDC2
        mov #0,w0
        mov w0,PDC1
        mov w0,PDC3
        mov #3,w0
```

```
        mov w0,CAPT
;........................................................
; 主循环程序
;........................................................
LOOP:
        mov FLAGCUR,w0
        mov #0,w4
        cpsne w4,w0
        bra LOOP
        mov #0,w0
        mov w0,FLAGCUR
        call SEQUENCE
        bra LOOP
;........................................................
; 更新比较值和占空比子程序
;........................................................
SEQUENCE:
        mov TIME,w0
        add w0,#1,w0
        mov w0,TIME
        mov CAPT,w0
        sub w0,#1,w0
        bra w0
CAPT_DETER:
        bra RISING1             ;H1 上升沿
        bra FALLING3            ;H3 下降沿
        bra RISING2             ;H2 上升沿
        bra FALLING1            ;H1 下降沿
        bra RISING3             ;H3 上升沿
FALLING2:                       ;H2 下降沿
        mov #0x3004,w1
        mov w1,OVDCON           ;PWM5 口(3H)低有效,PWM4 口(2L)低电平,其他高电平
        mov COMP,w0
        mov w0,PDC3             ;C 相入,B 相出,A 相不通电
        mov #0,w0
        mov w0,PDC1
        mov w0,PDC2
        mov ASYM,w0             ;延时过滤干扰
```

```
        inc w0,w0                    ;延时计数器加 1
        mov w0,ASYM
        cp w0,#3                     ;看是否到达 3 次,如果没到则跳转,到了向下执行
        bra N,END
        mov #3,w0
        mov w0,ASYM
        cp0 FLAG                     ;检测感应电动势 FLAG = 0?
        bra NZ,END                   ;不等于 0 则跳转,等于 0 则向下执行
        mov V1,w0                    ;V1 = 3 * (BEMFA + NEUTRAL)
        lac w0,#-1,A
        add w0,A
        sac A,#0,w0
        mov NEUTRAL,w1
        cp w0,w1                     ;3V1 - NEUTRAL
        bra N,END                    ;<0 则跳转,符号没变
        mov #1,w0
        mov w0,FLAG                  ;如果符号改变则置过 0 标志位
        mov BCOUNT,w0
        mov w0,B2COUNT               ;更新延迟时间
        bra END                      ;退出
RISING3:
        mov #0x3001,w1
        mov w1,OVDCON                ;PWM5 口 3H 低有效,PWM2 口 1L 低电平,其他高电平
        mov COMP,w0
        mov w0,PDC3                  ;C 相入,B 相出,A 相不通电
        mov #0,w0
        mov w0,PDC1
        mov w0,PDC2
        mov ASYM,w0                  ;延时过滤干扰
        inc w0,w0                    ;延时计数器加 1
        mov w0,ASYM
        cp w0,#3                     ;看是否到达 3 次,如果没到则跳转,到了向下执行
        bra N,END
        mov #3,w0
        mov w0,ASYM
        cp0 FLAG                     ;检测感应电动势 FLAG = 0?
        bra NZ,END                   ;不等于 0 则跳转,等于 0 则向下执行
        mov V2,w0                    ;V2 = 3 * (BEMFA + NEUTRAL)
```

```
        lac w0,#-1,A
        add w0,A
        sac A,#0,w0
        mov NEUTRAL,w1
        cp w0,w1                        ;3V2 - NEUTRAL
        bra NN,END                      ;≥0 则跳转,符号没变
        mov #1,w0
        mov w0,FLAG                     ;如果符号改变则置过 0 标志位
        mov BCOUNT,w0
        mov w0,B2COUNT                  ;更新延迟时间
        bra END                         ;退出
FALLING3:
        mov #0x0310,w1
        mov w1,OVDCON                   ;PWM1 口 1H 低有效,PWM6 口 3L 低电平,其他高电平
        mov COMP,w0
        mov w0,PDC1                     ;C 相入,B 相出,A 相不通电
        mov #0,w0
        mov w0,PDC3
        mov w0,PDC2
        mov ASYM,w0                     ;延时过滤干扰
        inc w0,w0                       ;延时计数器加 1
        mov w0,ASYM
        cp w0,#3                        ;看是否到达 3 次,如果没到则跳转,到了向下执行
        bra N,END
        mov #0,w0
        mov w0,FLAGUP                   ;转过 1 转标志位,下一次马上要进行速度调节
        mov #3,w0
        mov w0,ASYM
        cp0 FLAG                        ;检测感应电动势 FLAG = 0?
        bra NZ,END                      ;不等于 0 则跳转,等于 0 则向下执行
        mov V2,w0                       ;V2 = 3 * (BEMFA + NEUTRAL)
        lac w0,#-1,A
        add w0,A
        sac A,#0,w0
        mov NEUTRAL,w1
        cp w0,w1                        ;3V2 - NEUTRAL
        bra N,END                       ;<0 则跳转,符号没变
        mov #1,w0
```

```
        mov w0,FLAG                    ;如果符号改变则置过 0 标志位
        mov BCOUNT,w0
        mov w0,B2COUNT                 ;更新延迟时间
        bra END                        ;退出
    RISING2:
        mov #0x0c10,w1
        mov w1,OVDCON                  ;PWM3 口 2H 低有效,PWM6 口 3L 低电平,其他高电平
        mov COMP,w0
        mov w0,PDC2                    ;C 相入,B 相出,A 相不通电
        mov #0,w0
        mov w0,PDC3
        mov w0,PDC1
        mov ASYM,w0                    ;延时过滤干扰
        inc w0,w0                      ;延时计数器加 1
        mov w0,ASYM
        cp w0,#3                       ;看是否到达 3 次,如果没到则跳转,到了向下执行
        bra N,END
        mov #3,w0
        mov w0,ASYM
        cp0 FLAG                       ;检测感应电动势 FLAG = 0?
        bra NZ,END                     ;不等于 0 则跳转,等于 0 则向下执行
        mov V1,w0                      ;V1 = 3 * (BEMFA + NEUTRAL)
        lac w0,#-1,A
        add w0,A
        sac A,#0,w0
        mov NEUTRAL,w1
        cp w0,w1                       ;3V1 - NEUTRAL
        bra NN,END                     ;≥0 则跳转,符号没变
        mov #1,w0
        mov w0,FLAG                    ;如果符号改变则置过 0 标志位
        mov BCOUNT,w0
        mov w0,B2COUNT                 ;更新延迟时间
        bra END                        ;退出
    RISING1:
        mov #0x0304,w1
        mov w1,OVDCON                  ;PWM1 口 1H 低有效,PWM4 口 2L 低电平,其他高电平
        mov COMP,w0
        mov w0,PDC1                    ;C 相入,B 相出,A 相不通电
```

```
            mov #0,w0
            mov w0,PDC3
            mov w0,PDC2
            mov ASYM,w0              ;延时过滤干扰
            inc w0,w0                ;延时计数器加1
            mov w0,ASYM
            cp w0,#3                 ;看是否到达3次,如果没到则跳转,到了向下执行
            bra N,END
            mov #3,w0
            mov w0,ASYM
            cp0 FLAG                 ;检测感应电动势 FLAG=0?
            bra NZ,END               ;不等于0则跳转,等于0则向下执行
            mov V3,w0                ;V3 = 3 * (BEMFA + NEUTRAL)
            lac w0,#-1,A
            add w0,A
            sac A,#0,w0
            mov NEUTRAL,w1
            cp w0,w1                 ;3V3 - NEUTRAL
            bra NN,END               ;≥0则跳转,符号没变
            mov #1,w0
            mov w0,FLAG              ;如果符号改变则置过0标志位
            mov BCOUNT,w0
            mov w0,B2COUNT           ;更新延迟时间
            bra END                  ;退出
FALLING1:
            mov #0x0c01,w1
            mov w1,OVDCON            ;PWM3口2H低有效,PWM2口1L低电平,其他高电平
            mov COMP,w0
            mov w0,PDC2              ;C相入,B相出,A相不通电
            mov #0,w0
            mov w0,PDC3
            mov w0,PDC1
            mov ASYM,w0              ;延时过滤干扰
            inc w0,w0                ;延时计数器加1
            mov w0,ASYM
            cp w0,#3                 ;看是否到达3次,如果没到则跳转,到了向下执行
            bra N,END
            mov #3,w0
```

```
        mov w0,ASYM
        cp0 FLAG                    ;检测感应电动势 FLAG = 0
        bra NZ,END                  ;不等于 0 则跳转,等于 0 则向下执行
        mov V3,w0                   ;V3 = 3 * (BEMFA + NEUTRAL)
        lac w0,#-1,A
        add w0,A
        sac A,#0,w0
        mov NEUTRAL,w1
        cp w0,w1                    ;3V3 - NEUTRAL
        bra N,END                   ;<0 则跳转,符号没变
        mov #1,w0
        mov w0,FLAG                 ;如果符号改变则置过 0 标志位
        mov BCOUNT,w0
        mov w0,B2COUNT              ;更新延迟时间
        bra END                     ;退出
END:
        return
;..............................................................
;速度调节子程序
;..............................................................
SPEED_REG:
        mov #32,w0                  ;2 的 5 次方,Q5 格式
        mov w0,SPEED_COUNT
        mov #0x03ff,w3
        mov BCOUNT,w4               ;计算实际转速
        repeat #17
        div.u w3,w4
        mov w0,SPEED_DET
        mov SPEED_REF,w5
        sub w5,w0,w4                ;算出速度偏差 = SPEED_REF - SPEED
        bra NN,POS                  ;≥0 跳转
        mov #0,w1                   ;<0 取相反数(即保证速度差为正,修改 Q5 格式的正负号)
        sub w1,w4,w4
        mov #-32,w0
        mov w0,SPEED_COUNT          ;改变符号以便在下次正确计算出速度偏差
POS:
        mov w4,V_ERRORK             ;-1024<速度偏差<1024
        mov #0x3ff,w2
```

```
        cp      w4,w2                   ;检查上限
        bra     N,OKPOS
        mov     #0x3ff,w4
        mov     w4,V_ERRORK             ;大于上限则设置为0x3FF
OKPOS:
        mov     SPEED_COUNT,w5
        mpy     w4*w5,A
        mov     ACCAL,w4                ;速度偏差设置为Q5格式
        mov     w4,V_ERRORK             ;进行速度比例调节
        mov     KPS,w5                  ;比例系数,未定Q11格式
        mul.su  w4,w5,w0
        mov     IDC_REF,w0              ;IDC_REF(K)=IDC_REF(K-1)+KPS*V_ERRORK
        add     w0,w1,w0
        mov     w0,IDC_REF
        cp0     w0
        bra     nn,RES                  ;>0则跳转
        mov     #0,w0                   ;否则为0
        mov     w0,IDC_REF
RES:
        mov     #0,w0
        mov     w0,SPEED_COUNT          ;速度调节环计数器清0
        return
;......................................................
; ADC 中断
;......................................................
__ADCInterrupt:
        push.d  w0                      ;各种保护
        push.d  w2
        push.d  w4
        push    ACCAH
        push    ACCAL
        push    ACCBH
        push    ACCBL
        push    SR
;......................................................
; 速度调节与否
;......................................................
        cp0     STALL
```

```
        bra Z,VDC_IDC
        cp0 SPEEDFLAG           ;为 1 则不进行速度调节,为 0 开始计数
        bra NZ,VDC_IDC
        mov SPEED_COUNT,w0
        mov #100,w1             ;每 100 个 PWM 周期进行一次速度调节
        cp w0,w1
        bra N,NO_SPEED_REG
        call SPEED_REG
NO_SPEED_REG:
        mov SPEED_COUNT,w0
        add w0,#1,w0
        mov w0,SPEED_COUNT      ;速度调节环计数器加 1
;..............................................................
; ADC 转换结果(注意转换缓冲寄存器的数值顺序)
;..............................................................
VDC_IDC:
        bclr IFS0,#ADIF         ;清 A/D 中断标志位
        bclr IFS2,#PWMIF        ;清 PWM 中断标志位
        mov ADCBUF0,w0
        mov w0,IDC_ERRORK       ;AN7 引脚值为电流采样值
        mov ADCBUF1,w1
        mov w1,V1               ;AN3 为 U 值
        mov ADCBUF2,w2
        mov w2,V2               ;AN4 为 V 值
        mov ADCBUF3,w3
        mov w3,V3               ;AN5 为 W 值
;..............................................................
; 电流比例调节
;..............................................................
        mov IDC_ERRORK,w0       ;实际电流值
        mov IDC_REF,w1          ;Q0 格式
        sub w1,w0,w4
        bra nn,Ifeifu           ;如果电流调节偏差值非负则跳入 Ifeifu
        neg w4,w4
        mov KP,w5               ;电流比例系数 Q11 格式
        mpy w4*w5,A
        sac a,#-5,w0            ;变成 Q0 格式
        neg w0,w0
```

```
            bra Iok                      ;为负则转换成 Q0 格式
Ifeifu:
        mov KP,w5                        ;Q11 格式
        mpy w4 * w5,A
        sac a,#-5,w0                     ;变成 Q0 格式
Iok:
        mov COMP,W1                      ;电流比例调节舍掉余数
        add w0,w1,w0                     ;w0 = KP * IDC_ERRORK + COMP(K-1)
        mov #0,w1
        cp w0,w1
        bra NN,SUP_LIM
        mov #0,w0                        ;占空比下限
        bra COMP_OK
SUP_LIM:
        mov #736,w1                      ;占空比上限
        cp w0,w1
        bra N,COMP_OK
        mov #736,w0
;........................................
; 换相准备
;........................................
COMP_OK:
        mov w0,COMP                      ;保存 COMP 作为下次 COMP(K-1)的值
        cp0 FLAG                         ;过 0 标志位是否为 1,1 则执行延迟时间
        bra Z,NEU
        mov B2COUNT,w0                   ;延迟时间在更新换相子程序中更新
        dec w0,w0
        mov w0,B2COUNT
        cp0 w0
        bra NZ,NEU
        mov CAPT,w0                      ;改变换相控制字
        inc w0,w0
        cp w0,#7                         ;为 7 则进入循环改为 1
        bra NZ,OKCAPT
        mov #1,w0
OKCAPT:
        mov w0,CAPT
        mov #0,w0
```

```
        mov w0,FLAG              ;换相完毕修改控制字
        mov w0,ASYM              ;延时计数器清0
;......................................................................
; 中性点电压计算(电压转换后观测是否相加超过 7FFF,以免负数出现)
;......................................................................
NEU：
        mov V1,w0
        mov V2,w1
        mov V3,w2
        add w0,w1,w0
        add w0,w2,w0
        mov w0,NEUTRAL           ;保存中性点电压 3Vn
        mov #1,w0
        mov w0,FLAGCUR           ;使能主循环换相和修改占空比
        cp0 STALL
        bra NZ,SPEEDUP
;......................................................................
; 磁定位更新比较值(需要重设定延迟时间初值)
;......................................................................
        mov COMP,w0
        mov w0,PDC1              ;进行磁定位
        mov BCOUNT,w0            ;磁定位计数器 1 s
        dec w0,w0
        mov w0,BCOUNT
        bra NZ,RESTO             ;未完成返回
        mov #0,w0
        mov w0,TIME              ;完成修改标志位(前面已经清 0)
        mov #48,w0
        mov w0,BCOUNT            ;作为延迟时间初值
        mov #1,w0
        mov w0,STALL             ;磁定位标志位
        mov w0,SPEEDFLAG         ;禁止速度调节(原来在初始化中已经置1)
        bra RESTO
;......................................................................
; 计算延迟时间
;......................................................................
SPEEDUP：
        mov CAPT,w0
```

```
        sub w0,#3,w0
        bra NZ,RESTO
        cp0 FLAGUP                      ;是否已转完 1 转电角度？在 FALLING1 处清 0
        bra NZ,RESTO
        mov #0,w0
        mov w0,SPEEDFLAG                ;允许速度调节,第 1 转转完即打开此标志位
        mov TIME,w2
        mov #12,w4
        REPEAT #17
        div.u w2,w4
        mov SPEED_DET,w2                ;实际速度与 2000 r/min 相比
        mov #205,w3
        cp w2,w3
        bra NN,buchang1
        bra buchang2
buchang1:
        inc w0,w0
buchang2:
        INC w0,w0                       ;补偿 PWM 周期,当实际转速<2000 时,补偿 1 个 PWM 周期,
                                        ;大于 2000 补偿 2 个 PWM 周期
        mov w0,BCOUNT                   ;当计数器最大为 3FF 时,转速为 9.766 r/min,无符号数除法
        mov #0,w0
        mov w0,TIME
        mov #1,w0
        mov w0,FLAGUP                   ;转完 1 转标志位
RESTO:
        pop SR                          ;退出保护
        pop ACCBL
        pop ACCBH
        pop ACCAL
        pop ACCAH
        pop.d w4
        pop.d w2
        pop.d w0
        retfie
;..............................................................
;W 寄存器初始化
;..............................................................
```

```
_wreg_init:
    clr w0
    mov w0, w14
    repeat #12
    mov w0, [++w14]
    clr w14
    return
```

;..
; 故障引脚中断子程序
;..

```
__FLTAInterrupt:
    mov #0xFF8F,w0
    mov w0,FLTACON
    bclr TRISA,#10          ;A口第10位设置为输出
    bset PORTA,#10          ;点亮板上第2个LED
    retfie
```

;..
; 不可屏蔽中断子程序
;..

```
__DefaultInterrupt:
    bclr TRISA,#9           ;A口第9位设置为输出
    bset PORTA,#9           ;点亮板上第1个LED
    nop
    nop
    nop
    retfie
.end
```

第 8 章

开关磁阻电动机的 DSC 控制

开关磁阻电动机与步进电动机一样属于利用磁阻工作的电动机。磁阻式电动机早在一百多年以前就出现了,但由于其性能不高,因此很少采用。通过最近 20 多年来的研究和改进,使其性能有了很大的提高。其结构简单、工作可靠、效率高的特点引起人们广泛的关注,已开始应用在电动车驱动、工业控制和家电产品中。其良好的发展前景使其成为当今电气传动领域最热门的课题之一。

8.1 开关磁阻电动机的结构、工作原理和特点

开关磁阻电动机的定、转子采用双凸极结构,图 8-1 是一台四相电动机的结构原理图。电动机的定、转子凸极均由普通矽钢片叠压而成。在转子上既无绕组也无永磁体,也不像步进电动机那样分布许多小齿,所以结构简单成本低。在定子上径向相对的磁极对采用同一绕组,称为一相,如图 8-1 所示。转子凸极数要少于定子凸极数,根据相数的不同而不同。通常 3 者的关系可参见表 8-1。

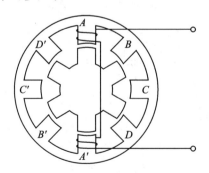

图 8-1 四相 8/6 开关磁阻电动机结构(只画一相绕组)

表 8-1 相数、定子极数与转子极数的关系

相数 m	3	4	5	6	7	8
定子极数 N_s	6	8	10	12	14	16
转子极数 N_r	4	6	8	10	12	14

根据相数、定子凸极数和转子凸极数的不同,形成了对不同结构的开关磁阻电动机的习惯称呼,例如三相6/4结构、五相10/8结构。

开关磁阻电动机的极距角和步距角的计算方法与步进电动机的齿距角和步距角的计算方法一样。开关磁阻电动机的相数越多,步距角越小,有利于减小输出转矩的波动。但电动机的结构复杂,驱动电路的开关器件数增多,成本增加。常用的电动机为三相6/4结构和四相8/6结构。开关磁阻电动机是根据磁阻工作的,与步进电动机一样,它也遵循"磁阻最小原则",即磁通总是沿着磁阻最小的路径闭合,从而迫使磁路上的导磁体运动到使磁阻最小的位置为止。

如图8-2是一台四相电动机。当A相绕组单独通电时,通过导磁体的转子凸极在A—A'轴线上建立磁路,并迫使转子凸极转到与A—A'轴线重合的位置,如图8-2(a)所示。这时将A相断电,B相通电,就会通过转子凸极在B—B'轴线上建立磁路,因为此时转子并不处于磁阻最小的位置,磁阻转矩驱动转子继续转动到图8-2(b)的位置。这时将B相断电,C相通电,根据"磁阻最小原则",转子转到图8-2(c)位置。当C相断电,D相通电后,转子又转到图8-2(d)位置。这样,四相绕组按A—B—C—D顺序轮流通电,磁场旋转一周,转子逆时针转过一个极距角。不断按照这个顺序换相通电,电动机就会连续转动。

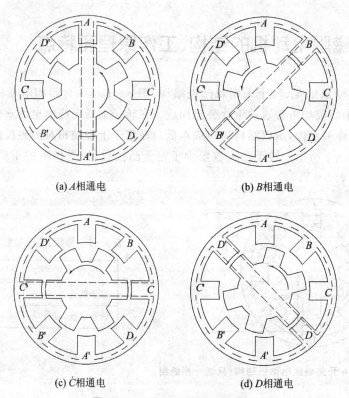

图8-2 四相轮流通电示意图

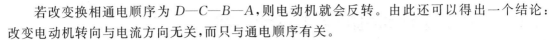

若改变换相通电顺序为 $D—C—B—A$，则电动机就会反转。由此还可以得出一个结论：改变电动机转向与电流方向无关，而只与通电顺序有关。

若改变相电流的大小，就会改变电动机的转矩，从而改变电动机的转速。因此，如果能控制开关磁阻电动机的换相、换相顺序和电流的大小，就能达到控制该电动机的目的。

换相是使开关磁阻电动机能够正常运行所必须的重要环节。为了能够正确地换相，必须知道转子运行到什么位置，这就需要转子位置传感器。转子位置传感器是开关磁阻电动机必不可少的重要组成部分之一。能够作为开关磁阻电动机转子位置传感器的种类有许多，如霍尔传感器、光电式传感器、接近开关式传感器、谐振式传感器和高频耦合式传感器。

根据开关磁阻电动机的结构和性能，可以得出该电动机具有以下特点：

- 电动机结构简单、成本低。开关磁阻电动机的结构比鼠笼式异步电动机的结构还要简单。其转子没有绕组和永磁体，也不用像鼠笼式异步电动机那样要求较高的铸造工艺，因此转子机械强度极高，可用于高速运行。电损耗发热主要在定子上，定子易于冷却。
- 驱动电路简单可靠。由于电动机的转矩方向与相电流的方向无关，因此每相驱动电路可以实现只用一个功率开关管，这使得驱动电路简单，成本低。另外，功率开关管直接与相绕组串联，不会产生直通短路故障，增加了可靠性。
- 电动机系统可靠性高。电动机的各相绕组能够独立工作，各相控制和驱动电路也是独立工作的，因此当有一相绕组或电路发生故障时，不会影响其他相工作。这时只需停止故障相的工作，除了使电动机的总输出有所减少外，不会妨碍电动机的正常运行，所以其系统的可靠性极高，可用于航空等高可靠性要求的场合。
- 效率高，损耗小。当开关磁阻电动机以效率为目标优化控制参数时，可以获得比其他电动机高得多的效率。其系统效率在很宽的调速和功率范围内都能达到87%以上。
- 可以实现高启动转矩和低启动电流。可以实现低启动电流但却能获得高启动转矩。典型对比为：为了获得相当于100%额定转矩的启动转矩，开关磁阻电动机所用的启动电流为15%额定电流；直流电动机所用的启动电流为100%额定电流；鼠笼式异步电动机所用的启动电流为300%额定电流。
- 可控参数多，可灵活掌握。电动机的可控参数包括开通角、关断角、相电流幅值和相电压。各种参数的单独控制可产生不同的控制功能，可根据具体应用要求灵活运用，或者组合运用。
- 适用于频繁起停和正反转运行。电动机具有完全相同的四象限运行能力，具有较强的再生制动能力，加上启动电流小的特点，可适用于频繁起停和正反转运行的场合。
- 转矩波动大，噪声大。转矩波动大是其最大的缺点。因转矩波动所导致的噪声以及在特定频率下的共振问题也较为突出，这些已成为了今后需要改进的课题之一。

8.2 开关磁阻电动机的功率驱动电路

开关磁阻电动机的功率驱动电路是用于开关磁阻电动机运行时为其提供所需能量的。它在整个系统中所占的成本最高,因此一个最优的开关磁阻电动机的功率驱动电路应该是使用尽可能少的开关器件、有尽可能高的工作效率和可靠性、满足尽可能多的应用要求、尽可能广的使用范围。

目前使用的开关磁阻电动机的功率驱动电路有许多种,以下介绍常用的 3 种电路。

1. 双绕组型驱动电路

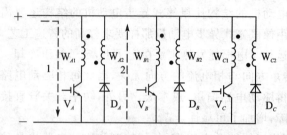

图 8-3 双绕组型驱动电路

三相双绕组型驱动电路如图 8-3 所示。电动机每相有两个绕组,主绕组 W_1 和辅助绕组 W_2。主绕组和辅助绕组采用双股并绕,使它们可以紧密地耦合在一起。工作时,当开关管 V 接通时,电源通过开关管 V 向主绕组 W_1 供电,如图中虚线 1 所示;当开关管 V 断开时,磁场蓄能通过辅助绕组 W_2 经续流二极管 D 向电源回馈,如图中虚线 2 所示。

双绕组型驱动电路的优点是每相只用一个开关管,电路简单成本低。其缺点是电动机结构复杂化,铜线利用率低;开关管要承受 2 倍的电源电压和漏电感引起的尖峰电压,为消除尖峰电压还要增加缓冲电路。尽管如此,由于驱动电路简单,多用于电源电压低的应用场合。

2. 双开关管型驱动电路

三相双开关管型驱动电路如图 8-4 所示。该电路的每一相都是由两个开关管 V_1、V_2 和两个续流二极管 D_1、D_2 组成。工作时,两个开关管可以控制同时通断,也可以使一个开关管常开,另一个开关管受控通断。

在采用两个开关管同时通断的控制方式中,当 V_1、V_2 导通时,电源通过开关管向相绕组供电,如图中虚线 1 所示;当开关管 V_1、V_2 断开时,磁场蓄能经续流二极管 D_1、D_2 续流,如图中虚线 2 所示。

在单个开关管受控通断的控制方式中,V_2 开关管常开,V_1 开关管受控。与双开关管同时受控不同的是,当 V_1 关断时,通过 D_1、V_2 组成续流回路,如图中虚线 3 所示。

双开关管型驱动电路的优点是每个开关管只承受额定电源电压;相与相之间的电路是完全独立的,适用性较强。其缺点是每相使用两个开关管,成本高。但由于两个开关管与相绕组是串联关系,不存在上下桥臂直通的故障忧患。因此这种电路适用于高压、大功率、相数少的场合。

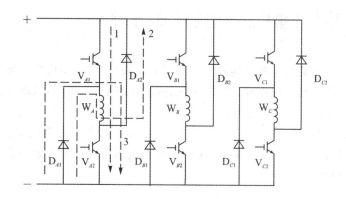

图 8-4 双开关管型驱动电路

3. 共用电容储能型驱动电路

四相共用电容储能型驱动电路如图 8-5 所示。该电路中的每一相都由一个开关管和一个续流二极管组成。图中的双电源是通过两个电容器分压而成的。以 A 相为例,当开关管 V_A 导通时,A 相通电,电容 C_1 放电,电流如图中虚线 1 所示流动;当开关管 V_A 断电时,续流经二极管 D_A 向电容 C_2 充电,如图中虚线 2 所示。换到 B 相时正好与 A 相相反,当开关管 V_B 导通时,B 相通电,电容 C_2 放电;当开关管 V_B 断电时,续流经二极管 D_B 向电容 C_1 充电。

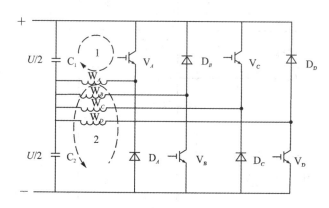

图 8-5 电容储能型驱动电路

当四相轮流平衡工作时,将使 C_1、C_2 电压相等。如果长时间使用一个相时,电路将不会正常工作。因此在电动机启动时,一般采用相邻两相同时通电的方式。

共用电容储能型驱动电路的特点是加到相绕组两端的电压均是电容 C_1、C_2 上的电压,它们是电源电压的 $1/2$;电路虽然简单,但要求使用价格较贵的大容量电容器。因此只适用于偶数相电动机、且能够保证相邻相在工作时能够平衡的应用场合。

8.3 开关磁阻电动机的线性模式分析

尽管开关磁阻电动机的电磁结构和工作原理非常简单,但电动机内磁场的分布比较复杂,因此传统交流电动机的基本理论和方法对开关磁阻电动机不太适用,因而要得到一个简单的、统一的数学模型和解析式是非常困难的。

有许多研究论文和书籍给出了各种分析方法,本节只对开关磁阻电动机进行线性模式分析,其目的是至少给读者一个关于影响开关磁阻电动机运行的相关参数的定性分析,从而找出开关磁阻电动机的控制方法。

8.3.1 开关磁阻电动机理想的相电感线性分析

如果不计电动机磁饱和的影响,并假设相绕组的电感与电流的大小无关,而只与转子位置角 θ 有关,这样的相电感称为理想化的相电感。理想化的相电感随转子位置角 θ 变化的规律可用图 8-6 来说明。

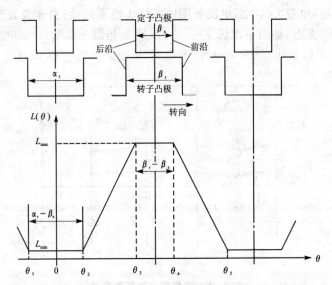

图 8-6 相绕组电感波形

如图 8-6 所示,设定子凸极中心与转子凹槽中心重合的位置为 $\theta=0$ 的位置。这时相电感最小,且由于在 $\theta_1 \sim \theta_2$ 范围内转子凸极与定子凸极不重叠,相电感始终保持最小值,此时磁阻最大。当转子转到 θ_2 位置后,转子凸极的前沿开始与定子凸极的后沿对齐,两者开始随着转子角的增加而部分重叠,相电感开始线性增加,直到 θ_3 位置为止,此时转子凸极的前沿与定子凸极的前沿对齐。由于转子与定子凸极全部重合,相电感最大,磁阻最小,这种状况一直保持

到 θ_4 位置。θ_4 是转子凸极的后沿与定子凸极的后沿对齐位置,转过 θ_4 后,两者开始随着转子角的增加而部分重叠,相电感开始线性下降,直到转子凸极的后沿与定子凸极的前沿对齐,即 θ_5 位置。之后,转子凹槽开始进入定子凸极区域,相电感重新减到最小值,磁阻最大。如此下去又进入新一轮循环。

理想化相电感的线性方程式为:

$$L(\theta) = \begin{cases} L_{\min} & (\theta_1 \leqslant \theta < \theta_2) \\ K(\theta - \theta_2) + L_{\min} & (\theta_2 \leqslant \theta < \theta_3) \\ L_{\max} & (\theta_3 \leqslant \theta < \theta_4) \\ L_{\max} - K(\theta - \theta_4) & (\theta_4 \leqslant \theta < \theta_5) \end{cases} \tag{8-1}$$

式中:$K = (L_{\max} - L_{\min})/\beta_s$。

8.3.2 开关磁阻电动机转矩的定性分析

当使用恒定直流电源 U 供电时,如果忽略绕组电阻压降,某一相的电压方程为:

$$\pm U = \frac{\mathrm{d}\psi}{\mathrm{d}t} \tag{8-2}$$

式中:$+U$ 表示功率器件开通时绕组的端电压;$-U$ 表示功率器件断开时绕组的端电压;ψ 是绕组磁链,如果假设磁路是线性磁路,可用下式表示 ψ:

$$\psi(\theta) = L(\theta) i(\theta) \tag{8-3}$$

将式(8-3)代入式(8-2)可得:

$$\pm U = \frac{\mathrm{d}\psi}{\mathrm{d}t} = L \frac{\mathrm{d}i}{\mathrm{d}t} + i \frac{\mathrm{d}L}{\mathrm{d}t} = L \frac{\mathrm{d}i}{\mathrm{d}t} + i \frac{\mathrm{d}L}{\mathrm{d}\theta} \frac{\mathrm{d}\theta}{\mathrm{d}t} \tag{8-4}$$

式(8-3)等号两边同乘绕组电流 i,可得功率平衡方程:

$$P = \frac{\mathrm{d}}{\mathrm{d}t}\left(\frac{1}{2}Li^2\right) + \frac{1}{2}i^2 \frac{\mathrm{d}L}{\mathrm{d}\theta}\omega_r \tag{8-5}$$

该式表明,当电动机通电时,输入的电功率一部分用于增加绕组的储能 $Li^2/2$,另一部分转换为机械功率输出 $\frac{1}{2}i^2\omega_r \mathrm{d}L/\mathrm{d}\theta$,而后者是相绕组电流 i 与定子电路的旋转电动势 $\frac{1}{2}i\omega_r \mathrm{d}L/\mathrm{d}\theta$ 之积。

当在电感上升区域 $\theta_2 \sim \theta_3$ 内绕组通电时,旋转电动势为正,产生电动转矩(或正向磁阻转矩),电源提供的电能一部分转换为机械能输出,一部分则以磁能的形式储存在绕组中。如果通电绕组在 $\theta_2 \sim \theta_3$ 内断电,则储存的磁能一部分转换为机械能,另一部分回馈给电源,这时转子仍受电动转矩的作用。

在电感为最大的 $\theta_3 \sim \theta_4$ 区域,旋转电动势为 0,如果绕组在这个区域有电流流过,只能回馈给电源,不产生磁阻转矩。

如果绕组电流在电感下降区域 $\theta_4 \sim \theta_5$ 内流动,因旋转电动势为负,产生制动转矩(即反向磁阻转矩),这时回馈给电源的能量既有绕组释放的磁能,也有制动转矩产生的机械能,即电动机运行在再生发电状态。

以上分析可知,在不同的电感区域中通电和断电,可以得到正转、反转、正向制动和反向制动的不同结果,可以控制开关磁阻电动机工作在四个象限上。

显然,为得到较大的有效转矩,一方面,在绕组电感随转子位置上升区域应尽可能地流过较大的电流,因此,开通角 θ_{on} 通常设计在 θ_2 之前;另一方面,应尽量减少制动转矩,即在绕组电感开始随转子位置减小之前应尽快使绕组电流衰减到 0,因此,关断角 θ_{off} 通常设计在 θ_3 之前。主开关器件关断后,反极性的电压($-U$)加至绕组两端,使绕组电流迅速下降,以保证在电感下降区域内流动的电流很小。

8.4 开关磁阻电动机的控制方法

影响开关磁阻电动机调速的参数较多,对这些参数进行单独控制或组合控制就会产生各种不同的控制方法,以下介绍几种常用的控制方法。

1. 角度控制法

角度控制法是指对开通角 θ_{on} 和关断角 θ_{off} 的控制,通过对它们的控制来改变电流波形以及电流波形与绕组电感波形的相对位置。在电动机电动运行时,应使电流波形的主要部分位于电感波形的上升段;在电动机制动运行时,应使电流波形位于电感波形的下降段。

改变开通角 θ_{on},可以改变电流的波形宽度、峰值和有效值大小,以及电流波形与电感波形的相对位置。这样就可以改变电动机的转矩,从而改变电动机的转速。图 8-7 是不同开通角所对应的电流波形。

改变关断角 θ_{off} 一般不影响电流峰值,但可以影响电流波形宽度以及与电感曲线的相对位置,电流有效值也随之变化,因此 θ_{off} 同样对电动机的转矩和转速产生影响,只是其影响程度没有 θ_{on} 那么大。图 8-8 给出了不同关断角对电流波形的影响。

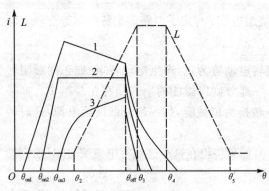

图 8-7 开通角不同时的电流波形

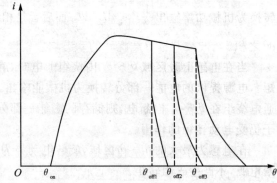

图 8-8 关断角不同时的电流波形

角度控制产生的结果是复杂的。如图8-9所示,虽然两个不同的开通角 θ_{on} 会产生两个差异很大的电流波形,但其所产生的转矩却是相同的。这是因为电流波形不同时,对应的绕组铜损耗和电动机效率也会不同。因此就会有以效率最优的 θ_{on}、θ_{off} 角度优化控制,和以输出转矩最优的 θ_{on}、θ_{off} 角度优化控制。寻优过程可通过计算机辅助分析实现,也可通过实验方法完成。

角度控制的优点是:转矩调节范围大;可允许多相同时通电,以增加电动机输出转矩,且转矩脉动较小;可实现效率最优控制或转矩最优控制。

角度控制不适用于低速,因为转速降低时,旋转电动势减小,使电流峰值增大,必须进行限流,因此角度控制一般用于转速较高的应用场合。

2. 电流斩波控制

电流斩波控制方法如图8-10所示。在这种控制方式中,θ_{on} 和 θ_{off} 保持不变,主要靠控制 i_T 的大小来调节电流的峰值,从而起到调节电动机转矩和转速的作用。

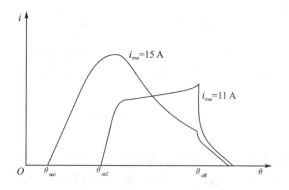

图8-9 产生同样转矩的两个电流波形

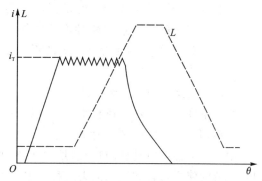

图8-10 电流斩波控制

电流斩波控制的优点是适用于电动机低速调速系统,电流斩波控制可限制电流峰值的增长,并起到良好有效的调节效果。因为每个电流波形呈较宽的平顶状,故产生的转矩也比较平稳,电动机转矩脉动一般也比采用其他控制方式时要明显减小。

电流斩波控制抗负载扰动的动态响应较慢,在负载扰动下的转速响应速度与系统自然机械特性硬度有非常大的关系。由于在电流斩波控制中电流的峰值受限制,当电动机转速在负载扰动作用下发生变化时,电流峰值无法相应地自动改变,电机转矩也无法自动地改变,使之成为特性非常软的系统,因此系统在负载扰动下的动态响应十分缓慢。

3. 电压PWM控制

电压PWM控制也是在保持 θ_{on} 和 θ_{off} 不变的前提下,通过调整占空比,来调整相绕组的平均电压,以改变相绕组电流的大小,从而实现转速和转矩的调节。PWM控制的电压和电流波形如图8-11所示。

电压 PWM 控制的特点是,电压 PWM 控制通过调节相绕组电压的平均值,进而能间接地限制和调节相电流。因此既能用于高速调速系统,又能用于低速调速系统,而且控制简单。但调速范围小,低速运行时转矩脉动较大。

4. 组合控制

开关磁阻电动机调速系统可使用多种控制方式,并根据不同的应用要求可选用几种控制方式的组合,以下是两种常用的组合控制方式。

> 高速角度控制和低速电流斩波控制组合。高速时采用角度控制,低速时采用电流斩波控制,以利于发挥二者的优点。这种控制方法的缺点是在中速时的过渡不容易掌握。因此要注意在两种方式转换时参

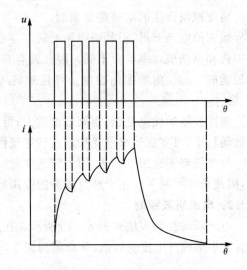

图 8-11 电压 PWM 控制

数的对应关系,避免存在较大的不连续转矩。并且注意两种方式在升速时的转换点和在降速时的转换点间要有一定回差,一般应使前者略高于后者,一定避免电动机在该速度附近运行时处于频繁地转换。

> 变角度电压 PWM 控制组合。这种控制方式是靠电压 PWM 调节电动机的转速和转矩,并使 θ_{on} 和 θ_{off} 随转速改变。

由于开关磁阻电动机的特点,所以工作时希望尽量将绕组电流波形置于电感的上升段。但是电流的建立过程和续流消失过程是需要一定时间的,当转速越高时,通电区间对应的时间越短,电流波形滞后的就越多,因此通过使 θ_{on} 提前的方法来加以纠正。

在这种工作方式下,转速和转矩的调节范围大,高速和低速均有较好的电动机性能,且不存在两种不同控制方式互相转换的问题,因此得到普遍采用。其缺点是控制方式的实现稍显复杂。

8.5 开关磁阻电动机的 DSC 控制及编程例子

以下结合一个实例来说明如何用 dsPIC30F6010 DSC 对开关磁阻电动机进行控制。
开关磁阻电动机参数如下:
相数为 4;
定子磁极数为 8;
转子磁极数为 6;
额定电压为 24 V;

第 8 章 开关磁阻电动机的 DSC 控制

额定电流为 3 A；

额定功率为 370 W；

转速范围为 100～1200 r/min；

内置光电传感器。

1. 驱动电路和控制电路的设计

四相 8/6 结构的开关磁阻电动机驱动电路和控制电路如图 8-12 所示。

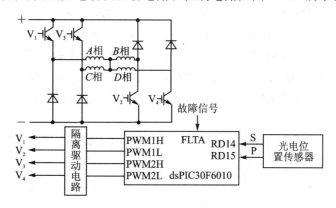

图 8-12 四相 8/6 结构开关磁阻电动机硬件电路

由于该开关磁阻电动机内部 A、B、C、D 各相有一个联结点，因此采用 H 桥型驱动电路，只需要 4 个开关管即可。这种驱动电路适用于四相或四的倍数相的开关磁阻电动机。这里选择专用的智能功率模块 IPM 作为功率开关器件。

各相通电顺序与开关管的开通关系见表 8-2。

表 8-2 各相通电顺序与开关管的开通关系

逆时针转时各相通电顺序	AD	AB	BC	CD
	V_1V_4	V_1V_2	V_2V_3	V_3V_4
顺时针转时各相通电顺序	AD	CD	BC	AB
	V_1V_4	V_3V_4	V_2V_3	V_1V_2

可利用 dsPIC30F6010 的 PWM 模块 4 个 PWM 输出（PWM1H、PWM1L、PWM2H、PWM2L）对驱动电路的 4 个开关管进行控制。

采用单事件 PWM 工作模式（详见 1.6.4 小节）。PWM 频率设置为 3 kHz。这要求在每个 PWM 周期都产生中断，在中断子程序里将 PTEN 位置 1，使 PWM 连续。

PWM 的输出控制采用"独立输出模式"（详见 1.6.6 小节）。在独立模式中,同一桥臂的上下两路输出可分别独立控制占空比和周期值,互不影响。同时,死区控制寄存器被禁止。因此,利用 dsPIC30F6010 控制开关磁阻电动机不但可实现单相通电控制,也可实现多相通电控制。

本电动机只能工作在两相通电状态下。根据换相控制字来确定应该给哪两相通电后,还要用到 PWM 输出改写寄存器来控制 PWM 通道的输出选择。输出改写寄存器可使 I/O 口输出驱动为指定的逻辑状态,而不受占空比比较单元的限制。

2. 位置、速度检测与换相控制

为了使电机持续运转并获得恒定的最大转矩就必须不断对开关磁阻电机换相。掌握好恰当的换相时刻,可以减小转矩的波动,使电机平稳运行。因此位置检测是非常重要的。

为了保证正确地获得换相信号,必须使用位置传感器来检测转子位置。本例电动机自带两个固定在定子上、夹角为 75° 的光电脉冲发生器 S、P,还有一个固定在转子上、齿槽数与凹槽数都为 6 的、且均匀分布的转盘,组成电动机的位置传感器,可以输出两路相位差为 15° 的方波信号。

根据开关磁阻电动机的工作原理,四相 8/6 结构的开关磁阻电动机采用双相通电工作时,其步距角等于 $360°/6/4=15°$。也就是说每隔 15° 机械角必须要换相一次。

本例采用 I/O 口 RD14、RD15 作为位置信号 S、P 输入端。在一个转子角周期(60°)内,S、P 产生的两路逻辑信号可组合成 4 种不同的状态,分别代表电动机四相绕组不同的参考位置,用换相控制字 CAPT 代表这 4 种状态。图 8-13 给出了逆时针和顺时针转动时 S、P 的输出。由此可得电动机的通电逻辑如表 8-3 所列。

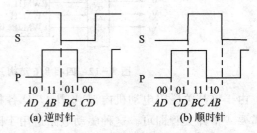

图 8-13 逆时针和顺时针转动时 S、P 的输出

表 8-3 四相 8/6 结构的开关磁阻电动机的通电逻辑

换相控制字	位置信号		应励磁的相	
CAPT	RD14(S)	RD15(P)	逆时针	顺时针
0	0	0	CD	AD
1	0	1	BC	CD
2	1	0	AD	AB
3	1	1	AB	BC

将 I/O 口 RD14、RD15 设置为输入捕捉方式,双沿触发电平变化中断。当从一个通电状态转到下一个通电状态,S、P 逻辑信号就会相应发生变化,从而触发电平变化中断。在电平变化中断子程序中,根据转向标志和当前通电相判断出下一个通电状态,实现换相控制。

这里的位置信号除用于换相控制外,还可用于转速计算。转子每转过15°机械角,换相一次,电机转动一周需换相24次。只要测得两次换相的时间间隔Δt,就可根据$\omega=15°/\Delta t$,计算两次换相间的平均转速。

本例通过定时器TMR1来获得时间间隔Δt。转子转速越低,所用时间Δt越长,定时器计数值就越大。设置定时器TMR1连续增计数方式,对系统时钟8分频。当计数时钟周期为135 ns时,一个换相间隔所用最长时间为:

$$135 \text{ ns} \times 8 \times 65535 = 0.0707778 \text{ s}$$

每转所用时间为:

$$24 \times 0.0707778 \text{ s} = 1.6986672 \text{ s}$$

最低平均转速为:

$$60° \div 1.6986672 \text{ s} = 35.32 \text{ r/min}$$

这样可以得到一个比例关系,当TMR1=X时,所对应转速应为35.32 r/min的FFFFH/X倍。这样所得到的速度值作为速度反馈量参与速度调节计算。

3. 控制方法

在本例中,为了简明,使用了定角度(即使用固定15°的通电角)电压PWM组合控制方法,控制框图见图8-14。

单速度环反馈的速度与速度给定值产生偏差,通过比例调节控制产生PWM的占空比来控制转速。位置信息还对开关磁阻电动机进行换相控制。

4. 程序设计

本例程序主要分为主程序、电平变化中断子程序、PWM中断子程序和故障中断子程序,其程序框图见图8-15。

① 主程序。主程序主要包括对变量和系统设置进行初始化、转子起始位置检测、IPM自举电容充电和电机启动程序。

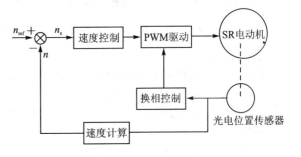

图8-14 控制框图

对系统的设置包括开中断;定时器TMR1设置成8分频、连续增计数方式;PWM模块设置为单事件独立PWM模式;PWM频率为3 kHz(参考IPM的最佳工作频率)。

② 电平变化中断子程序。在电平变化中断子程序中,首先读取换相控制字CAPT,然后读取定时器TMR1的计数值,进行速度计算和调节,根据换相控制字和调节值调换相子程序,进行相应的换相操作,并设计上下限防止速度超限。

③ PWM中断子程序。由于PWM采用单事件工作模式,在单事件模式中,每个PWM周期PTEN位由硬件清0,必须由软件置1,这样PWM才能继续正常输出,所以在PWM中断子程序中应把PTEN位重新置1。

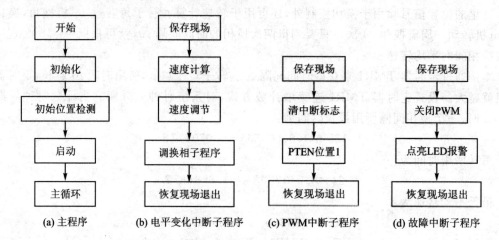

图 8-15 程序框图

④ 故障中断子程序。在本例中,当系统发生欠压、过流和短路时,IPM 便会发出低电平信号,该信号送至 DSC 的故障引脚 FLTA,引发故障中断,在故障中断处理子程序中立即关闭 PWM 输出,并发出报警。

以下是四相 8/6 结构开关磁阻电动机调速控制程序。

程序清单 8-1　四相 8/6 结构开关磁阻电动机调速控制程序

```
.equ __30F6010A,1
.include  "f:\MPLAB ASM30 Suite\Support\inc\p30f6010A.inc"
.global __reset
.global __FLTAInterrupt           ;故障中断
.global __PWMInterrupt            ;PWM 中断
.global __CNInterrupt             ;电平变化中断
.global __DefaultInterrupt        ;不可屏蔽中断
.bss
;..................................................
;定义变量
;..................................................
CAPT: .space 2                    ;换相控制字
COMP: .space 2                    ;占空比寄存器
SPEED_REF: .space 2               ;速度参考值
KPI: .space 2                     ;速度环比例系数
NF: .space 2                      ;速度反馈
DIR: .space 2                     ;转向标志位
```

```
.text
__reset:
    mov #__SP_init, w15
    mov #__SPLIM_init, w0
    mov w0, SPLIM
    nop
    call _wreg_init
    bset CORCON, #0
    bclr CORCON, #SATDW
;..............................................................................
;变量初始化
;..............................................................................
    mov #0,20
    mov w0,CAPT              ;换相控制字
    mov #850,w0
    mov w0,COMP              ;占空比值
    mov #0x0AC2,w0           ;840 r/min
    mov w0,SPEED_REF         ;转速给定值
    mov #0x001F,w0           ;速度环比例系数 Q11 格式
    mov w0,KPI
    mov #0,w0
    mov w0,NF                ;转速反馈值
    mov #1,w0
    mov w0,DIR               ;转向标志位 0 顺时针,1 逆时针
;..............................................................................
;电平变化中断设置
;..............................................................................
    mov #0xC000,w0
    mov w0,TRISD             ;设置 D 口为输入口
    bset CNEN2,#4            ;允许 CN20 中断(37 引脚)PORTD14
    bset CNEN2,#5            ;允许 CN21 中断(38)PORTD15
    mov #0x0032,w0
    mov w0,CNPU2             ;设置 CN 中断的上拉弱电阻
    bclr IFS0,#15
    mov #0x5444,w0
    mov w0,IPC3              ;设置 CN 中断的优先级 5
;..............................................................................
;检测转子初始位置
;..............................................................................
```

```
    mov PORTD,w1              ;读入霍尔信号,分别为 RD15 和 RD14
    asr w1,#14,w1             ;右移动 14 位
    mov #3,w2
    and w1,w2,w1              ;和 3 相"与"屏蔽高位,得到霍尔信号
    mov w1,CAPT               ;换相控制字赋初值
    bset IEC0,#15             ;使能电平变化中断
;..........................................................................
;定时器设置
;..........................................................................
    clr T1CON                 ;禁止定时器 1
    clr TMR1                  ;计数器清 0
    mov #0xFFFF,w0
    mov w0,PR1                ;周期值 0xFFFF
    bclr IFS0,#T1IF           ;T1 中断标志位清 0
    bclr IEC0,#T1IE           ;T1 中断允许位清 0
    mov #0x8010,w0
    mov w0,T1CON              ;8 分频,使能定时器 1
;..........................................................................
;PWM 中断设置
;..........................................................................
    mov #0x6444,w1            ;故障引脚中断,优先级为 6
    mov w1,IPC10
    mov #0x4444,w0            ;PWM 中断优先级为 4
    mov w0,IPC9
    mov #0x0300,w0            ;PORTE0~7 设置为输出口
    mov w0,TRISE
    mov #0x03ff,w1            ;PORTE0~7 全部设为高电平
    mov w1,PORTE
    mov #0x0005,w0            ;初始化输出改写寄存器,H 引脚全为高电平(正向)
    mov w0,OVDCON             ;L 引脚全为低电平,准备充电
    mov #0xF7FF,w0            ;RD11 为输入
    mov w0,TRISD              ;输出驱动 PWM 缓冲器
    clr PORTD                 ;RD11 清 0,PWM 输出使能
    mov #0x13CB,w0            ;延迟 5 067(13CB)*10*Tcy(1.35ns)
LOOP123:                      ;给足够时间自举电容充电
    do w0,END1
    nop
    nop
    nop
```

```
        nop
        nop
        nop
        nop
        nop
        nop
END1:nop
        mov #0xFF00,w0
        mov w0,OVDCON                    ;充电结束,恢复
        mov #0,w0
        mov w0,PDC1
        mov w0,PDC2                      ;给占空比初值
        mov #0x0f33,w0
        mov w0,PWMCON1                   ;独立模式,使能#1、#2 两对 PWM 输出
        bclr IFS2,#PWMIF                 ;清除中断请求标志位
        bset IEC2,#PWMIE                 ;允许中断
        mov #2458,w1                     ;器件运行速度为 7.38 MIPS 时,
        mov w1,PTPER                     ;PWM 周期为 3 kHz
        mov #0,w0
        mov w0,DTCON2                    ;不用死区取 B
        mov w0,PWMCON2                   ;允许占空比更新
        MOV w0,FLTBCON                   ;不用故障引脚 B
;..............................................................................
;故障中断设置
;..............................................................................
        bclr IFS2,#FLTAIF
        bset IEC2,#FLTAIE                ;使能故障引脚 A 中断
        mov #0x0083,w0
        mov w0,FLTACON
        mov #0x8001,w0                   ;使能 PWM,使能 PWM 单事件独立模式输出
        mov w0,PTCON
        mov CAPT,w1                      ;读换相控制字
        call SEQUENCE                    ;启动电机
;..............................................................................
;主循环
;..............................................................................
done:
        nop
        bra done                         ;等待中断
```

;..
; PWM 中断处理子程序
;..
__PWMInterrupt:
    bset PTCON,#PTEN   ;PWM 时基使能为置 1,重新使能
    bclr IFS2,#PWMIF   ;清中断标志位
    retfie

;..
; 电平变化中断处理子程序
;..
__CNInterrupt:
    push.d w0   ;保护现场
    push.d w2
    push.d w4
    push ACCAH
    push ACCAL
    push ACCBH
    push ACCBL
    push SR
    bclr IFS0,#15   ;清中断标志位
    bset PTCON,#PTEN
    mov PORTD,w1   ;读入霍尔信号
    asr w1,#14,w1   ;右移动 14 位
    mov #3,w2
    and w1,w2,w1   ;屏蔽高位
    mov w1,CAPT   ;得换相控制字
    mov TMR1,w1   ;读定时器值,速度反馈值
    mov w1,NF
    mov #0x0,w0
    mov w0,TMR1   ;定时器清 0
    mov SPEED_REF,w0   ;速度参考值
    sub w1,w0,w4   ;参考值 - 反馈值
    mov KPI,w5   ;速度比例调节系数,Q11 格式
    mpy w4*w5,a   ;KPI * En
    sac A,#-5,w0   ;左移 5 位,保存高字,Q0 格式
    mov COMP,w1   ;占空比初值
    add w0,w1,w0   ;COMP + KPI * En
    mov #800,w1   ;检测下限
    cp w0,w1

```
        bra NN,COMP_DA                  ;没超过下限跳转
COMP_FU:
        mov #800,w0                     ;超过,给最小值
        bra COMP_OK
COMP_DA:
        mov #4000,w1                    ;检测上限
        cp w0,w1
        bra N,COMP_OK                   ;没超过上限,跳转
        mov #4000,w0                    ;超过给上限
COMP_OK:
        mov w0,COMP
        mov CAPT,w1
        call SEQUENCE                   ;调换相子程序
        pop SR
        pop ACCBL
        pop ACCBH
        pop ACCAL
        pop ACCAH
        pop.d w4
        pop.d w2
        pop.d w0                        ;恢复现场
        retfie
;........................................................................
;换相子程序
;........................................................................
SEQUENCE:
        mov DIR,w0
        cp w0,#0
        bra NZ,CW                       ;不等于0,跳到逆时针
        nop
        nop
CAPT_DETER:                             ;顺时针
        bra w1
        bra ADFF
        bra CDFF
        bra ABFF
        bra CBFF
CW:                                     ;逆时针
        bra w1
```

```
        bra CDFF
        bra CBFF
        bra ADFF
        bra ABFF
ADFF:
        mov COMP,w0              ;PWM1H PWM 控制,PWM2L 常开
        mov w0,PDC1
        mov #0x0204,w1
        mov w1,OVDCON            ;输出改写寄存器
        bra ENND
ABFF:
        mov COMP,w0              ;PWM1H PWM 控制,PWM1L 常开
        mov w0,PDC1
        mov #0x0201,w1
        mov w1,OVDCON
        bra ENND
CBFF:
        mov COMP,w0              ;PWM2H PWM 控制,PWM1L 常开
        mov w0,PDC2
        mov #0x0801,w1
        mov w1,OVDCON
        bra ENND
CDFF:
        mov COMP,w0              ;PWM2H PWM 控制,PWM2L 常开
        mov w0,PDC2
        mov #0x0804,w1
        mov w1,OVDCON
        bra ENND
ENND:   return
;..................................................................
;W 寄存器初始化子程序
;..................................................................
_wreg_init:
        clr w0
        mov w0, w14
        repeat #12
        mov w0, [++w14]
        clr w14
        return
```

;..
; 故障引脚中断子程序
;..
__FLTAInterrupt:
  mov ♯0xFF8F,w0
  mov w0,FLTACON
  bclr TRISA,♯10   ;A 口第 10 位设置为输出
  bset PORTA,♯10   ;点亮板上第 2 个 LED
  retfie

;..
; 不可屏蔽中断子程序
;..
__DefaultInterrupt:
  bclr TRISA,♯9   ;A 口第 9 位设置为输出
  bset PORTA,♯9   ;点亮板上第 1 个 LED
  nop
  nop
  nop
  retfie
.end

附录 A

dsPIC30F 系列指令说明及举例

1. ADD 指令(f 与 WREG 寄存器相加)

格式:{标号:} ADD{.B} f   {,WREG}

操作数:f 取值范围为 0~8191。

影响状态位:DC,N,OV,Z,C。

指令功能:把 W 寄存器里的内容与文件寄存器里的内容相加,然后把结果放到目标寄存器里。所选择的 WREG 决定了目标寄存器。如果 WREG 是特指的,结果就存放在 WREG 里;否则,结果就存放在文件寄存器里。

注意:① .B 在指令中默认代表的是字节操作;.W 代表的是字操作,但是可以省略。

② WREG 被设置为工作寄存器 W0。

指令字长:1 个字。

指令周期:1 个周期。

例 1   ADD.B RAM100   ;WREG 与 RAM100 字节内容相加,结果存入 RAM100

指令执行前		指令执行后	
WREG	CC80	WREG	CC80
RAM100	FFC0	RAM100	FF40
SR	0000	SR	0005 (OV,C=1)

例 2   ADD RAM200,WREG   ;WREG 与 RAM200 字内容相加,结果存入 WREG

指令执行前		指令执行后	
WREG	CC80	WREG	CC40
RAM200	FFC0	RAM200	FFC0
SR	0000	SR	0001 (C=1)

2. ADD 指令(立即数与 Wn 寄存器相加)

格式:{标号:} ADD{.B} #lit10,   Wn

操作数:10 位字立即数取值范围为 0~1023,字节为 0~255;Wn 为 W0~W15。

影响状态位:DC,N,OV,Z,C。

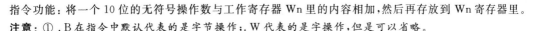

指令功能：将一个10位的无符号操作数与工作寄存器Wn里的内容相加,然后再存放到Wn寄存器里。

注意：① .B在指令中默认代表的是字节操作;.W代表的是字操作,但是可以省略。

② 对字节操作来说,立即数必须是一个无符号数(0～255)。

指令字长：1个字。

指令周期：1个周期。

例3　ADD.B　#0xFF,W7　;将−1(或255)与W7中的内容字节相加,结果存放到W7中

指令执行前	指令执行后
W7　12C0	W7　12BF
SR　0000	SR　0009　(N,C=1)

例4　ADD　#0xFF,W1　;将255与W1中的内容字相加,结果存放到W1中

指令执行前	指令执行后
W1　12C0	W1　13BF
SR　0000	SR　0009

3. ADD指令(短立即数与Wb寄存器相加)

格式：{标号:}ADD{.B} Wb, #lit5,Wd/[Wd]/[Wd++]/[Wd−−]/[++Wd]/[−−Wd]

操作数：Wb为W0～W15;5位立即数取值范围为0～31;Wd为W0～W15。

影响状态位：DC,N,OV,Z,C。

指令功能：将基址寄存器Wb里的内容与一个5位的无符号短立即数相加,然后把结果存放到目标寄存器Wd里。Wb寄存器可用于直接寻址或间接寻址。

注意：.B在指令中默认代表的是字节操作;.W代表的是字操作,但是可以省略。

指令字长：1个字。

指令周期：1个周期。

例5　ADD.B　W0, #0x1F, W7　;W0中的内容与31立即数字节相加,结果存W7

指令执行前	指令执行后
W0　2290	W0　2290
W7　12C0	W7　12AF
SR　0000	SR　0008　(N=1)

例6　ADD　W3, #0x6, [−−W4]　;W3中的内容与6立即数相加,结果存[−−W4]

指令执行前	指令执行后
W3　6006	W3　6006
W4　1000	W4　0FFE
Data 0FFE　DDEE	Data 0FFE　600C
Data 1000　DDEE	Data 1000　DDEE
SR　0000	SR　0000

4. ADD指令(Wb寄存器与Ws寄存器相加)

格式：{标号:}ADD{.B}Wb,Ws/[Ws]/[Ws++]/[Ws−−]/[++Ws]/[−−Ws],
　　　　　　　　　　Wd/[Wd]/[Wd++]/[Wd−−]/[++Wd]/[−−Wd]

操作数：Wb 为 W0～W15；Ws 为 W0～W15；Wd 为 W0～W15。
影响状态位：DC,N,OV,Z,C。
指令功能：把源寄存器 Ws 寄存器里的内容与基址寄存器 Wb 里的内容相加，结果放到目标寄存器 Wd 里。Wb 必须是寄存器直接寻址，Ws 和 Wd 可选择寄存器直接寻址或间接寻址。
注意：.B 在指令中默认代表的是字节操作；.W 代表的是字操作，但是可以省略。
指令字长：1 个字。
指令周期：1 个周期。

例 7 ADD.B W5,W6,W7   ;将寄存器 W5 和 W6 的内容字节相加，结果存 W7

指令执行前		指令执行后	
W5	AB00	W5	AB00
W6	0030	W6	0030
W7	FFFF	W7	FF30
SR	0000	SR	0000 (N=1)

例 8 ADD W5,W6,W7   ;将寄存器 W5 和 W6 的内容字相加，结果存 W7

指令执行前		指令执行后	
W5	AB00	W5	AB00
W6	0030	W6	0030
W7	FFFF	W7	AB30
SR	0000	SR	0008 (N=1)

5. ADD 指令（累加器相加）

格式：{标号:}ADD Acc
操作数：Acc 为 A,B。
影响状态位：OA,OB,OAB,SA,SB,SAB。
指令功能：累加器 A 中的内容与累加器 B 中的内容相加，把结果放到所选择的累加器中。此指令执行一个 40 位的加法。
指令字长：1 个字。
指令周期：1 个周期。

例 9 ADD   A   ;累加器 A、B 相加，结果存入 A

指令执行前		指令执行后	
ACCA	00 0022 3300	ACCA	00 1855 7858
ACCB	00 1833 4558	ACCB	00 1833 4558
SR	0000	SR	0000

例 10 ADD   B   ;累加器 A、B 相加，结果存入 B
;（假设超级饱和模式使能，ACCSAT=1,SATA=1,SATB=1）

指令执行前		指令执行后	
ACCA	00 E111 2222	ACCA	00 E111 2222
ACCB	00 7654 3210	ACCB	00 5765 5432
SR	0000	SR	4800 (OB,OAB=1)

6. ADD 指令(16 位有符号数与累加器相加)

格式:{标号:}ADD Ws/[Ws]/[Ws++]/[Ws--]/[++Ws]/[--Ws]/[Ws+Wb],{♯Slit4,}Acc
操作数:Acc 为 A,B;Ws 为 W0~W15;Wb 为 W0~W15;Slit4 为 -8~+7。
影响状态位:OA,OB,OAB,SA,SB,SAB。
指令功能:把一个由源工作寄存器确定的 16 位的值与所选择的累加器的最高字相加。源操作数可以是工作寄存器里的内容或是一个有效地址。在相加之前先进行符号扩展和添零,以及移位操作。
注意:Slit4 是正值的时候向右移,是负值的时候向左移。源寄存器里的内容不受 Slit4 的影响。
指令字长:1 个字。
指令周期:1 个周期。

例 11　ADD W0,♯2,A　;W0 寄存器中的内容(负数)右移 2 位,与累加器 A 相加,
　　　　　　　　　　;结果存累加器 A

指令执行前			指令执行后		
W0		8000	W0		8000
ACCA	00	7000 0000	ACCA	00	5000 0000
SR		0000	SR		0000

例 12　ADD [W5++],A　;W5 指向的地址中的内容与累加器 A 相加,结果存 A 中,W5 地址加 2

指令执行前				指令执行前			
W5			2000	W5			2002
ACCA	00	0067	2345	ACCA	00	5067	2345
Data 2000			5000	Data 2000			5000
SR			0000	SR			0000

7. ADDC 指令(f 与 WREG 寄存器带进位相加)

格式:{标号:}ADDC{.B}　f{,WREG}
操作数:操作数 f 的范围是 0~8191。
影响状态位:DC,N,OV,Z,C。
指令功能:把 WREG 里的内容与文件寄存器里的内容以及进位位相加,然后将结果存放到目标寄存器里。如果 WREG 是特指的,结果就存放在 WREG 里;否则,结果就存放在文件寄存器里。
注意:① .B 在指令中默认代表的是字节操作;.W 代表的是字操作,但是可以省略。
　　　② WREG 设置为工作寄存器 W0。
　　　③ Z 标志对于 ADDC、CPB、SUBB 和 SUBBR 来说是粘性的。这些指令只能清零 Z。
指令字长:1 个字。
指令周期:1 个周期。

例 13　ADDC.B RAM100　　;WREG 与 RAM100 和 C 进行字节相加,结果存到 RAM100

指令执行前			指令执行后	
WREG	CC60		WREG	CC60
RAM100	8006		RAM100	8067
SR	0001	(C=1)	SR	0000

例14　ADDC　RAM200,WREG　　　;RAM200 与 WREG 和 C 相加,结果存到 WREG

	指令执行前			指令执行后	
WREG	5600		WREG	8A01	
RAM200	3400		RAM200	3400	
SR	0001	(C=1)	SR	000C	(N,OV=1)

8. ADDC 指令(立即数与 Wn 寄存器带进位相加)

格式:{标号:}ADDC{.B}　#lit10,　　Wn

操作数:10 位立即数取值范围为 0~1023,字节为 0~255;Wn 为 W0~W15。

影响状态位:DC,N,OV,Z,C。

指令功能:将一个 10 位的无符号操作数与工作寄存器 Wn 里的内容以及进位位相加,然后再存放到 Wn 寄存器里。

注意:① .B 在指令中默认代表的是字节操作;.W 代表的是字操作,但是可以省略。

② 对字节操作来说,立即数必须是一个无符号数(0~255)。

③ Z 标志对于 ADDC、CPB、SUBB 和 SUBBR 来说是粘性的。这些指令只能清零 Z。

指令字长:1 个字。

指令周期:1 个周期。

例15　ADDC.B　#0xFF,W7　　　;W7 与 -1 和 C 相加,结果存到 W7

	指令执行前			指令执行后	
W7	12C0		W7	12BF	
SR	0000	(C=0)	SR	0009	(N,C=1)

例16　ADDC　#0xFF,W1　　　;W1 与 255 和 C 相加,结果存到 W1

	指令执行前			指令执行后	
W1	12C0		W1	13C0	
SR	0001	(C=1)	SR	0000	

9. ADDC 指令(短立即数与 Wb 寄存器带进位相加)

格式:{标号:}ADDC{.B}Wb,　　#lit5,Wd/[Wd]/[Wd++]/[Wd--]/[++Wd]/[--Wd]

操作数:Wb 为 W0~W15;5 位立即数取值范围为 0~31;Wd 为 W0~W15。

影响状态位:DC,N,OV,Z,C。

指令功能:将基址寄存器 Wb 里的内容与一个 5 位的无符号短立即数以及进位位相加,然后把结果存放到目标寄存器 Wd 里。Wb 寄存器可用于直接寻址或间接寻址。

注意:① .B 在指令中默认代表的是字节操作;.W 代表的是字操作,但是可以省略。

② Z 标志对于 ADDC、CPB、SUBB 和 SUBBR 来说是粘性的。这些指令只能清零 Z。

指令字长:1 个字。

指令周期:1 个周期。

例17　ADDC.B W0,#0x1F,[W7]　　　;W0 与 31 和 C 相加,结果存入 W7 指定的地址中

附录 A　dsPIC30F 系列指令说明及举例

	指令执行前			指令执行后	
W0	CC80		W0	CC80	
W7	12C0		W7	12C0	
Data 12C0	B000		Data 12C0	B09F	
SR	0000	(C=0)	SR	0008	(N=1)

例 18　ADDC　W3,＃0x6,[－－W4]　;W3 与 6 和 C 相加,结果存入[－－W4]指定的地址中

	指令执行前			指令执行后	
W3	6006		W3	6006	
W4	1000		W4	0FFE	
Data 0FFE	DDEE		Data 0FFE	600D	
Data 1000	DDEE		Data 1000	DDEE	
SR	0001	(C=1)	SR	0000	

10. ADDC 指令(Wb 寄存器与 Ws 寄存器带进位相加)

格式:{标号:}ADDC{.B}Wb,Ws/[Ws]/[Ws＋＋]/[Ws－－]/[＋＋Ws]/[－－Ws],
　　　　　　　　Wd/[Wd]/[Wd＋＋]/[Wd－－]/[＋＋Wd]/[－－Wd]
操作数:Wb 为 W0～W15;Ws 为 W0～W15;Wd 为 W0～W15。
影响状态位:DC,N,OV,Z,C。
指令功能:把源寄存器 Ws 寄存器里的内容与基址寄存器 Wb 里的内容以及 C 相加,结果放到目标寄存器 Wd 里。Wb 必须是寄存器直接寻址。Ws 和 Wd 可选择寄存器直接寻址或间接寻址。
注意:① .B 在指令中默认代表的是字节操作;.W 代表的是字操作,但是可以省略。
　　　② Z 标志对于 ADDC、CPB、SUBB 和 SUBBR 来说是粘性的。这些指令只能清零 Z。
指令字长:1 个字。
指令周期:1 个周期。

例 19　ADDC.B W0,[W1＋＋],[W2＋＋]　;W0 与[W1]和 C 字节相加,结果存入[W2]中,
　　　　　　　　　　　　　　　　　　;W1、W2 加 1

	指令执行前			指令执行后	
W0	CC20		W0	CC20	
W1	0800		W1	0801	
W2	1000		W2	1001	
Data 0800	AB25		Data 0800	AB25	
Data 1000	FFFF		Data 1000	FF46	
SR	0001	(C=1)	SR	0000	

例 20　ADDC W3,[W2＋＋],[W1＋＋]　;W3 与[W2]和 C 相加,结果存入[W1]中,W1、W2 加 2

	指令执行前			指令执行后	
W1	1000		W1	1002	
W2	2000		W2	2002	
W3	0180		W3	0180	
Data 1000	8000		Data 1000	2681	
Data 2000	2500		Data 2000	2500	
SR	0001	(C=1)	SR	0000	

11. AND 指令(f 与 WREG 寄存器相"与")

格式：{标号：}AND{.B} f {,WREG}

操作数：f 取值范围为 0～8191。

影响状态位：N,Z。

指令功能：对 WREG 里的内容和文件寄存器里的内容进行"与"操作,将结果存放到目标寄存器里。如果 WREG 是特指的,结果就存放在 WREG 里；否则,结果就存放在文件寄存器里。

注意：① .B 在指令中默认代表的是字节操作；.W 代表的是字操作,但是可以省略。

② WREG 被设置为工作寄存器 W0。

指令字长：1 个字。

指令周期：1 个周期。

例 21　AND.B RAM100　　；WREG 与 RAM100 中的内容字节相"与",结果存入 RAM100

指令执行前　　　　　指令执行后

WREG	CC80		WREG	CC80	
RAM100	FFC0		RAM100	FF80	
SR	0000		SR	0008	(N=1)

例 22　AND RAM200，WREG　　；RAM200 与 WREG 相"与",结果存入 WREG

指令执行前　　　　　指令执行后

WREG	CC80		WREG	0080
RAM200	12C0		RAM200	12C0
SR	0000		SR	0000

12. AND 指令(立即数与 Wn 寄存器相"与")

格式：{标号：}AND{.B} ♯lit10, Wn

操作数：10 位立即数取值范围为 0～1023,字节为 0～255；Wn 为 W0～W15。

影响状态位：N,Z。

指令功能：将一个 10 位立即数与工作寄存器 Wn 里的内容相"与",然后再存放到 Wn 寄存器里。Wn 必须是寄存器直接寻址。

注意：① .B 在指令中默认代表的是字节操作；.W 代表的是字操作,但是可以省略。

② 对字节操作来说,立即数必须是一个无符号数(0～255)。

指令字长：1 个字。

指令周期：1 个周期。

例 23　AND.B ♯0x83, W7　　；0x83 和 W7 进行字节相"与",结果存入 W7

指令执行前　　　　　指令执行后

W7	12C0		W7	1280	
SR	0000		SR	0008	(N=1)

例 24　AND ♯0x333, W1　　；0x333 和 W1 相"与",结果存入 W1

指令执行前　　　　　指令执行后

W1	12D0		W1	0210
SR	0000		SR	0000

13. AND 指令（短立即数与 Wb 寄存器相"与"）

格式：{标号：} AND{.B} Wb, ♯lit5, Wd/[Wd]/[Wd++]/[Wd--]/[++Wd]/[--Wd]

操作数：Wb 为 W0～W15；5 位立即数取值范围为 0～31；Wd 为 W0～W15。

影响状态位：N,Z。

指令功能：将基址寄存器 Wb 里的内容与一个 5 位的无符号短立即数相"与"，然后把结果存放到目标寄存器 Wd 里。Wb 寄存器可用于直接寻址或间接寻址。

注意：.B 在指令中默认代表的是字节操作；.W 代表的是字操作，但是可以省略。

指令字长：1 个字。

指令周期：1 个周期。

例 25　AND.B　W0, ♯0x3, [W1++]　；W0 和 0x3 进行字节相"与"，结果存入 W1, W1 加 1

指令执行前			指令执行后	
W0	23A5		W0	23A5
W1	2211		W1	2212
Data 2210	9999		Data 2210	0199
SR	0000		SR	0000

例 26　AND W0, ♯0x1F, W1　；W0 和 0x1F 相"与"，结果存入 W1

指令执行前			指令执行后	
W0	6723		W0	6723
W1	7878		W1	0003
SR	0000		SR	0000

14. AND 指令（Wb 寄存器与 Ws 寄存器相"与"）

格式：{标号：}AND{.B} Wb, Ws/[Ws]/[Ws++]/[Ws--]/[++Ws]/[--Ws],
　　　　　　　　　　　　Wd/[Wd]/[Wd++]/[Wd--]/[++Wd]/[--Wd]

操作数：Wb 为 W0～W15；Ws 为 W0～W15；Wd 为 W0～W15。

影响状态位：N,Z。

指令功能：把源寄存器 Ws 寄存器里的内容与基址寄存器 Wb 里的内容相"与"，结果放到目标寄存器 Wd 里。Wb 必须是寄存器直接寻址，Ws 和 Wd 可选择寄存器直接寻址或间接寻址。

注意：.B 在指令中默认代表的是字节操作；.W 代表的是字操作，但是可以省略。

指令字长：1 个字。

指令周期：1 个周期。

例 27　AND.B　W0, W1, [W2++]　；W0 和 W1 字节相"与"，结果存入 W2, W2 加 1

指令执行前			指令执行后	
W0	AA55		W0	AA55
W1	2211		W1	2211
W2	1001		W2	1002
Data 1000	FFFF		Data 1000	11FF
SR	0000		SR	0000

例 28　AND W0,[W1++],W2　　;W0 和[W1]相"与",结果存入 W2,W1 加 2

指令执行前		指令执行后	
W0	AA55	W0	AA55
W1	1000	W1	1002
W2	55AA	W2	2214
Data 1000	2634	Data 1000	2634
SR	0000	SR	0000

15. ASR 指令(f 算术右移)

格式:{标号:} ASR{.B} f　　{,WREG}

操作数:f 取值范围为 0~8191。

影响状态位:N,Z,C。

指令功能:把文件寄存器里的内容向右移 1 位,并且把结果放到目标寄存器中。文件寄存器里的最低有效位移入状态寄存器里的 C 位中,文件寄存器里的最高有效位保持不变,以保留其符号。所选择的 WREG 决定了目标寄存器。如果 WREG 是特指的,结果就存放在 WREG 里;否则,结果就存放在文件寄存器里。

注意:① .B 在指令中默认代表的是字节操作;.W 代表的是字操作,但是可以省略。

　　　② WREG 被设置为工作寄存器 W0。

指令字长:1 个字。

指令周期:1 个周期。

例 29　ASR.B　RAM400,WREG　　;RAM400 中的字节内容算术右移 1 位,结果存入 WREG

指令执行前		指令执行后	
WREG	0600	WREG	0611
RAM400	0823	RAM400	0823
SR	0000	SR	0001 (C=1)

例 30　ASR　RAM200　　;RAM200 中的内容算术右移 1 位,结果存入 RAM200

指令执行前		指令执行后	
RAM200	8009	RAM200	C004
SR	0000	SR	0009 (N,C=1)

16. ASR 指令(Ws 算术右移)

格式:{标号:}ASR{.B} Ws/[Ws]/[Ws++]/[Ws--]/[++Ws]/[--Ws],
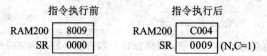
　　　　　　　　　　Wd/[Wd]/[Wd++]/[Wd--]/[++Wd]/[--Wd]

操作数:Ws 为 W0~W15;Wd 为 W0~W15。

影响状态位:N,Z,C。

指令功能:把源寄存器 Ws 寄存器里的内容进行算术右移 1 位,结果放到目标寄存器 Wd 里。Ws 寄存器里的最低有效位移入状态寄存器里的 C 位中,Ws 寄存器里的最高有效位保持不变,以保留其符号。Ws 和 Wd 可选择寄存器直接寻址或间接寻址。

注意:.B 在指令中默认代表的是字节操作;.W 代表的是字操作,但是可以省略。

指令字长:1 个字。

指令周期:1 个周期。

例 31　ASR.B［W0++］,［W1++］　　;［W0］的字节内容算术右移 1 位,结果存入［W1］,W0、W1 加 1

指令执行前

W0	0600
W1	0801
Data 600	2366
Data 800	FFC0
SR	0000

指令执行后

W0	0601
W1	0802
Data 600	2366
Data 800	33C0
SR	0000

例 32　ASR W12,W13　　;W12 中的内容算术右移 1 位,结果存入 W13

指令执行前

W12	AB01
W13	0322
SR	0000

指令执行后

| W12 | AB01 |
| W13 | D580 |
| SR | 0009 | (N,C=1)

17. ASR 指令(短立即数决定算术右移的位数)

格式:｛标号:｝ASR Wb, ♯lit4, Wnd

操作数:Wb 为 W0～W15;4 位立即数取值范围为 0～15;Wnd 为 W0～W15。

影响状态位:N,Z。

指令功能:对 Wb 寄存器里的内容进行算术右移 lit4 位,把结果存放在 Wnd 寄存器里。移位操作执行完以后,把结果进行符号扩展。Wb 和 Wnd 必须是直接寻址。

注意:该指令只进行字操作。

指令字长:1 个字。

指令周期:1 个周期。

例 33　ASR W0,♯0x4,W1　　;W0 中的内容算术右移 4 位,结果存入 W1 中

指令执行前

W0	060F
W1	1234
SR	0000

指令执行后

W0	060F
W1	0060
SR	0000

例 34　ASR W0,♯0xF,W1　　;W0 中的内容算术右移 15 位,结果存入 W1 中

指令执行前

W0	70FF
W1	CC26
SR	0000

指令执行后

| W0 | 70FF |
| W1 | 0000 |
| SR | 0002 | (Z=1)

18. ASR 指令(Wns 寄存器的内容决定算术右移的位数)

格式:｛标号:｝ASR Wb, Wns, Wnd

操作数:Wb 为 W0～W15;Wns 为 W0～W15;Wnd 为 W0～W15。

影响状态位:N,Z。

指令功能:Wns 里的最低 4 位决定了对 Wb 寄存器里的内容进行算术右移多少位,并将结果存放在 Wnd

寄存器里。移位操作执行完以后,把结果进行符号扩展。Wb、Wns 和 Wnd 必须是直接寻址。

注意:① 该指令只进行字操作。

② 如果 Wns 的值大于 15,如果 Wb 是正数,则 Wnd=0x0;如果 Wb 是负数,Wnd=0xFFFF。

指令字长:1 个字。

指令周期:1 个周期。

例 35　ASR W0,W5,W6　　　;将 W0 中的内容算术右移 W5 位,结果存入 W6

	指令执行前			指令执行后	
W0	80FF		W0	80FF	
W5	0004		W5	0004	
W6	2633		W6	F80F	
SR	0000		SR	0000	

例 36　ASR W11,W12,W13　　　;将 W11 中的内容算术右移 W12 位,结果存入 W13

	指令执行前			指令执行后	
W11	8765		W11	8765	
W12	88E4		W12	88E4	
W13	A5A5		W13	F876	
SR	0000		SR	0008	(N=1)

19. BCLR 指令(对 f 的位清 0)

格式:{标号:}BCLR{.B} f,#bit4

操作数:对字节操作 f 为 0~8191,bit4 为 0~7;对字操作 f 为 0~8190,bit4 为 0~15。

影响状态位:不影响标志位。

指令功能:对文件寄存器的 bit4 位清 0。

注意:①.B 在指令中默认代表的是字节操作;.W 代表的是字操作,但是可以省略。

② 当以字方式操作时,文件寄存器地址必须是字对齐。

③ 当以字节方式操作时,bit4 取值是 0~7 之间。

指令字长:1 个字。

指令周期:1 个周期。

例 37　BCLR.B 0x801,#0x7　　　;将 0x801 中的数的第 7 位清 0

	指令执行前			指令执行后	
Data 0801	66EF		Data 0801	666F	
SR	0000		SR	0000	

例 38　BCLR 0x400,#0xA　　　;将 0x801 中的数的第 10 位清 0

	指令执行前			指令执行后	
Data 0400	AA55		Data 0400	A855	
SR	0000		SR	0000	

20. BCLR 指令(对 Ws 的位清 0)

格式:{标号:}BCLR Ws/[Ws]/[Ws++]/[Ws--]/[++Ws]/[--Ws],#bit4

操作数：Ws 为 W0～W15；bit4 为 0～15。
影响状态位：不影响标志位。
指令功能：对 Ws 寄存器的 bit4 位清 0。Ws 可直接寻址或间接寻址。
注意：该指令只用于字操作。
指令字长：1 个字。
指令周期：1 个周期。

例 39　BCLR W2,♯0xC　　　;将 W2 中的数的第 12 位清 0

	指令执行前		指令执行后
W2	F234	W2	E234
SR	0000	SR	0000

例 40　BCLR [W0++],♯0x0　　;将[W0]指定的数的第 0 位清 0,W0 加 2

	指令执行前		指令执行后
W0	2300	W0	2302
Data 2300	5607	Data 2300	5606
SR	0000	SR	0000

21．BRA 指令（无条件跳转）

格式：{标号:} BRA Expr
操作数：Expr 可能是一个标号、绝对地址、表达式。其解析值范围为 −32768～+32767。
影响状态位：不影响标志位。
指令功能：无条件跳转,Expr 解析值→PC,NOP→指令寄存器。跳转的偏移量是二进制补码形式,可以向前或向后跳转 32K。
指令字长：1 个字。
指令周期：2 个周期。

例 41　002000　HERE: 　　BRA THERE　　　;跳转到 THERE
　　　　002002　　　　　　…
　　　　002004　　　　　　…
　　　　002006　　　　　　…
　　　　002008　　　　　　…
　　　　00200A　THERE:　　…
　　　　00200C

	指令执行前		指令执行后
PC	00　2000	PC	00　200A
SR	0000	SR	0000

例 42　002000　HERE: 　　BRA THERE+0x2　;跳转到 THERE+0x2
　　　　002002　　　　　　…
　　　　002004　　　　　　…
　　　　002006　　　　　　…

```
            002008         ...
            00200A  THERE: ...
            00200C         ...
```

	指令执行前			指令执行后	
PC	00	2000	PC	00	200C
SR		0000	SR		0000

```
例 43   002000  HERE:   BRA 0x1366              ;跳转到 0x1366
        002002          ...
        002004          ...
```

	指令执行前			指令执行后	
PC	00	2000	PC	00	1366
SR		0000	SR		0000

22. BRA 指令(根据 Wn 内容无条件跳转)

格式：{标号：} BRA Wn

操作数：Wn 为 W0～W15。

影响状态位：不影响标志位。

指令功能：无条件跳转,$2\times(Wn)\to PC$,NOP→指令寄存器。跳转的偏移量是 $2\times(Wn)$ 的二进制补码数,可以向前或向后跳转 32K。

指令字长：1 个字。

指令周期：2 个周期。

```
例 44   002000  HERE:   BRA W7                  ;跳转到 2*W7
        002002          ...
        ...             ...
        ...             ...
        002106          ...
        002108  TABLE7: ...
        00210A          ...
```

	指令执行前			指令执行后	
PC	00	2000	PC	00	2108
W7		0084	W7		0084
SR		0000	SR		0000

23. BRA C 指令(当 C=1 时条件跳转)

格式：{标号：} BRA C,Expr

操作数：Expr 可能是一个标号、绝对地址、表达式。其解析值范围为 $-32768\sim+32767$。

影响状态位：不影响标志位。

指令功能：如果进位位是 1,执行条件跳转,Expr 解析值→PC,NOP→指令寄存器。跳转的偏移量是二进制补码形式,可以向前或向后跳转 32K。

指令字长：1个字。
指令周期：1个周期（如果跳转就是2个周期）。

例 45
002000	HERE：	BRA C,CARRY	;如果 C＝1 跳转到 CARRY
002002	NO_C：	…	;否则继续
002004		…	
002006		GOTO THERE	
002008	CARRY：	…	
00200A		…	
00200C	THERE：	…	
00200E		…	

指令执行前
PC | 00 | 2000
SR | 0001 (C=1)

指令执行后
PC | 00 | 2008
SR | 0001 (C=1)

例 46
006230	START：	…	
006232		…	
006234	CARRY：	…	
006236		…	
006238		…	
00623A		…	
00623C	HERE：	BRA C,CARRY	;如果 C＝1 跳转到 CARRY
00623E		…	;否则继续

指令执行前
PC | 00 | 623C
SR | 0001 (C=1)

指令执行后
PC | 00 | 6234
SR | 0001 (C=1)

24．BRA GE 指令（当 GE＝1 时条件跳转）

格式：｛标号：｝BRA GE,Expr

操作数：Expr 可能是一个标号、绝对地址、表达式。其解析值范围为－32768～＋32767。

影响状态位：不影响标志位。

指令功能：如果有符号的大于等于条件成立，即(N&&OV)||(!N&&!OV)是"真"，就执行条件跳转，Expr 解析值→PC,NOP→指令寄存器。跳转的偏移量是二进制补码形式，可以向前或向后跳转 32K。

指令字长：1个字。
指令周期：1个周期（如果跳转就是2个周期）。

例 47
007600	LOOP：	…	
007602		…	
007604		…	
007606		…	
007608	HERE：	BRA GE, LOOP	;如果 GE＝1 跳转到 LOOP
00760A	NO_GE：	…	;否则继续

	指令执行前		指令执行后
PC	00 7608	PC	00 7600
SR	0000	SR	0000

例48　007600　LOOP：　　…
　　　007602　　　　　　　…
　　　007604　　　　　　　…
　　　007606　　　　　　　…
　　　007608　HERE：　　BRA GE, LOOP　　;如果 GE=1 跳转到 LOOP
　　　00760A　NO_GE：　　…　　　　　　　　;否则继续

	指令执行前			指令执行后	
PC	00 7608		PC	00 760A	
SR	0008	(N=1)	SR	0008	(N=1)

25. BRA GEU 指令（当 C=1 时条件跳转）

格式：｛标号：｝BRA GEU,Expr

操作数：Expr 可能是一个标号、绝对地址、表达式。其解析值范围为 $-32768 \sim +32767$。

影响状态位：不影响标志位。

指令功能：如果进位标志位是 1，就执行条件跳转，Expr 解析值→PC，NOP→指令寄存器。跳转的偏移量是二进制补码形式，可以向前或向后跳转 32K。

注意：此指令等同于 BRA C,Expr（如果有进位就会跳转）指令，并有相同的指令码。

指令字长：1 个字。

指令周期：1 个周期（如果跳转就是 2 个周期）。

例49　002000　HERE：　　BRA GEU, BYPASS　　;如果 C=1 跳转到 BYPASS
　　　002002　NO_GEU：　…　　　　　　　　　;否则继续
　　　002004　　　　　　　…
　　　002006　　　　　　　…
　　　002008　　　　　　　…
　　　00200A　　　　　　　GOTO THERE
　　　00200C　BYPASS：　…
　　　00200E　　　　　　　…

	指令执行前			指令执行后	
PC	00 2000		PC	00 200C	
SR	0001	(C=1)	SR	0001	(C=1)

26. BRA GT 指令（当 GT=1 时条件跳转）

格式：｛标号：｝BRA GT,Expr

操作数：Expr 可能是一个标号、绝对地址、表达式。其解析值范围为 $-32768 \sim +32767$。

影响状态位：不影响标志位。

指令功能：如果有符号的大于条件成立，即 (!Z&&N&&OV) ‖ (!Z&&!N&&!OV) 是"真"，就执行条件跳转，Expr解析值→PC，NOP→指令寄存器。跳转的偏移量是二进制补码形式，可以向前或向后跳转32K。

指令字长：1个字。

指令周期：1个周期(如果跳转就是2个周期)。

例50　002000　HERE：　　　BRA GT, BYPASS　　　;如果 GT=1 跳转到 BYPASS
　　　002002　NO_GT：　　　…　　　　　　　　　;否则继续
　　　002004　　　　　　　　…
　　　002006　　　　　　　　…
　　　002008　　　　　　　　…
　　　00200A　　　　　　　　GOTO THERE
　　　00200C　BYPASS：　　　…
　　　00200E　　　　　　　　…

指令执行前　　　　　　　　　指令执行后

PC	00	2000			PC	00	200C	
SR		0001	(C=1)		SR		0001	(C=1)

27．BRA GTU 指令(当 GTU=1 时条件跳转)

格式：{标号：} BRA GTU, Expr

操作数：Expr 可能是一个标号、绝对地址、表达式。其解析值范围为 −32768～+32767。

影响状态位：不影响标志位。

指令功能：如果无符号的大于条件成立，即(C&&!Z)是"真"，就执行条件跳转，Expr解析值→PC，NOP→指令寄存器。跳转的偏移量是二进制补码形式，可以向前或向后跳转32K。

指令字长：1个字。

指令周期：1个周期(如果跳转就是2个周期)。

例51　002000　HERE：　　　BRA GTU, BYPASS　　　;如果 GTU=1 跳转到 BYPASS
　　　002002　NO_GTU：　　　…　　　　　　　　　;否则继续
　　　002004　　　　　　　　…
　　　002006　　　　　　　　…
　　　002008　　　　　　　　…
　　　00200A　　　　　　　　GOTO THERE
　　　00200C　BYPASS：　　　…
　　　00200E　　　　　　　　…

指令执行前　　　　　　　　　指令执行后

PC	00	2000			PC	00	200C	
SR		0001	(C=1)		SR		0001	(C=1)

28．BRA LE 指令(当 LE=1 时条件跳转)

格式：{标号：} BRA LE, Expr

操作数：Expr 可能是一个标号、绝对地址、表达式。其解析值范围为 −32768～+32767。

影响状态位：不影响标志位。

指令功能：如果有符号的小于等于条件成立，即(Z‖(N&&!OV)‖(!N&&OV))是"真"，就执行条件跳转，Expr解析值→PC，NOP→指令寄存器。跳转的偏移量是二进制补码形式，可以向前或向后跳转32K。

指令字长：1个字。

指令周期：1个周期（如果跳转就是2个周期）。

例52　002000　HERE：　　　BRA LE, BYPASS　　　；如果LE=1跳转到BYPASS
　　　002002　NO_LE：　　　…　　　　　　　　　　；否则继续
　　　002004　　　　　　　…
　　　002006　　　　　　　…
　　　002008　　　　　　　…
　　　00200A　　　　　　　GOTO THERE
　　　00200C　BYPASS：　　…
　　　00200E　　　　　　　…

指令执行前　　　　　　　　　　指令执行后
PC | 00 | 2000 | PC | 00 | 2002 |
SR | | 0001 | (C=1)   SR | | 0001 | (C=1)

29. BRA LEU指令（当LEU=1时条件跳转）

格式：{标号：} BRA LEU, Expr

操作数：Expr可能是一个标号、绝对地址、表达式。其解析值范围为-32768～+32767。

影响状态位：不影响标志位。

指令功能：如果无符号的小于等于条件成立，即(!C‖Z)是"真"，就执行条件跳转，Expr解析值→PC，NOP→指令寄存器。跳转的偏移量是二进制补码形式，可以向前或向后跳转32K。

指令字长：1个字。

指令周期：1个周期（如果跳转就是2个周期）。

例53　002000　HERE：　　　BRA LEU, BYPASS　　　；如果LEU=1跳转到BYPASS
　　　002002　NO_LEU：　　…　　　　　　　　　　；否则继续
　　　002004　　　　　　　…
　　　002006　　　　　　　…
　　　002008　　　　　　　…
　　　00200A　　　　　　　GOTO THERE
　　　00200C　BYPASS：　　…
　　　00200E　　　　　　　…

指令执行前　　　　　　　　　　指令执行后
PC | 00 | 2000 | PC | 00 | 200C |
SR | | 0001 | (C=1)   SR | | 0001 | (C=1)

30. BRA LT指令（当LT=1时条件跳转）

格式：{标号：} BRA LT, Expr

操作数：Expr可能是一个标号、绝对地址、表达式。其解析值范围为-32768～+32767。

影响状态位：不影响标志位。

指令功能：如果有符号的小于条件成立，即((N&&!OV)‖(!N&&OV))是"真"，就执行条件跳转，Expr解析值→PC，NOP→指令寄存器。跳转的偏移量是二进制补码形式，可以向前或向后跳转32K。

指令字长：1个字。

指令周期：1个周期(如果跳转就是2个周期)。

例54　002000　HERE：　　　BRA LT, BYPASS　　　;如果 LT=1 跳转到 BYPASS
　　　002002　NO_LT：　　　…　　　　　　　　　　;否则继续
　　　002004　　　　　　　　…
　　　002006　　　　　　　　…
　　　002008　　　　　　　　…
　　　00200A　　　　　　　　GOTO THERE
　　　00200C　BYPASS：　　 …
　　　00200E　　　　　　　　…

指令执行前
PC　| 00 | 2000 |
SR　|　　 | 0001 | (C=1)

指令执行后
PC　| 00 | 2002 |
SR　|　　 | 0001 | (C=1)

31. BRA LTU 指令(当 C=0 时条件跳转)

格式：{标号：} BRA LTU, Expr

操作数：Expr 可能是一个标号、绝对地址、表达式。其解析值范围为 $-32768 \sim +32767$。

影响状态位：不影响标志位。

指令功能：如果进位标志是0条件成立，就执行条件跳转，Expr解析值→PC，NOP→指令寄存器。跳转的偏移量是二进制补码形式，可以向前或向后跳转32K。

注意：此指令等同于 BRA NC, Expr(如果无进位就会跳转)指令，并有相同的指令码。

指令字长：1个字。

指令周期：1个周期(如果跳转就是2个周期)。

例55　002000　HERE：　　　BRA LTU, BYPASS　　　;如果 C=0 跳转到 BYPASS
　　　002002　NO_LUT：　　…　　　　　　　　　　;否则继续
　　　002004　　　　　　　　…
　　　002006　　　　　　　　…
　　　002008　　　　　　　　…
　　　00200A　　　　　　　　GOTO THERE
　　　00200C　BYPASS：　　 …
　　　00200E　　　　　　　　…

指令执行前
PC　| 00 | 2000 |
SR　|　　 | 0001 | (C=1)

指令执行后
PC　| 00 | 2002 |
SR　|　　 | 0001 | (C=1)

32. BRA N 指令(当 N=1 时条件跳转)

格式：{标号：} BRA N, Expr

操作数：Expr 可能是一个标号、绝对地址、表达式。其解析值范围为 $-32768 \sim +32767$。

影响状态位：不影响标志位。

指令功能：如果负标志位是 1 条件成立，就执行条件跳转，Expr 解析值→PC，NOP→指令寄存器。跳转的偏移量是二进制补码形式，可以向前或向后跳转 32K。

指令字长：1 个字。

指令周期：1 个周期（如果跳转就是 2 个周期）。

例 56　002000　HERE：　　BRA N, BYPASS　　　;如果 N=1 跳转到 BYPASS
　　　　002002　NO_N：　　…　　　　　　　　　;否则继续
　　　　002004　　　　　　…
　　　　002006　　　　　　…
　　　　002008　　　　　　…
　　　　00200A　　　　　　GOTO THERE
　　　　00200C　BYPASS：　…
　　　　00200E　　　　　　…

指令执行前　　　　　　　　　指令执行后
PC　| 00 | 2000 |　　　　　　PC　| 00 | 200C |
SR　| | 0008 | (N=1)　　　SR　| | 0008 | (N=1)

33. BRA NC 指令（当 C=0 时条件跳转）

格式：{标号：} BRA NC, Expr

操作数：Expr 可能是一个标号、绝对地址、表达式。其解析值范围为 −32768～+32767。

影响状态位：不影响标志位。

指令功能：如果进位标志是 0 条件成立，就执行条件跳转，Expr 解析值→PC，NOP→指令寄存器。跳转的偏移量是二进制补码形式，可以向前或向后跳转 32K。

指令字长：1 个字。

指令周期：1 个周期（如果跳转就是 2 个周期）。

例 57　002000　HERE：　　BRA NC, BYPASS　　　;如果 C=0 跳转到 BYPASS
　　　　002002　NO_NC：　…　　　　　　　　　;否则继续
　　　　002004　　　　　　…
　　　　002006　　　　　　…
　　　　002008　　　　　　…
　　　　00200A　　　　　　GOTO THERE
　　　　00200C　BYPASS：　…
　　　　00200E　　　　　　…

指令执行前　　　　　　　　　指令执行后
PC　| 00 | 2000 |　　　　　　PC　| 00 | 2002 |
SR　| | 0001 | (C=1)　　　SR　| | 0001 | (C=1)

34. BRA NN 指令（当 NN=1 时条件跳转）

格式：{标号：} BRA NN, Expr

操作数：Expr 可能是一个标号、绝对地址、表达式。其解析值范围为 −32768～+32767。

影响状态位:不影响标志位。

指令功能:如果负标志位是 0 条件成立,就执行条件跳转,Expr 解析值→PC,NOP→指令寄存器。跳转的偏移量是二进制补码形式,可以向前或向后跳转 32K。

指令字长:1 个字。

指令周期:1 个周期(如果跳转就是 2 个周期)。

例 58　002000　HERE:　　　BRA AN, BYPASS　　　;如果 N=0 跳转到 BYPASS
　　　002002　NO_NN:　　　…　　　　　　　　　;否则继续
　　　002004　　　　　　　…
　　　002006　　　　　　　…
　　　002008　　　　　　　…
　　　00200A　　　　　　　GOTO THERE
　　　00200C　BYPASS:　　…
　　　00200E　　　　　　　…

指令执行前　　　　　　　　　　　指令执行后
| PC | 00 | 2000 |　　　　　　　| PC | 00 | 200C |
| SR | | 0000 |　　　　　　　　　| SR | | 0000 |

35. BRA NOV 指令(当 NOV=1 时条件跳转)

格式:{标号:}BRA NOV,Expr

操作数:Expr 可能是一个标号、绝对地址、表达式。其解析值范围为 $-32768 \sim +32767$。

影响状态位:不影响标志位。

指令功能:如果溢出标志为 0 条件成立,就执行条件跳转,Expr 解析值→PC,NOP→指令寄存器。跳转的偏移量是二进制补码形式,可以向前或向后跳转 32K。

指令字长:1 个字。

指令周期:1 个周期(如果跳转就是 2 个周期)。

例 59　002000　HERE:　　　BRA NOV, BYPASS　　　;如果 OV=0 跳转到 BYPASS
　　　002002　NO_NOV:　　…　　　　　　　　　;否则继续
　　　002004　　　　　　　…
　　　002006　　　　　　　…
　　　002008　　　　　　　…
　　　00200A　　　　　　　GOTO THERE
　　　00200C　BYPASS:　　…
　　　00200E　　　　　　　…

指令执行前　　　　　　　　　　　指令执行后
| PC | 00 | 2000 |　　　　　　　　| PC | 00 | 200C |
| SR | | 0008 | (N=1)　　　　　　| SR | | 0000 | (N=1)

36. BRA NZ 指令(当 Z=0 时条件跳转)

格式:{标号:}BRA NZ,Expr

操作数:Expr 可能是一个标号、绝对地址、表达式。其解析值范围为 $-32768 \sim +32767$。

影响状态位：不影响标志位。

指令功能：如果 Z 标志为 0 条件成立，就执行条件跳转，Expr 解析值→PC，NOP→指令寄存器。跳转的偏移量是二进制补码形式，可以向前或向后跳转 32K。

指令字长：1 个字。

指令周期：1 个周期(如果跳转就是 2 个周期)。

例 60　002000　HERE：　　　BRA NZ,BYPASS　　　；如果 Z=0 跳转到 BYPASS
　　　　002002　NO_NZ：　　　…　　　　　　　　　；否则继续
　　　　002004　　　　　　　…
　　　　002006　　　　　　　…
　　　　002008　　　　　　　…
　　　　00200A　　　　　　　GOTO THERE
　　　　00200C　BYPASS：　　…
　　　　00200E　　　　　　　…

指令执行前　　　　　　　指令执行后

PC	00	2000
SR		0002	(Z=1)

PC	00	2002
SR		0002	(Z=1)

37. BRA OA 指令(当 OA=1 时条件跳转)

格式：{标号：} BRA OA,Expr

操作数：Expr 可能是一个标号、绝对地址、表达式。其解析值范围为 −32768～+32767。

影响状态位：不影响标志位。

指令功能：如果累加器 A 溢出标志为 1 条件成立，就执行条件跳转，Expr 解析值→PC，NOP→指令寄存器。跳转的偏移量是二进制补码形式，可以向前或向后跳转 32K。

指令字长：1 个字。

指令周期：1 个周期(如果跳转就是 2 个周期)。

例 61　002000　HERE：　　　BRA OA,BYPASS　　　；如果 OA=1 跳转到 BYPASS
　　　　002002　NO_OA：　　　…　　　　　　　　　；否则继续
　　　　002004　　　　　　　…
　　　　002006　　　　　　　…
　　　　002008　　　　　　　…
　　　　00200A　　　　　　　GOTO THERE
　　　　00200C　BYPASS：　　…
　　　　00200E　　　　　　　…

指令执行前　　　　　　　指令执行后

PC	00	2000
SR		8800	(OA,OAB=1)

PC	00	200C
SR		8800	(OA,OAB=1)

38. BRA OB 指令(当 OB=1 时条件跳转)

格式：{标号：} BRA OB,Expr

操作数：Expr 可能是一个标号、绝对地址、表达式。其解析值范围为 −32768～+32767。

影响状态位:不影响标志位。

指令功能:如果累加器 B 溢出标志为 1 条件成立,就执行条件跳转,Expr 解析值→PC,NOP→指令寄存器。跳转的偏移量是二进制补码形式,可以向前或向后跳转 32K。

指令字长:1 个字。

指令周期:1 个周期(如果跳转就是 2 个周期)。

```
例 62    002000  HERE:       BRA OB, BYPASS    ;如果 OB=1 跳转到 BYPASS
         002002  NO_OB:      …                 ;否则继续
         002004              …
         002006              …
         002008              …
         00200A              GOTO THERE
         00200C  BYPASS:
         00200E              …
```

指令执行前

| PC | 00 | 2000 |
| SR | | 8800 | (OA,OAB=1)

指令执行后

| PC | 00 | 2002 |
| SR | | 8800 | (OA,OAB=1)

39. BRA OV 指令(当 OV=1 时条件跳转)

格式:{标号:} BRA OV,Expr

操作数:Expr 可能是一个标号、绝对地址、表达式。其解析值范围为 $-32768 \sim +32767$。

影响状态位:不影响标志位。

指令功能:如果溢出标志为 1 条件成立,就执行条件跳转,Expr 解析值→PC,NOP→指令寄存器。跳转的偏移量是二进制补码形式,可以向前或向后跳转 32K。

指令字长:1 个字。

指令周期:1 个周期(如果跳转就是 2 个周期)。

```
例 63    002000  HERE:       BRA OV, BYPASS    ;如果 OV=1 跳转到 BYPASS
         002002  NO_OV       …                 ;否则继续
         002004              …
         002006              …
         002008              …
         00200A              GOTO THERE
         00200C  BYPASS:
         00200E              …
```

指令执行前

| PC | 00 | 2000 |
| SR | | 0002 | (Z=1)

指令执行后

| PC | 00 | 2002 |
| SR | | 0002 | (Z=1)

40. BRA SA 指令(当 SA=1 时条件跳转)

格式:{标号:} BRA SA,Expr

操作数:Expr 可能是一个标号、绝对地址、表达式。其解析值范围为 $-32768 \sim +32767$。

影响状态位：不影响标志位。
指令功能：如果累加器 A 饱和标志为 1 条件成立，就执行条件跳转，Expr 解析值→PC，NOP→指令寄存器。跳转的偏移量是二进制补码形式，可以向前或向后跳转 32K。
指令字长：1 个字。
指令周期：1 个周期（如果跳转就是 2 个周期）。

例 64　002000　HERE：　　　BRA SA，BYPASS　　　；如果 SA＝1 跳转到 BYPASS
　　　　002002　NO_SA：　　…　　　　　　　　　；否则继续
　　　　002004　　　　　　　…
　　　　002006　　　　　　　…
　　　　002008　　　　　　　…
　　　　00200A　　　　　　　GOTO THERE
　　　　00200C　BYPASS：　　…
　　　　00200E　　　　　　　…

　　　　　　　　　　指令执行前　　　　　　　　　指令执行后
　　　　　　　PC │ 00 │ 2000 │　　　　　　　PC │ 00 │ 200C │
　　　　　　　SR │　　2400　│ (SA,SAB=1)　　SR │　　2400　│ (SA,SAB=1)

41. BRA SB 指令（当 SB＝1 时条件跳转）

格式：｛标号：｝BRA SB，Expr
操作数：Expr 可能是一个标号、绝对地址、表达式。其解析值范围为 −32768～＋32767。
影响状态位：不影响标志位。
指令功能：如果累加器 B 饱和标志为 1 条件成立，就执行条件跳转，Expr 解析值→PC，NOP→指令寄存器。跳转的偏移量是二进制补码形式，可以向前或向后跳转 32K。
指令字长：1 个字。
指令周期：1 个周期（如果跳转就是 2 个周期）。

例 65　002000　HERE：　　　BRA SB，BYPASS　　　；如果 SB＝1 跳转到 BYPASS
　　　　002002　NO_SB：　　…　　　　　　　　　；否则继续
　　　　002004　　　　　　　…
　　　　002006　　　　　　　…
　　　　002008　　　　　　　…
　　　　00200A　　　　　　　GOTO THERE
　　　　00200C　BYPASS：　　…
　　　　00200E　　　　　　　…

　　　　　　　　　　指令执行前　　　　　　　　　指令执行后
　　　　　　　PC │ 00 │ 2000 │　　　　　　　PC │ 00 │ 2002 │
　　　　　　　SR │　　0000　│　　　　　　　　SR │　　0000　│

42. BRA Z 指令（当 Z＝1 时条件跳转）

格式：｛标号：｝BRA Z，Expr
操作数：Expr 可能是一个标号、绝对地址、表达式。其解析值范围为 −32768～＋32767。

影响状态位：不影响标志位。

指令功能：如果零标志为1条件成立,就执行条件跳转,Expr解析值→PC,NOP→指令寄存器。跳转的偏移量是二进制补码形式,可以向前或向后跳转32K。

指令字长：1个字。

指令周期：1个周期(如果跳转就是2个周期)。

例66	002000	HERE：	BRA Z, BYPASS	;如果Z=1跳转到BYPASS
	002002	NO_Z；	…	;否则继续
	002004		…	
	002006		…	
	002008		…	
	00200A		GOTo THERE	
	00200C	BYPASS：	…	
	00200E		…	

指令执行前　　　　　　　　　　指令执行后

PC	00 2000		PC	00 200C	
SR	0002	(Z=1)	SR	0002	(Z=1)

43. BSET指令(f寄存器位置1)

格式：{标号：}BSET{.B}　f,♯bit4

操作数：对字节操作f为0~8191,bit4为0~7;对字操作f为0~8190,bit4为0~15。

影响状态位：不影响标志位。

指令功能：对文件寄存器的bit4位置1。

注意：① .B在指令中默认代表的是字节操作；.W代表的是字操作,但是可以省略。
　　　② 当以字方式操作时,文件寄存器地址必须是字对齐。
　　　③ 当以字节方式操作时,bit4取值是0~7之间。

指令字长：1个字。

指令周期：1个周期。

例67　SET.B　0x601,♯0x3　　;将0x601字节单元的第3位置1

指令执行前　　　　　　　　　　指令执行后

Data 0600	F234		Data 0600	FA34
SR	0000		SR	0000

例68　SET　0x444,♯0xF　　;将0x444单元的第15位置1

指令执行前　　　　　　　　　　指令执行后

Data 0444	5604		Data 0444	D604
SR	0000		SR	0000

44. BSET指令(Ws寄存器位置1)

格式：{标号：}BSET　Ws/[Ws]/[Ws++]/[Ws−−]/[++Ws]/[−−Ws],♯bit4

操作数：Ws为W0~W15;bit4为0~15。

影响状态位：不影响标志位。
指令功能：对 Ws 寄存器的 bit4 位置 1，Ws 可以直接或间接寻址。
注意：该指令只进行字操作。
指令字长：1 个字。
指令周期：1 个周期。

例 69　BSET　W3, ♯0xB　　;将 W3 中的第 11 位置 1

指令执行前			指令执行后	
W3	0026		W3	0826
SR	0000		SR	0000

例 70　BSET　[W4++], ♯0x0　　;将 W4 指定单元中的第 0 位置 1，W4 加 2

指令执行前			指令执行后	
W4	6700		W4	6702
Data 6700	1734		Data 6700	1735
SR	0000		SR	0000

45．BSW 指令（将 C 或 $\overline{Z}$ 写入 Ws 寄存器的某位）

格式：{标号:}BSW.C/BSW.Z　Ws/[Ws]/[Ws++]/[Ws--]/[++Ws]/[--Ws], Wb
操作数：Ws 为 W0～W15；Wb4 为 W0～W15。
影响状态位：不影响标志位。
指令功能：对 BSW.C 来说，将 C 写入 Ws 寄存器的(Wb)位；对 BSW.Z 来说，将 $\overline{Z}$ 写入 Ws 寄存器的(Wb)位。Ws 可以直接或间接寻址，Wb 只能直接寻址，低 4 位有效。
注意：该指令只进行字操作。默认是 BSW.Z 操作。
指令字长：1 个字。
指令周期：1 个周期。

例 71　BSW.Z　W2, W3　　;将 Z 的补码写入 W2 的 W3 位

指令执行前			指令执行后		
W2	E235		W2	E234	
W3	0550		W3	0550	
SR	0002	(Z=1,C=0)	SR	0002	(Z=1,C=0)

例 72　BSW.C　[++W0], W6　　;将 C 写入[++W0]的 W6 位

指令执行前			指令执行后		
W0	1000		W0	1002	
W6	34A3		W6	34A3	
Data 1002	2380		Data 1002	2388	
SR	0001	(Z=0,C=1)	SR	0001	(Z=0,C=1)

例 73　BSW　[W1--], W5　　;将 Z 的补码写入 W1 所指定单元的 W5 位，W1 减 2

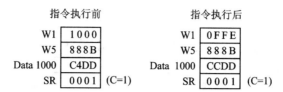

46. BTG 指令(f 寄存器位取反)

格式：{标号：}BTG{.B}　f,♯bit4

操作数：对字节操作 f 为 0～8191,bit4 为 0～7;对字操作 f 为 0～8190,bit4 为 0～15。

影响状态位：不影响标志位。

指令功能：对文件寄存器的 bit4 位取反。

注意：① .B 在指令中默认代表的是字节操作;.W 代表的是字操作,但是可以省略。

　　　② 当以字方式操作时,文件寄存器地址必须是字对齐。

　　　③ 当以字节方式操作时,bit4 取值是 0～7 之间。

指令字长：1 个字。

指令周期：1 个周期。

例 74　BTG.B　0x1001,♯0x4　　;对 0x1001 字节单元的第 4 位取反

指令执行前	指令执行后
Data 1000　F234	Data 1000　E234
SR　0000	SR　0000

例 75　BTG　0x1660,♯0x8　　;对 0x1660 单元的第 8 位取反

指令执行前	指令执行后
Data 1660　5606	Data 1660　5706
SR　0000	SR　0000

47. BTG 指令(Ws 寄存器位取反)

格式：{标号：}BTG Ws/[Ws]/[Ws++]/[Ws－－]/[++Ws]/[－－Ws],♯bit4

操作数：Ws 为 W0～W15;bit4 为 0～15。

影响状态位：不影响标志位。

指令功能：对 Ws 寄存器的 bit4 位取反。Ws 可以寄存器直接寻址或间接寻址。

注意：该指令只能以字方式工作。

指令字长：1 个字。

指令周期：1 个周期。

例 76　BTG　W2,♯0xF　　;将 W2 的第 15 位取反

指令执行前	指令执行后
W2　F234	W2　7234
SR　0000	SR　0000

例 77　BTG　[W0++],♯0x0　　;将 W0 所指定单元的第 0 位取反,W0 加 2

指令执行前		指令执行后	
W0	2300	W0	2302
Data 2300	5606	Data 2300	5607
SR	0000	SR	0000

48. BTSC 指令（对 f 寄存器的位测试）

格式：{标号:} BTSC{.B}　f,♯bit4

操作数：对字节操作 f 为 0~8191,bit4 为 0~7；对字操作 f 为 0~8190,bit4 为 0~15。

影响状态位：不影响标志位。

指令功能：对文件寄存器的 bit4 位测试,如果被测位为 0,则下一条指令就会丢弃,在这个周期里执行一个 NOP。如果被测位为 1,则下一条指令正常执行。在上述两种情况下,文件寄存器里的内容都不会改变。

注意：① .B 在指令中默认代表的是字节操作;.W 代表的是字操作,但可以省略。

② 当以字方式操作时,文件寄存器地址必须是字对齐。

③ 当以字节方式操作时,bit4 取值是 0~7 之间。

指令字长：1 个字。

指令周期：1 个周期(如果跳转需要 2 或 3 个周期)。

例 78　002000　HERE:　　BTSC.B　　0x1201,♯2　　;如果 0x1201 的第 2 位为 0
　　　　002002　　　　　　GOTO　　BYPASS　　　　;则跳过 GOTO
　　　　002004　　　　　　…
　　　　002006　　　　　　…
　　　　002008　BYPASS:
　　　　00200A　　　　　　…

指令执行前		指令执行后	
PC	00　2000	PC	00　2002
Data 1200	264F	Data 1200	264F
SR	0000	SR	0000

例 79　002000　HERE:　　BTSC　　0x804,♯14　　;如果 0x804 的第 14 位为 0
　　　　002002　　　　　　GOTO　　BYPASS　　　　;则跳过 GOTO
　　　　002004　　　　　　…
　　　　002006　　　　　　…
　　　　002008　BYPASS:
　　　　00200A　　　　　　…

指令执行前		指令执行后	
PC	00　2000	PC	00　2004
Data 0804	2647	Data 0804	2647
SR	0000	SR	0000

49. BTSC 指令（对 Ws 寄存器的位测试）

格式：{标号:} BTSC Ws/[Ws]/[Ws++]/[Ws－－]/[++Ws]/[－－Ws],♯bit4

操作数：Ws 为 W0～W15；bit4 为 0～15。

影响状态位：不影响标志位。

指令功能：对 Ws 寄存器的(bit4)位测试，如果被测位为 0，则下一条指令就会丢弃，在这个周期里执行一个 NOP。如果被测位是 1，则下一条指令正常执行。在上述两种情况下，Ws 寄存器里的内容都不会改变。Ws 可以寄存器直接寻址或间接寻址。

注意：该指令只能以字方式工作。

指令字长：1 个字。

指令周期：1 个周期(如果跳转需要 2 或 3 个周期)。

例80	002000	HERE：	BTSC	W0,♯0x0	;如果 W0 的第 0 位为 0
	002002		GOTO	BYPASS	;则跳过 GOTO
	002004		…		
	002006		…		
	002008	BYPASS：	…		
	00200A		…		

指令执行前

PC	00	2000
W0		264F
SR		0000

指令执行后

PC	00	2002
W0		264F
SR		0000

例81	003400	HERE：	BTSC	[W6++],♯0xC	;如果[W6]的第 12 位为 0
	003402		GOTO	BYPASS	;则跳过 GOTO
	003404		…		;W6 加 2
	003406		…		
	003408	BYPASS：	…		
	00340A		…		

指令执行前

PC	00	3400
W6		1800
Data 1800		1000
SR		0000

指令执行后

PC	00	3402
W6		1802
Data 1800		1000
SR		0000

50. BTSS 指令(对 f 寄存器的位测试)

格式：{标号：}BTSS{.B}　f,♯bit4

操作数：对字节操作 f 为 0～8191,bit4 为 0～7；对字操作 f 为 0～8190,bit4 为 0～15。

影响状态位：不影响标志位。

指令功能：对文件寄存器的 bit4 位测试，如果被测位为 1，则下一条指令就会丢弃，在这个周期里执行一个 NOP。如果被测位是 0，则下一条指令正常执行。在上述两种情况下，文件寄存器里的内容都不会改变。

注意：① .B 在指令中默认代表的是字节操作；.W 代表的是字操作，但是可以省略。

② 当以字方式操作时，文件寄存器地址必须是字对齐。

③ 当以字节方式操作时，bit4 取值为 0～7 之间。

指令字长:1个字。

指令周期:1个周期(如果跳转需要2或3个周期)。

例82　007100　HERE:　　BTSS.B　　0x1401,♯0x1　　;如果0x1401的第1位为1
　　　　007102　　　　　　　CLR　　　　WREG　　　　　　;则跳过CLR
　　　　007104　　　　　　　…

指令执行前			指令执行后	
PC	00	7100	PC	00 7104
Data 1400		0280	Data 1400	0280
SR		0000	SR	0000

例83　007100　HERE:　　BTSS　　　　0x890,♯0x9　　　;如果0x890的第9位为1
　　　　007102　　　　　　　GOTO　　　BYPASS　　　　　;则跳过GOTO
　　　　007104　　　　　　　…
　　　　007106　BYPASS:　　…

指令执行前			指令执行后	
PC	00	7100	PC	00 7102
Data 0890		00FE	Data 0890	00FE
SR		0000	SR	0000

51. BTSS指令(对Ws寄存器的位测试)

格式:{标号:}BTSS Ws/[Ws]/[Ws++]/[Ws－－]/[++Ws]/[－－Ws],♯bit4

操作数:Ws为W0～W15;bit4为0～15。

影响状态位:不影响标志位。

指令功能:对Ws寄存器的bit4位测试,如果被测位为1,则下一条指令就会丢弃,在这个周期里执行一个NOP。如果被测位为0,则下一条指令正常执行。在上述两种情况下,Ws寄存器里的内容都不会改变。Ws可以寄存器直接寻址或间接寻址。

注意:该指令只能以字方式工作。

指令字长:1个字。

指令周期:1个周期(如果跳转需要2或3个周期)。

例84　002000　HERE:　　BTSS　　　　W0,♯0x0　　　　;如果W0的第0位为1
　　　　002002　　　　　　　GOTO　　　BYPASS　　　　　;则跳过GOTO
　　　　002004　　　　　　　…
　　　　002006　　　　　　　…
　　　　002008　BYPASS:　　…
　　　　00200A　　　　　　　…

指令执行前		指令执行后	
PC	00 2000	PC	00 2004
W0	264F	W0	264F
SR	0000	SR	0000

例 85	003400	HERE：	BTSS	[W6++],0xC	;如果[W6]的第 12 位为 1
	003402		GOTO	BYPASS	;则跳过 GOTO
	003404		...		;W6 加 2
	003406		...		
	003408	BYPASS：	...		
	00340A				

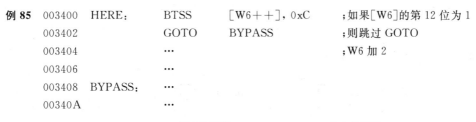

52. BTST 指令（对 f 寄存器进行位测试）

格式：{标号：}BTST{.B} f,♯bit4

操作数：对字节操作 f 为 0～8191,bit4 为 0～7;对字操作 f 为 0～8190,bit4 为 0～15。

影响状态位：Z。

指令功能：对文件寄存器的 bit4 位进行取反，然后送入状态寄存器的 Z 位，文件寄存器里的内容不变。

注意：① .B 在指令中默认代表的是字节操作;.W 代表的是字操作，但是可以省略。

② 当以字方式操作时，文件寄存器地址必须是字对齐。

③ 当以字节方式操作时，bit4 取值为 0～7 之间。

指令字长：1 个字。

指令周期：1 个周期。

例 86 TST.B 0x1201,♯0x3   ;将 0x1201 字节单元中的第 3 位取反后存入 Z

	指令执行前	指令执行后	
Data 1200	F7FF	Data 1200	F7FF
SR	0000	SR	0002 (Z=1)

例 87 TST 0x1302,♯0x7   ;将 0x1302 单元中的第 7 位取反后存入 Z

	指令执行前	指令执行后	
Data 1302	F7FF	Data 1302	F7FF
SR	0002 (Z=1)	SR	0000 (Z=0)

53. BTST 指令（对 Ws 寄存器进行位测试）

格式：{标号：}BTST.C/BTST.Z Ws/[Ws]/[Ws++]/[Ws－－]/[++Ws]/[－－Ws],♯bit4

操作数：Ws 为 W0～W15;bit4 为 0～15。

影响状态位：Z 或 C。

指令功能：对 Ws 寄存器的 bit4 位测试。对 BTST.C 来说，将被测位写入 C;对 BTST.Z 来说，将被测位取反后写入 Z。在上述两种情况下，Ws 寄存器里的内容都不会改变。Ws 可以寄存器直接寻址或间接寻址。

注意：该指令只能以字方式工作，BTST.Z 是默认。

指令字长：1 个字。

指令周期:1个周期。

例88 BTST.C　[W0++],♯0x3　　;将W0所指定单元的第3位存入C,W0加2

指令执行前			指令执行后		
W0	1200		W0	1202	
Data 1200	FFF7		Data 1200	FFF7	
SR	0001	(C=1)	SR	0000	(C=0)

例89 BTST.Z　W0,♯0x7　　;将W0的第7位取反后存入Z

指令执行前			指令执行后		
W0	F234		W0	F234	
SR	0000		SR	0002	(Z=1)

54. BTST 指令(对 Ws 寄存器进行位测试)

格式:{标号:} BTST.C/BTST.Z Ws/[Ws]/[Ws++]/[Ws--]/[++Ws]/[--Ws],Wb

操作数:Ws 为 W0~W15;Wb 为 W0~W15。

影响状态位:Z 或 C。

指令功能:对 Ws 寄存器的 Wb 位测试。对 BTST.C 来说,将被测位写入 C;对 BTST.Z 来说,将被测位取反后写入 Z。在上述两种情况下,Ws 寄存器里的内容都不会改变。Ws 可以寄存器直接寻址或间接寻址,Wb 只能直接寻址。

注意:该指令只能以字方式工作。BTST.Z 是默认,Wb 里的最低 4 位有效。

指令字长:1个字。

指令周期:1个周期。

例90 BTST.C　W2,W3　　;将W2的W3位存入C中

指令执行前			指令执行后		
W2	F234		W2	F234	
W3	2368		W3	2368	
SR	0001	(C=1)	SR	0000	

例91 BTST.Z　[W0++],W1　　;将W0所指定单元的W1位取反后存入Z中,W0加2

指令执行前			指令执行后		
W0	1200		W0	1202	
W1	CCC0		W1	CCC0	
Data 1200	6243		Data 1200	6243	
SR	0002	(Z=1)	SR	0000	

55. BTSTS 指令(对 f 寄存器进行位测试并置 1)

格式:{标号:} BTSTS{.B}　f,♯bit4

操作数:对字节操作 f 为 0~8191,bit4 为 0~7;对字操作 f 为 0~8190,bit4 为 0~15。

影响状态位:Z。

指令功能:对文件寄存器的 bit4 位进行取反,然后送入状态寄存器的 Z 位,然后将文件寄存器里被测试位置 1。

注意：① .B 在指令中默认代表的是字节操作；.W 代表的是字操作，但是可以省略。
② 当以字方式操作时，文件寄存器地址必须是字对齐。
③ 当以字节方式操作时，bit4 取值在 0～7 之间。

指令字长：1 个字。

指令周期：1 个周期。

例 92 BTSTS.B 0x1201,♯0x3 ；将 0x1201 字节单元的第 3 位取反后存入 Z，并将该位置 1

	指令执行前			指令执行后	
Data 1200	F7FF		Data 1200	FFFF	
SR	0000		SR	0002	(Z=1)

例 93 BTSTS 0x808,♯0x15 ；将 0x808 单元的第 15 位取反后存入 Z，并将该位置 1

	指令执行前			指令执行后	
data808	8050		data808	8050	
SR	0002	(Z=1)	SR	0000	

56. BTSTS 指令（对 Ws 寄存器进行位测试并置 1）

格式：{标号:} BTSTS.C/BTSTS.Z Ws/[Ws]/[Ws++]/[Ws－－]/[++Ws]/[－－Ws],♯bit4

操作数：Ws 为 W0～W15；bit4 为 0～15。

影响状态位：Z 或 C。

指令功能：对 Ws 寄存器的 bit4 位测试。对 BTSTS.C 来说，将被测位写入 C；对 BTSTS.Z 来说，将被测位取反后写入 Z。在上述两种情况下，都将被测位置 1。Ws 可以寄存器直接寻址或间接寻址。

注意：该指令只能以字方式工作。BTSTS.Z 是默认。

指令字长：1 个字。

指令周期：1 个周期。

例 94 BTSTS.C [W0++],♯0x3 ；将 W0 指定单元的第 3 位存入 C，并置 1，W0 加 2

	指令执行前			指令执行后	
W0	1200		W0	1202	
Data 1200	FFF7		Data 1200	FFFF	
SR	0001	(C=1)	SR	0000	

例 95 BTSTS.Z W0,♯0x7 ；将 W0 的第 7 位取反后存入 Z，并置 1

	指令执行前			指令执行后	
W0	F234		W0	F2B4	
SR	0000		SR	0002	(Z=1)

57. CALL 指令（子程序调用）

格式：{标号:} CALl Expr

操作数：Expr 可以是标号、表达式，但不能是立即数。范围为 0～8 388 606。

影响状态位：不影响状态位。

指令功能：可以在整个 4 MB 的程序存储器范围内进行直接的子程序调用。在调用之前，24 位的返回地址(PC+4)被压入堆栈,(PC<15:0>)→(TOS),(W15)+2→W15,(PC<23:16>)→(TOS),(W15)+2→W15,然后 23 位的解析值放到 PC 里,NOP 放入指令寄存器中。

指令字长:2 个字。

指令周期:2 个周期。

例 96　026000　　　　　　CALL　　_FIR　　　　　　　;调用_FIR 子程序
　　　026004　　　　　　MOV　　W0,W1
　　　…　　　　　　　　…
　　　…　　　　　　　　…
　　　026884　_FIR:　　MOV　　#0x400,W2　　　　　;_FIR 起始地址
　　　026846　　　　　　…

	指令执行前			指令执行后	
PC	02	6000	PC	02	6844
W15	A268		W15	A26C	
Data A268	FFFF		Data A268	6004	
Data A26A	FFFF		Data A26A	0002	
SR	0000		SR	0000	

58. CALL 指令(子程序间接调用)

格式:{标号:} CALl Wn

操作数:Wn 为 W0~W15。

影响状态位:不影响状态位。

指令功能:可以在第一个 32K 程序存储器范围内进行间接的子程序调用。在调用之前,24 位的返回地址(PC+4)被压入堆栈,(PC<15:0>)→(TOS),(W15)+2→W15,(PC<23:16>)→(TOS),(W15)+2→W15,0→PC<22:16>,(Wn<15:1>)→PC<15:1>,NOP 放入指令寄存器中。由于 PC<0>总是 0,Wn<0>被忽略。

指令字长:1 个字。

指令周期:2 个周期。

例 97　001002　　　　　　CALL　　W0　　　　　　　　;用 WC 调用_BOOT 子程序
　　　001004　　　　　　…
　　　…　　　　　　　　…
　　　001600　_BOOT:　　MOV　　#0x400,W2　　　　;_BOOT 起始地址
　　　001602　　　　　　MOV　　#0x300,W6
　　　…　　　　　　　　…

	指令执行前			指令执行后	
PC	00	1002	PC	00	1600
W0	1600		W0	1600	
W15	6F00		W15	6F04	
Data 6F00	FFFF		Data 6F00	1004	
Data 6F02	FFFF		Data 6F02	0000	
SR	0000		SR	0000	

59. CLR 指令(文件或 WREG 寄存器清 0)

格式：{标号:} CLR{.B} f/WREG

操作数：f 为 0~8191。

影响状态位：不影响状态位。

指令功能：将文件寄存器的内容或 WREG 里的内容清 0。

注意：① .B 在指令中默认代表的是字节操作;.W 代表的是字操作,但是可以省略。

② WREG 被设定为工作寄存器 W0。

指令字长：1 个字。

指令周期：1 个周期。

例 98　CLR.B　RAM200　　;将 RAM200 字节单元清 0

	指令执行前		指令执行后
RAM200	8009	RAM200	8000
SR	0000	SR	0000

例 99　CLR　WREG　　;将 WREG 寄存器清 0

	指令执行前		指令执行后
WREG	0600	WREG	0000
SR	0000	SR	0000

60. CLR 指令(Wd 寄存器清 0)

格式：{标号:} CLR{.B} Wd/[Wd]/[Wd++]/[Wd−−]/[++Wd]/[−−Wd]

操作数：Wd 为 W0~W15。

影响状态位：不影响状态位。

指令功能：将 Wd 寄存器的内容清 0。Wd 既可以寄存器直接寻址也可以间接寻址。

注意：.B 在指令中默认代表的是字节操作;.W 代表的是字操作,但是可以省略。

指令字长：1 个字。

指令周期：1 个周期。

例 100　CLR.B　W2　　;将 W2 字节单元清 0

	指令执行前		指令执行后
W2	3333	W2	3300
SR	0000	SR	0000

例 101　CLR　[W0++]　　;将 W0 所指定的单元清 0,W0 加 2

	指令执行前		指令执行后
W0	2300	W0	2302
Data 2300	5607	Data 2300	0000
SR	0000	SR	0000

61. CLR 指令(累加器清 0)

格式：{标号:} CLR Acc{,[Wx],Wxd}/{,[Wx]+=kx,Wxd}/{,[Wx]−=kx,Wxd}/{,[W9+W12],
Wxd} {,[Wy],Wyd}/{,[Wy]+=ky,Wyd}/{,[Wy]−=ky,Wyd}/{,[W11+W12],Wyd} {,AWB}

操作数：Acc 为 A,B；Wx 为 W8,W9；Wy 为 W10,W11；kx 为 −6,−4,−2,2,4,6；ky 为 −6,−4,−2,2,4,6；Wxd 为 W4～W7；Wyd 为 W4～W7；AWB 为 W13,[W13]+=2。

影响状态位：OA,OB,SA,SB。

指令功能：将指定的 40 位累加器的内容清 0,为乘法类指令做准备有选择地预取操作数,有选择地存储另一个累加器的结果。该指令还分别清 0 溢出标志和饱和标志。操作数 Wx、Wxd、Wy 和 Wyd 可以有选择的进行预取操作,它们支持间接和寄存器偏移量寻址。操作数 AWB 选择寄存器直接或间接存储另一个累加器圆整的内容。

指令字长：1 个字。

指令周期：1 个周期。

例 102　CLR A,[W8]+=2,W4,W13　　；将累加器 A 清 0,将[W8]内容存入 W4,W8 加 2,
　　　　　　　　　　　　　　　　　；将累加器 B 的内容存入 W13

	指令执行前		指令执行后
W4	F001	W4	1221
W8	2000	W8	2002
W13	C623	W13	5420
ACCA	00　0067　2345	ACCA	00　0000　0000
ACCB	00　5420　3BDD	ACCB	00　5420　3BDD
Data 2000	1221	Data 2000	1221
SR	0000	SR	0000

例 103　CLR B,[W8]+=2,W6,[W10]+=2,W7,[W13]+=2　；将累加器 B 清 0,将[W8]内容
　　　　　　　　　　　　　　　　　　　　　　　　　；存入 W6,[W10]的内容存入 W7,将累加器 A 的内容存入[W13],W8、W10 和 W13 加 2

	指令执行前		指令执行后
W6	F001	W6	1221
W7	C783	W7	FF80
W8	2000	W8	2002
W10	3000	W10	3002
W13	4000	W13	4002
ACCA	00　0067　2345	ACCA	00　0067　2345
ACCB	00　5420　ABDD	ACCB	00　0000 0000
Data 2000	1221	Data 2000	1221
Data 3000	FF80	Data 3000	FF80
Data 4000	FFC3	Data 4000	0067
SR	0000	SR	0000

62. CLRWDT 指令（清看门狗）

格式：{标号:} CLRWDT

操作数：无。

影响状态位：不影响状态位。

指令功能：将看门狗定时器计数寄存器的内容和预分频计数器里的内容清 0,看门狗预分频器 A 和预分频器 B 的设置不受影响。

指令字长：1 个字。

指令周期：1个周期。

例 104   CLRWDT   ;清看门狗定时器

63. COM 指令（对文件寄存器取反）

格式：{标号:} COM{.B} f {,WREG}

操作数：f 为 0～8191。

影响状态位：N,Z。

指令功能：将文件寄存器的内容取反,结果放在目标寄存器里。

注意：① .B 在指令中默认代表的是字节操作;.W 代表的是字操作,但是可以省略。
       ② WREG 被设定为工作寄存器 W0。

指令字长：1个字。

指令周期：1个周期。

例 105   COM.B RAM200   ;将 RAM200 字节单元的内容取反

	指令执行前		指令执行后	
RAM200	80FF	RAM200	8000	
SR	0000	SR	0002	(Z)

例 106   COM   RAM400,WREG   ;将 RAM400 单元的内容取反存入 WREG

	指令执行前		指令执行后	
WREG	1211	WREG	F7DC	
RAM400	0823	RAM400	0823	
SR	0000	SR	0008	(N=1)

64. COM 指令（对 Ws 寄存器取反）

格式：{标号:} COM{.B} Ws/[Ws]/[Ws++]/[Ws--]/[++Ws]/[--Ws],
                Wd/[Wd]/[Wd++]/[Wd--]/[++Wd]/[--Wd]

操作数：Ws 为 W0～W15;Wd 为 W0～W15。

影响状态位：N,Z。

指令功能：将 Ws 寄存器的内容取反,结果放在 Wd 寄存器里。Ws 和 Wd 既可以寄存器直接寻址也可以间接寻址。

注意：.B 在指令中默认代表的是字节操作;.W 代表的是字操作,但是可以省略。

指令字长：1个字。

指令周期：1个周期。

例 107   COM.B [W0++],[W1++]   ;将 W0 所指定字节单元取反存入 W1 指定的单元
                                ;W0、W1 加 2

	指令执行前		指令执行后	
W0	2301	W0	2302	
W1	6000	W1	6001	
Data 2300	5607	Data 2300	5607	
Data 6000	ABCD	Data 6000	ABA9	
SR	0000	SR	0008	(N=1)

例108 COM W0,[W1++]   ;将W0取反存入W1指定的单元,W1加2

指令执行前

W0	D004
W1	6000
Data 6000	ABA9
SR	0000

指令执行后

W0	D004
W1	6002
Data 6000	2FFB
SR	0000

65. CP指令(f与WREG比较)

格式:{标号:}CP{.B} f

操作数:f为0~8191。

影响状态位:DC,N,OV,Z,C。

指令功能:计算f−WREG然后更新状态寄存器。此指令等同于SUBWF指令,但是不存储减法的结果。

注意:①.B在指令中默认代表的是字节操作;.W代表的是字操作,但是可以省略。

　　　②WREG被设定为工作寄存器W0。

指令字长:1个字。

指令周期:1个周期。

例109 CP.B RAM400   ;将RAM400与WREG进行字节比较

指令执行前

WREG	8823
RAM400	0823
SR	0000

指令执行后

WREG	8823
RAM400	0823
SR	0002	(Z=1)

例110 CP 0x1200   ;将0x1200与WREG进行比较

指令执行前

WREG	2377
Data 1200	2277
SR	0000

指令执行后

WREG	2377
Data 1200	2277
SR	0008	(N=1)

66. CP指令(Wb与5位立即数比较)

格式:{标号:}CP{.B} Wb,♯lit5

操作数:Wb为W0~W15;lit5为0~31。

影响状态位:DC,N,OV,Z,C。

指令功能:计算Wb−lit5,然后更新状态寄存器。此指令等同于SUB指令,但是不存储减法的结果。

注意:.B在指令中默认代表的是字节操作;.W代表的是字操作,但是可以省略。

指令字长:1个字。

指令周期:1个周期。

例111 CP.B W4,♯0x12   ;将W4与0x12进行字节比较

指令执行前

W4	7711
SR	0000

指令执行后

W4	7711
SR	0008	(N=1)

例 112　CP　W4,♯0x12　　　;将 W4 与 0x12 进行比较

指令执行前	指令执行后
W4　7713	W4　7713
SR　0000	SR　0000

67. CP 指令（Wb 与 Ws 比较）

格式：{标号:}CP{.B} Wb,Ws/[Ws]/[Ws++]/[Ws−−]/[++Ws]/[−−Ws]
操作数：Wb 为 W0～W15;Ws 为 W0～W15。
影响状态位：DC,N,OV,Z,C。
指令功能：计算 Wb−Ws,然后更新状态寄存器。此指令等同于 SUB 指令,但是不存储减法的结果。Wb 必须是寄存器直接寻址,Ws 可以直接寻址也可以间接寻址。
注意：.B 在指令中默认代表的是字节操作;.W 代表的是字操作,但是可以省略。
指令字长：1 个字。
指令周期：1 个周期。

例 113　CP.B W0,[W1++]　　;将 W0 与[W1]进行字节比较,W1 加 1

指令执行前	指令执行后
W0　ABA9	W0　ABA9
W1　6000	W1　6001
Data 6000　D004	Data 6000　D004
SR　0000	SR　0008　(N=1)

例 114　CP　W5,W6　　　;将 W5 与 W6 进行比较

指令执行前	指令执行后
W5　2334	W5　2334
W6　8001	W6　8001
SR　0000	SR　000C　(N,OV=1)

68. CP0 指令（f 与 0 比较）

格式：{标号:}CP0{.B} f
操作数：f 为 0～8191。
影响状态位：DC,N,OV,Z,C。
指令功能：计算 f−0x0,然后更新状态寄存器,不存储减法的结果。
注意：.B 在指令中默认代表的是字节操作;.W 代表的是字操作,但是可以省略。
指令字长：1 个字。
指令周期：1 个周期。

例 115　CP0.B　RAM100　　;将 RAM100 与 0 进行字节比较

指令执行前	指令执行后
RAM100　44C3	RAM100　44C3
SR　0000	SR　0008　(N=1)

例 116 CP0 0x1FFE   ;将 0x1FFE 与 0 进行比较

指令执行前			指令执行后	
Data 1FFE	0001		Data 1FFE	0001
SR	0000		SR	0000

69. CP0 指令(Ws 与 0 比较)

格式:{标号:} CP0{.B} Ws/[Ws]/[Ws++]/[Ws−−]/[++Ws]/[−−Ws]

操作数:Ws 为 W0~W15。

影响状态位:DC,N,OV,Z,C。

指令功能:计算 Ws−0,然后更新状态寄存器,不存储减法的结果。Ws 可以直接寻址也可以间接寻址。

注意:.B 在指令中默认代表的是字节操作;.W 代表的是字操作,但是可以省略。

指令字长:1 个字。

指令周期:1 个周期。

例 117 CP0.B [W4−−]   ;将[W4]与 0 进行字节比较,W4 减 1

指令执行前			指令执行后		
W4	8001		W4	8000	
Data 8000	0034		Data 8000	0034	
SR	0000		SR	0002	(Z=1)

例 118 CP0 [−−W5]   ;将[−−W5]与 0 进行比较

指令执行前			指令执行后		
W5	2400		W5	23FE	
Data 23FE	9000		Data 23FE	9000	
SR	0000		SR	0008	(N=1)

70. CPB 指令(f 与 WREG 带借位比较)

格式:{标号:} CPB{.B} f

操作数:f 为 0~8191。

影响状态位:DC,N,OV,Z,C。

指令功能:计算 f−WREG−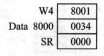,然后更新状态寄存器。此指令等同于 SUBB 指令,但不存储减法的结果。

注意:① .B 在指令中默认代表的是字节操作;.W 代表的是字操作,但是可以省略。

② WREG 被设定为工作寄存器 W0。

③ 对 ADDC、CPB、SUBB 和 SUBBR 指令,Z 标志是"粘性的"。这些指令只能清零 Z。

指令字长:1 个字。

指令周期:1 个周期。

例 119 CPB.B RAM400   ;将 RAM400 与 WREG 和 C̄ 进行字节比较

指令执行前			指令执行后		
WREG	8823		WREG	8823	
RAM400	0823		RAM400	0823	
SR	0000		SR	0008	(N=1)

例 120　CPB　0x1200　　　;将 0x1200 与 WREG 和 $\overline{C}$ 进行比较

	指令执行前			指令执行后	
WREG	2377		WREG	2377	
Data 1200	2377		Data 1200	2377	
SR	0001	(C=1)	SR	0001	(C=1)

71. CPB 指令（Wb 与 5 位立即数带借位比较）

格式：{标号:} CPB{.B} Wb,♯lit5

操作数：Wb 为 W0～W15；lit5 为 0～31。

影响状态位：DC,N,OV,Z,C。

指令功能：计算 Wb−lit5−$\overline{C}$，然后更新状态寄存器。此指令等同于 SUBB 指令,但不存储减法的结果。Wb 必须用寄存器直接寻址。

注意：① .B 在指令中默认代表的是字节操作;.W 代表的是字操作,但是可以省略。

② 对 ADDC、CPB、SUBB 和 SUBBR 指令,Z 标志是"粘性的"。这些指令只能清零 Z。

指令字长：1 个字。

指令周期：1 个周期。

例 121　CPB.B　W4,♯0x12　　　;将 W4 与 0x12 和 $\overline{C}$ 进行字节比较

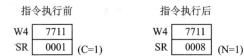

例 122　CPB　W12,♯0x1F　　　;将 W12 与 0x1F 和 $\overline{C}$ 进行比较

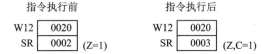

72. CPB 指令（Ws 与 Wb 带借位比较）

格式：{标号:} CPB{.B} Wb,Ws/[Ws]/[Ws++]/[Ws−−]/[++Ws]/[−−Ws]

操作数：Wb 为 W0～W15；Ws 为 W0～W15。

影响状态位：DC,N,OV,Z,C。

指令功能：计算 Wb−Ws−$\overline{C}$，然后更新状态寄存器。此指令等同于 SUBB 指令,但不存储减法的结果。Wb 必须用寄存器直接寻址,Ws 可以直接寻址也可以间接寻址。

注意：① .B 在指令中默认代表的是字节操作;.W 代表的是字操作,但是可以省略。

② 对 ADDC、CPB、SUBB 和 SUBBR 指令,Z 标志是"粘性的"。这些指令只能清零 Z。

指令字长：1 个字。

指令周期：1 个周期。

例 123　CPB.B　W0,[W1++]　　　;将 W0 与[W1]和 $\overline{C}$ 进行字节比较,W1 加 1

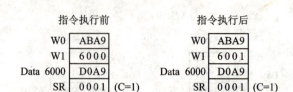

例124 CPB W4, W5   ;将 W4 与 W5 和 $\overline{C}$ 进行比较

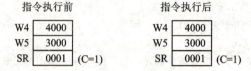

73. CPSEQ 指令(f 与 WREG 比较,如果相等则跳转)

格式：{标号:} CPSEQ{.B} f

操作数：f 为 0~8191。

影响状态位：无。

指令功能：计算 f−WREG，但不存储减法的结果。如果 f＝WREG，下一条指令就会忽略，并在下一个周期里执行一个 NOP 指令；否则，下一条指令就会正常执行。

注意：① .B 在指令中默认代表的是字节操作;.W 代表的是字操作，但是可以省略。
② WREG 设定为工作寄存器 W0。

指令字长：1 个字。

指令周期：1 个周期(如果跳转则 2 或 3 个周期)。

例125	002000	HERE：	CPSEQ.B	0x100	;如果 0x100 与 WREG 字节比较相等
	002002		GOTO	BYPASS	;则跳过 GOTO
	002004		…		
	002006		…		
	002008	BYPASS：	…		
	00200A				

指令执行前	指令执行后
PC 00 2000	PC 00 2002
WREG 1001	WREG 1001
Data 100 264F	Data 100 264F
SR 0000	SR 0000

例126	018000	HERE：	CPSEQ	0x1F00	;如果 0x1F00 与 WREG 字节比较 ;相等
	018002		CALL	_FIR	;则跳过 CALL
	018006		…		
	018008		…		

指令执行前		指令执行后	
PC	01 8000	PC	01 8006
WREG	3344	WREG	3344
Data 1F00	3344	Data 1F00	3344
SR	0002 (Z=1)	SR	0002 (Z=1)

74. CPSGT 指令（f 与 WREG 有符号比较，如果大于则跳转）

格式：{标号：}CPSGT{.B} f

操作数：f 为 0～8191。

影响状态位：无。

指令功能：计算 f－WREG，但不存储减法的结果。如果 f＞WREG，下一条指令就会忽略，并在下一个周期里执行一个 NOP 指令；否则，下一条指令就会正常执行。

注意：①．B 在指令中默认代表的是字节操作；.W 代表的是字操作，但是可以省略。

② WREG 设定为工作寄存器 W0。

指令字长：1 个字。

指令周期：1 个周期（如果跳转则 2 或 3 个周期）。

例 127　002000　HERE：　　CPSGT.B　0x100　　　;如果 0x100 字节单元大于 WREG
　　　　002002　　　　　　　GOTO　　　BYPASS　　　;则跳过 GOTO
　　　　002006　　　　　　　…
　　　　002008　　　　　　　…
　　　　00200A　BYPASS　　…
　　　　00200C　　　　　　　…

指令执行前		指令执行后	
PC	00 2000	PC	00 2002
WREG	00FF	WREG	00FF
Data 100	26FE	Data 100	26FE
SR	0009 (N,C=1)	SR	0009 (N,C=1)

例 128　018000　HERE：　　CPSGT　　0x1F00　　　;如果 0x1F00 单元大于 WREG
　　　　018002　　　　　　　CALL　　　_FIR　　　　;则跳过 CALL
　　　　018006　　　　　　　…
　　　　018008　　　　　　　…

指令执行前		指令执行后	
PC	01 8000	PC	01 8006
WREG	2600	WREG	2600
Data 1F00	3000	Data 1F00	3000
SR	0004 (OV=1)	SR	0004 (OV=1)

75. CPSLT 指令（f 与 WREG 有符号比较，如果小于则跳转）

格式：{标号：}CPSLT{.B} f

操作数：f 为 0～8191。

影响状态位：无。

指令功能：计算 f−WREG，但不存储减法的结果。如果 f<WREG，下一条指令就会忽略，并在下一个周期里执行一个 NOP 指令；否则，下一条指令就会正常执行。

注意：① .B 在指令中默认代表的是字节操作；.W 代表的是字操作，但是可以省略。

② WREG 被设定为工作寄存器 W0。

指令字长：1 个字。

指令周期：1 个周期（如果跳转则 2 或 3 个周期）。

例 129　002000　HERE：　　CPSLT.B　0x100　　　　;如果 0x100 字节单元小于 WREG
　　　　002002　　　　　　　GOTO　　　BYPASS　　　;则跳过 GOTO
　　　　002006　　　　　　　…
　　　　002008　　　　　　　…
　　　　00200A　BYPASS：　…
　　　　00200C　　　　　　　…

	指令执行前			指令执行后	
PC	00	2000	PC	00	2006
WREG		00FF	WREG		00FF
Data 100		26FE	Data 100		26FE
SR		0008 (N=1)	SR		0008 (N=1)

例 130　018000　HERE：　　CPSLT　　0x1F00　　　　;如果 0x1F00 单元小于 WREG
　　　　018002　　　　　　　CALL　　　_FIR　　　　;则跳过 CALL
　　　　018006　　　　　　　…
　　　　018008　　　　　　　…

	指令执行前			指令执行后	
PC	01	8000	PC	01	8002
WREG		2600	WREG		2600
Data 1F00		3000	Data 1F00		3000
SR		0000	SR		0000

76. CPSNE 指令 (f 与 WREG 比较，如果不相等则跳转)

格式：{标号：} CPSNE{.B} f

操作数：f 为 0~8191。

影响状态位：无。

指令功能：计算 f−WREG，但不存储减法的结果。如果 f≠WREG，下一条指令就会忽略，并在下一个周期里执行一个 NOP 指令；否则，下一条指令就会正常执行。

注意：① .B 在指令中默认代表的是字节操作；.W 代表的是字操作，但是可以省略。

② WREG 被设定为工作寄存器 W0。

指令字长：1 个字。

指令周期：1 个周期（如果跳转则 2 或 3 个周期）。

例 131　002000　HERE：　　CPSNE.B　0x100　　　　;如果 0x100 字节单元不等于 WREG

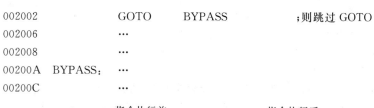

```
        002002              GOTO      BYPASS       ;则跳过 GOTO
        002006              …
        002008              …
        00200A   BYPASS：    …
        00200C              …
```

```
                指令执行前                    指令执行后
           PC    │ 00 │ 2000 │         PC    │ 00 │ 2006 │
           WREG  │   00FF    │         WREG  │   00FF    │
           Data 100 │ 26FE   │         Data 100 │ 26FE   │
           SR    │   0001    │ (C=1)   SR    │   0001    │ (C=1)
```

例 132   018000   HERE：   CPSNE   0x1F00   ;如果 0x1F00 单元不等于 WREG
          018002   CALL   _FIR   ;则跳过 CALL
          018006   …
          018008   …

```
                指令执行前                    指令执行后
           PC    │ 01 │ 8000 │         PC    │ 01 │ 8002 │
           WREG  │   3000    │         WREG  │   3000    │
           Data 1F00 │ 3000  │         Data 1F00 │ 3000  │
           SR    │   0000    │         SR    │   0000    │
```

77．DAW.B 指令（Wn 十进制调整）

格式：{标号：} DAW.B Wn

操作数：Wn 为 W0～W15。

影响状态位：C。

指令功能：调整 Wn 里的低字节,产生一个 BCD 码,Wn 里的高字节不变。C 标志可以用来表示十进制是否溢出。Wn 必须使用寄存器直接寻址。

注意：① 该指令是在两个压缩的 BCD 字节相加后,用来更正数据格式。

② 该指令是以字节方式操作,.B 必须给出。

指令字长：1 个字。

指令周期：1 个周期。

例 133   DAW.B W0   ;对 W0 字节进行十进制调整

```
             指令执行前              指令执行后
        W0  │  771A  │          W0  │  7720  │
        SR  │  0002  │ (DC=1)   SR  │  0002  │ (DC=1)
```

例 134   DAW.B W3   ;对 W3 字节进行十进制调整

```
             指令执行前              指令执行后
        W3  │  77AA  │          W3  │  7710  │
        SR  │  0000  │          SR  │  0001  │ (C=1)
```

78. DEC 指令(f 减 1)

格式：{标号：} DEC{.B}　　f {,WREG}

操作数：f 为 0～8191。

影响状态位：DC,N,OV,Z,C。

指令功能：将文件寄存器里的内容减 1，然后把结果存放在目标寄存器里。所选择的 WREG 决定了目标寄存器。如果 WREG 是特指的，结果就存放在 WREG 里；否则，结果就存放在文件寄存器里。

注意：① .B 在指令中默认代表的是字节操作；.W 代表的是字操作，但是可以省略。

　　　② WREG 被设置为工作寄存器 W0。

指令字长：1 个字。

指令周期：1 个周期。

例 135　DEC.B　0x200　　;将 0x200 字节单元内容减 1

指令执行前　　　　　指令执行后

Data 200	80FF		Data 200	80FE
SR	0000		SR	0009	(N,C=1)

例 136　DEC　RAM400，WREG　　;将 RAM400 单元内容减 1，存入 WREG

指令执行前　　　　　指令执行后

WREG	1211		WREG	0822
RAM400	0823		RAM400	0823
SR	0000		SR	0000

79. DEC 指令(Ws 减 1)

格式：{标号：} DEC{.B}　Ws/[Ws]/[Ws++]/[Ws－－]/[++Ws]/[－－Ws]，
　　　　　　　　　　　Wd/[Wd]/[Wd++]/[Wd－－]/[++Wd]/[－－Wd]

操作数：Wd 为 W0～W15；Ws 为 W0～W15。

影响状态位：DC,N,OV,Z,C。

指令功能：从源寄存器 Ws 里减 1，并把结果存放在目标寄存器 Wd 里。Ws 和 Wd 可以使用寄存器直接寻址或寄存器间接寻址。

注意：.B 在指令中默认代表的是字节操作；.W 代表的是字操作，但是可以省略。

指令字长：1 个字。

指令周期：1 个周期。

例 137　DEC.B [W7++],[W8++]　　;将 W7 指定字节单元内容减 1，存入[W8]，W7、W8 加 1

指令执行前　　　　　指令执行后

W7	2301		W7	2302
W8	6000		W8	6001
Data 2300	5607		Data 2300	5607
Data 6000	ABCD		Data 6000	AB55
SR	0000		SR	0000

80. DEC2 指令(f 减 2)

格式:{标号:}DEC2{.B} f{,WREG}

操作数:f 为 0~8191。

影响状态位:DC,N,OV,Z,C。

指令功能:将文件寄存器里的内容减 2,然后把结果存放在目标寄存器里。所选择的 WREG 决定了目标寄存器。如果 WREG 是特指的,结果就存放在 WREG 里;否则,结果就存放在文件寄存器里。

注意:①.B 在指令中默认代表的是字节操作;.W 代表的是字操作,但是可以省略。

　　　② WREG 被设置为工作寄存器 W0。

指令字长:1 个字。

指令周期:1 个周期。

例 138　DEC2.B 0x200　　;将 0x200 字节单元的内容减 2

	指令执行前		指令执行后	
Data 200	80FF	Data 200	80FD	
SR	0000	SR	0009	(N,C=1)

81. DEC2 指令(Ws 减 2)

格式:{标号:}DEC{.B} Ws/[Ws]/[Ws++]/[Ws--]/[++Ws]/[--Ws],
　　　　　　　　　　　Wd/[Wd]/[Wd++]/[Wd--]/[++Wd]/[--Wd]

操作数:Wd 为 W0~W15;Ws 为 W0~W15。

影响状态位:DC,N,OV,Z,C。

指令功能:从源寄存器 Ws 里减 2,并把结果存放在目标寄存器 Wd 里。Ws 和 Wd 可以使用寄存器直接寻址或寄存器间接寻址。

注意:.B 在指令中默认代表的是字节操作;.W 代表的是字操作,但是可以省略。

指令字长:1 个字。

指令周期:1 个周期。

例 139　DEC2 W5,[W6++]　　;将 W5 内容减 2,存入[W6],W6 加 2

	指令执行前		指令执行后	
W5	D004	W5	D004	
W6	6000	W6	6002	
Data 6000	ABA9	Data 6000	D002	
SR	0000	SR	0009	(N,C=1)

82. DECSNZ 指令(f 减 1,不等于 0 则跳转)

格式:{标号:}DECSNZ{.B} f{,WREG}

操作数:f 为 0~8191。

影响状态位:无。

指令功能:将文件寄存器里的内容减 1,然后把结果存放在目标寄存器里。所选择的 WREG 决定了目标寄存器。如果 WREG 是特指的,结果就存放在 WREG 里;否则,结果就存放在文件寄存器里。如果减法结果是非 0,则下一条指令就会被忽略,并在下一个周期里执行一个 NOP 指令;否则,下一条指令正常执行。

注意:①.B 在指令中默认代表的是字节操作;.W 代表的是字操作,但是可以省略。

② WREG 被设置为工作寄存器 W0。

指令字长：1 个字。

指令周期：1 个周期(如果跳转则 2 或 3 个周期)。

例 140　002000　HERE：　　DECSNZ.B　0x100　　　;如果 0x100 字节单元减 1 不等于 0
　　　　　002002　　　　　　　GOTO　　　BYPASS　　　;则跳过 GOTO
　　　　　002006　　　　　　　…
　　　　　002008　　　　　　　…
　　　　　00200A　BYPASS：　…
　　　　　00200C　　　　　　　…

指令执行前		指令执行后	
PC	00 2000	PC	00 2006
Data 100	2627	Data 100	2626
SR	0000	SR	0000

83. DECSZ 指令(f 减 1,等于 0 则跳转)

格式：{标号：}DECSZ{.B}　f {,WREG}

操作数：f 为 0～8191。

影响状态位：无。

指令功能：将文件寄存器里的内容减 1，然后把结果存放在目标寄存器里。所选择的 WREG 决定了目标寄存器。如果 WREG 是特指的，结果就存放在 WREG 里；否则，结果就存放在文件寄存器里。如果减法结果是 0，则下一条指令就会忽略，并在下一个周期里执行一个 NOP 指令；否则，下一条指令正常执行。

注意：①.B 在指令中默认代表的是字节操作;.W 代表的是字操作,但是可以省略。

② WREG 被设置为工作寄存器 W0。

指令字长：1 个字。

指令周期：1 个周期(如果跳转则 2 或 3 个周期)。

例 141　018000　HERE：　　DECSZ　　　0x1F0，WREG　;如果 0x1F0 单元减 1 等于 0
　　　　　018002　　　　　　　CALL　　　_FIR　　　　;则跳过 CALL
　　　　　018006　　　　　　　…
　　　　　018008　　　　　　　…

指令执行前		指令执行后	
PC	01 8000	PC	01 8006
WREG	2600	WREG	0000
Data 1F0	0001	Data 1F0	0001
SR	0000	SR	0000

84. DISI 指令(临时禁止中断)

格式：{标号：}DISI　　#lit14

操作数：lit14 为 0～16383。

影响状态位：无。

指令功能：该指令执行后，优先级 0～6 的中断被禁止(lit14+1)个指令周期。Lit14 值存放在 DISICNT

寄存器里,DISI 标志置 1。该指令用于某些需要执行时间较长的指令之前,来延缓中断的调用。

注意:该指令不禁止优先级 7 中断和错误陷阱。

指令字长:1 个字。

指令周期:1 个周期。

例 142　002000　HERE:　　DISI　　♯100　　　　;禁止中断 101 个周期
　　　　 002002　　　　　　　　　　　　　　　　　　;开始执行
　　　　 002004　　　　　　　　…

指令执行前			指令执行后		
PC	00	2000	PC	00	2002
DISICNT		0000	DISICNT		0100
INTCON2		0000	INTCON2		4000	(DISI=1)
SR		0000	SR		0000

85. DIV.S 指令(有符号整数除法)

格式:{标号:} DIV.S{W}/DIV.SD　Wm,Wn

操作数:对字操作,Wm 为 W0～W15;对双字操作,Wm 为 W0,W2,W4,…,W14;Wn 为 W2～W15。

影响状态位:N,Z,C。

指令功能:重复的、有符号的整数除法。对 16 位除以 16 位的除法,被除数放在 Wm 里;对于 32 位除以 16 位的除法,被除数放在 Wm+1(高 16 位)和 Wm(低 16 位)里,除数放在 Wn 里;在默认的字操作中,Wm 首先拷贝到 W0,并通过 W1 进行符号扩展;在双字操作中,Wm+1 和 Wm 拷贝到 W1 和 W0 里。计算完成后,16 位商存放在 W0 里,16 位的余数存放在 W1 里。该指令必须用 REPEAT 指令执行 18 次,来产生一个正确的商和余数。除法运算中使用 C 和 N 标志。如果余数是 0,Z 标志就置 1。

注意:① .D 在指令中代表双字(32 位)的被除数;.W 代表的是字操作,但是可以省略。

　　　　② 该操作不进行溢出检查,如果商不是 16 位就会产生意想不到的结果。

　　　　③ 在第一个周期里,如果除数是 0 会产生错误陷阱。

　　　　④ 该指令在每一个指令周期后都可以被中断。

指令字长:1 个字。

指令周期:18 个周期(包括执行 REPEAT 指令)。

例 143　REPEAT　　♯17　　　　　;执行 18 次
　　　　 DIV.S　　W3,W4　　　　;W3 除以 W4,商存入 W0,余数存入 W1

指令执行前		指令执行后	
W0	5555	W0	013B
W1	1234	W1	0003
W3	3000	W3	3000
W4	0027	W4	0027
SR	0000	SR	0000

例 144　REPEAT　　♯17　　　　　;执行 18 次双字除法
　　　　 DIV.SD　　W0,W12　　　;W1:W0 除以 W12,商存入 W0,余数存入 W1

指令执行前			指令执行后	
W0	2500		W0	FA6B
W1	FF42		W1	EF00
W12	2200		W12	2200
SR	0000		SR	0000

86. DIV.U 指令(无符号整数除法)

格式：{标号:} DIV.U{W}/DIV.UD Wm,Wn

操作数：对字操作,Wm 为 W0~W15；对双字操作,Wm 为 W0,W2,W4,…,W14；Wn 为 W2~W15。

影响状态位：N,Z,C。

指令功能：重复的、无符号的整数除法。对 16 位除以 16 位的除法,被除数放在 Wm；对于 32 位除以 16 位的除法,被除数放在 Wm+1(高 16 位)和 Wm(低 16 位)里,除数放在 Wn 里；在默认的字操作中,Wm 首先拷贝到 W0,W1 清 0；在双字操作中,Wm+1 和 Wm 拷贝到 W1 和 W0 里。计算完成后,16 位商存放在 W0 里,16 位的余数存放在 W1 里。该指令必须用 REPEAT 指令执行 18 次,来产生一个正确的商和余数。除法运算中使用 C 和 N 标志,如果余数是 0,Z 标志就置 1。

注意：① .D 在指令中代表双字(32 位)的被除数；.W 代表的是字操作,但是可以省略。
② 该操作不进行溢出检查,如果商不是 16 位就会产生意想不到的结果。
③ 在第一个周期里,如果除数是 0 会产生错误陷阱。
④ 该指令在每一个指令周期后都可以被中断。

指令字长：1 个字。

指令周期：18 个周期(包括执行 REPEAT 指令)。

例 145 REPEAT   #17   ;执行 18 次单字除法
　　　　　DIV.U   W2,W4   ;W2 除以 W4,商存入 W0,余数存入 W1

指令执行前			指令执行后	
W0	5555		W0	0040
W1	1234		W1	0000
W2	8000		W2	8000
W4	0200		W4	0200
SR	0000		SR	0002	(Z=1)

例 146 REPEAT   #17   ;执行 18 次双字除法
　　　　　DIV.UD   W10,W12   ;W11:W10 除以 W12,商存入 W0,余数存入 W1

指令执行前			指令执行后	
W0	5555		W0	01F2
W1	1234		W1	0100
W10	2500		W10	2500
W11	0042		W11	0042
W12	2200		W12	2200
SR	0000		SR	0000

87. DIVF 指令（小数除法）

格式：｛标号：｝DIVF　Wm,Wn

操作数：Wm 为 W0～W15；Wn 为 W2～W15。

影响状态位：N,Z,C。

指令功能：重复的、有符号的小数除法。对 16 位除以 16 位的除法，被除数放在 Wm,除数放在 Wn 里。W0 首先清零,然后 Wm 拷贝到 W1。计算完成后,16 位商存放在 W0 里,16 位的余数存放在 W1 里。该指令必须用 REPEAT 指令执行 18 次,来产生一个正确的商和余数。除法运算中使用 C 和 N 标志,如果余数是 0,Z 标志就置 1。

注意：① 为了使小数除法有效,Wm 必须小于或等于 Wn。如果 Wm 大于 Wn,由于小数结果大于 1.0,所以会出现意想不到的结果。

② 在第一个周期里,如果除数是 0 会产生错误陷阱。

③ 该指令在每一个指令周期后都可以被中断。

指令字长：1 个字。

指令周期：18 个周期（包括执行 REPEAT 指令）。

例 147　REPEAT　　＃17　　　　;执行 18 次除法
　　　　DIVF　　　　W8,W9　　 ;W8 除以 W9,商存入 W0,余数存入 W1

指令执行前		指令执行后		
W0	8000	W0	F000	
W1	1234	W1	0000	
W8	1000	W8	1000	
W9	8000	W9	8000	
SR	0000	SR	0002	(Z=1)

88. DO 指令（立即数为循环次数）

格式：｛标号：｝DO　＃lit14,Expr

操作数：lit14 为 0～16 383；Expr 可能是一个标号、绝对地址、表达式,其解析值范围为 －32 768～＋32 767。

影响状态位：DA。

指令功能：硬件 DO 循环,执行 lit14＋1 次。当执行该指令时,DCOUNT、DOSTART 和 DOEND 首先被推入它们的堆栈寄存器里,然后用本次指令所给出的 DO 循环参数来更新。当 DO 循环完成时,弹出 DCOUNT、DOSTART 和 DOEND,这样来实现循环嵌套。

注意：① DO 指令可以被中断,可以实现一级硬件嵌套。用户使用软件可以增加 5 级嵌套。

② lit14＝0 使循环只执行一次;Expr 的解析值如果是 0、－1 和 －2 时是无效的,如果使用了这些偏移量会产生意想不到的结果。

③ DO 循环中的最后两条指令,不能是可以改变程序控制流程的指令 DO 或 REPEAT 指令,否则,就会产生意想不到的结果。

指令字长：2 个字。

指令周期：2 个周期。

例 148　002000　LOOP6：　　DO　　＃5,END6　　　;初始化 D0 循环
　　　　002004　　　　　　　ADD　W1,W2,W3　　 ;循环的第一条指令

002006		...		
002008		...		
00200A	END6:	SUB	W2,W3,W4	;循环的最后一条指令
00200C		...		

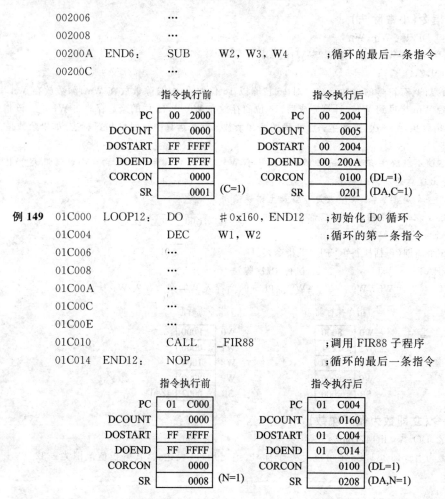

例149
01C000	LOOP12:	DO	#0x160,END12	;初始化 DO 循环
01C004		DEC	W1,W2	;循环的第一条指令
01C006		...		
01C008		...		
01C00A		...		
01C00C		...		
01C00E		...		
01C010		CALL	_FIR88	;调用 FIR88 子程序
01C014	END12:	NOP		;循环的最后一条指令

89. DO 指令(Wn 为循环次数)

格式：{标号：} DO Wn,Expr

操作数：Wn 为 W0~W15；Expr 可能是一个标号、绝对地址、表达式。其解析值范围为 -32768 ~ $+32767$。

影响状态位：DA。

指令功能：硬件 DO 循环，执行 Wn+1 次。当执行该指令时，DCOUNT、DOSTART 和 DOEND 首先被推入它们的堆栈寄存器里，然后用本次指令所给出的 DO 循环参数来更新。当 DO 循环完成时，弹出 DCOUNT、DOSTART 和 DOEND，这样来实现循环嵌套。

注意：① DO 指令可以被中断，可以实现一级硬件嵌套。用户使用软件可以增加 5 级嵌套。

② Wn=0 使循环只执行一次；Expr 的解析值如果是 0、-1 和 -2 时是无效的，如果使用了这些偏移量会产生意想不到的结果。

③ DO 循环中的最后两条指令，不能是可以改变程序控制流程的指令 DO 或 REPEAT 指令，否则，就会产生意想不到的结果。

指令字长：2个字。
指令周期：2个周期。

例150	002000	LOOP6：	DO	W0，END6	;初始化DO循环
	002004		ADD	W1，W2，W3	;循环的第一条指令
	002006		…		
	002008		…		
	00200A		…		
	00200C		REPEAT #6		
	00200E		SUB	W2，W3，W4	
	002010	END6：	NOP		;循环的最后一条指令

指令执行前

PC	00	2000
W0		0012
DCOUNT		0000
DOSTART	FF	FFFF
DOEND	FF	FFFF
CORCON		0000
SR		0000

指令执行后

PC	00	2004	
W0		0012	
DCOUNT		0012	
DOSTART	00	2004	
DOEND	00	2010	
CORCON		0100	(DL=1)
SR		0080	(DA=1)

90. ED指令（Wm平方）

格式：{标号：}ED Wm*Wm,Acc,[Wx]/[Wx]+=kx/[Wx]-=kx/[W9+W12],
　　　　　　　　　　[Wy]/[Wy]+=ky/[Wy]-=ky/[W11+W12],Wxd

操作数：Acc为A,B；Wm*Wm为W4*W4,W5*W5,W6*W6,W7*W7；Wx为W8,W9；Wy为W10,W11；Wxd为W4～W7；kx为-6,-4,-2,2,4,6；ky为-6,-4,-2,2,4,6。

影响状态位：OA,OB,OAB。

指令功能：计算Wm的平方，并有选择地计算由Wx和Wy确定的预取值的差。Wm*Wm符号扩展到40位，结果存到指定的累加器里。Wx-Wy的值存到Wxd里。操作数Wx,Wxd和Wyd是预取操作,支持间接寻址和寄存器偏移量寻址。

指令字长：1个字。
指令周期：1个周期。

例151　ED　W5*W5,B,[W9]+=2,[W11+W12],W5　　;W5平方存入B..
　　　　　　　　　　　　　　　　　　　　　　　;[W9]-[W11+W12]存入W5
　　　　　　　　　　　　　　　　　　　　　　　;W9加2

指令执行前

W5	43C2
W9	1200
W11	3500
W12	0008
ACCB	00 28E3 F14C
Data 1200	6A7C
Data 3508	2B3D
SR	0000

指令执行后

W5	3F3F
W9	1202
W11	3500
W12	0008
ACCB	00 11EF 1F04
Data 1200	6A7C
Data 3508	2B3D
SR	0000

91. EDAC 指令(Wm 平方)

格式:{标号:} EDAC Wm*Wm, Acc, [Wx]/[Wx]+=kx/[Wx]−=kx/[W9+W12],
　　　　　　　　　　　　　　　　　[Wy]/[Wy]+=ky/[Wy]−=ky/[W11+W12], Wxd

操作数:Acc 为 A,B; Wm*Wm 为 W4*W4, W5*W5, W6*W6, W7*W7; Wx 为 W8,W9; Wy 为 W10,W11; Wxd 为 W4~W7; kx 为 −6,−4,−2,2,4,6; ky 为 −6,−4,−2,2,4,6。

影响状态位:OA, OB, OAB, SA, SB, SAB。

指令功能:计算 Wm 的平方,并有选择地计算由 Wx 和 Wy 确定的预取值的差。Wm*Wm 符号扩展到 40 位,结果与指定的累加器相加,保存到该累加器里。Wx−Wy 的值存到 Wxd 里。操作数 Wx, Wxd 和 Wyd 是预取操作,支持间接寻址和寄存器偏移量寻址。

指令字长:1 个字。

指令周期:1 个周期。

例 152　EDAC　W4*W4, A, [W8]+=2, [W10]−=2, W4　;W4 的平方与 A 累加存入 A
　　　　　　　　　　　　　　　　　　　　　　　　　;[W8]−[W10]存入 W4
　　　　　　　　　　　　　　　　　　　　　　　　　;W8 加 2, W10 减 2

指令执行前			指令执行后	
W4	009A		W4	0057
W8	1100		W8	1102
W10	3300		W10	32FE
ACCA	00 3D0A 3D0A		ACCA	00 3D0A 99AE
Data 1100	007F		Data 1100	007F
Data 3300	0028		Data 3300	0028
SR	0000		SR	0000

92. EXCH 指令(交换)

格式:{标号:} EXCH Wns, Wnd

操作数:Wns 为 W0~W15; Wnd 为 W0~W15。

影响状态位:不影响标志位。

指令功能:交换两个寄存器里整个字的内容。Wns 和 Wnd 必须是寄存器直接寻址。

指令字长:1 个字。

指令周期:1 个周期。

例 153　EXCH　W1, W9　　;W1 与 W9 交换内容

指令执行前			指令执行后	
W1	55FF		W1	A3A3
W9	A3A3		W9	55FF
SR	0000		SR	0000

93. FBCL 指令(查找符号位数)

格式:{标号:} FBCL Ws/[Ws]/[Ws++]/[Ws−−]/[++Ws]/[−−Ws], Wnd

操作数:Ws 为 W0~W15; Wnd 为 W0~W15。

影响状态位:C。

指令功能：从 Ws 的最高有效位开始，找出第一个 1 的位数(对于正数来说)，或者第一个 0 的位数(对于负数来说)，将这个结果变成 8 位有符号数，保存到 Wnd 的低 8 位。位数值的规定为，符号位后面第一位数是 0，最低位的位数是 −14。如果位变化没有被发现，就返回 −15，同时 C 标志置 1；否则，C 标志清 0。Ws 可以直接或间接寻址，Wnd 必须是寄存器直接寻址。

指令字长：1 个字。

指令周期：1 个周期。

例 154　FBCL　W1，W9　　　;从 W1 中找第一个 1 的位数(0)，并存入 W9 的低 8 位

指令执行前		指令执行后	
W1	55FF	W1	55FF
W9	FFFF	W9	FF00
SR	0000	SR	0000

例 155　FBCL　W1，W9　　　;从 W1 中找第一个 0 的位数(−15)，并存入 W9 的低 8 位

指令执行前		指令执行后	
W1	FFFF	W1	FFFF
W9	BBBB	W9	BBF1
SR	0000	SR	0001 (C=1)

例 156　FBCL　[W1++]，W9　　;从[W1]中找第一个 0 的位数(−7)，并存入 W9 的低 8 位，W1 加 2

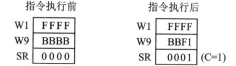

指令执行前		指令执行后	
W1	2000	W1	2002
W9	BBBB	W9	BBF9
Data 2000	FF0A	Data 2000	FF0A
SR	0000	SR	0000

94．FF1L 指令(查找左起第一个 1 的位数)

格式：{标号:}FF1L Ws/[Ws]/[Ws++]/[Ws−−]/[++Ws]/[−−Ws]，Wnd

操作数：Ws 为 W0～W15；Wnd 为 W0～W15。

影响状态位：C。

指令功能：从 Ws 的最高有效位开始，找出第一个 1 的位数，将这个结果保存到 Wnd 的低 8 位。位数值的规定为，最高有效位第一位的位数是 1，最低位的位数是 16。如果没有发现 1，就返回 0，同时 C 标志置 1；否则，C 标志清 0。Ws 可以直接或间接寻址，Wnd 必须是寄存器直接寻址。

指令字长：1 个字。

指令周期：1 个周期。

例 157　FF1L W2，W5　　　;从 W2 左起找第一个 1 的位数(13)，并存入 W5 的低 8 位

指令执行前		指令执行后	
W2	000A	W2	000A
W5	BBBB	W5	BB0D
SR	0000	SR	0000

例 158　FF1L [W2++]，W5　　;从[W2]左起找第一个 1 的位数(0)，并存入 W5 的低 8 位，W2 加 2

	指令执行前		指令执行后	
W2	2000	W2	2002	
W5	BBBB	W5	BB00	
Data 2000	0000	Data 2000	0000	
SR	0000	SR	0001	(C=1)

95. FF1R 指令（查找右起第一个 1 的位数）

格式：{标号:}FF1R Ws/[Ws]/[Ws++]/[Ws--]/[++Ws]/[--Ws],Wnd

操作数：Ws 为 W0~W15，Wnd 为 W0~W15。

影响状态位：C。

指令功能：从 Ws 的最低有效位开始，找出第一个 1 的位数，将这个结果保存到 Wnd 的低 8 位。位数值的规定为，最低有效位的第一位的位数是 1，最高位的位数是 16。如果没有发现 1，就返回 0，同时 C 标志置 1；否则，C 标志清 0。Ws 可以直接或间接寻址，Wnd 必须是寄存器直接寻址。

指令字长：1 个字。

指令周期：1 个周期。

例 159 FF1R W1,W9   ;从 W1 右起找第一个 1 的位数(2)，并存入 W9 的低 8 位

	指令执行前		指令执行后
W1	000A	W1	000A
W9	BBBB	W9	BB02
SR	0000	SR	0000

例 160 FF1R [W1++],W9   ;从[W1]右起找第一个 1 的位数(16)，并存入 W9 的低 8 位，W1 加 2

	指令执行前		指令执行后
W1	2000	W1	2002
W9	BBBB	W9	BB10
Data 2000	8000	Data 2000	8000
SR	0000	SR	0000

96. GOTO 指令（无条件跳转）

格式：{标号:}GOTO Expr

操作数：Expr 可能是一个标号、表达式，但不能是立即数，其解析值范围为 0~8388606。

影响状态位：无。

指令功能：在 4M 程序存储地址范围内可以无条件的跳转到任何位置。由于 PC 总是指向偶数地址，所以解析值的最低位被忽略。

指令字长：2 个字。

指令周期：2 个周期。

例 161　000100　_code:　…
　　　　　　…　　　　　　…
　　　　　026000　　　GOTO _code+2   ;跳到_CODE+2
　　　　　026004　　　…

附录 A　dsPIC30F 系列指令说明及举例

	指令执行前			指令执行后	
PC	02	6000	PC	00	0102
SR		0000	SR		0000

97. GOTO 指令（无条件间接跳转）

格式：{标号：} GOTO Wn

操作数：Wn 为 W0~W15。

影响状态位：无。

指令功能：在 32K 程序存储地址范围内可以无条件的间接跳转。Wn 的值放入 PC 的低 16 位, PC 高 7 位填 0。由于 PC 总是指向偶数地址, 所以解析值的最低位被忽略。

指令字长：1 个字。

指令周期：2 个周期。

例 162　006000　　　　　GOTO　W4　　　　;跳到 007844
　　　　006002　　　　　MOV　W0, W1
　　　　…　　　　　　　…
　　　　…　　　　　　　…
　　　　007844　_THERE：MOV　#0x400, W2
　　　　007846

	指令执行前			指令执行后	
W4		7844	W4		7844
PC	00	6000	PC	00	7844
SR		0000	SR		0000

98. INC 指令（文件寄存器加 1）

格式：{标号：} INC{.B} f {, WREG}

操作数：f 为 0~8191。

影响状态位：DC, N, OV, Z, C。

指令功能：把文件寄存器里的内容加 1, 并将结果存放在目标寄存器里。所选择的 WREG 决定了目标寄存器。如果 WREG 是特指的, 结果就存放在 WREG 里; 否则, 结果就存放在文件寄存器里。

注意：① .B 在指令中默认代表的是字节操作; .W 代表的是字操作, 但是可以省略。

　　　② WREG 被设定为工作寄存器 W0。

指令字长：1 个字。

指令周期：1 个周期。

例 163　INC.B 0x1000　　　;0x1000 字节单元内容加 1

	指令执行前			指令执行后		
Data 1000		8FFF	Data 1000		8F00	
SR		0000	SR		0101	(DC,C=1)

99. INC 指令（Ws 寄存器加 1）

格式：{标号：} INC{.B} Ws/[Ws]/[Ws++]/[Ws−−]/[++Ws]/[−−Ws],

·453·

Wd/[Wd]/[Wd++]/[Wd－－]/[++Wd]/[－－Wd]

操作数：Ws 为 W0~W15；Wd 为 W0~W15。

影响状态位：DC,N,OV,Z,C。

指令功能：把 Ws 寄存器里的内容加 1，并将结果存放在 Wd 寄存器里。Ws 和 Wd 可以使用寄存器直接寻址和间接寻址。

注意：.B 在指令中默认代表的是字节操作；.W 代表的是字操作，但是可以省略。

指令字长：1 个字。

指令周期：1 个周期。

例 164　INC.B　W1,[++W2]　　　;W2 加 1,W1 字节内容加 1 存入[W2]

指令执行前		指令执行后	
W1	FF7F	W1	FF7F
W2	2000	W2	2001
Data 2000	ABCD	Data 2000	80CD
SR	0000	SR	010C	(DC,N,OV=1)

100．INC2 指令（文件寄存器加 2）

格式：{标号:} INC2{.B} f {,WREG}

操作数：f 为 0~8191。

影响状态位：DC,N,OV,Z,C。

指令功能：把文件寄存器里的内容加 2，并将结果存放在目标寄存器里。所选择的 WREG 决定了目标寄存器。如果 WREG 是特指的，结果就存放在 WREG 里；否则，结果就存放在文件寄存器里。

注意：① .B 在指令中默认代表的是字节操作；.W 代表的是字操作，但是可以省略。

② WREG 被设定为工作寄存器 W0。

指令字长：1 个字。

指令周期：1 个周期。

例 165　INC2.B　0x1000　　　;0x1000 字节内容加 2

指令执行前		指令执行后	
Data 1000	8FFF	Data 1000	8F01
SR	0000	SR	0101	(DC,C=1)

101．INC2 指令（Ws 寄存器加 2）

格式：{标号:} INC2{.B} Ws/[Ws]/[Ws++]/[Ws－－]/[++Ws]/[－－Ws],
　　　　　　　Wd/[Wd]/[Wd++]/[Wd－－]/[++Wd]/[－－Wd]

操作数：Ws 为 W0~W15；Wd 为 W0~W15。

影响状态位：DC,N,OV,Z,C。

指令功能：把 Ws 寄存器里的内容加 2，并将结果存放在 Wd 寄存器里。Ws 和 Wd 可以使用寄存器直接寻址和间接寻址。

注意：.B 在指令中默认代表的是字节操作；.W 代表的是字操作，但是可以省略。

指令字长：1 个字。

指令周期：1 个周期。

例 166　INC2.B　W1,[++W2]　　　;W2加1,W1字节内容加2存入[W2]

	指令执行前		指令执行后	
W1	FF7F	W1	FF7F	
W2	2000	W2	2001	
Data 2000	ABCD	Data 2000	81CD	
SR	0000	SR	010C	(DC,N,OV=1)

102. INCSNZ 指令（文件寄存器加 1,不等于 0 则跳转）

格式：{标号:}INCSNZ{.B} f {,WREG}

操作数：f 为 0～8191。

影响状态位：无。

指令功能：把文件寄存器里的内容加 1,并将结果存放在目标寄存器里。所选择的 WREG 决定了目标寄存器。如果 WREG 是特指的,结果就存放在 WREG 里;否则,结果就存放在文件寄存器里。如果加 1 的结果不等于 0,下一条指令就会丢弃,在下一个周期里执行一个 NOP;否则,下一条指令正常执行。

注意：① .B 在指令中默认代表的是字节操作;.W 代表的是字操作,但是可以省略。

② WREG 被设定为工作寄存器 W0。

指令字长：1 个字。

指令周期：1 个周期(如果执行了跳转则需 2 或 3 个周期)。

例 167　018000　　HERE:　　　INCSNZ　　0x100,WREG ;0x100 单元加 1 存入 WREG
　　　　　　　　　　　　　　　　　　　　　　　　　　;如果不等于 0 则跳过 CALL
　　　　018002　　　　　　　　CALL　　　_FIR
　　　　018006　　　　　　　　…
　　　　018008　　　　　　　　…

	指令执行前		指令执行后
PC	01 8000	PC	01 8002
WREG	2600	WREG	0000
Data 100	FFFF	Data 100	FFFF
SR	0000	SR	0000

103. INCSZ 指令（文件寄存器加 1,等于 0 则跳转）

格式：{标号:}INCSZ{.B} f {,WREG}

操作数：f 为 0～8191。

影响状态位：无。

指令功能：把文件寄存器里的内容加 1,并将结果存放在目标寄存器里。所选择的 WREG 决定了目标寄存器。如果 WREG 是特指的,结果就存放在 WREG 里;否则,结果就存放在文件寄存器里。如果加 1 的结果等于 0,下一条指令就会丢弃,在下一个周期里执行一个 NOP;否则,下一条指令正常执行。

注意：① .B 在指令中默认代表的是字节操作;.W 代表的是字操作,但是可以省略。

② WREG 被设定为工作寄存器 W0。

指令字长：1 个字。

指令周期：1 个周期(如果执行了跳转则需 2 或 3 个周期)。

例 168　002000　　HERE:　　　INCSZ.B　　0x100　　　;0x100 字节单元加 1

```
002002              GOTO        BYPASS        ;如果等于 0 则跳过 GOTO
002006              …
002008              …
00200A  BYPASS：    …
00200C              …
```

指令执行前			指令执行后	
PC	00	2000	PC	00 2002
Data 100		26FE	Data 100	26FF
SR		0000	SR	0000

104. IOR 指令(文件寄存器 f 与 WREG"或"操作)

格式：{标号：} IOR{.B} f {,WREG}

操作数：f 为 0~8191。

影响状态位：N,Z。

指令功能：将文件寄存器里的内容与 WREG 寄存器里的内容相"或"，结果存放在目标寄存器里。所选择的 WREG 决定了目标寄存器。如果 WREG 是特指的，结果就存放在 WREG 里；否则，结果就存放在文件寄存器里。

注意：① .B 在指令中默认代表的是字节操作；.W 代表的是字操作，但是可以省略。

② WREG 被设定为工作寄存器 W0。

指令字长：1 个字。

指令周期：1 个周期。

例 169   IOR 0x1000,WREG   ;0x1000 单元的内容与 WREG 相"或"，结果存入 WREG

指令执行前		指令执行后	
WREG	1234	WREG	1FBF
Data 1000	0FAB	Data 1000	0FAB
SR	0008 (N=1)	SR	0000

105. IOR 指令(立即数与 Wn"或"操作)

格式：{标号：} IOR{.B} #lit10,Wn

操作数：对字节操作，lit10 为 0~255；对字操作，lit10 为 0~1023；Wn 为 W0~W15。

影响状态位：N,Z。

指令功能：将 10 位立即数与 Wn 寄存器里的内容相"或"，结果存放在 Wn 寄存器里。

注意：① .B 在指令中默认代表的是字节操作；.W 代表的是字操作，但是可以省略。

② 对于字节操作来说，立即数必须是一个无符号数。

指令字长：1 个字。

指令周期：1 个周期。

例 170   IOR.B #0xAA,W9   ;0xAA 与 W9 字节相"或"，结果存入 W9

指令执行前		指令执行后	
W9	1234	W9	12BE
SR	0000	SR	0008 (N=1)

附录 A　dsPIC30F 系列指令说明及举例

106. IOR 指令（Wb 与短立即数"或"操作）

格式：{标号:} IOR{.B} Wb,♯lit5,Wd/[Wd]/[Wd++]/[Wd--]/[++Wd]/[--Wd]

操作数：lit5 为 0~31；Wb 为 W0~W15；Wd 为 W0~W15。

影响状态位：N,Z。

指令功能：将 Wb 寄存器里的内容与 5 位立即数相"或",结果存放在 Wd 寄存器里。Wd 可以寄存器直接寻址和间接寻址。

注意：.B 在指令中默认代表的是字节操作;.W 代表的是字操作,但是可以省略。

指令字长：1 个字。

指令周期：1 个周期。

例 171　IOR W1,♯0x0,W9　;W1 单元内容与 0 相"或",结果存入 W9

指令执行前

W1	0000
W9	A34D
SR	0000

指令执行后

W1	0000
W9	0000
SR	0002	(Z=1)

107. IOR 指令（Wb 与 Ws"或"操作）

格式：{标号:} IOR{.B} Wb,Ws/[Ws]/[Ws++]/[Ws--]/[++Ws]/[--Ws],
　　　　　　　　Wd/[Wd]/[Wd++]/[Wd--]/[++Wd]/[--Wd]

操作数：Ws 为 W0~W15；Wb 为 W0~W15；Wd 为 W0~W15。

影响状态位：N,Z。

指令功能：将 Wb 寄存器里的内容与 Ws 相"或",结果存放在 Wd 寄存器里。Wd 和 Ws 可以寄存器直接寻址和间接寻址。

注意：.B 在指令中默认代表的是字节操作;.W 代表的是字操作,但是可以省略。

指令字长：1 个字。

指令周期：1 个周期。

例 172　IOR.B　W1,[W5++],[W9++]　　;W1 与 [W5] 字节单元内容相"或",结果存入 [W9],
　　　　　　　　　　　　　　　　　　　;W5 和 W9 加 1

指令执行前

W1	AAAA
W5	2000
W9	3000
Data 2000	1155
Data 3000	0000
SR	0000

指令执行后

W1	AAAA
W5	2001
W9	3001
Data 2000	1155
Data 3000	00FF
SR	0008	(N=1)

108. LAC 指令（Ws 移位后装入 Acc）

格式：{标号:} LAC Ws/[Ws]/[Ws++]/[Ws--]/[++Ws]/[--Ws]/[Ws+Wb],{♯Slit4,} Acc

操作数：Ws 为 W0~W15；Wb 为 W0~W15；Slit4 为 -8~7；Acc 为 A 或 B。

影响状态位：OA,OB,OAB,SA,SB,SAB。

指令功能：将源寄存器里的内容进行位移,把结果存入指定的累加器中。Slit4 是负值时代表左移,正值时代表右移。源寄存器里的内容假设是一个 1.15 格式的数据,在移位之前先自动进行符号扩展。

注意:如果该操作在符号扩展时将数据移入累加器的高位(AccxU),就产生饱和,相应的溢出位和饱和位就会置 1。

指令字长:1 个字。

指令周期:1 个周期。

例 173　LAC[W4++],♯-3,B　;将[W4]左移 3 位存入 B,W4 加 2

指令执行前		指令执行后	
W4	2000	W4	2002
ACCB	00 5125 ABCD	ACCB	FF 9108 0000
Data 2000	1221	Data 2000	1221
SR	0000	SR	4800 (OB,OAB=1)

109. LNK 指令(连接)

格式:{标号:}LNK　♯lit14

操作数:lit14 为 0~16382。

影响状态位:无。

指令功能:该指令为子程序调用建立一个 lit14 大小的软件堆栈帧。通过将堆栈帧指针 W14 里的内容推入堆栈,将[W15]+2 存入 W14 和 W15,然后将无符号的 14 位立即数加到 W15 来实现的。该指令支持的最大堆栈帧是 16382 个字节。

注意:由于堆栈指针只能指向字边界,所以 lit14 必须是偶数。

指令字长:1 个字。

指令周期:1 个周期。

例 174　LNK　♯0xA0　;建立一个 160 字节的堆栈帧

指令执行前		指令执行后	
W14	2000	W14	2002
W15	2000	W15	20A2
Data 2000	0000	Data 2000	2000
SR	0000	SR	0000

110. LSR 指令(文件寄存器 f 逻辑右移)

格式:{标号:}LSR{.B} f {,WREG}

操作数:f 为 0~8191。

影响状态位:N,Z,C。

指令功能:将文件寄存器里的内容向右移一位,并把结果存放在目标寄存器里。移位时,最低有效位移到状态寄存器的 C 位里,最高有效位补 0。所选择的 WREG 决定了目标寄存器。如果 WREG 是特指的,结果就存放在 WREG 里;否则,结果就存放在文件寄存器里。

注意:①.B 在指令中默认代表的是字节操作;.W 代表的是字操作,但是可以省略。
　　　② WREG 被设定为工作寄存器 W0。

指令字长:1 个字。

指令周期:1 个周期。

例 175　LSR.B 0x600　　;0x600 中的字节内容右移一位

	指令执行前			指令执行后	
Data 600	55FF		Data 600	557F	
SR	0000		SR	0001	(C=1)

111. LSR 指令（Ws 逻辑右移）

格式：｛标号:｝LSR｛.B｝ Ws/[Ws]/[Ws++]/[Ws--]/[++Ws]/[--Ws]，
　　　　　　　　　　　Wd/[Wd]/[Wd++]/[Wd--]/[++Wd]/[--Wd]

操作数：Ws 为 W0～W15；Wd 为 W0～W15。

影响状态位：N,Z,C。

指令功能：将 Ws 寄存器里的内容右移一位，结果存放在 Wd 寄存器里。移位时，最低有效位移到状态寄存器的 C 位里，最高有效位补 0。Wd 和 Ws 可以寄存器直接寻址和间接寻址。所选择的 WREG 决定了目标寄存器。如果 WREG 是特指的，结果就存放在 WREG 里；否则，结果就存放在文件寄存器里。

注意：.B 在指令中默认代表的是字节操作；.W 代表的是字操作，但是可以省略。

指令字长：1 个字。

指令周期：1 个周期。

例 176　LSR W0,W1　　;W0 右移一位存入 W1

	指令执行前			指令执行后	
W0	8000		W0	8000	
W1	2378		W1	4000	
SR	0000		SR	0000	

112. LSR 指令（短立即数决定逻辑右移位数）

格式：｛标号:｝LSR Wb,♯lit4,Wnd

操作数：Wb 为 W0～W15；Wnd 为 W0～W15；lit4 为 0～15。

影响状态位：N,Z。

指令功能：将 Wb 寄存器里的内容逻辑右移 lit4 位，结果存放在 Wnd 寄存器里。Wb 和 Wnd 只能寄存器直接寻址。

指令字长：1 个字。

指令周期：1 个周期。

例 177　LSR W4,♯14,W5　　;W4 的内容逻辑右移 14 位,存入 W5

	指令执行前			指令执行后	
W4	C800		W4	C800	
W5	1200		W5	0003	
SR	0000		SR	0000	

113. LSR 指令（Wns 决定逻辑右移位数）

格式：｛标号:｝LSR Wb,Wns,Wnd

操作数：Wb 为 W0～W15；Wnd 为 W0～W15；Wns 为 W0～W15。

影响状态位：N,Z。

指令功能：将 Wb 寄存器里的内容逻辑右移 Wns 低 5 位，结果存放在 Wnd 寄存器里。Wb 和 Wnd 只能寄存器直接寻址。

指令字长：1 个字。

指令周期：1 个周期。

例 178　LSR W5,W4,W3　　　；W5 的内容逻辑右移 12 位，存入 W3

指令执行前		指令执行后	
W3	DD43	W3	0000
W4	000C	W4	000C
W5	0800	W5	0800
SR	0000	SR	0002 (Z=1)

114. MAC 指令（乘加）

格式：{标号：}MAC Wm*Wn,Acc{,[Wx],Wxd}/{,[Wx]+=kx,Wxd}/{,[Wx]−=kx,Wxd}/{,[W9+W12],Wxd}　{,[Wy],Wyd}/{,[Wy]+=ky,Wyd}/{,[Wy]−=ky,Wyd}/{,[W11+W12],Wyd}{,AWB}

操作数：Wm*Wn 为 W4*W5,W4*W6,W4*W7,W5*W6,W5*W7,W6*W7;Acc 为 A,B;Wx 为 W8,W9;kx 为 −6,−4,−2,2,4,6;Wxd 为 W4~W7;Wy 为 W10,W11;ky 为 −6,−4,−2,2,4,6;Wyd 为 W4~W7;AWB 为 W13,[W13]+=2。

影响状态位：OA,OB,OAB,SA,SB,SAB。

指令功能：将两个工作寄存器里内容相乘，产生有符号的 32 位乘积进行符号扩展后加到指定的累加器里。有选择地预取操作数，为下一个 MAC 类型指令做准备，有选择地保存另一个累加器里的内容。Wx、Wxd、Wy、Wyd 指定预取操作数选项，支持间接寻址和寄存器偏移寻址；AWB 指另一个累加器。

注意：CORCON 寄存器的 IF 位决定是小数乘法还是整数乘法。

指令字长：1 个字。

指令周期：1 个周期。

例 179　MAC W4*W5,A,[W8]−=2,W4,[W10]+=2,W5,W13　；W4 乘 W5 加到 A,预取 [W8] 到 W4,预取 [W10] 到 W5,W8 减 2,W10 加 2,B 存入 W13,CORCON=00D0 表示小数乘法

指令执行前		指令执行后	
W4	1000	W4	5BBE
W5	3000	W5	C967
W8	0A00	W8	09FE
W10	1800	W10	1802
W13	2000	W13	0000
ACCA	23 5000 2000	ACCA	23 5300 2000
ACCB	00 0000 8F4C	ACCB	00 0000 8F4C
Data 0A00	5BBE	Data 0A00	5BBE
Data 1800	C967	Data 1800	C967
CORCON	00D0	CORCON	00D0
SR	0000	SR	8800 (OA,OAB=1)

115. MAC 指令(平方加)

格式:{标号:}MAC Wm*Wm,Acc{,[Wx],Wxd}/{,[Wx]+=kx,Wxd}/{,[Wx]-=kx,Wxd}
/{,[W9+W12],Wxd}　{,[Wy],Wyd}/{,[Wy]+=ky,Wyd}/{,[Wy]-=ky,Wyd}/{,[W11
+W12],Wyd}

操作数:Wm*Wm 为 W4*W4,W5*W5,W6*W6,W7*W7;Acc 为 A,B;Wx 为 W8,W9;kx 为 -6,
-4,-2,2,4,6;Wxd 为 W4~W7;Wy 为 W10,W11;ky 为 -6,-4,-2,2,4,6;Wyd 为 W4~W7。

影响状态位:OA,OB,OAB,SA,SB,SAB。

指令功能:将工作寄存器里内容平方,产生有符号的 32 位乘积进行符号扩展后加到指定的累加器里。有选择地预取操作数,为下一个 MAC 类型的指令做准备,有选择地保存另一个累加器里的内容。Wx、Wxd、Wy、Wyd 指定预取操作数选项,支持间接寻址和寄存器偏移寻址。

注意:CORCON 寄存器的 IF 位决定是小数乘法还是整数乘法。

指令字长:1 个字。

指令周期:1 个周期。

例 180　MAC W4*W4,B,[W9+W12],W4,[W10]-=2,W5　;W4 内容平方加到 B,
　　　　　　　　　　　　　　　　　　　　;预取[W9+W12]到 W4,预取[W10]到 W5,W10 减 2,CORCON=00C0 表示小数乘法

指令执行前		指令执行后	
W4	A022	W4	A230
W5	B200	W5	650B
W9	0C00	W9	0C00
W10	1900	W10	18FE
W12	0020	W12	0020
ACCB	00 2000 0000	ACCB	00 67CD 0908
Data 0C20	A230	Data 0C20	A230
Data 1900	650B	Data 1900	650B
CORCON	00C0	CORCON	00C0
SR	0000	SR	0000

116. MOV 指令(文件寄存器 f 传送操作)

格式:{标号:}MOV{.B} f {,WREG}

操作数:f 为 0~8191。

影响状态位:N,Z。

指令功能:将文件寄存器里的内容传送到目标寄存器里。所选择的 WREG 决定了目标寄存器。如果 WREG 是特指的,结果就存放在 WREG 里;否则,结果还存放在文件寄存器里,唯一的影响是改变了状态寄存器。

注意:① .B 在指令中默认代表的是字节操作;.W 代表的是字操作,但是可以省略。
　　　② WREG 被设定为工作寄存器 W0。

指令字长:1 个字。

指令周期:1 个周期。

例 181　MOV 0x800　　;只改变状态寄存器

	指令执行前		指令执行后	
Data 0800	B29F	Data 0800	B29F	
SR	0000	SR	0008	(N=1)

117. MOV 指令（WREG 传送到 f）

格式：{标号:} MOV{.B} WREG ,f

操作数：f 为 0~8191。

影响状态位：无。

指令功能：将 WREG 寄存器里的内容传送到指定的文件寄存器里。

注意：① .B 在指令中默认代表的是字节操作；.W 代表的是字操作，但是可以省略。

② WREG 被设定为工作寄存器 W0。

指令字长：1 个字。

指令周期：1 个周期。

例 182　MOV.B WREG,0x801　　;将 WREG 字节内容传送到 0x801

	指令执行前		指令执行后
WREG(W0)	98F3	WREG(W0)	98F3
Data 0800	4509	Data 0800	F309
SR	0000	SR	0000

118. MOV 指令（f 传送到 Wnd）

格式：{标号:} MOV f, Wnd

操作数：f 为 0~65534；Wnd 为 W0~W15。

影响状态位：无。

指令功能：将指定的文件寄存器里的内容传送到 Wnd 寄存器里。文件寄存器可以是数据存储器 32K 字范围的任何字单元。Wnd 必须使用寄存器直接寻址。

指令字长：1 个字。

指令周期：1 个周期。

例 183　MOV CORCON,W12　　;将 CORCON 寄存器内容传送到 W12

	指令执行前		指令执行后
W12	78FA	W12	00F0
CORCON	00F0	CORCON	00F0
SR	0000	SR	0000

119. MOV 指令（Wns 传送到 f）

格式：{标号:} MOV Wns, f

操作数：f 为 0~65534；Wns 为 W0~W15。

影响状态位：无。

指令功能：将 Wns 寄存器里的内容传送到指定的文件寄存器里。文件寄存器可以是数据存储器 32K 字范围的任何字单元。Wns 必须使用寄存器直接寻址。

指令字长：1 个字。

指令周期:1个周期。

例 184　MOV W4,XMDOSRT　　;将 W4 内容传送到 XMDOSRT 寄存器

指令执行前			指令执行后	
W4	1200		W4	1200
XMODSRT	1340		XMODSRT	1200
SR	0000		SR	0000

120. MOV 指令(8 位立即数传送到 Wnd)

格式:{标号:} MOV.B #lit8,Wnd

操作数:lit8 为 0~255;Wnd 为 W0~W15。

影响状态位:无。

指令功能:将无符号 8 位立即数传送到 Wnd 寄存器里,Wnd 的高字节不改变。Wnd 必须使用寄存器直接寻址。

注意:该指令以字节方式工作,必须用.B 扩展。

指令字长:1个字。

指令周期:1个周期。

例 185　MOV.B #0x17,W5　　;将 0x17 写入 W5

指令执行前			指令执行后	
W5	7899		W5	7817
SR	0000		SR	0000

121. MOV 指令(16 位立即数传送到 Wnd)

格式:{标号:} MOV #lit16,Wnd

操作数:lit16 为 −32768~+65535;Wnd 为 W0~W15。

影响状态位:无。

指令功能:将 16 位立即数传送到 Wnd 寄存器里。Wnd 必须使用寄存器直接寻址。

注意:立即数可以是 −32768~+32767 的有符号数,或 0~65535 的无符号数。

指令字长:1个字。

指令周期:1个周期。

例 186　MOV #−1000,W8　　;将 −1000 写入 W8

指令执行前			指令执行后	
W8	23FF		W8	FC18
SR	0000		SR	0000

122. MOV 指令(Ws 偏移寻址传送到 Wnd)

格式:{标号:} MOV{.B} [Ws+Slit10],Wnd

操作数:对字节操作,Slit10 为 −512~+511;对字操作,Slit10 为 −1024~+1022;Ws 为 W0~W15;Wnd 为 W0~W15。

影响状态位:无。

指令功能:将[Ws+Slit10]里的内容传送到 Wnd 寄存器里。Ws 必须使用寄存器间接寻址,Wnd 必须使

用寄存器直接寻址。

注意：.B 在指令中默认代表的是字节操作；.W 代表的是字操作，但是可以省略。

指令字长：1 个字。

指令周期：1 个周期。

例 187　MOV.B [W8+0x13],W10 　　;将[W8+0x13]指定的字节内容写入 W10

指令执行前	
W8	1008
W10	4009
Data 101A	3312
SR	0000

指令执行后	
W8	1008
W10	4033
Data 101A	3312
SR	0000

123. MOV 指令（Wns 传送到 Wd 偏移寻址）

格式：{标号:}MOV{.B} Wns,[Wd+Slit10]

操作数：对字节操作，Slit10 为 $-512\sim+511$；对字操作，Slit10 为 $-1024\sim+1022$；Wns 为 W0~W15；Wd 为 W0~W15。

影响状态位：无。

指令功能：将 Wns 寄存器里的内容传送到[Wd+Slit10]里。Wd 必须使用寄存器间接寻址，Wns 必须使用寄存器直接寻址。

注意：.B 在指令中默认代表的是字节操作；.W 代表的是字操作，但是可以省略。

指令字长：1 个字。

指令周期：1 个周期。

例 188　MOV W11,[W1−0x400] 　　;将 W11 单元的内容写入[W1−0x400]

指令执行前	
W1	1000
W11	8813
Data 0C00	FFEA
SR	0000

指令执行后	
W1	1000
W11	8813
Data 0C00	8813
SR	0000

124. MOV 指令（Ws 传送到 Wd）

格式：{标号:}MOV{.B} Ws/[Ws]/[Ws++]/[Ws−−]/[++Ws]/[−−Ws]/[Ws+Wb],
　　　　　　　　　　Wd/[Wd]/[Wd++]/[Wd−−]/[++Wd]/[−−Wd]/[Wd+Wb]

操作数：Ws 为 W0~W15；Wd 为 W0~W15；Wb 为 W0~W15。

影响状态位：无。

指令功能：将 Ws 寄存器里的内容传送到 Wd 里。Ws 和 Wd 可以使用寄存器直接寻址和间接寻址。

注意：① .B 在指令中默认代表的是字节操作；.W 代表的是字操作，但是可以省略。

② 源和目标都可以使用寄存器偏移量寻址，但是偏移量必须是相同的。

③ 指令"PUSH Ws"等同于"MOV Ws,[W15++]"。

④ 指令"POP Wd"等同于"MOV [−−W15],Wd"。

指令字长：1 个字。

指令周期：1 个周期。

例189　MOV [W6++],[W2+W3]　　;将[W6]传送到[W2+W3],W6 加 2

	指令执行前		指令执行后
W2	0800	W2	0800
W3	0040	W3	0040
W6	1228	W6	122A
Data 0840	9870	Data 0840	0690
Data 1228	0690	Data 1228	0690
SR	0000	SR	0000

125. MOV.D 指令（双字传送到 Wnd）

格式：{标号:}MOV.D Wns/[Ws]/[Ws++]/[Ws--]/[++Ws]/[--Ws],Wnd
操作数：Ws 为 W0~W15；Wnd 为 W0,W2,W4,…,W14；Wns 为 W0,W2,W4,…,W14。
影响状态位：无。
指令功能：将源指定的双字传送到目标工作寄存器对里。如果源是寄存器直接寻址，两个连续的工作寄存器(Wns,Wns+1)里的内容就传送到(Wnd,Wnd+1)。如果源是间接寻址，Ws 就指定了双字中低字的有效地址。为了适应双字，任何预/过修改都会通过 4 字节进行调整。

注意：① 该指令只以双字方式工作。
　　　② Wnd 必须是一个偶工作寄存器。
　　　③ 指令"POP.D Wnd"等同于"MOV.D [--W15],Wnd"。

指令字长：1 个字。
指令周期：2 个周期。

例190　MOV.D [W7--],W4　　;将[W7]指定的双字传送到 W4,W7 减 4

	指令执行前		指令执行后
W4	B012	W4	A319
W5	FD89	W5	9927
W7	0900	W7	08FC
Data 0900	A319	Data 0900	A319
Data 0902	9927	Data 0902	9927
SR	0000	SR	0000

126. MOV.D 指令（双字 Wns 传送到 Wd）

格式：{标号:}MOV.D Wns,Wnd/[Wd]/[Wd++]/[Wd--]/[++Wd]/[--Wd]
操作数：Wd 为 W0~W15；Wnd 为 W0,W2,W4,…,W14；Wns 为 W0,W2,W4,…,W14。
影响状态位：无。
指令功能：将源指定的双字传送到目标工作寄存器对里。如果目标是寄存器直接寻址，两个连续的工作寄存器(Wns,Wns+1)里的内容就传送到(Wnd,Wnd+1)。如果目标是间接寻址，Wd 就指定了双字中低字的有效地址。为了适应双字，任何预/过修改都会通过 4 字节进行调整。

注意：① 该指令只以双字方式工作。
　　　② Wnd 必须是一个偶工作寄存器。
　　　③ 指令"PUSH.D Ws"等同于"MOV.D Wns,[W15++]"。

指令字长：1个字。

指令周期：2个周期。

例 191　MOV.D W10,W0　　　;将 W10 指定的双字传送到 W0

指令执行前			指令执行后	
W0	9000		W0	CCFB
W1	4322		W1	0091
W10	CCFB		W10	CCFB
W11	0091		W11	0091
SR	0000		SR	0000

127. MOVSAC 指令（传送到累加器）

格式：{标号:}MOVSAC Acc {,[Wx],Wxd}/{,[Wx]+=kx,Wxd}/{,[Wx]−=kx,Wxd}/
　　　{,[W9+W12],Wxd}{,[Wy],Wyd}/{,[Wy]+=ky,Wyd}/{,[Wy]−=ky,Wyd}/{,[W11+W12],Wyd} {,AWB}

操作数：Acc 为 A,B；Wx 为 W8,W9；kx 为 −6,−4,−2,2,4,6；Wxd 为 W4～W7；Wy 为 W10,W11；ky 为 −6,−4,−2,2,4,6；Wyd 为 W4～W7；AWB 为 W13,[W13]+=2。

影响状态位：无。

指令功能：有选择地预取操作数，为下一个 MAC 类型指令做准备。有选择地保存另一个累加器里的内容。在指令中即使不执行累加器操作，也必须指定累加器，以使另一个累加器进行回写。Wx、Wxd、Wy、Wyd 指定预取操作数选项，支持间接寻址和寄存器偏移寻址。

指令字长：1个字。

指令周期：1个周期。

例 192　MOVSAC A,[W9]−=2,W4,[W11+W12],W6,[W13]+=2　　;预取[W9]到 W4,W9
　　　　　　　　　　　　　　　　　　　　　　　　　　　　　;减 2,预取[W11+W12]到 W6,B 存入[W13],W13 加 2

指令执行前			指令执行后	
W4	76AE		W4	BB00
W6	2000		W6	52CE
W9	1200		W9	11FE
W11	2000		W11	2000
W12	0024		W12	0024
W13	2300		W13	2302
ACCB	00 9834 4500		ACCB	00 9834 4500
Data 1200	BB00		Data 1200	BB00
Data 2024	52CE		Data 2024	52CE
Data 2300	23FF		Data 2300	9834
SR	0000		SR	0000

128. MPY 指令（乘）

格式：{标号:}MPY Wm*Wn,Acc{,[Wx],Wxd}/{,[Wx]+=kx,Wxd}/{,[Wx]−=kx,Wxd}/{,[W9+W12],Wxd} {,[Wy],Wyd}/{,[Wy]+=ky,Wyd}/{,[Wy]−=ky,Wyd}/{,[W11+W12],Wyd}

操作数：Wm*Wn 为 W4*W5，W4*W6，W4*W7，W5*W6，W5*W7，W6*W7；Acc 为 A,B；Wx 为 W8,W9；kx 为 −6,−4,−2,2,4,6；Wxd 为 W4～W7；Wy 为 W10,W11；ky 为 −6,−4,−2,2,4,6；Wyd 为 W4～W7；AWB 为 W13，[W13]+=2。

影响状态位：OA,OB,OAB,SA,SB,SAB。

指令功能：将两个工作寄存器里内容相乘，产生有符号的 32 位乘积进行符号扩展后存到指定的累加器里。有选择地预取操作数，为下一个 MAC 类型的指令做准备，有选择地保存另一个累加器里的内容。Wx、Wxd、Wy、Wyd 指定预取操作数选项，支持间接寻址和寄存器偏移寻址。

注意：CORCON 寄存器的 IF 位决定是小数乘法还是整数乘法。

指令字长：1 个字。

指令周期：1 个周期。

例 193　MPY W4*W5，A，[W8]+=2，W6，[W10]−=2，W7　　；将 W4*W5 乘积存入 A，[W8]
　　　　　　　　　　　　　　　　　　　　　　　　　　　　　；内容存入 W6,W8 加 2，[W10]内容存入 W7,W10 减 2，小数乘法，无饱和

	指令执行前		指令执行后
W4	C000	W4	C000
W5	9000	W5	9000
W6	0800	W6	671F
W7	B200	W7	E3DC
W8	1780	W8	1782
W10	2400	W10	23FE
ACCA	FF F780 2087	ACCA	00 3800 0000
Data 1780	671F	Data 1780	671F
Data 2400	E3DC	Data 2400	E3DC
CORCON	0000	CORCON	0000
SR	0000	SR	0000

129. MPY 指令（平方）

格式：{标号:}MPY Wm*Wm,Acc{,[Wx],Wxd}/{,[Wx]+=kx,Wxd}/{,[Wx]−=kx,Wxd}
　　　/{,[W9+W12],Wxd}　{,[Wy],Wyd}/{,[Wy]+=ky,Wyd}/{,[Wy]−=ky,Wyd}/{,[W11+W12],Wyd}

操作数：Wm*Wm 为 W4*W4，W5*W5，W6*W6，W7*W7；Acc 为 A,B；Wx 为 W8,W9；kx 为 −6,−4,−2,2,4,6；Wxd 为 W4～W7；Wy 为 W10,W11；ky 为 −6,−4,−2,2,4,6；Wyd 为 W4～W7。

影响状态位：OA,OB,OAB,SA,SB,SAB。

指令功能：将工作寄存器里内容平方，产生有符号的 32 位乘积进行符号扩展后存到指定的累加器里。有选择地预取操作数，为下一个 MAC 类型的指令做准备，有选择地保存另一个累加器里的内容。Wx、Wxd、Wy、Wyd 指定预取操作数选项，支持间接寻址和寄存器偏移寻址。

注意：CORCON 寄存器的 IF 位决定是小数乘法还是整数乘法。

指令字长：1 个字。

指令周期：1 个周期。

例 194　MPY W6*W6，A，[W9]+=2，W6　　；将 W6 内容平方存入 A，[W9]内容存入 W6,W9 加 2

指令执行前		指令执行后	
W6	6500	W6	B865
W9	0900	W9	0902
ACCA	00 7C80 0908	ACCA	00 4FB2 0000
Data 0900	B865	Data 0900	B865
CORCON	0000	CORCON	0000
SR	0000	SR	0000

130. MPY.N 指令（负数乘）

格式：{标号:}MPY.N Wm*Wn,Acc{,[Wx],Wxd}/{,[Wx]+=kx,Wxd}/{,[Wx]-=kx,Wxd}/{,[W9+W12],Wxd}　{,[Wy],Wyd}/{,[Wy]+=ky,Wyd}/{,[Wy]-=ky,Wyd}/{,[W11+W12],Wyd}

操作数：Wm*Wn 为 W4*W5，W4*W6，W4*W7，W5*W6，W5*W7，W6*W7；Acc 为 A,B；Wx 为 W8,W9；kx 为 -6,-4,-2,2,4,6；Wxd 为 W4~W7；Wy 为 W10,W11；ky 为 -6,-4,-2,2,4,6；Wyd 为 W4~W7。

影响状态位：OA、OB、OAB、SA、SB、SAB。

指令功能：将一个工作寄存器里的内容与另一个工作寄存器里的内容的负值相乘，产生有符号的 32 位乘积进行符号扩展后存到指定的累加器里。有选择地预取操作数，为下一个 MAC 类型的指令做准备，有选择地保存另一个累加器的内容。Wx、Wxd、Wy、Wyd 指定预取操作数选项，支持间接寻址和寄存器偏移寻址。

注意：CORCON 寄存器的 IF 位决定是小数乘法还是整数乘法。

指令字长：1 个字。

指令周期：1 个周期。

例 195　MPY.N W4*W5，A，[W8]+=2，W4，[W10]+=2，W5　;将 W4*W5 积的负数结果存
　　　　　　　　　　　　　　　　　　　　　　　　　　　　　;入 A，[W8]存入 W4，[W10]存入 W5，W8 和 W10 加 2

指令执行前		指令执行后	
W4	3023	W4	0054
W5	1290	W5	660A
W8	0B00	W8	0B02
W10	2000	W10	2002
ACCA	00 0000 2387	ACCA	FF FC82 7650
Data 0B00	0054	Data 0B00	0054
Data 2000	660A	Data 2000	660A
CORCON	0001	CORCON	0001
SR	0000	SR	0000

131. MSC 指令（乘减）

格式：{标号:}MSC Wm*Wn,Acc{,[Wx],Wxd}/{,[Wx]+=kx,Wxd}/{,[Wx]-=kx,Wxd}/{,[W9+W12],Wxd}　{,[Wy],Wyd}/{,[Wy]+=ky,Wyd}/{,[Wy]-=ky,Wyd}/{,[W11+W12],Wyd}　{,AWB}

操作数：Wm*Wn 为 W4*W5,W4*W6,W4*W7,W5*W6,W5*W7,W6*W7;Acc 为 A,B;Wx 为 W8,W9;kx 为 −6,−4,−2,2,4,6;Wxd 为 W4～W7;Wy 为 W10,W11;ky 为 −6,−4,−2,2,4,6;Wyd 为 W4～W7;AWB 为 W13,[W13]+=2。

影响状态位：OA,OB,OAB,SA,SB,SAB。

指令功能：将两个工作寄存器里内容相乘,产生有符号的 32 位乘积进行符号扩展后,从指定的累加器里减去这个积。有选择地预取操作数,为下一个 MAC 类型的指令做准备,有选择地保存另一个累加器里的内容。Wx、Wxd、Wy、Wyd 指定预取操作数选项,支持间接寻址和寄存器偏移寻址。

注意：CORCON 寄存器的 IF 位决定是小数乘法还是整数乘法。

指令字长：1 个字。

指令周期：1 个周期。

例 196   MSC W6*W7,A,[W8]−=4,W6,[W10]−=4,W7   ;A 减去 W6*W7 的积,[W8]存入 W6,[W10]存入 W7,W8 和 W10 减 4

	指令执行前		指令执行后
W6	9051	W6	D309
W7	7230	W7	100B
W8	0C00	W8	0BFC
W10	1C00	W10	1BFC
ACCA	00 0567 8000	ACCA	00 3738 5ED0
Data 0C00	D309	Data 0C00	D309
Data 1C00	100B	Data 1C00	100B
CORCON	0001	CORCON	0001
SR	0000	SR	0000

132. MUL 指令（无符号整数乘）

格式：{标号:}MUL{.B} f

操作数：f 为 0～8191。

影响状态位：无。

指令功能：将 WREG 工作寄存器里内容与 f 相乘。如果是字节工作方式,16 位的积存放在 W2 里;如果是字工作方式,32 位积的高字存放在 W3 里,低字存放在 W2 里。操作数和积都看作为无符号整数。

注意：① .B 在指令中默认代表的是字节操作;.W 代表的是字操作,但是可以省略。

② WREG 被设定为工作寄存器 W0。

③ 这是唯一的 8 位乘法指令。

指令字长：1 个字。

指令周期：1 个周期。

例 197   MUL.B 0x800   ;(0x800)×W0 字节相乘,积存入 W2

	指令执行前		指令执行后
WREG(W0)	9823	WREG(W0)	9823
W2	FFFF	W2	13B0
W3	FFFF	W3	FFFF
Data 0800	2690	Data 0800	2690
SR	0000	SR	0000

133. MUL.SS 指令(16 位有符号整数乘)

格式：{标号:}MUL.SS Wb,Ws/[Ws]/[Ws++]/[Ws--]/[++Ws]/[--Ws],Wnd

操作数：Wb 为 W0~W15;Ws 为 W0~W15;Wnd 为 W0,W2,W4,…,W12。

影响状态位：无。

指令功能：将 Wb 的内容和 Ws 的内容相乘，积的低字存在 Wnd 里，高字存在 Wnd+1 里。源操作数和积都是有符号整数。Wb 和 Wnd 必须使用寄存器直接寻址，Ws 可以使用寄存器直接寻址和寄存器间接寻址。

注意：由于乘法的积是 32 位，Wnd 必须是偶数工作寄存器。

指令字长：1 个字。

指令周期：1 个周期。

例 198　MUL.SS W0,W1,W12　　;W1 与 W2 乘,积存入 W12W13

指令执行前

W0	9823
W1	67DC
W12	FFFF
W13	FFFF
SR	0000

指令执行后

W0	9823
W1	67DC
W12	D314
W13	D5DC
SR	0000

134. MUL.SU 指令(16 位有符号整数与无符号立即数乘)

格式：{标号:}MUL.SU Wb,#lit5,Wnd

操作数：Wb 为 W0~W15;lit5 为 0~31;Wnd 为 W0,W2,W4,…,W12。

影响状态位：无。

指令功能：将 Wb 的内容和 5 位立即数相乘，积的低字存在 Wnd 里，高字存在 Wnd+1 里。Wb 和 Wnd 看作是有符号整数，立即数看作是无符号整数。Wb 和 Wnd 必须使用寄存器直接寻址。

注意：① 由于乘法的积是 32 位，Wnd 必须是偶数工作寄存器。

　　　② Wnd 不能是 W14，因为 W15 的第 0 位固定是 0。

指令字长：1 个字。

指令周期：1 个周期。

例 199　MUL.SU W0,#0x1F,W2　　;W0 与 0x1F 乘,积存入 W2W3

指令执行前

W0	C000
W2	1234
W3	C9BA
SR	0000

指令执行后

W0	C000
W2	4000
W3	FFF8
SR	0000

135. MUL.SU 指令(16 位有符号与无符号整数乘)

格式：{标号:}MUL.SU Wb,Ws/[Ws]/[Ws++]/[Ws--]/[++Ws]/[--Ws],Wnd

操作数：Wb 为 W0~W15;Ws 为 W0~W15;Wnd 为 W0,W2,W4,…,W12。

影响状态位：无。

指令功能：将 Wb 的内容和 Ws 的内容相乘，积的低字存在 Wnd 里，高字存在 Wnd+1 里。Wb 和 Wnd

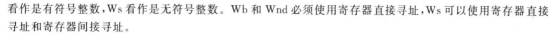

看作是有符号整数,Ws看作是无符号整数。Wb和Wnd必须使用寄存器直接寻址,Ws可以使用寄存器直接寻址和寄存器间接寻址。

注意:由于乘法的积是32位,Wnd必须是偶数工作寄存器。

指令字长:1个字。

指令周期:1个周期。

例200 MUL.SU W8,[W9],W0   ;W8与[W9]乘,积存入W0W1

指令执行前			指令执行后	
W0	68DC		W0	0000
W1	AA40		W1	F100
W8	F000		W8	F000
W9	178C		W9	178C
Data 178C	F000		Data 178C	F000
SR	0000		SR	0000

136. MUL.US 指令(16位无符号与有符号整数乘)

格式:{标号:}MUL.US Wb,Ws/[Ws]/[Ws++]/[Ws--]/[++Ws]/[--Ws],Wnd

操作数:Wb为W0~W15;Ws为W0~W15;Wnd为W0,W2,W4,…,W12。

影响状态位:无。

指令功能:将Wb的内容和Ws的内容相乘,积的低字存在Wnd里,高字存在Wnd+1里。Ws和Wnd看作是有符号整数,Wb看作是无符号整数。Wb和Wnd必须使用寄存器直接寻址,Ws可以使用寄存器直接寻址和寄存器间接寻址。

注意:由于乘法的积是32位,Wnd必须是偶数工作寄存器。

指令字长:1个字。

指令周期:1个周期。

例201 MUL.US W0,[W1],W2   ;W0与[W1]乘,积存入W2W3

指令执行前			指令执行后	
W0	C000		W0	C000
W1	2300		W1	2300
W2	00DA		W2	0000
W3	CC25		W3	F400
Data 2300	F000		Data 2300	F000
SR	0000		SR	0000

137. MUL.UU 指令(16位无符号立即数整数乘)

格式:{标号:}MUL.UU Wb,♯lit5,Wnd

操作数:Wb为W0~W15;lit5为0~31;Wnd为W0,W2,W4,…,W12。

影响状态位:无。

指令功能:将Wb的内容和5位立即数相乘,积的低字存在Wnd里,高字存在Wnd+1里。操作数和积都看作是无符号整数。Wb和Wnd必须使用寄存器直接寻址。

注意:① 由于乘法的积是32位,Wnd必须是偶数工作寄存器。

② Wnd不能是W14,因为W15的第0位固定是0。

指令字长:1个字。
指令周期:1个周期。
例202 MUL.UU W0,#0xF,W12 ;W0与0xF乘,积存入W12W13

	指令执行前			指令执行后
W0	2323		W0	2323
W12	4512		W12	0F0D
W13	7821		W13	0002
SR	0000		SR	0000

138. MUL.UU指令(16位无符号整数乘)

格式:{标号:}MUL.UU Wb,Ws/[Ws]/[Ws++]/[Ws--]/[++Ws]/[--Ws],Wnd

操作数:Wb为W0~W15;Ws为W0~W15;Wnd为W0,W2,W4,…,W12。

影响状态位:无。

指令功能:将Wb的内容和Ws的内容相乘,积的低字存在Wnd里,高字存在Wnd+1里。源操作数和积都看作是无符号整数。Wb和Wnd必须使用寄存器直接寻址,Ws可以使用寄存器直接寻址和寄存器间接寻址。

注意:由于乘法的积是32位,Wnd必须是偶数工作寄存器。

指令字长:1个字。
指令周期:1个周期。

例203 MUL.UU W4,W0,W2 ;W4与W0乘,积存入W2W3

	指令执行前			指令执行后
W0	FFFF		W0	FFFF
W2	2300		W2	0001
W3	00DA		W3	FFFE
W4	FFFF		W4	FFFF
SR	0000		SR	0000

139. NEG指令(f寄存器求补)

格式:{标号:}NEG{.B} f {,WREG}

操作数:f为0~8191。

影响状态位:DC,N,OV,C,Z。

指令功能:将文件寄存器里的内容求补,然后将结果存放在目标寄存器里。所选择的WREG决定了目标寄存器。如果WREG是特指的,结果就存放在WREG里;否则,结果就存放在文件寄存器里。

注意:①.B在指令中默认代表的是字节操作;.W代表的是字操作,但是可以省略。
② WREG被设定为工作寄存器W0。

指令字长:1个字。
指令周期:1个周期。

例204 NEG 0x1200 ;将0x1200单元的内容求补后存入0x1200

	指令执行前			指令执行后
Data 1200	8923		Data 1200	76DD
SR	0000		SR	0000

140. NEG 指令(Ws 寄存器求补)

格式:{标号:}NEG{.B}Ws/[Ws]/[Ws++]/[Ws－－]/[++Ws]/[－－Ws],
　　　　　　　　 Wd/[Wd]/[Wd++]/[Wd－－]/[++Wd]/[－－Wd]

操作数:Wd 为 W0～W15;Ws 为 W0～W15。

影响状态位:DC,N,OV,C,Z。

指令功能:将 Ws 寄存器里的内容求补,然后将结果存放在目标寄存器 Wd 里。Ws 和 Wd 可以使用寄存器直接寻址和间接寻址。

注意:.B 在指令中默认代表的是字节操作;.W 代表的是字操作,但是可以省略。

指令字长:1 个字。

指令周期:1 个周期。

例 205　　NEG.B W3,[W4++]　　;将 W3 的字节内容求补,存入[W4],W4 加 1

指令执行前

W3	7839
W4	1005
Data 1004	2355
SR	0000

指令执行后

W3	7839	
W4	1006	
Data 1004	C755	
SR	0008	(N=1)

141. NEG 指令(累加器求补)

格式:{标号:}NEG Acc

操作数:Acc 为 A,B。

影响状态位:OA,OB,OAB,SA,SB,SAB。

指令功能:将指定的累加器里内容的求补。无论是不是饱和方式,该指令都使累加器 40 位操作。

指令字长:1 个字。

指令周期:1 个周期。

例 206　　NEG A　　　;累加器 A 求补

指令执行前

ACCA	00 3290 59C8
CORCON	0000
SR	0000

指令执行后

ACCA	FF CD6F A638
CORCON	0000
SR	0000

142. NOP 指令(空操作)

格式:{标号:}NOP

操作数:无。

影响状态位:无。

指令功能:不执行任何操作。

指令字长:1 个字。

指令周期:1 个周期。

143. NOPR 指令(空操作)

格式:{标号:}NOPR

操作数：无。

影响状态位：无。

指令功能：不执行任何操作。

指令字长：1个字。

指令周期：1个周期。

144. POP 指令（出栈到 f）

格式：{标号：}POP f

操作数：f 为 0～65534。

影响状态位：无。

指令功能：堆栈指针 W15 减 2，栈顶字被写到指定的 f 寄存器里。

指令字长：1个字。

指令周期：1个周期。

例 207   POP 0x1230   ;栈顶字被写到 0x1230

	指令执行前		指令执行后
W15	1006	W15	1004
Data 1004	A401	Data 1004	A401
Data 1230	2355	Data 1230	A401
SR	0000	SR	0000

145. POP 指令（出栈到 Wd）

格式：{标号：}POP Wd/[Wd]/[Wd++]/[Wd――]/[++Wd]/[――Wd]/[Wd+Wb]

操作数：Wd 为 W0～W15；Wb 为 W0～W15。

影响状态位：无。

指令功能：堆栈指针 W15 减 2，栈顶字被写到指定的 Wd 寄存器里。Wd 可以寄存器直接寻址和间接寻址。

指令字长：1个字。

指令周期：1个周期。

例 208   POP W4   ;栈顶字被写到 W4

	指令执行前		指令执行后
W4	EDA8	W4	C45A
W15	1008	W15	1006
Data 1006	C45A	Data 1006	A45A
SR	0000	SR	0000

146. POP.D 指令（双字出栈到 Wnd）

格式：{标号：}POP.D Wnd

操作数：Wnd 为 W0,W2,W4,…,W14。

影响状态位：无。

指令功能：栈顶双字出栈，保存到 Wnd 和 Wnd+1。高字在 Wnd+1 里，低字在 Wnd 里。堆栈指针 W15 减 4。

注意：Wnd 必须是偶工作寄存器。
指令字长：1 个字。
指令周期：2 个周期。

例 209　POP.D W6　　　；双字出栈到 W6W7

	指令执行前		指令执行后
W6	07BB	W6	3210
W7	89AE	W7	7654
W15	0850	W15	084C
Data 084C	3210	Data 084C	3210
Data 084E	7654	Data 084E	7654
SR	0000	SR	0000

147．POP.S 指令（弹出阴影寄存器）

格式：{标号：}POP.S
操作数：无。
影响状态位：DC,N,OV,Z,C。
指令功能：阴影寄存器里的内容弹出到主寄存器里。寄存器 W0～W14、TBLPAG、PSVPAG 和状态标志 C、Z、OV、N、DC 受影响。

注意：阴影寄存器不能直接被访问。但可以使用 PUSH.S 和 POP.S 指令来访问。
指令字长：1 个字。
指令周期：1 个周期。

例 210　POP.S　　　；将主寄存器内容用阴影寄存器的内容覆盖

	指令执行前			指令执行后	
W0	07BB		W0	0000	
W1	03FD		W1	1000	
W2	9610		W2	2000	
W3	7249		W3	3000	
W4	9B55		W4	4000	
W5	431D		W5	5000	
W6	89AE		W6	6000	
W7	07BB		W7	7000	
W8	89AE		W8	8000	
W9	2712		W9	9000	
W10	3067		W10	A000	
W11	B891		W11	B000	
W12	6732		W12	C000	
W13	5487		W13	D000	
W14	0FE4		W14	E000	
PSVPAG	0000		PSVPAG	0001	
TBLPAG	0000		TBLPAG	007F	
SR	00E0	(IPL=7)	SR	00E1	(IPL=7,C=1)

148. PUSH 指令(f 入栈)

格式：{标号:}PUSH f

操作数：f 为 0～65534。

影响状态位：无。

指令功能：f 文件寄存器里的内容写到栈顶，堆栈指针 W15 加 2。

指令字长：1 个字。

指令周期：1 个周期。

例 211　　PUSH 0x2004　　　;将 0x2004 单元内容推入栈中

	指令执行前		指令执行后
W15	0B00	W15	0B02
Data 0B00	791C	Data 0B00	D400
Data 2004	D400	Data 2004	D400
SR	0000	SR	0000

149. PUSH 指令(Ws 入栈)

格式：{标号:}PUSH Ws/[Ws]/[Ws++]/[Ws--]/[++Ws]/[--Ws]/[Ws+Wb]

操作数：Wd 为 W0～W15；Wb 为 W0～W15。

影响状态位：无。

指令功能：Ws 寄存器里的内容写到栈顶，堆栈指针 W15 加 2。

指令字长：1 个字。

指令周期：1 个周期。

例 212　　PUSH [W5+W10]　　　;将[W5+W10]推入栈中

	指令执行前		指令执行后
W5	1200	W5	1200
W10	0044	W10	0044
W15	0806	W15	0808
Data 0806	216F	Data 0806	B20A
Data 1244	B20A	Data 1244	B20A
SR	0000	SR	0000

150. PUSH.D 指令(双字入栈)

格式：{标号:}PUSH.D Wns

操作数：Wns 为 W0,W2,W4,…,W14。

影响状态位：无。

指令功能：双字 Wns 和 Wns+1 被推入栈顶，低字 Wns 先入栈，堆栈指针 W15 加 4。

注意：Wns 必须是一个偶工作寄存器。

指令字长：1 个字。

指令周期：2 个周期。

例 213　　PUSH.D W6　　　;W6W7 内容入栈

附录 A　dsPIC30F 系列指令说明及举例

指令执行前			指令执行后	
W6	C451		W6	C451
W7	3380		W7	3380
W15	1240		W15	1244
Data 1240	B004		Data 1240	C451
Data 1242	0891		Data 1242	3380
SR	0000		SR	0000

151．PUSH.S 指令（阴影寄存器入栈）

格式：{标号：}PUSH.S

操作数：无。

影响状态位：无。

指令功能：主寄存器里的内容推入到阴影寄存器里。寄存器 W0～W14、TBLPAG、PSVPAG 和状态标志 C、Z、OV、N、DC 进入到阴影寄存器。

注意：阴影寄存器不能直接访问，但可以使用 PUSH.S 和 POP.S 指令来访问。

指令字长：1 个字。

指令周期：1 个周期。

例 214　PUSH.S　；主寄存器内容被推入阴影寄存器

指令执行前			指令执行后		
W0	0000		W0	0000	
W1	1000		W1	1000	
W2	2000		W2	2000	
W3	3000		W3	3000	
W4	4000		W4	4000	
W5	5000		W5	5000	
W6	6000		W6	6000	
W7	7000		W7	7000	
W8	8000		W8	8000	
W9	9000		W9	9000	
W10	A000		W10	A000	
W11	B000		W11	B000	
W12	C000		W12	C000	
W13	D000		W13	D000	
W14	E000		W14	E000	
PSVPAG	0001		PSVPAG	0001	
TBLPAG	007F		TBLPAG	007F	
SR	0001	(C=1)	SR	0001	(C=1)

152．PWRSAV 指令（进入节能模式）

格式：{标号：}PWRSV　♯lit1

操作数：lit1 为 0,1。

影响状态位：无。

指令功能：使处理器进入指定的节能模式。如果 lit1＝0，就进入睡眠方式。在睡眠方式下，CPU 和外围

•477•

设备的时钟被关闭。如果 lit1=1,就进入闲置模式。在闲置模式下,CPU 的时钟关闭,但时钟源和外围设备仍然继续工作。该指令复位看门狗定时器计数器和预分频计数器,此外,RCON 寄存器的位 WDTO、SLEEP、IDLE 复位。

注意:① 处理器通过中断、复位或看门狗溢出从 IDLE 或 SLEEP 退出。
　　　② 如果从闲置模式中叫醒,IDLE 位置 1,CPU 时钟恢复工作。
　　　③ 如果从睡眠模式中叫醒,SLEEP 位置 1,时钟源恢复工作。
　　　④ 如果看门狗溢出,WDTO 位置 1。

指令字长:1 个字。
指令周期:1 个周期。

例 215　PWRSAV #0　　;进入睡眠模式

指令执行前　　　　　　指令执行后
SR [0040] (IPL=2)　　SR [0040] (IPL=2)

153. RCALL 指令(相对调用)

格式:{标号:} RCALL Expr
操作数:Expr 可能是一个标号、绝对地址、表达式。其解析值范围为 -32768~+32767。
影响状态位:不影响标志位。
指令功能:当前 PC 可以在 32K 字范围内进行向前或向后跳转,实现相对子程序调用。在调用前,返回地址(PC+2)推入堆栈,有符号的 17 位解析值加到 PC 里。
注意:尽可能使用该指令取代 CALL 指令,因为它只用一个字存储。
指令字长:1 个字。
指令周期:2 个周期。

例 216　012004　　　　RCALL　　_Task1　　　;调用_Task1 子程序
　　　　012006　　　　ADD　　　W0, W1, W2
　　　　…　　　　　　…
　　　　…　　　　　　…
　　　　012458 _Task1:　SUB　　　W0, W2, W3
　　　　01245A　　　　…

指令执行前
PC	01 2004
W15	0810
Data 0810	FFFF
Data 0812	FFFF
SR	0000

指令执行后
PC	01 2458
W15	0814
Data 0810	2006
Data 0812	0001
SR	0000

154. RCALL 指令(计算相对调用)

格式:{标号:} RCALL Wn
操作数:Wn 为 W0~W15。
影响状态位:不影响标志位。
指令功能:根据 Wn 的值实现相对子程序调用。当前 PC 可以在 32K 字范围内进行向前或向后跳转。在调用前,返回地址(PC+2)推入堆栈,有符号的 17 位解析值 2*Wn 加到 PC 里。

指令字长:1个字。
指令周期:2个周期。

例217　　00FF8C　　EX1:　　　　INC　　　　W2,W3
　　　　　　00FF8E　　　　　　　　…
　　　　　　…　　　　　　　　　　…
　　　　　　…
　　　　　　010008
　　　　　　01000A　　　　　　　　RCALL　　W6　　　　　　;调用 W6 指定的子程序
　　　　　　01000C　　　　　　　　MOVE　　W4,[W10]

指令执行前

PC	01 000A
W6	FFC0
W15	1004
Data 1004	98FF
Data 1006	2310
SR	0000

指令执行后

PC	01 FF8C
W6	FFC0
W15	1008
Data 1004	000C
Data 1006	0001
SR	0000

155. REPEAT 指令(重复操作)

格式:{标号:} REPEAT #lit14

操作数:lit14 为 0~16383。

影响状态位:RA。

指令功能:重复执行 REPEAT 后面的指令 lit14+1 次。当该指令执行时,RCOUNT 寄存器里放循环计数值,每重复一次指令,RCOUNT 就减 1。当 RCOUNT 等于 0 时,重复最后一次。

注意:① 被重复的指令不能是改变程序流程的指令 DO、DISI、LNK、PWRSAV、REPEAT 或 ULNK 和双字指令,如果使用了这些指令就会产生意想不到的结果。

② REPEAT 和被重复的指令可以被中断。

指令字长:1个字。

指令周期:1个周期。

例218　　000452　　　　REPEAT　　#9　　　　　　　;执行 ADD 指令 10 次
　　　　　　000454　　　　ADD　　　　[W0++],W1,[W2++]

指令执行前

PC	00 0452
RCOUNT	0000
SR	0000

指令执行后

PC	00 0454	
RCOUNT	0009	
SR	0010	(RA=1)

156. REPEAT 指令(重复操作 Wn+1)

格式:{标号:} REPEAT Wn

操作数:Wn 为 W0~W15。

影响状态位:RA。

指令功能:重复执行 REPEAT 后面的指令(Wn+1)次。当该指令执行时,RCOUNT 寄存器里放循环计数值(Wn 的低 14 位),每重复一次指令,RCOUNT 就减 1。当 RCOUNT 等于 0 时,重复最后一次。

注意：① 被重复的指令不能是改变程序流程的指令 DO、DISI、LNK、PWRSAV、REPEAT 或 ULNK 和双字指令，如果使用了这些指令就会产生意想不到的结果。

② REPEAT 和被重复的指令可以被中断。

③ 当(Wn)＝0 时，REPEAT 就执行一个 NOP，RA 位不置 1。

指令字长：1 个字。

指令周期：1 个周期。

例 219　　000A26　　REPEAT　　W4　　　　　　　　;执行 COM 指令 Wn+1 次
　　　　　　000A28　　COM　　[W0++]，[W2++]

指令执行前			指令执行后		
PC	00	0A26	PC	00	0A28
W4		0023	W4		0023
RCOUNT		0000	RCOUNT		0023
SR		0000	SR		0010	(RA=1)

157．RESET 指令（软复位）

格式：{标号：} RESET

操作数：无。

影响状态位：OA,OB,OAB,SA,SB,SAB,DA,DC,IPL<2:0>,RA,N,OV,C,Z。

指令功能：该指令实现软件复位，所有的内核和外围寄存器都变成复位值，PC 复位为 0。SWR 位（RCON 寄存器的第 6 位）置 1，表示执行了 RESET 指令。

指令字长：1 个字。

指令周期：1 个周期。

例 220　　00202　　RESET　　　　;执行软复位

指令执行前			指令执行后		
PC	00	202A	PC	00	0000
W0		8901	W0		0000
W1		08BB	W1		0000
W2		B87A	W2		0000
W3		872F	W3		0000
W4		C98A	W4		0000
W5		AAD4	W5		0000
W6		981E	W6		0000
W7		1809	W7		0000
W8		C341	W8		0000
W9		90F4	W9		0000
W10		F409	W10		0000
W11		1700	W11		0000
W12		1008	W12		0000
W13		6556	W13		0000
W14		231D	W14		0000
W15		1704	W15		0000
SPLIM		1800	SPLIM		0000
TBLPAG		007F	TBLPAG		0000
PSVPAG		0001	PSVPAG		0000
CORCON		00F0	CORCON		0000
RCON		0000	RCON		0040
SR		0021	(IPL,C=1)	SR	0000	(SWR=1)

附录 A　dsPIC30F 系列指令说明及举例

158. RETFIE 指令(中断返回)

格式：{标号：} RETFIE

操作数：无。

影响状态位：IPL<3:0>,RA,N,OV,C,Z。

指令功能：中断返回指令。出栈的有状态寄存器的低 8 位，IPL 的第 6 位，PC 的高 7 位，PC 的低 16 位。W15 减 4。

注意：执行该指令前，要清除中断标志位。

指令字长：1 个字。

指令周期：3 个周期。

例 221　000A26　RETFIE　　　；中断返回

指令执行前

PC	00	0A26
W15		0834
Data 0830		0230
Data 0832		8101
CORCON		0001
SR		0000

指令执行后

PC	01	0230
W15		0830
Data 0830		0230
Data 0832		8101
CORCON		0001
SR		0081	(IPL=4,C=1)

159. RETLW 指令(带立即数返回)

格式：{标号：} RETLW{.B} ♯lit10, Wn

操作数：对字节操作，lit10 为 0～255；对字操作，lit10 为 0～1023；Wn 为 W0～W15。

影响状态位：无。

指令功能：子程序返回指令，同时将 10 位无符号数存入 Wn。PC 出栈，W15 减 4。

注意：.B 在指令中默认代表的是字节操作；.W 代表的是字操作，但是可以省略。

指令字长：1 个字。

指令周期：3 个周期。

例 222　000440　RETLW.B　♯0xA, W0　　；返回。将 0xA 存入 W0 低字节

指令执行前

PC	00	0440
W0		9846
W15		1988
Data 1984		7006
Data 1986		0000
SR		0000

指令执行后

PC	00	7006
W0		980A
W15		1984
Data 1984		7006
Data 1986		0000
SR		0000

160. RETURN 指令(子程序返回)

格式：{标号：} RETURN

操作数：无。

影响状态位：无。

指令功能：子程序返回指令。PC 出栈，W15 减 4。

指令字长：1 个字。

指令周期：3 个周期。

例 223　001A06　RETURN　　;子程序返回。W15 减 4

	指令执行前			指令执行后	
PC	00	1A06	PC	01	0004
W15		1248	W15		1244
Data 1244		0004	Data 1244		0004
Data 1246		0001	Data 1246		0001
SR		0000	SR		0000

161. RLC 指令(f 带进位循环左移)

格式：{标号:} RLC{.B} f,{.WREG}

操作数：f 为 0~8191。

影响状态位：N,Z,C。

指令功能：将文件寄存器 f 里的内容向左移一位,高位移入 C,C 的内容移入最低位。所选择的 WREG 决定了目标寄存器。如果 WREG 是特指的,结果就存放在 WREG 里;否则,结果就存放在文件寄存器里。

注意：① .B 在指令中默认代表的是字节操作;.W 代表的是字操作,但是可以省略。

② WREG 被设定为工作寄存器 W0。

指令字长：1 个字。

指令周期：1 个周期。

例 224　RLC.B 0x1233　　;0x1233 字节单元的内容循环左移,结果存入 0x1233

指令执行前		指令执行后		
Data 1232	E807	Data 1232	D007	
SR	0000	SR	0009	(N,C=1)

162. RLC 指令(Ws 带进位循环左移)

格式：{标号:} RLC{.B} Ws/[Ws]/[Ws++]/[Ws--]/[++Ws]/[--Ws],
　　　　　　　　　　Wd/[Wd]/[Wd++]/[Wd--]/[++Wd]/[--Wd]

操作数：Wd 为 W0~W15;Ws 为 W0~W15。

影响状态位：N,Z,C。

指令功能：将 Ws 寄存器的内容向左移一位,高位移入 C,C 的内容移入最低位,结果就存放在 Wd 寄存器里。Ws 和 Wd 可以使用寄存器直接寻址和间接寻址。

注意：.B 在指令中默认代表的是字节操作;.W 代表的是字操作,但是可以省略。

指令字长：1 个字。

指令周期：1 个周期。

例 225　RLC.B　W0,W3　　;将 W0 的字节内容循环左移一位,存入 W3

指令执行前			指令执行后		
W0	9976		W0	9976	
W3	5879		W3	58ED	
SR	0001	(C=1)	SR	0009	(N=1)

163. RLNC 指令（f 循环左移）

格式：{标号：}RLNC{.B} f,{.WREG}

操作数：f 为 0~8191。

影响状态位：N,Z。

指令功能：将文件寄存器 f 里的内容向左移一位，最高位移入最低位。所选择的 WREG 决定了目标寄存器。如果 WREG 是特指的，结果就存放在 WREG 里；否则，结果就存放在文件寄存器里。

注意：① .B 在指令中默认代表的是字节操作；.W 代表的是字操作，但是可以省略。

② WREG 被设定为工作寄存器 W0。

指令字长：1 个字。

指令周期：1 个周期。

例 226　RLNC.B 0x1233　；将 0x1233 字节单元的内容循环左移一位

	指令执行前		指令执行后	
Data 1232	E807	Data 1232	D107	
SR	0000	SR	0008	(N=1)

164. RLNC 指令（Ws 循环左移）

格式：{标号：}RLNC{.B}Ws/[Ws]/[Ws++]/[Ws--]/[++Ws]/[--Ws],
　　　　　　　　　　Wd/[Wd]/[Wd++]/[Wd--]/[++Wd]/[--Wd]

操作数：Wd 为 W0~W15；Ws 为 W0~W15。

影响状态位：N,Z。

指令功能：将 Ws 寄存器的内容向左移一位，最高位移入最低位，结果就存放在 Wd 寄存器里。Ws 和 Wd 可以使用寄存器直接寻址和间接寻址。

注意：.B 在指令中默认代表的是字节操作；.W 代表的是字操作，但是可以省略。

指令字长：1 个字。

指令周期：1 个周期。

例 227　RLNC [W2++],[W8]　；将[W2]的内容循环左移一位存入[W8]，W2 加 2

	指令执行前		指令执行后	
W2	2008	W2	200A	
W8	094E	W8	094E	
Data 094E	3689	Data 094E	8083	
Data 2008	C041	Data 2008	C041	
SR	0001	(C=1)	SR	0009	(N,C=1)

165. RRC 指令（f 带进位循环右移）

格式：{标号：}RRC{.B} f,{.WREG}

操作数：f 为 0~8191。

影响状态位：N,Z,C。

指令功能：将文件寄存器 f 里的内容向右移一位，最低位移入 C，C 的内容移入最高位。所选择的 WREG 决定了目标寄存器。如果 WREG 是特指的，结果就存放在 WREG 里；否则，结果就存放在文件寄存器里。

注意：① .B 在指令中默认代表的是字节操作；.W 代表的是字操作，但是可以省略。

② WREG 被设定为工作寄存器 W0。

指令字长：1 个字。

指令周期：1 个周期。

例 228   RRC 0x820,WREG   ;0x820 内容循环右移一位,结果存入 W0

	指令执行前			指令执行后	
WERG(W0)	5601		WERG(W0)	90B7	
Data 0820	216E		Data 0820	216E	
SR	0001	(C=1)	SR	0008	(N=1)

166. RRC 指令(Ws 带进位循环右移)

格式：{标号:}RRC{.B} Ws/[Ws]/[Ws++]/[Ws--]/[++Ws]/[--Ws],
　　　　　　　　　　Wd/[Wd]/[Wd++]/[Wd--]/[++Wd]/[--Wd]

操作数：Wd 为 W0~W15；Ws 为 W0~W15。

影响状态位：N,Z,C。

指令功能：将 Ws 寄存器的内容向右移一位,最低位移入 C,C 的内容移入最高位,结果就存放在 Wd 寄存器里。Ws 和 Wd 可以使用寄存器直接寻址和间接寻址。

注意：.B 在指令中默认代表的是字节操作;.W 代表的是字操作,但是可以省略。

指令字长：1 个字。

指令周期：1 个周期。

例 229   RRC.B W0,W3   ;将 W0 的字节内容循环右移一位存入 W3

	指令执行前			指令执行后	
W0	9976		W0	9976	
W3	5879		W3	58BB	
SR	0001	(C=1)	SR	0008	(C=1)

167. RRNC 指令(f 循环右移)

格式：{标号:}RRNC{.B} f,{.WREG}

操作数：f 为 0~8191。

影响状态位：N,Z。

指令功能：将文件寄存器 f 里的内容向右移一位,最低位移入最高位。所选择的 WREG 决定了目标寄存器。如果 WREG 是特指的,结果就存放在 WREG 里;否则,结果就存放在文件寄存器里。

注意：① .B 在指令中默认代表的是字节操作;.W 代表的是字操作,但是可以省略。

② WREG 被设定为工作寄存器 W0。

指令字长：1 个字。

指令周期：1 个周期。

例 230   RRNC 0x820,WREG   ;将 0x820 单元的内容循环右移一位存入 W0

	指令执行前			指令执行后	
WREG(W0)	5601		WREG(W0)	10B7	
Data 0820	216E		Data 0820	216E	
SR	0001	(C=1)	SR	0001	(C=1)

附录 A　dsPIC30F 系列指令说明及举例

168. RRNC 指令(Ws 循环右移)

格式：{标号:} RRNC{.B} Ws/[Ws]/[Ws++]/[Ws--]/[++Ws]/[--Ws],
　　　　　　　　　　　Wd/[Wd]/[Wd++]/[Wd--]/[++Wd]/[--Wd]

操作数：Wd 为 W0～W15；Ws 为 W0～W15。

影响状态位：N,Z。

指令功能：将 Ws 寄存器的内容向右移一位，最低位移入最高位，结果就存放在 Wd 寄存器里。Ws 和 Wd 可以使用寄存器直接寻址和间接寻址。

注意：.B 在指令中默认代表的是字节操作；.W 代表的是字操作，但是可以省略。

指令字长：1 个字。

指令周期：1 个周期。

例 231　　RRNC [W2++],[W8]　　;将[W2]的内容循环右移一位存入[W8],W2 加 2

指令执行前		指令执行后	
W2	2008	W2	200A
W8	094E	W8	094E
Data 094E	3689	Data 094E	E020
Data 2008	C041	Data 2008	C041
SR	0000	SR	0008 (N=1)

169. SAC 指令(保存 Acc)

格式：{标号:} SAC Acc,{♯Slit4,} Wd/[Wd]/[Wd++]/[Wd--]/[++Wd]/[--Wd]/[Wd+Wb]

操作数：Wd 为 W0～W15；Wb 为 W0～W15；Slit4 为 -8～7；Acc 为 A,B。

影响状态位：无。

指令功能：将指定的累加器内容移位，移位的范围是 -8～7，负值代表向左移，正值代表向右移。然后将其保存到 Wd 里。Wd 可以寄存器直接寻址和间接寻址。

注意：① 该指令不改变 Acc 里的内容。
　　　② 如果数据写饱和使能，移位后存到 Wd 里的值属于饱和。

指令字长：1 个字。

指令周期：1 个周期。

例 232　　SAC A,♯4,W5　　;A 的内容右移 4 位存入 W5(SATDW=1)

指令执行前		指令执行后	
W5	B900	W5	0120
ACCA	00 120F FF00	ACCA	00 120F FF00
CORCON	0010	CORCON	0010
SR	0000	SR	0000

170. SAC.R 指令(保存圆整后的 Acc)

格式：{标号:} SAC.R Acc,{♯Slit4,} Wd/[Wd]/[Wd++]/[Wd--]/[++Wd]/[--Wd]/[Wd+Wb]

操作数：Wd 为 W0～W15；Wb 为 W0～W15；Slit4 为 -8～7；Acc 为 A,B。

影响状态位：无。

指令功能：将指定的累加器内容移位，移位的范围是-8～7，负值代表向左移，正值代表向右移。然后将其圆整后保存到 Wd 里，圆整方式是由 RND 位决定。Wd 可以寄存器直接寻址和间接寻址。

注意：① 该指令不改变 Acc 里的内容。

② 如果数据写饱和使能，移位后存到 Wd 里的值属于饱和。

指令字长：1 个字。

指令周期：1 个周期。

例 233　SAC.R A，♯4，W5　　；A 的内容右移 4 位，圆整后存入 W5(SATDW=1)

指令执行前		指令执行后	
W5	B900	W5	0121
ACCA	00 120F FF00	ACCA	00 120F FF00
CORCON	0010	CORCON	0010
SR	0000	SR	0000

171. SE 指令(Ws 符号扩展)

格式：{标号：} SE Ws/[Ws]/[Ws++]/[Ws--]/[++Ws]/[--Ws]，Wnd

操作数：Ws 为 W0～W15；Wnd 为 W0～W15。

影响状态位：N，C，Z。

指令功能：将 Ws 里的字节进行符号扩展，把 16 位结果存到 Wnd 里。Ws 可以寄存器直接寻址和间接寻址，Wnd 只能寄存器直接寻址。C 标志等于 N 标志取非。

注意：① 该操作是把字节转换为字，不用 .B 或 .W。

② Ws 以字节寻址，所以地址的修改是 1。

指令字长：1 个字。

指令周期：1 个周期。

例 234　SE　[W2++]，W12　　；[W2]符号扩展存入 W12，W2 加 1

指令执行前		指令执行后	
W2	0900	W2	0901
W12	1002	W12	FF8F
Data 0900	008F	Data 0900	008F
SR	0000	SR	0008 (N=1)

172. SETM 指令(f/WREG 置 1)

格式：{标号：} SETM{.B} f/WREG

操作数：f 为 0～8191。

影响状态位：无。

指令功能：将指定寄存器的所有位都置 1。

注意：① .B 在指令中默认代表的是字节操作；.W 代表的是字操作，但是可以省略。

② WREG 被设定为工作寄存器 W0。

指令字长：1 个字。

指令周期：1 个周期。

例 235　SETM.B 0x891　　;将 0x891 字节单元置 1

指令执行前　　　　　　指令执行后

Data 0890	2739
SR	0000

Data 0890	FF39
SR	0000

173. SETM 指令(Wd 置 1)

格式：{标号：}SETM{.B} Wd/[Wd]/[Wd++]/[Wd--]/[++Wd]/[--Wd]

操作数：Wd 为 W0～W15。

影响状态位：无。

指令功能：将指定寄存器的所有位都置 1。Wd 可以寄存器直接寻址和间接寻址。

注意：.B 在指令中默认代表的是字节操作；.W 代表的是字操作，但是可以省略。

指令字长：1 个字。

指令周期：1 个周期。

例 236　SETM [--W6]　　;W6 减 2,将[W6]内容置 1

指令执行前　　　　　　指令执行后

W6	1250
Data 124E	3CD9
SR	0000

W6	124E
Data 124E	FFFF
SR	0000

174. SFTAC 指令(Acc 算术移位)

格式：{标号：}SFTAC Acc,#Slit5

操作数：Slit5 为-16～15；Acc 为 A,B。

影响状态位：OA,OB,OAB,SA,SB,SAB。

指令功能：将指定的累加器的 40 位内容算术移位,结果存到累加器里。移位的范围是-16～15,负值代表向左移,正值代表向右移,移出位丢失。

注意：如果累加器饱和使能,移位后存到累加器里的值属于饱和。

指令字长：1 个字。

指令周期：1 个周期。

例 237　SFTAC A,#12　　;A 算术右移 12 位,SATA=1

指令执行前　　　　　　指令执行后

ACCA	00 120F FF00
CORCON	0080
SR	0000

ACCA	00 0001 20FF
CORCON	0080
SR	0000

175. SFTAC 指令(Acc 算术移 Wb 位)

格式：{标号：}SFTAC Acc,Wb

操作数：Wb 为 W0～W15;Acc 为 A,B。

影响状态位：OA,OB,OAB,SA,SB,SAB。

指令功能：将指定的累加器的 40 位内容算术移位,结果存到累加器里。移位的范围由 Wb 的低 5 位确定,范围是-16～15,负值代表向左移,正值代表向右移,移出位丢失。

注意：如果累加器饱和使能，移位后存到累加器里的值属于饱和。
指令字长：1个字。
指令周期：1个周期。

例238　SFTAC　A,W0　　　;A算术移(W0)位,SATA=0

指令执行前			指令执行后		
W0	FFFC		W0	FFFC	
ACCA	00 320F AB09		ACCA	03 20FA B090	
CORCON	0000		CORCON	0000	
SR	0000		SR	8800	(OA,OAB=1)

176. SL指令(f左移)

格式：{标号:} SL{.B} f {,WREG}
操作数：f 为 0~8191。
影响状态位：N,C,Z。
指令功能：将文件寄存器里的内容向左移一位，结果放在目标寄存器里。文件寄存器里的最高位被移到C中，最低位填0。所选择的WREG决定了目标寄存器。如果WREG是特指的，结果就存放在WREG里；否则，结果就存放在文件寄存器里。
注意：① .B在指令中默认代表的是字节操作;.W代表的是字操作,但是可以省略。
　　　② WREG被设定为工作寄存器W0。
指令字长：1个字。
指令周期：1个周期。

例239　SL.B 0x909　　　;0x909字节单元左移一位

指令执行前			指令执行后		
Data 0908	8439		Data 0908	0839	
SR	0000		SR	0001	(C=1)

177. SL指令(Ws左移)

格式：{标号:} SL{.B} Ws/[Ws]/[Ws++]/[Ws--]/[++Ws]/[--Ws],
　　　　　　　　　　Wd/[Wd]/[Wd++]/[Wd--]/[++Wd]/[--Wd]
操作数：Wd 为 W0~W15;Ws 为 W0~W15。
影响状态位：N,C,Z。
指令功能：将Ws寄存器里的内容向左移一位，结果放在Wd寄存器里。Ws寄存器里的最高位被移到C中，最低位填0。Ws和Wd可以寄存器直接寻址和间接寻址。
注意：.B在指令中默认代表的是字节操作;.W代表的是字操作,但是可以省略。
指令字长：1个字。
指令周期：1个周期。

例240　SL [W2++],[W12]　　　;[W2]单元内容左移一位存入W12,W2加2

	指令执行前		指令执行后	
W2	0900	W2	0902	
W12	1002	W12	1002	
Data 0900	800F	Data 0900	800F	
Data 1002	6722	Data 1002	001E	
SR	0000	SR	0001	(C=1)

178. SL 指令（Wb 左移 lit4）

格式：｛标号：｝SL Wb,♯lit4,Wnd

操作数：Wnd 为 W0～W15；Wb 为 W0～W15；lit4 为 0～15。

影响状态位：N,Z。

指令功能：将 Wb 寄存器里的内容向左移 lit4 位,结果放在 Wnd 寄存器里。移出位丢失,移入位填 0。

指令字长：1 个字。

指令周期：1 个周期。

例 241　　SL W2,♯4,W2　　；W2 单元内容左移 4 位存入 W2

	指令执行前		指令执行后	
W2	78A9	W2	8A90	
SR	0000	SR	0008	(N=1)

179. SL 指令（Wb 左移 Wns 位）

格式：｛标号：｝SL Wb,Wns,Wnd

操作数：Wnd 为 W0～W15；Wb 为 W0～W15；Wns 为 W0～W15。

影响状态位：N,Z。

指令功能：将 Wb 寄存器里的内容向左移,移的位数由 Wns 里的最低 4 位确定,结果放在 Wnd 寄存器里。如果 Wns 大于 15,Wnd 里就是 0。移出位丢失,移入位填 0。

指令字长：1 个字。

指令周期：1 个周期。

例 242　　SL W0,W1,W2　　；W0 单元内容左移 3 位存入 W2

	指令执行前		指令执行后
W0	09A4	W0	09A4
W1	8903	W1	8903
W2	78A9	W2	4D20
SR	0000	SR	0000

180. SUB 指令（f 减 WREG）

格式：｛标号：｝SUB｛.B｝ f ｛,WREG｝

操作数：f 为 0～8191。

影响状态位：DC,OV,N,C,Z。

指令功能：从 f 文件寄存器里的内容减去 WREG 里的内容,结果放在目标寄存器里。所选择的 WREG 决定了目标寄存器。如果 WREG 不是特指的,结果就存放在 WREG 里；否则,结果就存放在文件寄存器里。

注意：① .B 在指令中默认代表的是字节操作；.W 代表的是字操作,但是可以省略。

② WREG 被设定为工作寄存器 W0。

指令字长:1个字。
指令周期:1个周期。

例 243　SUB.B 0x1FFF　　;0x1FFF 字节单元减去 WREG

指令执行前		指令执行后	
WREG(W0)	7804	WREG(W0)	7804
Data 1FFE	9439	Data 1FFE	9039
SR	0000	SR	0009 (N,C=1)

181. SUB 指令(Wn 减立即数)

格式:{标号:} SUB{.B} ♯lit10,Wn
操作数:对字节操作,lit10 为 0~255;对字操作,lit10 为 0~1023;Wn 为 W0~W15。
影响状态位:DC,OV,N,C,Z。
指令功能:从 Wn 寄存器里的内容减去一个 10 位的无符号立即数,结果放在 Wn 寄存器里。
注意:.B 在指令中默认代表的是字节操作;.W 代表的是字操作,但是可以省略。
指令字长:1个字。
指令周期:1个周期。

例 244　SUB.B ♯0x23,W0　　;W0 字节单元减去 0x23

指令执行前		指令执行后	
W0	7804	W0	78E1
SR	0000	SR	0008 (N=1)

182. SUB 指令(Wb 减立即数)

格式:{标号:} SUB{.B} Wb,♯lit5,Wd/[Wd]/[Wd++]/[Wd--]/[++Wd]/[--Wd]
操作数:lit5 为 0~31;Wd 为 W0~W15;Wb 为 W0~W15。
影响状态位:DC,OV,N,C,Z。
指令功能:从 Wb 寄存器里的内容减去一个 5 位的无符号立即数,结果放在 Wd 寄存器里。Wb 必须寄存器直接寻址。Wd 可以寄存器直接寻址和寄存器间接寻址。
注意:.B 在指令中默认代表的是字节操作;.W 代表的是字操作,但是可以省略。
指令字长:1个字。
指令周期:1个周期。

例 245　SUB.B W4,♯0x10,W5　　;W4 字节单元减去 0x10,结果存入 W5

指令执行前		指令执行后	
W4	1782	W4	1782
W5	7804	W5	7872
SR	0000	SR	0005 (OV,C=1)

183. SUB 指令(Wb 减 Ws)

格式:{标号:} SUB{.B} Wb,Ws/[Ws]/[Ws++]/[Ws--]/[++Ws]/[--Ws],
　　　　　　　　　　　Wd/[Wd]/[Wd++]/[Wd--]/[++Wd]/[--Wd]
操作数:Ws 为 W0~W15;Wd 为 W0~W15;Wb 为 W0~W15。

影响状态位：DC,OV,N,C,Z。

指令功能：从 Wb 寄存器里的内容减去 Ws 寄存器里的内容，结果放在 Wd 寄存器里。Wb 必须寄存器直接寻址。Ws 和 Wd 可以寄存器直接寻址和寄存器间接寻址。

注意：.B 在指令中默认代表的是字节操作；.W 代表的是字操作，但是可以省略。

指令字长：1个字。

指令周期：1个周期。

例 246 SUB W7,[W8++],[W9++]   ;W7 减去[W8],结果存入 W9,W8 和 W9 加 2

指令执行前		指令执行后	
W7	2450	W7	2450
W8	1808	W8	180A
W9	2020	W9	2022
Data 1808	92E4	Data 1808	92E4
Data 2202	A557	Data 2202	916C
SR	0000	SR	010C (DC,N,OV=1)

184. SUB 指令（累加器相减）

格式：{标号：} SUB Acc

操作数：Acc 为 A,B。

影响状态位：OA,OB,OAB,SA,SB,SAB。

指令功能：从指定的累加器中减去另一个累加器的内容。

指令字长：1个字。

指令周期：1个周期。

例 247 SUB A   ;A－B,非饱和

指令执行前		指令执行后	
ACCA	76 120F 098A	ACCA	52 1EFC 4D73
ACCB	23 F312 BC17	ACCB	23 F312 BC17
CORCON	0000	CORCON	0000
SR	0000	SR	1100 (OA,OB=1)

185. SUBB 指令（f 带借位减 WREG）

格式：{标号：} SUBB{.B} f   {,WREG}

操作数：f 为 0～8191。

影响状态位：DC,OV,N,C,Z。

指令功能：从 f 文件寄存器里的内容减去 WREG 里的内容和借位标志 $\overline{C}$，结果放在目标寄存器里。所选择的 WREG 决定了目标寄存器。如果 WREG 是特指的，结果就存放在 WREG 里；否则，结果就存放在文件寄存器里。

注意：① .B 在指令中默认代表的是字节操作；.W 代表的是字操作，但是可以省略。

② WREG 被设定为工作寄存器 W0。

③ 对 ADDC、CPB、SUBB 和 SUBBR 来说，Z 标志是粘性的，这些指令只能清零 Z。

指令字长：1个字。

指令周期：1个周期。

例 248   SUBB.B 0x1FFF   ;0x1FFF 字节单元内容减去 WREG 和 $\overline{C}$

指令执行前		指令执行后	
WREG(W0)	7804	WREG(W0)	7804
Data 1FFE	9439	Data 1FFE	8F39
SR	0000	SR	0008 (N=1)

186. SUBB 指令（Wn 带借位减立即数）

格式：{标号：} SUBB{.B} #lit10,Wn

操作数：对字节操作，lit10 为 0～255；对字操作，lit10 为 0～1023；Wn 为 W0～W15。

影响状态位：DC,OV,N,C,Z。

指令功能：从 Wn 寄存器里减去一个无符号的 10 位立即数和借位标志 $\overline{C}$，结果放在 Wn 寄存器里。

注意：① .B 在指令中默认代表的是字节操作；.W 代表的是字操作，但是可以省略。

② 对 ADDC、CPB、SUBB 和 SUBBR 来说，Z 标志是粘性的，这些指令只能清零 Z。

指令字长：1 个字。

指令周期：1 个周期。

例 249   SUBB #0x108,W4   ;W4 内容减去 0x108 和 $\overline{C}$

指令执行前		指令执行后	
W4	6234	W4	612C
SR	0001	(C=1)	SR	0001 (N=1)

187. SUBB 指令（Wb 带借位减立即数）

格式：{标号：} SUBB{.B} Wb,#lit5,Wd/[Wd]/[Wd++]/[Wd--]/[++Wd]/[--Wd]

操作数：lit5 为 0～31；Wb 为 W0～W15；Wd 为 W0～W15。

影响状态位：DC,OV,N,C,Z。

指令功能：从 Wb 寄存器里减去一个无符号的 5 位立即数和借位标志 $\overline{C}$，结果放在 Wd 寄存器里。Wb 必须寄存器直接寻址，Wd 可以寄存器直接寻址和间接寻址。

注意：① .B 在指令中默认代表的是字节操作；.W 代表的是字操作，但是可以省略。

② 对 ADDC、CPB、SUBB 和 SUBBR 来说，Z 标志是粘性的，这些指令只能清零 Z。

指令字长：1 个字。

指令周期：1 个周期。

例 250   SUBB W0,#0x8,[W2++]   ;W0 内容减去 0x8 和 $\overline{C}$，结果存入[W2]，W2 加 2

指令执行前		指令执行后	
W0	0009	W0	0009
W2	2004	W2	2006
Data 2004	A557	Data 2004	0000
SR	0020 (Z=1)	SR	0103 (DC,Z,C=1)

188. SUBB 指令（Wb 带借位减 Ws）

格式：{标号：} SUBB{.B} Wb,Ws/[Ws]/[Ws++]/[Ws--]/[++Ws]/[--Ws],
                      Wd/[Wd]/[Wd++]/[Wd--]/[++Wd]/[--Wd]

操作数：Ws 为 W0～W15；Wb 为 W0～W15；Wd 为 W0～W15。

影响状态位：DC,OV,N,C,Z。

指令功能：从 Wb 寄存器里减去 Ws 和借位标志 $\overline{C}$，结果放在 Wd 寄存器里。Wb 必须寄存器直接寻址，Ws 和 Wd 可以寄存器直接寻址和间接寻址。

注意：① .B 在指令中默认代表的是字节操作；.W 代表的是字操作，但是可以省略。

② 对 ADDC、CPB、SUBB 和 SUBBR 来说，Z 标志是粘性的，这些指令只能清零 Z。

指令字长：1 个字。

指令周期：1 个周期。

例 251　SUBB.B W0,W1,W0　；W0 字节内容减去 W1 和 $\overline{C}$，结果存入 W0

指令执行前		指令执行后	
W0	1732	W0	17ED
W1	7844	W1	7844
SR	0000	SR	0108 (DC,N=1)

189. SUBBR 指令(WREG 带借位减 f)

格式：{标号：} SUBBR{.B} f {,WREG}

操作数：f 为 0～8191。

影响状态位：DC,OV,N,C,Z。

指令功能：从 WREG 寄存器里减去 f 里的内容和借位标志 $\overline{C}$，结果放在目标寄存器里。所选择的 WREG 决定了目标寄存器。如果 WREG 是特指的，结果就存放 WREG 里；否则，结果就存放在文件寄存器里。

注意：① .B 在指令中默认代表的是字节操作；.W 代表的是字操作，但是可以省略。

② WREG 被设定为工作寄存器 W0。

③ 对 ADDC、CPB、SUBB 和 SUBBR 来说，Z 标志是粘性的，这些指令只能清零 Z。

指令字长：1 个字。

指令周期：1 个周期。

例 252　SUBBR.B 0x803　；W0 字节内容减去 0x803 内容和 $\overline{C}$，结果存入 W0

指令执行前			指令执行后	
WREG(W0)	7804		WREG(W0)	7804
Data 0802	9439		Data 0802	6F39
SR	0002	(Z=1)	SR	0000

190. SUBBR 指令(立即数带借位减 Wb)

格式：{标号：} SUBBR{.B} Wb,#lit5,Wd/[Wd]/[Wd++]/[Wd--]/[++Wd]/[--Wd]

操作数：lit5 为 0～31；Wb 为 W0～W15；Wd 为 W0～W15。

影响状态位：DC,OV,N,C,Z。

指令功能：从一个无符号的 5 位立即数里减去 Wb 寄存器内容和借位标志 $\overline{C}$，结果放在 Wd 寄存器里。Wb 必须寄存器直接寻址，Wd 可以寄存器直接寻址和间接寻址。

注意：① .B 在指令中默认代表的是字节操作；.W 代表的是字操作，但是可以省略。

② 对 ADDC、CPB、SUBB 和 SUBBR 来说，Z 标志是粘性的，这些指令只能清零 Z。

指令字长：1 个字。

指令周期：1个周期。

例253　　SUBBR W0,♯0x8,[W2++]　　;0x8减去W0内容和$\overline{C}$,结果存入[W2],W2加2

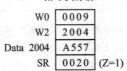

指令执行前		指令执行后	
W0	0009	W0	0009
W2	2004	W2	2006
Data 2004	A557	Data 2004	FFFE
SR	0020 (Z=1)	SR	0108 (DC,N=1)

191. SUBBR 指令(Ws 带借位减 Wb)

格式：{标号：}SUBBR{.B} Wb,Ws/[Ws]/[Ws++]/[Ws--]/[++Ws]/[--Ws],
　　　　　　　　　　　　Wd/[Wd]/[Wd++]/[Wd--]/[++Wd]/[--Wd]

操作数：Ws 为 W0～W15；Wb 为 W0～W15；Wd 为 W0～W15。

影响状态位：DC,OV,N,C,Z。

指令功能：从 Ws 寄存器里减去 Wb 和借位标志$\overline{C}$,结果放在 Wd 寄存器里。Wb 必须寄存器直接寻址，Ws 和 Wd 可以寄存器直接寻址和间接寻址。

注意：①.B 在指令中默认代表的是字节操作;.W 代表的是字操作,但是可以省略。

　　　　②对 ADDC、CPB、SUBB 和 SUBBR 来说,Z 标志是粘性的,这些指令只能清零 Z。

指令字长：1个字。

指令周期：1个周期。

例254　　SUBBR.B W0,W1,W0　　;W1字节单元减去 W0 内容和$\overline{C}$,结果存入 W0

指令执行前		指令执行后	
W0	1732	W0	1711
W1	7844	W1	7844
SR	0000	SR	0001

(C=1)

192. SUBR 指令(WREG 减 f)

格式：{标号：}SUBR{.B} f {,WREG}

操作数：f 为 0～8191。

影响状态位：DC,OV,N,C,Z。

指令功能：从 WREG 寄存器里减去 f 里的内容,结果放在目标寄存器里。所选择的 WREG 决定了目标寄存器。如果 WREG 是特指的,结果就存放在 WREG 里;否则,结果就存放在文件寄存器里。

注意：①.B 在指令中默认代表的是字节操作;.W 代表的是字操作,但是可以省略。

　　　　②WREG 被设定为工作寄存器 W0。

指令字长：1个字。

指令周期：1个周期。

例255　　SUBR.B 0x1FFF　　;W0 字节单元减去 0x1FFF 内容,结果存入 0x1FFF

指令执行前		指令执行后	
WREG(W0)	7804	WREG(W0)	7804
Data 1FFE	9439	Data 1FFE	7039
SR	0000	SR	0000

193. SUBR 指令(立即数减 Wb)

格式:{标号:}SUBR{.B} Wb,♯lit5,Wd/[Wd]/[Wd++]/[Wd－－]/[++Wd]/[－－Wd]
操作数:lit5 为 0～31;Wb 为 W0～W15;Wd 为 W0～W15。
影响状态位:DC,OV,N,C,Z。
指令功能:从一个无符号的 5 位立即数里减去 Wb 寄存器内容,结果放在 Wd 寄存器里。Wb 必须寄存器直接寻址,Wd 可以寄存器直接寻址和间接寻址。
注意:.B 在指令中默认代表的是字节操作;.W 代表的是字操作,但是可以省略。
指令字长:1 个字。
指令周期:1 个周期。

例 256   SUBR W0,♯0x8,[W2++]   ;0x8 减去 W0 内容,结果存入[W2],W2 加 2

指令执行前			指令执行后		
W0	0009		W0	0009	
W2	2004		W2	2006	
Data 2004	A557		Data 2004	FFFF	
SR	0000		SR	0108	(DC,N=1)

194. SUBR 指令(Ws 减 Wb)

格式:{标号:}SUBR{.B} Wb,Ws/[Ws]/[Ws++]/[Ws－－]/[++Ws]/[－－Ws],
                    Wd/[Wd]/[Wd++]/[Wd－－]/[++Wd]/[－－Wd]
操作数:Ws 为 W0～W15;Wb 为 W0～W15;Wd 为 W0～W15。
影响状态位:DC,OV,N,C,Z。
指令功能:从 Ws 寄存器里减去 Wb,结果放在 Wd 寄存器里。Wb 必须寄存器直接寻址,Ws 和 Wd 可以寄存器直接寻址和间接寻址。
注意:.B 在指令中默认代表的是字节操作;.W 代表的是字操作,但是可以省略。
指令字长:1 个字。
指令周期:1 个周期。

例 257   SUBR W7,[W8++],[W9++]   ;[W8]减去 W7 内容存入[W9],W8 和 W9 加 2

指令执行前			指令执行后		
W7	2450		W7	2450	
W8	1808		W8	180A	
W9	2022		W9	2024	
Data 1808	92E4		Data 1808	92E4	
Data 2022	A557		Data 2022	6E94	
SR	0000		SR	0005	(OV,C=1)

195. SWAP 指令(交换)

格式:{标号:}SWAP{.B} Wn
操作数:Wn 为 W0～W15。
影响状态位:无。
指令功能:交换 Wn 寄存器里的内容。对字操作,高低两个字节的内容进行交换。对字节操作,低字节的高低 4 位进行交换,而高字节不变。Wn 必须寄存器直接寻址。

注意：.B 在指令中默认代表的是字节操作；.W 代表的是字操作，但是可以省略。
指令字长：1 个字。
指令周期：1 个周期。

例 258　SWAP.B 0x1021　　　;交换 0x1021 字节单元的内容

	指令执行前		指令执行后
Data 1020	AB87	Data 1020	BA87
SR	0000	SR	0000

196. TBLRDH 指令（读表高字）

格式：{标号:} TBLRDH{.B} [Ws]/[Ws++]/[Ws−−]/[++Ws]/[−−Ws],
　　　　　　　　　　　　Wd/[Wd]/[Wd++]/[Wd−−]/[++Wd]/[−−Wd]

操作数：Ws 为 W0~W15；Wd 为 W0~W15。

影响状态位：无。

指令功能：读程序存储器表的高字，将其存在目标寄存器 Wd 里。表地址是由 8 位的表指针寄存器 TBLPAG 和 Ws 来确定。Ws 必须寄存器间接寻址，Wd 可以寄存器直接寻址和间接寻址。对字操作时，将 0 存入 Wd 的高字节里，将指定程序存储器表的高字（第 23~16 位）存入 Wd 的最低字节里。对字节操作时，如果 Ws 最低位是 1，将 0 存入 Wd 字节里；否则，将指定程序存储器表的高字（第 23~16 位）存入 Wd 字节里。

注意：.B 在指令中默认代表的是字节操作；.W 代表的是字操作，但是可以省略。
指令字长：1 个字。
指令周期：2 个周期。

例 259　TBLRDH.B [W0],[W1++]　　;读 PM{TBLPAG:[W0]}高字内容存入[W1],W1 加 1

	指令执行前		指令执行后
W0	0812	W0	0812
W1	0F71	W1	0F72
Data 0F70	0944	Data 0F70	EF44
Program 01 0812	EF 2042	Program 01 0812	EF 2042
TBLPAG	0001	TBLPAG	0001
SR	0000	SR	0000

例 260　TBLRDH [W6++],W8　　;读 PM{TBLPAG:[W6]}高字内容存入 W8,W6 加 2

	指令执行前		指令执行后
W6	3406	W6	3408
W8	65B1	W8	0029
Program 00 3406	29 2E40	Program 00 3406	29 2E40
TBLPAG	0000	TBLPAG	0000
SR	0000	SR	0000

197. TBLRDL 指令（读表低字）

格式：{标号:} TBLRDL{.B} [Ws]/[Ws++]/[Ws−−]/[++Ws]/[−−Ws],
　　　　　　　　　　　　Wd/[Wd]/[Wd++]/[Wd−−]/[++Wd]/[−−Wd]

操作数：Ws 为 W0~W15；Wd 为 W0~W15。

影响状态位：无。

指令功能：读程序存储器表的低字，将其存在目标寄存器 Wd 里。表地址是由 8 位的表指针寄存器 TBLPAG 和 Ws 来确定。Ws 必须寄存器间接寻址，Wd 可以寄存器直接寻址和间接寻址。对字操作时，将指定程序存储器表的低字(第 15～0 位)存入 Wd 里。对字节操作时，如果 Ws 最低位是 1，将指定程序存储器表的第 2 个字节(第 15～7 位)存入 Wd 字节里；否则，将指定程序存储器表的低字节(第 7～0 位)存入 Wd 字节里。

注意：.B 在指令中默认代表的是字节操作；.W 代表的是字操作，但是可以省略。

指令字长：1 个字。

指令周期：2 个周期。

例 261　TBLRDL.B [W0++],W1　　;读 PM{TBLPAG:[W0]}低字内容存入 W1,W0 加 1

指令执行前		指令执行后	
W0	0813	W0	0814
W1	0F71	W1	0F20
Data 0F70	0944	Data 0F70	EF44
Program 01 0812	EF 2042	Program 01 0812	EF 2042
TBLPAG	0001	TBLPAG	0001
SR	0000	SR	0000

例 262　TBLRDL [W6],[W8++]　　;读 PM{TBLPAG:[W6]}低字内容存入[W8],W8 加 2

指令执行前		指令执行后	
W6	3406	W6	3408
W8	1202	W8	1204
Data 1202	658B	Data 1202	2E40
Program 00 3406	29 2E40	Program 00 3406	29 2E40
TBLPAG	0000	TBLPAG	0000
SR	0000	SR	0000

198. TBLWTH 指令(写表高字)

格式：{标号:} TBLWTH{.B}　Ws/[Ws]/[Ws++]/[Ws--]/[++Ws]/[--Ws],
　　　　　　　　　　　　　　[Wd]/[Wd++]/[Wd--]/[++Wd]/[--Wd]

操作数：Ws 为 W0～W15；Wd 为 W0～W15。

影响状态位：无。

指令功能：将 Ws 里的内容写到程序存储器表的高字里。表地址是由 8 位的表指针寄存器 TBLPAG 和 Wd 来确定。Wd 必须寄存器间接寻址，Ws 可以寄存器直接寻址和间接寻址。由于程序存储器是 24 位宽，该指令只能向程序存储器的高字(第 23～16 位)里写。在字操作和在字节操作 Wd 最低位是 0 时，可以写入；但是如果在字节操作 Wd 最低位是 1 时，就不执行任何操作。

注意：① .B 在指令中默认代表的是字节操作；.W 代表的是字操作，但是可以省略。

　　　② 只写到程序存储器锁存器中，只有当 FLUSH 存储器编程时才使程序存储器真正更新。

指令字长：1 个字。

指令周期：2 个周期。

例 263　TBLWTH.B [W0++],[W1]　　;将[W0]字节内容写入 PM{TBLPAG:[W1]}高字,W0 加 1

	指令执行前		指令执行后
W0	0812	W0	0813
W1	0F70	W1	0F70
Data 0812	0944	Data 0812	EF44
Program 01 0F70	EF 2042	Program 01 0F70	44 2042
TBLPAG	0001	TBLPAG	0001
SR	0000	SR	0000

例 264 TBLWTH W6,[W8++]   ;将 W6 内容写入 PM{TBLPAG:[W8]}高字,W8 加 2

	指令执行前		指令执行后
W6	0026	W6	0026
W8	0870	W8	0872
Program 00 0870	22 3551	Program 00 0870	26 3551
TBLPAG	0000	TBLPAG	0000
SR	0000	SR	0000

199. TBLWTL 指令(写表低字)

格式:{标号:} TBLWTL{.B} Ws/[Ws]/[Ws++]/[Ws−−]/[++Ws]/[−−Ws],
　　　　　　　　　　　　[Wd]/[Wd++]/[Wd−−]/[++Wd]/[−−Wd]

操作数:Ws 为 W0~W15;Wd 为 W0~W15。

影响状态位:无。

指令功能:将 Ws 里的内容写到程序存储器表的低字里。表地址是由 8 位的表指针寄存器 TBLPAG 和 Wd 来确定。Wd 必须寄存器间接寻址,Ws 可以寄存器直接寻址和间接寻址。对字操作时,将 Ws 写入指定程序存储器表的低字(第 15~0 位)里。对字节操作时,如果 Wd 最低位是 1,将 Ws 写入指定程序存储器表的第 2 个字节(第 15~7 位)字节里;否则,将 Ws 写入指定程序存储器表的低字节(第 7~0 位)字节里。

注意:① .B 在指令中默认代表的是字节操作;.W 代表的是字操作,但是可以省略。
　　　② 只写到程序存储器锁存器中,只有当 FLUSH 存储器编程时才使程序存储器真正更新。

指令字长:1 个字。

指令周期:2 个周期。

例 265 TBLWTL.B W0,[W1++]   ;将 W0 字节内容写入 PM{TBLPAG:[W1]}低字,W1 加 1

	指令执行前		指令执行后
W0	6628	W0	6628
W1	1225	W1	1226
Program 00 1224	78 0080	Program 01 1224	78 2880
TBLPAG	0000	TBLPAG	0000
SR	0000	SR	0000

例 266 TBLWTL [W6],[W8]   ;将[W6]内容写入 PM{TBLPAG:[W8]}低字

	指令执行前		指令执行后
W6	1600	w6	1600
W8	7208	w8	7208
Data 1600	0130	Data 1600	0130
Program 01 7208	09 0002	Program 01 7208	09 0130
TBLPAG	0001	TBLPAG	0001
SR	0000	SR	0000

200．ULNK 指令（解连接）

格式：{标号：}ULNK

操作数：无。

影响状态位：无。

指令功能：该指令解除一个软件堆栈帧。先将 W15 内容等于 W14，W15 减 2，再将栈顶内容弹出恢复 W14。

指令字长：1 个字。

指令周期：1 个周期。

例 267　ULNK　　　；解除软堆栈帧

	指令执行前		指令执行后
W14	2002	W14	2000
W15	20A2	W15	2000
Data 2000	2000	Data 2000	2000
SR	0000	SR	0000

201．XOR 指令（f 与 WREG"异或"）

格式：{标号：}XOR{.B} f {,WREG}

操作数：f 为 0～8191。

影响状态位：N，Z。

指令功能：f 文件寄存器与 WREG 寄存器里的内容相"异或"，结果放在目标寄存器里。所选择的 WREG 决定了目标寄存器。如果 WREG 是特指的，结果就存放在 WREG 里；否则，结果就存放在文件寄存器里。

注意：① .B 在指令中默认代表的是字节操作；.W 代表的是字操作，但是可以省略。

② WREG 被设定为工作寄存器 W0。

指令字长：1 个字。

指令周期：1 个周期。

例 268　XOR.B 0x1FFF　　　；0x1FFF 字节单元的内容与 W0"异或"运算，结果存入 0x1FFF

	指令执行前		指令执行后
WREG(W0)	7804	WREG(W0)	7804
Data 1FFE	9439	Data 1FFE	FC39
SR	0000	SR	0008 (N=1)

202. XOR 指令(立即数与 Wn"异或")

格式：{标号：}XOR{.B} ♯lit10,Wn

操作数：对字节操作,lit10 为 0~255;对字操作,lit10 为 0~1023;Wn 为 W0~W15。

影响状态位：N,Z。

指令功能：Wn 寄存器里的内容与 10 位无符号立即数相"异或",结果放在 Wn 寄存器里。

注意：.B 在指令中默认代表的是字节操作;.W 代表的是字操作,但是可以省略。

指令字长：1 个字。

指令周期：1 个周期。

例 269　　XOR.B ♯0x23,W0　　　;0x23 与 W0"异或"运算,结果存入 W0

指令执行前

W0	7804
SR	0000

指令执行后

W0	7827
SR	0000

203. XOR 指令(立即数与 Wb"异或")

格式：{标号：}XOR{.B} Wb,♯lit5,Wd/[Wd]/[Wd++]/[Wd－－]/[++Wd]/[－－Wd]

操作数：lit5 为 0~31;Wb 为 W0~W15;Wd 为 W0~W15。

影响状态位：N,Z。

指令功能：寄存器 Wb 与无符号的 5 位立即数相"异或",结果放在 Wd 寄存器里。Wb 必须寄存器直接寻址,Wd 可以寄存器直接寻址和间接寻址。

注意：.B 在指令中默认代表的是字节操作;.W 代表的是字操作,但是可以省略。

指令字长：1 个字。

指令周期：1 个周期。

例 270　　XOR W2,♯0x1F,[W8++]　　;0x1F 与 W2"异或"运算结果存入[W8],W8 加 2

指令执行前

W2	8505
W8	1004
Data 1004	6628
SR	0000

指令执行后

W2	8505
W8	1006
Data 1004	851A
SR	0008	(N=1)

204. XOR 指令(Ws 与 Wb"异或")

格式：{标号：}XOR{.B} Wb,Ws/[Ws]/[Ws++]/[Ws－－]/[++Ws]/[－－Ws],
　　　　　　　　　　　Wd/[Wd]/[Wd++]/[Wd－－]/[++Wd]/[－－Wd]

操作数：Ws 为 W0~W15;Wb 为 W0~W15;Wd 为 W0~W15。

影响状态位：N,Z。

指令功能：寄存器 Ws 的内容与寄存器 Wb 的内容相"异或",结果放在 Wd 寄存器里。Wb 必须寄存器直接寻址,Ws 和 Wd 可以寄存器直接寻址和间接寻址。

注意：.B 在指令中默认代表的是字节操作;.W 代表的是字操作,但是可以省略。

指令字长：1 个字。

指令周期：1 个周期。

例 271　　XOR W1,W5,W9　　　;W1 与 W5"异或"运算结果存入 W9

	指令执行前			指令执行后	
W1	FEDC		W1	FEDC	
W5	1234		W5	1234	
W9	A34D		W9	ECE8	
SR	0000		SR	0008	(N=1)

205. ZE 指令（Ws 扩展）

格式：{标号：} ZE Ws/[Ws]/[Ws++]/[Ws−−]/[++Ws]/[−−Ws]，Wnd

操作数：Ws 为 W0～W15；Wnd 为 W0～W15。

影响状态位：N，Z，C。

指令功能：对寄存器 Ws 低字节进行 0 扩展到 16 位，将结果存在目标寄存器 Wnd 里。Ws 可以寄存器直接寻址和寄存器间接寻址，Wnd 必须寄存器直接寻址。因为 0 扩展字总是正的，N 标志被清 0，C 标志被置 1。

注意：该操作将字节转换成字。Ws 操作数总是字节寻址，所以地址修改总是 1。

指令字长：1 个字。

指令周期：1 个周期。

例 272 ZE W3, W4   ;对 W3 进行 0 扩展，结果存入 W4

	指令执行前			指令执行后	
W3	7839		W3	7839	
W4	1005		W4	0039	
SR	0000		SR	0001	(C=1)

附录表 A-1 是指令集。

表 A-1 dsPIC 指令集

序号	指令名	功能	序号	指令名	功能
1	ADD	f 与 WREG 寄存器相加	11	AND	f 与 WREG 寄存器相"与"
2	ADD	立即数与 Wn 寄存器相加	12	AND	立即数与 Wn 寄存器相"与"
3	ADD	短立即数与 Wb 寄存器相加	13	AND	短立即数与 Wb 寄存器相"与"
4	ADD	Wb 寄存器与 Ws 寄存器相加	14	AND	Wb 寄存器与 Ws 寄存器相"与"
5	ADD	累加器相加	15	ASR	f 算术右移
6	ADD	16 位有符号数与累加器相加	16	ASR	Ws 算术右移
7	ADDC	f 与 WREG 寄存器带进位相加	17	ASR	短立即数决定算术右移的位数
8	ADDC	立即数与 Wn 寄存器带进位相加	18	ASR	Wns 寄存器的内容决定算术右移的位数
9	ADDC	短立即数与 Wb 寄存器带进位相加	19	BCLR	对 f 的位清 0
10	ADDC	Wb 寄存器与 Ws 寄存器带进位相加	20	BCLR	对 Ws 的位清 0
			21	BRA	无条件跳转

续表 A-1

序号	指令名	功能	序号	指令名	功能
22	BRA	根据 Wn 内容无条件跳转	51	BTSS	对 Ws 寄存器的位测试
23	BRA C	当 C=1 时条件跳转	52	BTST	对 f 寄存器进行位测试
24	BRA GE	当 GE=1 时条件跳转	53	BTST	对 Ws 寄存器进行位测试
25	BRA GEU	当 C=1 时条件跳转	54	BTST	对 Ws 寄存器进行位测试
26	BRA GT	当 GT=1 时条件跳转	55	BTSTS	对 f 寄存器进行位测试并置 1
27	BRA GTU	当 GTU=1 时条件跳转	56	BTSTS	对 Ws 寄存器进行位测试并置 1
28	BRA LE	当 LE=1 时条件跳转	57	CALL	子程序调用
29	BRA LEU	当 LEU=1 时条件跳转	58	CALL	子程序间接调用
30	BRA LT	当 LT=1 时条件跳转	59	CLR	文件或 WREG 寄存器清 0
31	BRA LTU	当 C=0 时条件跳转	60	CLR	Wd 寄存器清 0
32	BRA N	当 N=1 时条件跳转	61	CLR	累加器清 0
33	BRA NC	当 C=0 时条件跳转	62	CLRWDT	清看门狗
34	BRA NN	当 NN=1 时条件跳转	63	COM	对文件寄存器取反
35	BRA NOV	当 NOV=1 时条件跳转	64	COM	对 Ws 寄存器取反
36	BRA NZ	当 Z=0 时条件跳转	65	CP	f 与 WREG 比较
37	BRA OA	当 OA=1 时条件跳转	66	CP	Wb 与 5 位立即数比较
38	BRA OB	当 OB=1 时条件跳转	67	CP	Wb 与 Ws 比较
39	BRA OV	当 OV=1 时条件跳转	68	CP0	f 与 0 比较
40	BRA SA	当 SA=1 时条件跳转	69	CP0	Ws 与 0 比较
41	BRA SB	当 SB=1 时条件跳转	70	CPB	f 与 WREG 带借位比较
42	BRA Z	当 Z=1 时条件跳转	71	CPB	Wb 与 5 位立即数带借位比较
43	BSET	f 寄存器位置 1	72	CPB	Ws 与 Wb 带借位比较
44	BSET	Ws 寄存器位置 1	73	CPSEQ	f 与 WREG 比较,如果相等则跳转
45	BSW	将 C 或 $\overline{Z}$ 写入 Ws 寄存器的某位	74	CPSGT	f 与 WREG 有符号比较,如果大于则跳转
46	BTG	f 寄存器位取反			
47	BTG	Ws 寄存器位取反	75	CPSLT	f 与 WREG 有符号比较,如果小于则跳转
48	BTSC	对 f 寄存器的位测试			
49	BTSC	对 Ws 寄存器的位测试	76	CPSNE	f 与 WREG 比较,如果不相等则跳转
50	BTSS	对 f 寄存器的位测试			

附录 A　dsPIC30F 系列指令说明及举例

续表 A-1

序号	指令名	功能	序号	指令名	功能
77	DAW.B	Wn 十进制调整	108	LAC	Ws 移位后装入 Acc
78	DEC	f 减 1	109	LNK	连接
79	DEC	Ws 减 1	110	LSR	文件寄存器 f 逻辑右移
80	DEC2	f 减 2	111	LSR	Ws 逻辑右移
81	DEC2	Ws 减 2	112	LSR	短立即数决定逻辑右移位数
82	DECSNZ	f 减 1,不等于 0 则跳转	113	LSR	Wns 决定逻辑右移位数
83	DECSZ	f 减 1,等于 0 则跳转	114	MAC	乘加
84	DISI	临时禁止中断	115	MAC	平方加
85	DIV.S	有符号整数除法	116	MOV	文件寄存器 f 传送操作
86	DIV.U	无符号整数除法	117	MOV	WREG 传送到 f
87	DIVF	小数除法	118	MOV	f 传送到 Wnd
88	DO	立即数为循环次数	119	MOV	Wns 传送到 f
89	DO	Wn 为循环次数	120	MOV	8 位立即数传送到 Wnd
90	ED	Wm 平方	121	MOV	16 位立即数传送到 Wnd
91	EDAC	Wm 平方	122	MOV	Ws 偏移寻址传送到 Wnd
92	EXCH	交换	123	MOV	Wns 传送到 Wd 偏移寻址
93	FBCL	查找符号位数	124	MOV	Ws 传送到 Wd
94	FF1L	查找左起第一个 1 的位数	125	MOV.D	双字传送到 Wnd
95	FF1R	查找右起第一个 1 的位数	126	MOV.D	双字 Wns 传送到 Wd
96	GOTO	无条件跳转	127	MOVSAC	传送到累加器
97	GOTO	无条件间接跳转	128	MPY	乘
98	INC	文件寄存器加 1	129	MPY	平方
99	INC	Ws 寄存器加 1	130	MPY.N	负数乘
100	INC2	文件寄存器加 2	131	MSC	乘减
101	INC2	Ws 寄存器加 2	132	MUL	无符号整数乘
102	INCSNZ	文件寄存器加 1,不等于 0 则跳转	133	MUL.SS	16 位有符号整数乘
103	INCSZ	文件寄存器加 1,等于 0 则跳转	134	MUL.SU	16 位有符号整数与无符号立即数乘
104	IOR	文件寄存器 f 与 WREG "或"操作			
105	IOR	立即数与 Wn "或"操作	135	MUL.SU	16 位有符号与无符号整数乘
106	IOR	Wb 与短立即数 "或"操作	136	MUL.US	16 位无符号与有符号整数乘
107	IOR	Wb 与 Ws "或"操作	137	MUL.UU	16 位无符号立即数整数乘

续表 A-1

序号	指令名	功能	序号	指令名	功能
138	MUL.UU	16位无符号整数乘	172	SETM	f/WREG 置1
139	NEG	f寄存器求补	173	SETM	Wd 置1
140	NEG	Ws寄存器求补	174	SFTAC	Acc算术移位
141	NEG	累加器求补	175	SFTAC	Acc算术移 Wb 位
142	NOP	空操作	176	SL	f左移
143	NOPR	空操作	177	SL	Ws左移
144	POP	出栈到 f	178	SL	Wb左移 lit4
145	POP	出栈到 Wd	179	SL	Wb左移 Wns 位
146	POP.D	双字出栈到 Wnd	180	SUB	f减 WREG
147	POP.S	弹出阴影寄存器	181	SUB	Wn减立即数
148	PUSH	f入栈	182	SUB	Wb减立即数
149	PUSH	Ws入栈	183	SUB	Wb减 Ws
150	PUSH.D	双字入栈	184	SUB	累加器相减
151	PUSH.S	阴影寄存器入栈	185	SUBB	f带借位减 WREG
152	PWRSAV	进入节能模式	186	SUBB	Wn带借位减立即数
153	RCALL	相对调用	187	SUBB	Wb带借位减立即数
154	RCALL	计算相对调用	188	SUBB	Wb带借位减 Ws
155	REPEAT	重复操作	189	SUBBR	WREG带借位减 f
156	REPEAT	重复操作 Wn+1	190	SUBBR	立即数带借位减 Wb
157	RESET	软复位	191	SUBBR	Ws带借位减 Wb
158	RETFIE	中断返回	192	SUBR	WREG减 f
159	RETLW	带立即数返回	193	SUBR	立即数减 Wb
160	RETURN	子程序返回	194	SUBR	Ws减 Wb
161	RLC	f带进位循环左移	195	SWAP	交换
162	RLC	Ws带进位循环左移	196	TBLRDH	读表高字
163	RLNC	f循环左移	197	TBLRDL	读表低字
164	RLNC	Ws循环左移	198	TBLWTH	写表高字
165	RRC	f带进位循环右移	199	TBLWTL	写表低字
166	RRC	Ws带进位循环右移	200	ULNK	解连接
167	RRNC	f循环右移	201	XOR	f与 WREG"异或"
168	RRNC	Ws循环右移	202	XOR	立即数与 Wn"异或"
169	SAC	保存 Acc	203	XOR	立即数与 Wb"异或"
170	SAC.R	保存圆整后的 Acc	204	XOR	Ws与 Wb"异或"
171	SE	Ws符号扩展	205	ZE	Ws扩展

附录 B
光盘内容说明

本书附带的光盘中包含两部分内容，分别放在文件夹"本书程序子目录"和"微芯公司文件子目录"中：第一部分内容为书中全部汇编程序代码；第二部分内容为微芯公司 dsPIC 器件和开发工具手册、电动机控制方案。

"本书程序子目录"文件夹

程序 2-1　数字 PI 调节子程序
程序 2-2　防积分饱和数字 PI 调节子程序
程序 2-3　直流电动机单极性可逆双闭环 PWM 控制程序
程序 2-4　直流电动机双极性可逆双闭环 PWM 控制程序
程序 3-1　采用不对称规则采样法生成三相 SPWM 波的开环调速控制程序
程序 3-2　三相交流电动机 SVPWM 开环调速控制程序
程序 4-1　Clarke 的变换子程序
程序 4-2　Clarke 逆变换的子程序
程序 4-3　Park 变换的子程序
程序 4-4　Park 逆变换的子程序
程序 4-5　三相交流异步电动机矢量控制程序
程序 5-1　三相永磁同步伺服电动机磁场定向速度控制程序
程序 6-1　步进电动机实现正反转脉冲分配子程序(Timer1 中断子程序)
程序 6-2　步进电动机实现两轴联动直线运动程序
程序 6-3　步进电动机位置控制子程序
程序 6-4　步进电动机加减速控制子程序
程序 7-1　无刷直流电动机调速控制程序
程序 7-2　无位置传感器的无刷直流电动机调速控制程序
程序 8-1　四相 8/6 结构开关磁阻电动机调速控制程序

电动机的 DSC 控制——微芯公司 dsPIC® 应用

"微芯公司文件子目录"文件夹

该文件夹包含 4 个子文件夹：

"dsPIC30F Family Manual"子文件夹：为 dsPIC30F 相关手册；

"dsPIC33F Family Manual"子文件夹：为 dsPIC33F 相关手册；

"开发环境"子文件夹：为开发环境相关手册；

"微芯电动机控制方案介绍"子文件夹：为微芯电动机控制方案介绍。

参 考 文 献

1. 王晓明. 电动机的单片机控制[M]. 第2版. 北京:北京航空航天大学出版社,2007.
2. 王晓明,王玲. 电动机的DSP控制——TI公司DSP应用[M]. 北京:北京航空航天大学出版社,2004.
3. Microchip Technology Inc. dsPIC30F Family Reference Manual (DS70046E_CN). 2006.
4. Microchip Technology Inc. dsPIC30F6010 Data Sheet(DS70119E). 2006.
5. Microchip Technology Inc. dsPIC30F/33F Programmer's Reference Manual(DS70157B). 2005.
6. Microchip Technology Inc. dsPIC 语言工具入门(DS70094C_CN). 2005.
7. Microchip Technology Inc. MPLAB IDE 用户指南(DS51519B_CN). 2006.
8. Microchip Technology Inc. dsPIC 语言工具函数库(DS51456D_CN). 2007.
9. Microchip Technology Inc. Sensorless Field Oriented Control of PMSM Motors Using dsPIC30F or dsPIC33F Digital Signal Controllers(AN1078). 2007.
10. 王晓明,刘瑶,董玉林. 基于dsPIC的三相不对称规则采样型电压SPWM波的生成[J]. 辽宁工学院学报. 2007(10).
11. 王晓明,周青山,董玉林. SVPWM技术在dsPIC上的实现. 辽宁工业大学学报[J]. 2008(4).